入門・弾性波動理論

震源断層・多層弾性体の
地震動や地盤振動問題への応用

原田 隆典・本橋 英樹

現代図書

まえがき

弾性波動は弾性体(固体)の中を伝わる波であり、19 世紀ごろから研究され始めた(歴史は Love(1952)参照)。弾性波動理論は、当初、応用物理・数学の分野で展開され、その体系は Achenbach (1973) 等の著書にまとめられている。一方、地震学分野では観測記録と弾性波動理論を使い、主に地球内部構造や震源断層破壊の仕組みの解明を目的に、地震波動論として発展してきた。例えば、本田広吉(1954)、Ewing and Jardetsky(1957)、佐藤泰夫(1978)、Aki and Richards (1980)、斉藤正徳 (2009) 等の著書は地震波動論の体系を理解するのに役立つ。

このように弾性波動理論は、応用物理・数学、地震学といった理学分野で発展してきたため、工学分野、特に土木・建築工学を学ぶ読者が工学的課題を弾性波動理論を使って解決し新しい技術開発をしたいと思っても、既存の著書では波動方程式が直交座標、円筒座標、極座標で記述され、その解にはベッセル関数、ハンケル関数、球関数等の特殊関数による平面波、円筒波、球面波が現れ、複素積分の知識も必要となること等、難解な数式が多く初心者には難しい理論体系となっている。もちろん、円筒座標・極座標等の曲線座標系での記述とその解は問題毎の境界条件を考慮しやすい形式として有用である。しかし、複雑な境界面の解への制約が応用面での障害となっている。このような古典的弾性波動理論の限界を解決できる方法として、現在では工学的問題に対して境界要素法、差分法、有限要素法等の波動方程式を離散化して解く数値解析法が多用される。ただし、数値解析法を正しく使い、その結果を正しく評価するには、弾性波動理論と数値計算法に関する両方の知識が必要となる。

そこで、本書は数値計算法と弾性波動理論を使って、設計用入力地震動や地盤探査、地盤と基礎の動的相互作用、構造物や材料の非破壊検査等の課題に対して新しい技術開発をしたいと願う工学系学部レベルの数学知識を有する読者向けに弾性波動理論を以下のような趣旨でまとめたもので、弾性波動理論の入門書として工学、理学分野の学生にも読みやすい定式展開となっている。4 章に工学的応用例を記述し、1 章から 3 章に利用した弾性波動理論の数式展開を演習並に詳しすぎる位に示しているので、重要な数式等を急いで知りたい読者は最初に 4 章に目を通し、1 章～ 3 章の数式展開を読むとよい。

本書では、読者が地盤振動問題や震源断層で発生する地震波とその伝播の結果として観測される地震動の予測や設計用入力地震動問題、また逆解析法を使って、地震動観測結果や地盤に強制振動荷重を与えた時の波形や波動伝播速度等の観測結果から、地盤の層厚や各層の弾性定数を推定する問題、地盤と基礎の動的相互作用問題等を数値解析法で取り扱う際に必要となる無限弾性体、半無限弾性体、水平多層弾性体中を伝播する弾性波動の基礎式を直交座標系で記述し、フーリエ変換を用いた振動数・波数領域の解法により波動方程式の解を取り扱う。この解法では、学部の数学知識のみで数式展開が可能となり最終的には波動方程式の解が、構造技術者に馴染み深い対称行列係数の連立１次方程式を解く問題に定式化できることを示している。

本書の特徴は、直交座標系と振動数・波数領域の解を逆フーリエ変換すれば、従来の古典的弾性波動理論で求められてきた円筒座標・極座標系の時空間領域の解析解が導かれることを示し、弾性波動理論を使って震源断層・多層弾性体の地震動や地盤振動問題への工学的応用例を取り扱っている点であろう。直交座標系と振動数・波数領域での波動方程式の解法を用いる主な理由は以下の４つである。

(1) 円筒座標、極座標を用いた波動方程式の解は、ベッセル関数、ハンケル関数、球関数等の特殊関数が現れ、円筒波、球面波として波動が解釈される。しかし、円筒波、球面波は平面波の重ね合わせ（波数に関するフーリエ積分）で表現できるので、直交座標系の平面波で波動を解釈する方が簡単である。事実、直交座標系の振動数・波数領域の解から、解析的に円筒座標、極座標での時空間領域の解が求められるため。

(2) 直交座標での波動の計算は、振動数・波数領域の簡単な代数計算から求められる連立１次方程式を解く問題に定式化でき、計算機性能の向上により振動数・波数領域の連立１次方程式の解の３重フーリエ変換から効率的に時間・空間領域の解を求められるため。

(3) 震源断層から放射され地層の境界で反射・屈折を繰り返し地表面に到達する地震波を計算する場合、最も簡単なモデルとして、一般に震源断層は矩形の運動学的断層モデルに、地層は水平多層弾性体としてモデル化することは適当と思われる。このような断層・地層モデルによる地震波を取り扱うには直交座標系が適しているため。

(4) 直交座標による波動方程式を動的グリーン関数を使った積分方程式で記述する表現定理は、震源断層と観測点の地震動を関係づける有用な定理であり、この積分方程式は境界要素法等で離散化して、震源断層・不整形多層弾性体の地震波動解析に利用できるため。

本書では、直交座標系と振動数・波数領域の解の検証を目的に、この解から既存の円筒座標や球座標を用いた振動数領域や時間・空間領域の動的グリーン関数を求めている。この解の検証で必要な数学公式は、Welyの積分、２重フーリエ変換とハンケル変換の関係式、複素フーリエ級数、デルタ関数の積分表示、の４つである。読者はこの検証部分を飛ばしてもよい。しかし、直交座標系と振動数・波数領域の解法では、①波動方程式が連立１次方程式を解く問題に変換されること、②いわゆる掛け算、足し算、割り算等の代数計算で振動数・波数領域の解が得られ高度な数学を必要としないこと、③この振動数・波数領域の解の３重フーリエ変換から時間・空間領域の解が求められ、３重フーリエ変換は高速フーリエ変換やその並列計算を使った数値計算により効率的に計算できることの３点だけは理解してほしい。

1章では、直交座標系の3次元と2次元問題（P・SV波、SH波）の波動方程式として、(1)変位の波動方程式、(2)変位ポテンシャルの波動方程式、(3)水平多層弾性体を取り扱うのに便利な行列表示の波動方程式、(4) 震源断層・不整形弾性体を取り扱うのに便利な波動方程式の積分方程式表示、の4項目を記述した。特に、(4) の積分方程式表示では、運動学的断層モデルによる不整形弾性体の地震波と地震モーメント、無限弾性体のグリーン関数との関係を示した。

2章では、3重フーリエ変換を用いた振動数・波数領域の解法により変位ポテンシャルに関する波動方程式の一般解を求めた。この一般解が複素調和平面波（簡単のため平面波と呼ぶ）の重ね合わせで表現されることを利用し、平面波の伝播方向に設定した新直交座標系での一般解が2次元問題のP・SV波、SH波の一般解と同じであることを示した。この結果は重要で、3次元波動方程式の一般解が2次元問題のP・SV波、SH波の一般解の和で求められることを示している。すなわち、波動方程式の一般解を3次元波動方程式から直接に求める方法の他に、2次元問題のP・SV波、SH波の一般解の和で求める方法、の2つの方法があることを示している。例えば、震源断層から放射される地震波は3次元波動方程式の一般解から求める方がわかりやすいが、これらの3次元地震波動による半無限弾性体や水平多層弾性体の地震波を取り扱うには、P・SV波、SH波成分に分解し水平多層弾性体の地震波を求め、これらを3次元地震波動に変換して3次元地震波動を求める方が取り扱い易い。以下の部分は、本書で示した直交座標系の振動数・波数領域の解の検証なので読み飛ばしてもよい。

無限弾性体を対象に、3次元波動方程式の振動数・波数領域の一般解を用いて動的グリーン関数を導き、境界条件を考慮して点震源と矩形震源断層から放射される地震波の振動数・波数領域の解を求めた。この解の3重フーリエ変換から時空間領域の解析解を求めることは難しいので、離散化3重フーリエ変換による数値計算から時空間領域の地震動変位波形を求め、既存の時空間領域の厳密解（Madariaga,1978）との比較から振動数・波数領域の解を検証した。

また、Welyの積分を使って振動数・波数領域の動的グリーン関数の波数積分の解析解を求め、Cruse *et al.*(1968)、Dominguez *et al.*(1984)が求めている振動数領域の動的グリーン関数と同じであることを示した。さらに、振動数領域の動的グリーン関数の振動数でのフーリエ積分から時空間領域の動的グリーン関数を解析的に求め、これが時間・空間領域の解析によるStokes(1849)、Love(1952)の解と同じであることを示した。

無限弾性体を対象に2次元問題のP・SV波、SH波の振動数・波数領域の解法による動的グリーン関数の和として3次元波動方程式の動的グリーン関数を導き、これが3次元波動方程式の動的グリーン関数と同じであることを示した。また、P・SV波、SH波の振動数・波領域の動的グリーン関数の波数でのフーリエ積分から振動数領域の動的グリーン関数を求め、これらがLove (1952)、Morse *et al.* (1953) らの整理した解析解と同じであることを示した。以下は2次元と3次元波動方程式の解の幾何学的解釈として重要である。

3次元と2次元波動方程式を対象に半無限弾性体や水平多層弾性体の波動を解析するために有用な行列表示の波動方程式の振動数・波数領域の一般解を使い、2次元波動方程式の一般解の和から3次元波動方程式の一般解が求められることを示した。また、行列表示と変位ポテンシャルの2次元波動方程式の一般解における積分定数の関係と上昇波、下降波、入射角、波数等の幾何学的関係を示した。

3章は、水平多層弾性体の振動数・波数領域の解を取り扱った。P・SV波、SH波の解から3次元波動方程式の解を求める手順とその解を示した。この手順に従うと、水平多層弾性体の波動解析が数値計算上有利である対称行列係数の連立1次方程式から求められる振動数・波数領域の解の3重フーリエ変換から3次元水平多層弾性体の波動場が得られる。この方法を使って、震源断層を含む3次元水平多層弾性体の地震波動場解析と交通振動や外力による3次元水平多層弾性体の波動場解析の具体式を示した。また、3次元水平多層弾性体の振動数・波数領域の動的グリーン関数を求めた。

ここで示した2次元問題の動的グリーン関数から3次元水平多層弾性体の振動数・波数領域の動的グリーン関数を求める定式化は新しいものなので、この動的グリーン関数の検証のために利用したくはないが、フーリエ変換とハンケル変換の関係並びに複素フーリエ級数を用いて、直交座標系の振動数・波数領域の動的グリーン関数から円筒座標系の動的グリーン関数を導き、既往の解と一致することを示した。

直交座標系によるグリーン関数と円筒座標系によるグリーン関数の数値計算における特徴について以下のように整理した。

直交座標系のグリーン関数は波数に関する2重フーリエ変換を必要とするが、円筒座標系のグリーン関数は波数に関する1重積分で求められる。振動数に関しては両方で同じ1重フーリエ変換となる。2重フーリエ変換の場合、高速フーリエ変換により計算時間は極めて短くなるものの、ある深さzのグリーン関数を計算するために2次元の波数に関する関数の記憶が必要なので、大容量メモリーを必要とする。しかし、現在ではこれが問題とならないほどに計算機容量が大きくなっている。また、並列計算法により計算機容量・時間問題は解消できる。そして、各層のz平面上の全ての離散点(格子点)の値が1回の計算で求められるのでグリーン関数の空間的な変化を見るために適している。

一方、円筒座標系のグリーン関数では、各層の1地点のグリーン関数を計算するために1重の波数積分で済むが、z平面上の1地点(r,θ)を指定して波数積分を行うことになる。別な地点では再度同じような波数積分が必要となるため、円筒座標系のグリーン関数で空間的な変化を見るためにはその離散点の数だけ波数積分が必要となり計算時間は2重フーリエ変換よりも長くなる。

4章は、3章までに説明した直交座標系での3次元水平多層弾性体の振動数・波数領域の動的グリーン関数や積分方程式表示(表現定理)等の理論式の使い方を説明しながら、以下のような応用例を示す。工学的問題では、波動理論による決定論的波動場に加えてランダム性の考慮も必要なことが多く存在するので、(7) と (8) では決定論的波動場にランダム性を導入するための 1 次元から 3 次元ランダム波動場の計算法を記述する。

(1) 震源断層を含む不整形弾性体の地震動(積分方程式表示の境界要素法による解析)
(2) 部分分割解析法による広領域の解析法
(3) 剛性行列による水平多層弾性体の波動解析
(4) 水平多層弾性体の震源断層近傍の永久変位を含む地震動
(5) 地表の鉛直調和振動荷重近傍の 2 点間の波形記録から弾性体の層厚と弾性定数を推定する方法
(6) 動的グリーン関数による基礎構造物への地盤反力の計算法
(7) 不規則すべり時間関数のモデル化と短周期から長周期地震動の計算法
(8) 均質・定常時空間不規則波動場の計算法

本書は、初学者のために著者の解釈を加えて数式の展開を演習並に記述しているが、著者の誤りや偏った考えがあるかもしれない。そのような場合、読者の意見や批判を通じ改良したい。意見・討論や批判は harada@eerc.co.jp または、motohashi.hk@iabc.co.jp に投稿いただきたい。

参考文献

Achenbach, J.D.(1973): Wave propagation in elastic solids, North-Holland.

Aki, K.and Richards, P.G.(1980): Quantitative seismology, Theory and methods, Vol.1, Vol.2, W.H.Freeman and Company.

Cruse, T.A. and Rizzo, F.J.(1968): A direct formulation and numerical solution of the general transient elastodynamic problem I, J.Math. Anal. Appl., Vol.22, pp.244.

Dominguez, J.(1993): Boundary elements in dynamics, Computational Mechanics Publications, Elsevier Applied Science.

Ewing, W.M., Jardetzky, W.S., and Press, F.(1957): Elastic waves in layered media, McGraw-Hill Company.

本多弘吉(1954)：地震波動，岩波書店 .

Love, A.E.H.(1952): A treatise on the mathematical theory of elasticity, Cambridge.

Love, A.E.H.(1911): Some problems of geodynamics, Cambridge Univ. Press.

Madariaga, R.(1978): The dynamic field of Haskell's rectangular dislocation fault model, Bull. Seismol. Soc. Am., Vol.68, No.4, pp.869-887.

Morse, P.M. and Feshbach, H.(1953): Methods of theoretical physics, Part I, II, McGraw Hill Book Company, Inc., New York.

佐藤泰夫(1978)：弾性波動論，岩波書店 .

斉藤正徳(2009)：地震波動論，東京大学出版会 .

Stokes, G.G.(1849): On the dynamical theory of diffraction, Trans. Cambridge Phil. Soc., Vol.9, pp.1. Or Mathematical and Physical Papers, Cambridge: At the University Press, Vol.2, p.243.

謝 辞

最初に、運動学的断層モデルと伝達行列を丁寧にお教えいただいた東京大学地震研究所武尾実教授に感謝の意を表したい。また、本書の内容の多くは、多数の企業からの寄付金と以下の科学研究費補助金による研究を基に進め、学部・大学院修士・博士課程の学生の研究から学ぶことが多かった。ここに研究費支援と学生の努力に対し謝意を表する次第である。そして、出版に当たり不十分な原稿を丁寧に編集し、すっきりした読みやすい本書に仕上げていただいた㈱現代図書編集者野下弘子氏に深く感謝の意を表したい。

原田隆典（1997）：設計用入力地震動の改良に関する基礎的研究，平成 7 年度～平成 8 年度科学研究費補助金基盤研究（C）研究成果報告書（課題番号 07650549），宮崎大学学術情報リポジトリ，http://hdl.handle.net/10458/1052.

原田隆典（2001）：設計用入力地震動におよぼす表層地盤の影響評価とその予測法，平成 10 年度～平成 12 年度科学研究費補助金基盤研究（C）研究成果報告書（課題番号 10650466），宮崎大学学術情報リポジトリ，http://hdl.handle.net/10458/1055.

原田隆典（2004）：海洋および内陸型地震の震源域における長大構造物の応答特性の評価とその予測法，平成 13 年度～平成 15 年度科学研究費補助金基盤研究（C）研究成果報告書（課題番号 13650527），宮崎大学学術情報リポジトリ，http://hdl.handle.net/10458/1053.

原田隆典（2007）：震源断層から一貫して捉えた地盤・基礎・長大構造物系の応答評価とその予測法，平成 16 年度～平成 18 年度科学研究費補助金基盤研究（C）研究成果報告書（課題番号 16560418），宮崎大学学術情報リポジトリ，http://hdl.handle.net/10458/1054.

原田隆典（2010）：震源域における地盤と基礎と重要生産・社会基盤構造物の応答評価とその予測法，平成 20 年度～平成 22 年度科学研究費補助金基盤研究（C）研究成果報告書（課題番号 20560448），科学研究費助成事業データーベース，https://kaken.nii.ac.jp/grant/KAKENHI-PROJECT-20560448/.

原田隆典（2013）：震源域の大きな上下動の影響を含む地盤と基礎と重要生産・社会基盤構造物の応答評価法，平成 23 年度～平成 25 年度科学研究費補助金基盤研究（C）研究成果報告書（課題番号 23560574），科学研究費助成事業データーベース，https://kaken.nii.ac.jp/grant/KAKENHI-PROJECT-23560574/.

原田隆典（2017）：震源から一貫して捉えた地震動・津波による重要生産・社会基盤構造物の複合応答評価法，平成 26 年度～平成 28 年度科学研究費補助金基盤研究（C）研究成果報告書（課題番号 26420462），科学研究費助成事業データーベース，https://kaken.nii.ac.jp/grant/KAKENHI-PROJECT-26420462/.

目　次

第1章　直交座標系における波動方程式

第 2 章　無限弾性体の波動場解析

第 3 章　水平多層弾性体の波動場解析

第4章 応用例

例題目次

図表目次

第 *1* 章
直交座標系における波動方程式

本章は、弾性波動方程式の形式的結果から構成されているように見えるかもしれない。しかし、震源断層・多層弾性体の地震動や地盤振動問題の基礎理論を理解しながら数値計算手法を使い工学問題解決能力を高めたいと思う読者は、波動方程式がその工学問題の数学的記述に必要な直交座標系での、(1) 変位並びに変位ポテンシャルの波動方程式、(2) 変位・応力ベクトルの行列表示の波動方程式、(3) 表現定理と呼ばれるグリーン関数を用いた積分方程式という 3 つの形式にまとめられていることに気付くであろう。(1) の方程式は無限弾性体の波動問題に適している。(2) の方程式は多層弾性体の波動問題に使う。(1) と (2) を組み合わせると震源断層を含む多層弾性体の波動問題が連立 1 次方程式を解く問題に定式化でき、この条件での波動問題が扱いやすい。(3) の表現定理は運動学的断層モデルと不整形多層弾性体モデルにおける地震波の発生・伝播の直接的な定式化を与えるもので、境界要素法で離散化し数値計算を使って解くための基礎式となる。

1.1　力のつり合い式

図 1.1-1 に示すように、時刻 t における無限弾性体内部の変形後の P' 点の座標を (x, y, z, t) とし、変形前の点 P の座標を $(X, Y, Z, 0)$ とする。また、変形前の点 P から P' 点まで移動した変位を $u(x, y, z, t), v(x, y, z, t), w(x, y, z, t)$ とする。弾性体のような線形変形理論では変形前と変形後の座標の区別が必要でないが (補足 1.1 参照)、変形後の弾性体から微小な直方体を取り出して、そこに作用する力のつり合いを考える。

微小な直方体表面の単位面積当りに作用する力を応力と呼ぶ。図 1.1-1 に示すように直方体前面 (図 1.1-1 の P' 点から dx, dy, dz だけ離れた直方体の 3 つの面で後面とは P' 点を通る 3 つの面) に作用する応力の向きは各軸方向を正とする。逆に、後面に作用する応力は前面の応力とは逆向きに作用するという定義が一般的で、本書の定式はこの定義に従う。応力の向きや以下に記述する座標系の定義が違うと、導出される式の正負が異なり間違いを犯すので一般的定義に従うことが重要である。

図 1.1-1 の座標系は、3 次元直交座標系（右手系とし z 軸は下向きを正とする）である。右手系とは、x 軸から時計回りに y 軸に向かって右ねじを回す時に右ねじの進方向が z 軸の正となるような座標系、または、右手の親指が x 軸、人差し指が y 軸、中指が z 軸となるような座標系である。

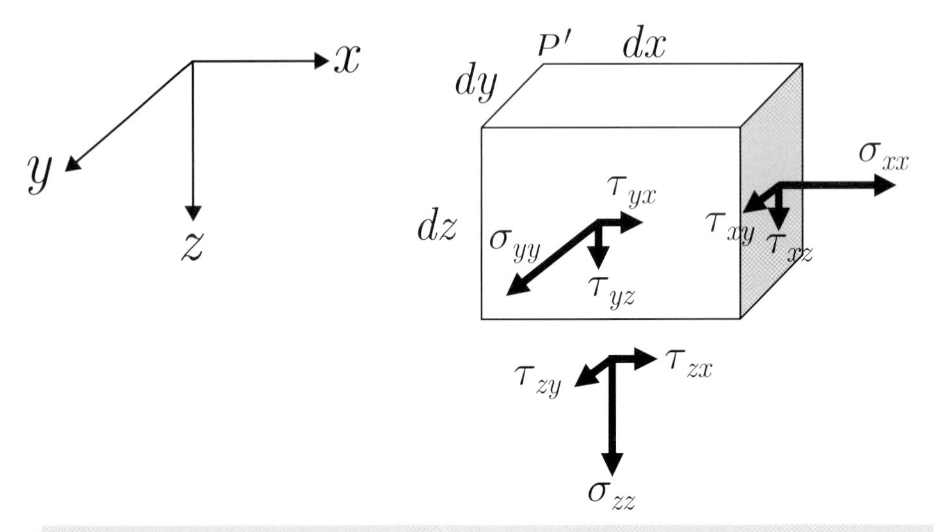

図 1.1-1　変形後の弾性体内部から取り出した微小直方体の応力状態とその記号（前面の応力方向を正としこれを示し後面応力は逆向きで簡素化のため図示無し）

ここで、σ_{ii} は i 面に作用する i 軸方向の軸応力、τ_{ij} は i 面に作用する j 方向のせん断応力を表わす。図 1.1-1 に示すように直方体の後面と前面に作用する x 軸方向の軸応力を例にとって記号の説明をする。後面では、座標（$x, y + dy/2, z + dz/2$）、時刻 t での軸応力で、前面では、座標（$x + dx, y + dy/2, z + dz/2$）、時刻 t での軸応力なので、正確に表現すると次式の左辺のように表わされる。しかしここでは、前面と後面の x 軸方向の軸応力の y, z 座標点と時刻は両面で同じであり x 座標点のみが両面で違っているため、簡単に右辺のように表わす。

$$\text{後面：}\sigma_{xx}(x, y + \frac{dy}{2}, z + \frac{dz}{2}, t) \simeq \sigma_{xx}(x, y, z, t) \equiv \sigma_{xx}(x)$$

$$\text{前面：}\sigma_{xx}(x + dx, y + \frac{dy}{2}, z + \frac{dz}{2}, t) \simeq \sigma_{xx}(x + dx, y, z, t) \equiv \sigma_{xx}(x + dx) \tag{1.1-1}$$

図 1.1-1 において x 軸方向の力のつり合いを考える。図 1.1-1 には直方体前面に作用する応力のみ示されているが、この他に直方体後面の応力および、直方体の加速度運動による慣性力、さらに重力や外力等を考慮するため直方体の単位体積当たりに作用する体積力を作用させる。したがって、x 軸方向の力のつり合い式は次式のようになる。

$$\begin{aligned}\sigma_{xx}(x+dx)dydz-\sigma_{xx}(x)dydz+\tau_{yx}(y+dy)dxdz-\tau_{yx}(y)dxdz+\\ \tau_{zx}(z+dz)dxdy-\tau_{zx}(z)dxdy-\rho dxdydz\frac{\partial^2 u}{\partial t^2}+f_x dxdydz=0\end{aligned} \tag{1.1-2}$$

ここに、ρ は弾性体の密度、$u(x,y,z,t)$ は変形後の $P'(x,y,z,t)$ 点の変位（変形前や変形後という言葉など運動の厳密な記述に関しては、補足 1.1 を参照)、f_x は x 軸方向に作用する単位体積当たりの体積力を表す。すなわち、上式の左辺の後ろから 2 つの項は、微小直方体に作用する慣性力と体積力を表わす。

$$\rho dxdydz\frac{\partial^2 u}{\partial t^2}：\text{慣性力},\qquad f_x dxdydz：\text{体積力}$$

ここで、補足 1.1 のように厳密には加速度の表現は、変形後の座標に基づくラグランジェ微分 $D^2u(\mathbf{x},t)/Dt^2$ または、変形前の座標に基づく変位 $U(\mathbf{X},t)$ の 2 階微分 $\partial^2 U(\mathbf{X},t)/\partial t^2$ として与えられる。線形変形理論(変位の空間微分が小さい場合)では、変形後の座標に基づく変位 $u(\mathbf{x},t)$ の 2 階微分 $D^2u(\mathbf{x},t)/Dt^2$ は、$\partial^2 u(\mathbf{x},t)/\partial t^2$ と $\partial^2 U(\mathbf{X},t)/\partial t^2$ と同じになるので上式および以降では、変形後の座標に基づく定式を用いる。

次に、dx,dy,dz は微小長さなのでテイラー展開を用いて、次式のように近似できる。

$$\begin{aligned}\sigma_{xx}(x+dx)&\simeq\sigma_{xx}(x)+\frac{\partial\sigma_{xx}(x)}{\partial x}dx+\frac{1}{2!}\frac{\partial^2\sigma_{xx}(x)}{\partial x^2}dx^2+\cdots\\ \tau_{yx}(y+dy)&\simeq\tau_{yx}(y)+\frac{\partial\tau_{yx}(y)}{\partial y}dy+\frac{1}{2!}\frac{\partial^2\tau_{yx}(y)}{\partial y^2}dy^2+\cdots\\ \tau_{zx}(z+dz)&\simeq\tau_{zx}(z)+\frac{\partial\tau_{zx}(z)}{\partial z}dz+\frac{1}{2!}\frac{\partial^2\tau_{zx}(z)}{\partial z^2}dz^2+\cdots\end{aligned} \tag{1.1-3}$$

上式を式(1.1-2)に代入し整理すると次式が得られる。

$$\frac{\partial\sigma_{xx}(x)}{\partial x}+\frac{\partial\tau_{yx}(y)}{\partial y}+\frac{\partial\tau_{zx}(z)}{\partial z}+f_x=\rho\frac{\partial^2 u}{\partial t^2} \tag{1.1-4a}$$

同様に、y,z 軸方向の力のつり合い式より次式が求められる。

$$\frac{\partial\tau_{xy}(x)}{\partial x}+\frac{\partial\sigma_{yy}(y)}{\partial y}+\frac{\partial\tau_{zy}(z)}{\partial z}+f_y=\rho\frac{\partial^2 v}{\partial t^2} \tag{1.1-4b}$$

$$\frac{\partial\tau_{xz}(x)}{\partial x}+\frac{\partial\tau_{yz}(y)}{\partial y}+\frac{\partial\sigma_{zz}(z)}{\partial z}+f_z=\rho\frac{\partial^2 w}{\partial t^2} \tag{1.1-4c}$$

各軸回りの回転力(モーメント)のつり合いより、例えば x 軸(軸応力)回りの回転力のつり合い式より次式が得られる。

$$\left[\tau_{yz}(y+dy)+\tau_{yz}(y)\right]dxdz\frac{dy}{2}-\left[\tau_{zy}(z+dz)+\tau_{zy}(z)\right]dxdy\frac{dy}{2}=0 \qquad (1.1\text{-}5)$$

この式はテイラー展開を使うと次式のように書き換えられる。

$$\left[2\tau_{yz}(y)+\frac{\partial\tau_{yz}(y)}{\partial y}dy\right]dxdz\frac{dy}{2}-\left[2\tau_{zy}(z)+\frac{\partial\tau_{zy}(z)}{\partial z}dz\right]dxdy\frac{dz}{2}=0 \qquad (1.1\text{-}6)$$

高次項を無視すると次式が得られる。

$$\tau_{yz}(y)=\tau_{zy}(z) \qquad (1.1\text{-}7)$$

この式は式 (1.1-1) の簡略表現であるが、正確に表すと次式のようになる。

$$\tau_{yz}(x,y,z,t)=\tau_{zy}(x,y,z,t), \qquad \tau_{yz}=\tau_{zy} \qquad (1.1\text{-}8a)$$

同様に、y, z 軸(軸応力)回りの回転力のつり合い式より次式が得られる。

$$\tau_{xz}=\tau_{zx},\tau_{xy}=\tau_{yx} \qquad (1.1\text{-}8b)$$

上式のような x, y, z 軸方向の 3 つのつり合い式並びに、各軸回りの回転力のつり合い式から求められる 3 つのつり合い式の合計 6 個の式は次式のように表現することもできる。

$$\sum_j\frac{\partial\tau_{ji}}{\partial x_j}+f_i=\rho\frac{\partial^2u_i}{\partial t^2}, \qquad \tau_{ij}=\tau_{ji} \qquad (1.1\text{-}9a)$$

あるいは、

$$\frac{\partial\tau_{ij}}{\partial x_j}+f_i=\rho\frac{\partial^2u_i}{\partial t^2}, \qquad \tau_{ij}=\tau_{ji} \qquad (1.1\text{-}9b)$$

ここに、$i,j=x,y,z,u\equiv u_x,v\equiv u_y,w\equiv u_z,\sigma_{ii}\equiv\tau_{ii}$ である。また、式 (1.1-9b) の表現では、j に関する総和記号 $\sum$ を省略し、1 つの式の中に 2 つの記号 j が現れる場合には、j に関する総和記号 $\sum$ を省略するというアインシュタインの総和規約による記述である。

上式の力のつり合い式は次式のような行列で表示することもできる。

$$\mathbf{L}^T\boldsymbol{\tau}+\mathbf{f}=\rho\ddot{\mathbf{u}} \qquad (1.1\text{-}10)$$

ここに、

$$\mathbf{f}=\begin{pmatrix} f_x \\ f_y \\ f_z \end{pmatrix},\quad \mathbf{u}=\begin{pmatrix} u \\ v \\ w \end{pmatrix},\quad \boldsymbol{\tau}=\begin{pmatrix} \sigma_{xx} \\ \sigma_{yy} \\ \sigma_{zz} \\ \tau_{xy} \\ \tau_{yz} \\ \tau_{zx} \end{pmatrix} \tag{1.1-11}$$

$$\mathbf{L}^T=\begin{pmatrix} \frac{\partial}{\partial x} & 0 & 0 & \frac{\partial}{\partial y} & 0 & \frac{\partial}{\partial z} \\ 0 & \frac{\partial}{\partial y} & 0 & \frac{\partial}{\partial x} & \frac{\partial}{\partial z} & 0 \\ 0 & 0 & \frac{\partial}{\partial z} & 0 & \frac{\partial}{\partial y} & \frac{\partial}{\partial x} \end{pmatrix},\quad \mathbf{L}=\begin{pmatrix} \frac{\partial}{\partial x} & 0 & 0 \\ 0 & \frac{\partial}{\partial y} & 0 \\ 0 & 0 & \frac{\partial}{\partial z} \\ \frac{\partial}{\partial y} & \frac{\partial}{\partial x} & 0 \\ 0 & \frac{\partial}{\partial z} & \frac{\partial}{\partial y} \\ \frac{\partial}{\partial z} & 0 & \frac{\partial}{\partial x} \end{pmatrix} \tag{1.1-12}$$

1.2　歪と変位の関係

1.2.1　軸歪と変位の関係

図 1.2-1(a)のような単純な棒の伸びの場合、軸歪 ε_n は次式のように定義される。

$$\varepsilon_n=\frac{dl}{l} \tag{1.2-1}$$

この定義に従って、3 次元の場合の x 軸方向の軸歪を考察する（図 1.2-1（b））。x 軸方向の

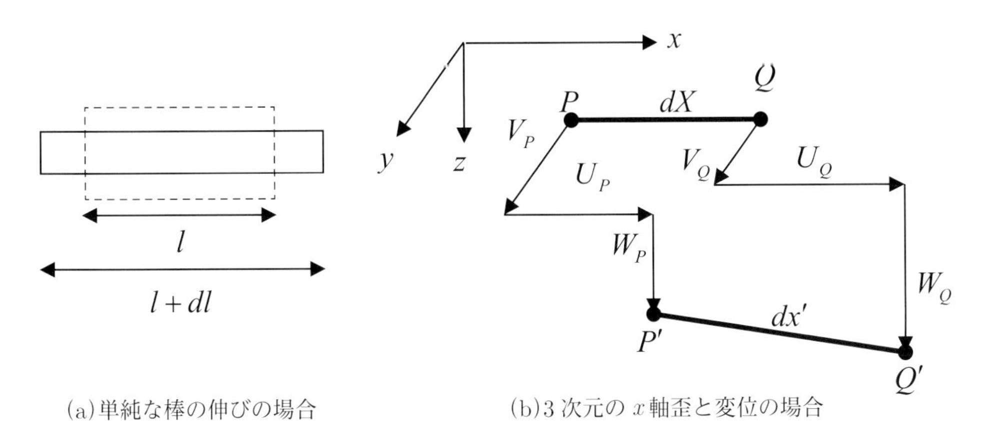

(a)単純な棒の伸びの場合　(b)3 次元の x 軸歪と変位の場合

図 1.2-1　軸歪と変位

微小長さdXの線分|PQ|が、U,V,Wで表わされる変位だけ移動して微小長さdx'の線分|P'Q'|の位置に移動した状態を考える。x軸の軸歪ε_{xx}は次式のように与えられる。

$$\varepsilon_{xx} = \frac{|P'Q'| - |PQ|}{|PQ|} = \frac{dx' - dX}{dX} \tag{1.2-2}$$

図1.2-1(b)において、変形前の点P, Qの座標と変位は次式のように表すことができる。この場合も、変化量はXだけなので次式のように変位の変数を簡略化している。

Pの座標(X,Y,Z)
Pの変位$U(X,Y,Z,t) \equiv U(X), V(X,Y,Z,t) \equiv V(X), W(X,Y,Z,t) \equiv W(X)$
Qの座標$(X+dX,Y,Z)$
Qの変位$U(X+dX,Y,Z,t) \equiv U(X+dX)$,
$V(X+dX,Y,Z,t) \equiv V(X+dX), W(X+dX,Y,Z,t) \equiv W(X+dX)$

(1.2-3)

したがって、変形後の点P', Q'の座標は次式のように表すことができる。

P'の座標$(X+U(X), Y+V(X), Z+W(X))$,
Q'の座標$(X+dX+U(X+dX), Y+V(X+dX), Z+W(X+dX))$

(1.2-4)

ここで、テイラー展開より点Qの変位は点Pの変位で次式のように近似できる。

$$\begin{aligned} U(X+dX) &\simeq U(X) + \frac{\partial U}{\partial X}dX + \frac{1}{2!}\frac{\partial^2 U}{\partial X^2}dX^2 + \cdots \\ V(X+dX) &\simeq V(X) + \frac{\partial V}{\partial X}dX + \frac{1}{2!}\frac{\partial^2 V}{\partial X^2}dX^2 + \cdots \\ W(X+dX) &\simeq W(X) + \frac{\partial W}{\partial X}dX + \frac{1}{2!}\frac{\partial^2 W}{\partial X^2}dX^2 + \cdots \end{aligned} \tag{1.2-5}$$

式(1.2-5)を式(1.2-4)に代入し両座標の差を取ると、|P'Q'|の長さdx'は次式のようになる。

$$dx' = \sqrt{\left(dX + \frac{\partial U}{\partial X}dX\right)^2 + \left(\frac{\partial V}{\partial X}dX\right)^2 + \left(\frac{\partial W}{\partial X}dX\right)^2} \tag{1.2-6}$$

ところで、式(1.2-2)より$dx' = (1+\varepsilon_{xx})dX$なので、これを上式に代入し$dX^2$で割ると次式が得られる。

$$1 + 2\varepsilon_{xx} + \varepsilon_{xx}^2 = 1 + 2\frac{\partial U}{\partial X} + \left(\frac{\partial U}{\partial X}\right)^2 + \left(\frac{\partial V}{\partial X}\right)^2 + \left(\frac{\partial W}{\partial X}\right)^2 \tag{1.2-7}$$

ε_{xx}に関する2次方程式の根より次式を得る(軸歪が正の方を採用)。

$$\varepsilon_{xx} = -1 + \sqrt{1 + 2\frac{\partial U}{\partial X} + \left(\frac{\partial U}{\partial X}\right)^2 + \left(\frac{\partial V}{\partial X}\right)^2 + \left(\frac{\partial W}{\partial X}\right)^2} \tag{1.2-8a}$$

ここで、$\dfrac{\partial U}{\partial X}, \dfrac{\partial V}{\partial X}, \dfrac{\partial W}{\partial X} \ll 1$ならば次式が得られる。

$$\varepsilon_{xx} = \frac{\partial U}{\partial X} + \frac{1}{2}\left(\left(\frac{\partial U}{\partial X}\right)^2 + \left(\frac{\partial V}{\partial X}\right)^2 + \left(\frac{\partial W}{\partial X}\right)^2\right) \tag{1.2-8b}$$

さらに、高次項を無視すると次式が得られる。

$$\varepsilon_{xx} = \frac{\partial U}{\partial X} \tag{1.2-8c}$$

微小な変位や歪の場合、式(1.2-8c)が使えるが、有限な変位や歪を受ける場合には、式(1.2-8b)を用いる。

ここで、補足 1.1 より変形前と変形後の座標$(X, Y, Z), (x, y, z)$の差$(\mathbf{x} - \mathbf{X})$が変位であるが、この変位は変形前の座標の関数として表すと上記のように$\mathbf{U}(X, Y, Z, t)$となる。変形後の座標の関数で表すと$\mathbf{u}(x, y, z, t)$となる。これらは同じ変位なので次式が成り立つ。

$$\mathbf{U}(\mathbf{X}, t) = \mathbf{u}(\mathbf{x}, t) = \mathbf{x} - \mathbf{X} \tag{1.2-9a}$$

そして、線形変形理論(変位の空間変化率が小さい場合)では、変形前と変形後の座標を気にせずに次式で示すようにどちらの変位の表現においても空間微分は同じとなる。

$$\frac{\partial \mathbf{U}}{\partial X_j} = \frac{\partial \mathbf{u}}{\partial x_j} \tag{1.2-9b}$$

以後では、変形後の座標表現を用いる。したがって、軸歪は次式のように表される。

$$\varepsilon_{xx} = \frac{\partial u}{\partial x} \tag{1.2-10}$$

同様に、y, z軸方向の微少長さdY, dZの線分で考察すると、y, z軸方向の軸歪と変位の関係が次式のように求められる。

$$\varepsilon_{yy} = \frac{\partial v}{\partial y} + \frac{1}{2}\left(\left(\frac{\partial u}{\partial y}\right)^2 + \left(\frac{\partial v}{\partial y}\right)^2 + \left(\frac{\partial w}{\partial y}\right)^2\right) \tag{1.2-11}$$

$$\varepsilon_{zz} = \frac{\partial w}{\partial z} + \frac{1}{2}\left(\left(\frac{\partial u}{\partial z}\right)^2 + \left(\frac{\partial v}{\partial z}\right)^2 + \left(\frac{\partial w}{\partial z}\right)^2\right)$$

高次項を無視すると次式が得られる。

$$\varepsilon_{yy} = \frac{\partial v}{\partial y}, \quad \varepsilon_{zz} = \frac{\partial w}{\partial z} \tag{1.2-12}$$

1.2.2　せん断歪と変位の関係

図 1.2-2(a)のような単純せん断の場合、せん断歪 γ_{shear} は次式のように定義される。

$$\gamma_{shear} = \frac{1}{2}\theta = \frac{1}{2}\left(\frac{\pi}{2} - \theta'\right) \simeq \frac{1}{2}\sin\left(\frac{\pi}{2} - \theta'\right) = \frac{1}{2}\cos\theta' \tag{1.2-13}$$

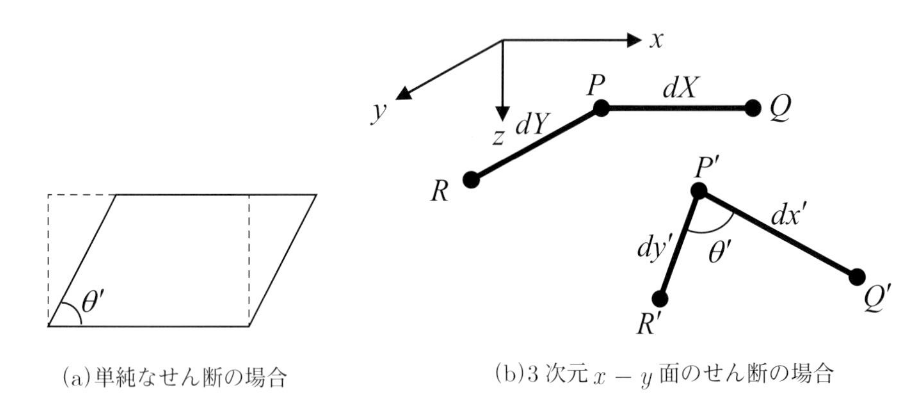

(a)単純なせん断の場合　　(b)3 次元 $x-y$ 面のせん断の場合

図 1.2-2　せん断歪と変位

定義に従って、図 1.2-2 (b) のような 3 次元における x, y 平面内のせん断歪 γ_{xy} と変位の関係式を導く。せん断歪は次式のように与えられる。

$$\gamma_{xy} = \frac{1}{2}\cos\theta' \tag{1.2-14}$$

すなわち、図 1.2-2(b)の角度 θ' の余弦を求めることになる。これは、線分 $P'Q', P'R'$ をベクトルとみなして、その内積から求められる。

点 P' を原点としたベクトル $P'Q'$ の座標は、x 軸の軸歪と変位の関係式で用いた式（1.2-4)と式(1.2-5)より次式のように与えられる。

$$\text{ベクトル P}'\text{Q}'\text{の座標}\left(dX + \frac{\partial U}{\partial X}dX, \frac{\partial V}{\partial X}dX, \frac{\partial W}{\partial X}dX\right) \tag{1.2-15}$$

また、点 P' を原点としたベクトル $P'R'$ の座標は、y 軸の軸歪と変位の関係式より次式のように与えられる。

$$\text{ベクトル P}'\text{R}'\text{の座標}\left(\frac{\partial U}{\partial Y}dY, dY + \frac{\partial V}{\partial Y}dY, \frac{\partial W}{\partial Y}dY\right) \tag{1.2-16}$$

ここで、ベクトル $P'Q'$ とベクトル $P'R'$ の内積は次式のようになる。

$$P'Q' \cdot P'R' = dx'dy'\cos\theta'$$
$$= \left(dX + \frac{\partial U}{\partial X}dX\right)\left(\frac{\partial U}{\partial Y}dY\right) + \left(\frac{\partial V}{\partial X}dX\right)\left(dY + \frac{\partial V}{\partial Y}dY\right) + \left(\frac{\partial W}{\partial X}dX\right)\left(\frac{\partial W}{\partial Y}dY\right)$$
(1.2-17)

上式に、$x,\ y$ 軸の軸歪と線分の長さの関係式 $dx' = (1+\varepsilon_{xx})dX$ 、$dy' = (1+\varepsilon_{yy})dY$ を代入し整理すると次式が得られる。

$$\gamma_{xy} = \frac{1}{2}\cos\theta'$$
$$= \frac{1}{2(1+\varepsilon_{xx})(1+\varepsilon_{yy})}\left[\left(\frac{\partial U}{\partial Y} + \frac{\partial V}{\partial X}\right) + \left(\frac{\partial U}{\partial X}\frac{\partial U}{\partial Y}\right) + \left(\frac{\partial V}{\partial X}\frac{\partial V}{\partial Y}\right) + \left(\frac{\partial W}{\partial X}\frac{\partial W}{\partial Y}\right)\right]$$
(1.2-18)

$\varepsilon_{xx}, \varepsilon_{yy} \ll 1$ ならば、

$$\gamma_{xy} = \frac{1}{2}\left[\left(\frac{\partial U}{\partial Y} + \frac{\partial V}{\partial X}\right) + \left(\frac{\partial U}{\partial X}\frac{\partial U}{\partial Y}\right) + \left(\frac{\partial V}{\partial X}\frac{\partial V}{\partial Y}\right) + \left(\frac{\partial W}{\partial X}\frac{\partial W}{\partial Y}\right)\right] \quad (1.2\text{-}19)$$

高次項を無視すると次式が得られる。

$$\gamma_{xy} = \frac{1}{2}\left(\frac{\partial U}{\partial Y} + \frac{\partial V}{\partial X}\right) \quad (1.2\text{-}20)$$

同様に、$y,\ z$ 平面内のせん断歪 γ_{yz} 並びに、$z,\ x$ 平面内のせん断歪 γ_{zx} と変位の関係式を導くと次式のようになる。

$$\gamma_{yz} = \frac{1}{2}\left[\left(\frac{\partial W}{\partial Y} + \frac{\partial V}{\partial Z}\right) + \left(\frac{\partial U}{\partial Y}\frac{\partial U}{\partial Z}\right) + \left(\frac{\partial V}{\partial Y}\frac{\partial V}{\partial Z}\right) + \left(\frac{\partial W}{\partial Y}\frac{\partial W}{\partial Z}\right)\right] \quad (1.2\text{-}21a)$$

$$\gamma_{zx} = \frac{1}{2}\left[\left(\frac{\partial U}{\partial Z} + \frac{\partial W}{\partial X}\right) + \left(\frac{\partial U}{\partial Z}\frac{\partial U}{\partial X}\right) + \left(\frac{\partial V}{\partial Z}\frac{\partial V}{\partial X}\right) + \left(\frac{\partial W}{\partial Z}\frac{\partial W}{\partial X}\right)\right] \quad (1.2\text{-}21b)$$

高次項を無視すると次式が得られる。

$$\gamma_{yz} = \frac{1}{2}\left(\frac{\partial W}{\partial Y} + \frac{\partial V}{\partial Z}\right), \quad \gamma_{zx} = \frac{1}{2}\left(\frac{\partial U}{\partial Z} + \frac{\partial W}{\partial X}\right) \quad (1.2\text{-}22)$$

軸歪と同じように、線形変形理論（変位の空間変化率が小さい場合）では、変形前と変形後の座標を気にせずに式 (1.2-9b) のように変位の表現において空間微分は同じとなる。したがって、せん断歪の場合も以後の式では、変形後の座標を基準とした小文字に置き換えて表すものとする。

1.2.3　微小歪と微小変位における歪と変位の関係式のまとめ

微小歪・微小変位における歪と変位の関係式をまとめると以下のようになる。

$$\begin{aligned}
&\varepsilon_{xx}=\frac{\partial u}{\partial x}, &&\varepsilon_{yy}=\frac{\partial v}{\partial y}, &&\varepsilon_{zz}=\frac{\partial w}{\partial z}\\
&\gamma_{xy}=\frac{1}{2}\left(\frac{\partial u}{\partial y}+\frac{\partial v}{\partial x}\right), &&\gamma_{yz}=\frac{1}{2}\left(\frac{\partial w}{\partial y}+\frac{\partial v}{\partial z}\right), &&\gamma_{zx}=\frac{1}{2}\left(\frac{\partial u}{\partial z}+\frac{\partial w}{\partial x}\right)\\
&\gamma_{yx}=\gamma_{xy}, &&\gamma_{zy}=\gamma_{yz}, &&\gamma_{xz}=\gamma_{zx}
\end{aligned} \tag{1.2-23}$$

これらの式は次式のように表すこともできる。

$$2\gamma_{ij}=\left(\frac{\partial u_i}{\partial x_j}+\frac{\partial u_j}{\partial x_i}\right),\quad \gamma_{ij}=\gamma_{ji} \tag{1.2-24}$$

これらの歪と変位の関係式は次式のような行列表示することもできる。

$$\boldsymbol{\gamma}=\mathbf{Lu} \tag{1.2-25}$$

ここに、

$$\boldsymbol{\gamma}=\begin{pmatrix}\varepsilon_{xx}\\ \varepsilon_{yy}\\ \varepsilon_{zz}\\ 2\gamma_{xy}\\ 2\gamma_{yz}\\ 2\gamma_{zx}\end{pmatrix},\quad \mathbf{u}=\begin{pmatrix}u\\ v\\ w\end{pmatrix} \tag{1.2-26}$$

式(1.2-25)の微分演算子行列は、式(1.1-12)と同じものである。

1.3　応力と歪の関係

1.3.1　直交異方性における応力と歪の関係

x, y, z 軸方向で異なるヤング率とポアソン比を有する直交異方性弾性体における応力と歪の関係を求める。

x 軸方向のみに引っ張り応力を作用させた時の x, y, z 軸方向の歪は次式で与えられる。

$$\varepsilon_{xx}^{x}=\frac{\sigma_{xx}}{E_x},\quad \varepsilon_{yy}^{x}=-\nu_{xy}\varepsilon_{xx}^{x},\quad \varepsilon_{zz}^{x}=-\nu_{xz}\varepsilon_{xx}^{x} \tag{1.3-1}$$

ここに、ν_{xy},ν_{xz} は x 軸のみに引っ張り応力が作用する時の y, z 軸方向のポアソン比を表す。

同様に、y, z 軸のみに引っ張り応力が作用する時の x, y, z 軸方向の歪は次式で与えられる。

$$\varepsilon_{yy}^{y} = \frac{\sigma_{yy}}{E_y}, \quad \varepsilon_{xx}^{y} = -\nu_{yx}\varepsilon_{yy}^{y}, \quad \varepsilon_{zz}^{y} = -\nu_{yz}\varepsilon_{yy}^{y} \tag{1.3-2}$$

$$\varepsilon_{zz}^{z} = \frac{\sigma_{zz}}{E_z}, \quad \varepsilon_{xx}^{z} = -\nu_{zx}\varepsilon_{zz}^{z}, \quad \varepsilon_{yy}^{z} = -\nu_{zy}\varepsilon_{zz}^{z} \tag{1.3-3}$$

したがって、x, y, z 軸に同時に引っ張り応力が作用する時の x, y, z 軸方向の歪は上式の和として次式のように与えられる。

$$\begin{aligned}
\varepsilon_{xx} &= \varepsilon_{xx}^{x} + \varepsilon_{xx}^{y} + \varepsilon_{xx}^{z} = \frac{\sigma_{xx}}{E_x} - \left(\frac{\nu_{yx}\sigma_{yy}}{E_y} + \frac{\nu_{zx}\sigma_{zz}}{E_z}\right) \\
\varepsilon_{yy} &= \varepsilon_{yy}^{x} + \varepsilon_{yy}^{y} + \varepsilon_{yy}^{z} = \frac{\sigma_{yy}}{E_y} - \left(\frac{\nu_{xy}\sigma_{xx}}{E_x} + \frac{\nu_{zy}\sigma_{zz}}{E_z}\right) \\
\varepsilon_{zz} &= \varepsilon_{zz}^{x} + \varepsilon_{zz}^{y} + \varepsilon_{zz}^{z} = \frac{\sigma_{zz}}{E_z} - \left(\frac{\nu_{xz}\sigma_{xx}}{E_x} + \frac{\nu_{yz}\sigma_{yy}}{E_y}\right)
\end{aligned} \tag{1.3-4}$$

これを行列表示すると次式のようになる。

$$\begin{pmatrix} \varepsilon_{xx} \\ \varepsilon_{yy} \\ \varepsilon_{zz} \end{pmatrix} = \begin{pmatrix} \dfrac{1}{E_x} & -\dfrac{\nu_{yx}}{E_y} & -\dfrac{\nu_{zx}}{E_z} \\ -\dfrac{\nu_{xy}}{E_x} & \dfrac{1}{E_y} & -\dfrac{\nu_{zy}}{E_z} \\ -\dfrac{\nu_{xz}}{E_x} & -\dfrac{\nu_{yz}}{E_y} & \dfrac{1}{E_z} \end{pmatrix} \begin{pmatrix} \sigma_{xx} \\ \sigma_{yy} \\ \sigma_{zz} \end{pmatrix} \tag{1.3-5}$$

ただし、応力と歪の関係式が対称であるためには次式の関係が必要となる。

$$\frac{\nu_{xy}}{E_x} = \frac{\nu_{yx}}{E_y}, \quad \frac{\nu_{yz}}{E_y} = \frac{\nu_{zy}}{E_z}, \quad \frac{\nu_{zx}}{E_z} = \frac{\nu_{xz}}{E_x} \tag{1.3-6}$$

x, y 平面内、y, z 平面内、z, x 平面内のせん断剛性率を G_{xy}, G_{yz}, G_{zx} とすると、せん断歪とせん断応力の関係は次式で与えられる。

$$2\gamma_{xy} = \frac{\tau_{xy}}{G_{xy}}, \quad 2\gamma_{yz} = \frac{\tau_{yz}}{G_{yz}}, \quad 2\gamma_{zx} = \frac{\tau_{zx}}{G_{zx}} \tag{1.3-7}$$

1.3.2　等方均質弾性体における応力と歪の関係

等方均質弾性体では、ヤング率、ポアソン比、せん断剛性率は、方向に依存しないので次式のようになる。

$$E_i = E, \quad \nu_{ij} = \nu_p, \quad G_{ij} = G \tag{1.3-8a}$$

また、せん断剛性率は次式のようにヤング率、ポアソン比から求められる。

$$G = \frac{E}{2(1+\nu_p)} \tag{1.3-8b}$$

歪と応力の関係式を行列表示すると次式のようになる。

$$\begin{pmatrix} \varepsilon_{xx} \\ \varepsilon_{yy} \\ \varepsilon_{zz} \\ 2\gamma_{xy} \\ 2\gamma_{yz} \\ 2\gamma_{zx} \end{pmatrix} = \frac{1}{E} \begin{pmatrix} 1 & -\nu_p & -\nu_p & 0 & 0 & 0 \\ & 1 & -\nu_p & 0 & 0 & 0 \\ & & 1 & 0 & 0 & 0 \\ & & & 2(1+\nu_p) & 0 & 0 \\ Sym. & & & & 2(1+\nu_p) & 0 \\ & & & & & 2(1+\nu_p) \end{pmatrix} \begin{pmatrix} \sigma_{xx} \\ \sigma_{yy} \\ \sigma_{zz} \\ \tau_{xy} \\ \tau_{yz} \\ \tau_{zx} \end{pmatrix} \tag{1.3-9}$$

逆に、応力は次式のようになる。

$$\begin{pmatrix} \sigma_{xx} \\ \sigma_{yy} \\ \sigma_{zz} \\ \tau_{xy} \\ \tau_{yz} \\ \tau_{zx} \end{pmatrix} = E_p \begin{pmatrix} 1-\nu_p & \nu_p & \nu_p & 0 & 0 & 0 \\ & 1-\nu_p & \nu_p & 0 & 0 & 0 \\ & & 1-\nu_p & 0 & 0 & 0 \\ & & & \frac{1}{2}(1-2\nu_p) & 0 & 0 \\ & Sym. & & & \frac{1}{2}(1-2\nu_p) & 0 \\ & & & & & \frac{1}{2}(1-2\nu_p) \end{pmatrix} \begin{pmatrix} \varepsilon_{xx} \\ \varepsilon_{yy} \\ \varepsilon_{zz} \\ 2\gamma_{xy} \\ 2\gamma_{yz} \\ 2\gamma_{zx} \end{pmatrix}$$

$$E_p = \frac{E}{(1-2\nu_p)(1+\nu_p)} \tag{1.3-10}$$

上式は、ラーメの定数$\lambda, \mu = G$を使って次式のように表すこともできる。

$$\begin{pmatrix} \sigma_{xx} \\ \sigma_{yy} \\ \sigma_{zz} \\ \tau_{xy} \\ \tau_{yz} \\ \tau_{zx} \end{pmatrix} = \begin{pmatrix} \lambda+2\mu & \lambda & \lambda & 0 & 0 & 0 \\ & \lambda+2\mu & \lambda & 0 & 0 & 0 \\ & & \lambda+2\mu & 0 & 0 & 0 \\ & & & \mu & 0 & 0 \\ & Sym. & & & \mu & 0 \\ & & & & & \mu \end{pmatrix} \begin{pmatrix} \varepsilon_{xx} \\ \varepsilon_{yy} \\ \varepsilon_{zz} \\ 2\gamma_{xy} \\ 2\gamma_{yz} \\ 2\gamma_{zx} \end{pmatrix} \tag{1.3-11}$$

ここに、

$$\lambda = \frac{\nu_p E}{(1+\nu_p)(1-2\nu_p)}, \qquad \mu = G = \frac{E}{2(1+\nu_p)} \tag{1.3-12}$$

また、ラーメの定数を用いて次式のような表現も多用される。

$$\tau_{ij} = \lambda\varepsilon\delta_{ij} + 2\mu\gamma_{ij},$$
$$\varepsilon = \gamma_{ii} = \varepsilon_{xx} + \varepsilon_{yy} + \varepsilon_{zz}, \quad \delta_{ij} = \begin{cases} 1 & i = j \\ 0 & i \neq j \end{cases} \tag{1.3-13}$$

あるいは、行列表示すると次式のようになる。

$$\boldsymbol{\tau} = \mathbf{D}\boldsymbol{\gamma} \tag{1.3-14}$$

ここに、

$$\boldsymbol{\tau} = \begin{pmatrix} \sigma_{xx} \\ \sigma_{yy} \\ \sigma_{zz} \\ \tau_{xy} \\ \tau_{yz} \\ \tau_{zx} \end{pmatrix}, \quad \boldsymbol{\gamma} = \begin{pmatrix} \varepsilon_{xx} \\ \varepsilon_{yy} \\ \varepsilon_{zz} \\ 2\gamma_{xy} \\ 2\gamma_{yz} \\ 2\gamma_{zx} \end{pmatrix}, \quad \mathbf{D} = \begin{pmatrix} \lambda + 2\mu & \lambda & \lambda & 0 & 0 & 0 \\ & \lambda + 2\mu & \lambda & 0 & 0 & 0 \\ & & \lambda + 2\mu & 0 & 0 & 0 \\ & & & \mu & 0 & 0 \\ & Sym. & & & \mu & 0 \\ & & & & & \mu \end{pmatrix} \tag{1.3-15}$$

表 1.3-1 は等方均質弾性体の物性値に関する定数の関係を示す。

表 1.3-1　等方均質弾性体の物性定数の関係

	E, ν_p	E, μ	λ, μ
λ	$\dfrac{\nu_p E}{(1+\nu_p)(1-2\nu_p)}$	$\dfrac{\mu(E-2\mu)}{3\mu - E}$	λ
μ	$\dfrac{E}{2(1+\nu_p)}$	μ	μ
E	E	E	$\dfrac{\mu(3\lambda+2\mu)}{\lambda+\mu}$
ν_p	ν_p	$\dfrac{E-2\mu}{2\mu}$	$\dfrac{\lambda}{2(\lambda+\mu)}$

1.4　力のつり合い式、歪と変位の関係式、応力と歪の関係式のまとめ

微小歪・微小変位における等方均質弾性体の力のつり合い式、変位と歪の関係式および、応力・歪の関係式をまとめると以下のようになる。

力のつり合い式：

$$\frac{\partial \tau_{ij}}{\partial x_j} + f_i = \rho \frac{\partial^2 u_i}{\partial t^2} \qquad (1.4\text{-}1a)$$
$$\tau_{ij} = \tau_{ji}$$

または、

$$\mathbf{L}^T \boldsymbol{\tau} + \mathbf{f} = \rho \ddot{\mathbf{u}} \qquad (1.4\text{-}1b)$$

ここに、$\mathbf{L}, \boldsymbol{\tau}, \mathbf{f}, \ddot{\mathbf{u}}$は式(1.1-11)と式(1.1-12)で与えられる。

変位と歪の関係式：

$$2\gamma_{ij} = \left(\frac{\partial u_i}{\partial x_j} + \frac{\partial u_j}{\partial x_i} \right), \quad \gamma_{ij} = \gamma_{ji} \qquad (1.4\text{-}2a)$$

または、

$$\boldsymbol{\gamma} = \mathbf{L}\mathbf{u} \qquad (1.4\text{-}2b)$$

ここに、$\boldsymbol{\gamma}, \mathbf{L}, \mathbf{u}$は式(1.2-26)で与えられる。

応力と歪の関係式：

$$\tau_{ij} = \lambda \varepsilon \delta_{ij} + 2\mu \gamma_{ij},$$
$$\varepsilon = \gamma_{ii} = \varepsilon_{xx} + \varepsilon_{yy} + \varepsilon_{zz}, \quad \delta_{ij} = \begin{cases} 1 & i = j \\ 0 & i \neq j \end{cases} \qquad (1.4\text{-}3a)$$

または、

$$\boldsymbol{\tau} = \mathbf{D}\boldsymbol{\gamma} \qquad (1.4\text{-}3b)$$

ここに、$\boldsymbol{\tau}, \mathbf{D}, \boldsymbol{\gamma}$は式(1.3-15)で与えられる。

上式で未知数は、応力 $(\sigma_{xx}, \sigma_{yy}, \sigma_{zz}, \tau_{xy}, \tau_{yz}, \tau_{zx})$ で 6 個、歪 $(\varepsilon_{xx}, \varepsilon_{yy}, \varepsilon_{zz}, \gamma_{xy}, \gamma_{yz}, \gamma_{zx})$ で 6 個、変位(u, v, w)の 3 個となり、未知数の合計は 15 個である。そしてこれら 15 個の未知数に対して、力のつり合い式が 3 個、変位と歪の関係式が 6 個および、応力と歪の関係式が 6 個で、合計 15 個の関係式が成立している。したがって、15 個の未知数は 15 個の関係式から一意に決めることができる。

1.5　変位に関する波動方程式

1.5.1　3 次元波動方程式

ここでは、15 個の方程式を扱うのは大変なので、方程式の数を減らす。変位・歪の関係式と応力・歪の関係式から歪 γ_{ij} を消去し次式の応力と変位の関係式を求める。

$$
\begin{aligned}
&\sigma_{xx} = \lambda \nabla \cdot \mathbf{u} + 2\mu \frac{\partial u}{\partial x}, \quad \sigma_{yy} = \lambda \nabla \cdot \mathbf{u} + 2\mu \frac{\partial v}{\partial y}, \quad \sigma_{zz} = \lambda \nabla \cdot \mathbf{u} + 2\mu \frac{\partial w}{\partial z} \\
&\tau_{xy} = \mu\left(\frac{\partial v}{\partial x} + \frac{\partial u}{\partial y}\right), \quad \tau_{yz} = \mu\left(\frac{\partial w}{\partial y} + \frac{\partial v}{\partial z}\right), \quad \tau_{zx} = \mu\left(\frac{\partial u}{\partial z} + \frac{\partial w}{\partial x}\right) \\
&\nabla \cdot \mathbf{u} = \frac{\partial u}{\partial x} + \frac{\partial v}{\partial y} + \frac{\partial w}{\partial z}
\end{aligned}
\tag{1.5-1a}
$$

ここに、$\nabla \cdot \mathbf{u}$ は微分演算子ベクトル ∇ と変位ベクトル $\mathbf{u}$ の内積を表す（補足 1.2 参照）。

$$
\nabla = \begin{pmatrix} \dfrac{\partial}{\partial x} \\ \dfrac{\partial}{\partial y} \\ \dfrac{\partial}{\partial z} \end{pmatrix}, \quad \mathbf{u} = \begin{pmatrix} u \\ v \\ w \end{pmatrix}
\tag{1.5-1b}
$$

次に、これらを力のつり合い式に代入すると、変位に関する３つの波動方程式が得られる（具体式は省略）。この波動方程式は、密度、ラーメの定数などの材料定数が場所 $(x,\ y,\ z)$ によって変わるような不均質媒体を取り扱うときに使われる。

材料定数が場所によって一定である場合には、次のような波動方程式が得られる。

$$
\mu \nabla^2 \begin{pmatrix} u \\ v \\ w \end{pmatrix} + (\lambda + \mu) \begin{pmatrix} \dfrac{\partial}{\partial x} \\ \dfrac{\partial}{\partial y} \\ \dfrac{\partial}{\partial z} \end{pmatrix} \left(\nabla \cdot \mathbf{u}\right) + \begin{pmatrix} f_x \\ f_y \\ f_z \end{pmatrix} = \rho \begin{pmatrix} \ddot{u} \\ \ddot{v} \\ \ddot{w} \end{pmatrix}
\tag{1.5-2a}
$$

$$
\nabla^2 = \frac{\partial^2}{\partial x^2} + \frac{\partial^2}{\partial y^2} + \frac{\partial^2}{\partial z^2}
$$

式(1.5-2a)は、次のように表現できる。

$$
\mu \nabla^2 u_i + (\lambda + \mu) \frac{\partial}{\partial x_i} (\nabla \cdot \mathbf{u}) + f_i = \rho \ddot{u}_i
\tag{1.5-2b}
$$

ここに、$i = x, y, z$ 、または、式(1.5-2b)は、次のように表現できる。

$$
\mu \nabla^2 \mathbf{u} + (\lambda + \mu) \nabla (\nabla \cdot \mathbf{u}) + \mathbf{f} = \rho \ddot{\mathbf{u}}
\tag{1.5-2c}
$$

また、式 (1.5-2) （等方均質弾性体）の変位に関する波動方程式は、力のつり合い式、歪と変位の関係式、応力と歪の関係式の行列表示を使うと、次式のように表すことができる。

$$
\mathbf{L}^T \boldsymbol{\tau} + \mathbf{f} = \rho \ddot{\mathbf{u}}, \quad \boldsymbol{\gamma} = \mathbf{L}\mathbf{u}, \quad \boldsymbol{\tau} = \mathbf{D}\boldsymbol{\gamma} \rightarrow \mathbf{L}^T \mathbf{D} \mathbf{L} \mathbf{u} + \mathbf{f} = \rho \ddot{\mathbf{u}}
\tag{1.5-2d}
$$

また、式(1.5-2b)と式(1.5-2c)の両辺をρで割って次式のようなP波とS波速度 C_P, C_S を用いた波動方程式の表現もよく使われる。

$$C_S^2 \nabla^2 u_i + (C_P^2 - C_S^2)\frac{\partial}{\partial x_i}(\nabla \cdot \mathbf{u}) + \frac{f_i}{\rho} = \ddot{u}_i \tag{1.5-3a}$$

$$C_S^2 \nabla^2 \mathbf{u} + (C_P^2 - C_S^2)\nabla(\nabla \cdot \mathbf{u}) + \frac{\mathbf{f}}{\rho} = \ddot{\mathbf{u}} \tag{1.5-3b}$$

ここに、

$$C_P = \sqrt{\frac{\lambda + 2\mu}{\rho}}, \quad C_S = \sqrt{\frac{\mu}{\rho}} \tag{1.5-4}$$

上式は、ナビエーコシー(Navier-Cauchy)の波動方程式と呼ばれる。

■例題1.5-1　P波(Primary wave)とS波(Secondary wave)

(1) P波とS波の速度比

ラーメの定数間の関係を表す表1.3-1を使うと、P波とS波の速度比は次式の様にポアソン比 ν_p のみの関数となる。

$$\frac{C_P}{C_S} = \sqrt{\frac{\lambda + 2\mu}{\mu}} = \sqrt{\frac{2 - 2\nu_p}{1 - 2\nu_p}}$$

ν_p	0.25	0.30	0.40	0.45	0.50
C_P / C_S	$\sqrt{3} = 1.73$	3.50	6.0	11	∞

(2)工学基盤、地震基盤、S波速度、P波速度、単位体積質量ρの目安

構造物の基礎を設置できる程度の硬さを持った地層を工学基盤と呼ぶ。その目安は、第三紀の軟岩層または、N値50の地層で、S波速度としては、700(m/s)～400(m/s)程度である。

工学基盤の弾性定数：C_S=400(m/s)、C_P=2000(m/s)、$\rho = 2.0 \times 10^3 (\mathrm{kg/m^3})$ 程度

地震基盤は、S波速度で3(km/s)程度、P波速度で5(km/s)の地層で地殻の最上層に相当し、これ以深(地殻内)で震源断層(急激な断層破壊が生じるまでにひずみエネルギーをため込むことができる程度の硬さの岩盤)が生じる。

地震基盤の弾性定数：C_S=3(km/s)、C_P=5(km/s)、$\rho = 2.8 \times 10^3 (\mathrm{kg/m^3})$程度

(3) P 波と S 波の速度の観測値から求められるせん断弾性係数とヤング係数

S 波速度の観測値：C_S=400(m/s)、密度を $\rho = 2.0 \times 10^3 (\mathrm{kg/m^3})$ とすると、

せん断弾性係数 $\mu (= G) = \rho C_S^2 = 2000 \times (400)^2 = 3.8 \times 10^8 (\mathrm{N/m^2})$

P 波と S 波の速度の観測値：C_S=400(m/s)、C_P=2000(m/s)、$\rho = 2.0 \times 10^3 (\mathrm{kg/m^3})$ とすると、

ヤング係数 $E = 2\mu(1 + \nu_p)$ また、$E = \dfrac{\mu\left(3\left(\dfrac{C_P}{C_S}\right)^2 - 4\right)}{\left(\dfrac{C_P}{C_S}\right)^2 - 1}$ より、

$$E = \frac{3.8 \times 10^8 \left(3\left(\dfrac{2000}{400}\right)^2 - 4\right)}{\left(\dfrac{2000}{400}\right)^2 - 1} = 3.8 \times 10^8 (2.96) = 1.1 \times 10^9 (\mathrm{N/m^2})$$

1.5.2　2 次元波動方程式(P・SV 波と SH 波の波動方程式)

ここでは 3 次元波動方程式において、変位が座標軸 y に依存せず、座標軸 x, z の関数である場合、すなわち、$u(x,z,t), v(x,z,t), w(x,z,t)$ の時の 2 次元波動方程式を求めておく。2 次元波動方程式は、以下に示すように面内問題(P・SV 波問題)と面外問題(SH 波問題)の波動方程式として呼ばれる。また、2 章で示すが 3 次元波動方程式の解は 2 次元波動方程式の解から求めることができる。

式(1.5-2)において、座標軸 y に関する微分を零とし次式が得られる。

$$\begin{aligned} &\mu \nabla^2 u + (\lambda + \mu)\frac{\partial}{\partial x}(\nabla \cdot \mathbf{u}) + f_x = \rho \ddot{u} \\ &\mu \nabla^2 v + f_y - \rho \ddot{v} \\ &\mu \nabla^2 w + (\lambda + \mu)\frac{\partial}{\partial z}(\nabla \cdot \mathbf{u}) + f_z = \rho \ddot{w} \end{aligned} \tag{1.5-5a}$$

ここに、

$$\nabla \cdot \mathbf{u} = \frac{\partial u}{\partial x} + \frac{\partial w}{\partial z}, \quad \nabla^2 = \frac{\partial^2}{\partial x^2} + \frac{\partial^2}{\partial z^2} \tag{1.5-5b}$$

上式から、変位 $u(x,z,t), w(x,z,t)$ は連成した微分方程式(面内問題)であるのに対し、変位 $v(x,z,t)$ は独立した微分方程式(面外問題)となっている。

ナビエーコシー (Navier-Cauchy) の波動方程式で表わすと面内問題 (P・SV 波問題) の波動方程式は次式のようになる。

$$C_S^2\left(\frac{\partial^2}{\partial x^2}+\frac{\partial^2}{\partial z^2}\right)u+(C_P^2-C_S^2)\frac{\partial}{\partial x}\left(\frac{\partial u}{\partial x}+\frac{\partial w}{\partial z}\right)+\frac{f_x}{\rho}=\ddot{u}$$
$$C_S^2\left(\frac{\partial^2}{\partial x^2}+\frac{\partial^2}{\partial z^2}\right)w+(C_P^2-C_S^2)\frac{\partial}{\partial z}\left(\frac{\partial u}{\partial x}+\frac{\partial w}{\partial z}\right)+\frac{f_z}{\rho}=\ddot{w} \tag{1.5-6}$$

面外問題(SH 波問題)の波動方程式は、次式のようになる。

$$C_S^2\left(\frac{\partial^2}{\partial x^2}+\frac{\partial^2}{\partial z^2}\right)v+\frac{f_y}{\rho}=\ddot{v} \tag{1.5-7}$$

上式では、変位 $v(x,z,t)$ は S 波のみに関係する波動方程式であり、鉛直軸 z 方向の成分を含まず、座標軸 y 方向の水平変位成分のみなので、SH（Horizontal Component of S Wave）波の波動方程式と呼ばれる。また、変位 $u(x,z,t), w(x,z,t)$ は S 波と P 波が連成し、水平成分(x 軸方向)と鉛直成分(z 軸方向)を持つため、P・SV(Vertical and Horizontal Components of P and S Waves)波の波動方程式と呼ばれる。

1.6　変位ポテンシャルに関する波動方程式

1.6.1　3 次元波動方程式

前節の変位に関する 3 次元波動方程式は、連立微分方程式となっているため直接的には解き難い。これを独立な波動方程式とするために、以下のような変位ポテンシャルを導入したヘルムホルツの定理を用いる。

$$\begin{pmatrix} u \\ v \\ w \end{pmatrix}=\begin{pmatrix} \dfrac{\partial}{\partial x} \\ \dfrac{\partial}{\partial y} \\ \dfrac{\partial}{\partial z} \end{pmatrix}\Phi+\begin{pmatrix} \dfrac{\partial \Psi_3}{\partial y}-\dfrac{\partial \Psi_2}{\partial z} \\ \dfrac{\partial \Psi_1}{\partial z}-\dfrac{\partial \Psi_3}{\partial x} \\ \dfrac{\partial \Psi_2}{\partial x}-\dfrac{\partial \Psi_1}{\partial y} \end{pmatrix},\quad \frac{\partial \Psi_1}{\partial x}+\frac{\partial \Psi_2}{\partial y}+\frac{\partial \Psi_3}{\partial z}=0 \tag{1.6-1a}$$

微分演算子を用いると、次のように表現することもできる(補足 1.2 参照)。

$$\mathbf{u}=\nabla\Phi+\nabla\times\boldsymbol{\Psi},\quad \nabla\cdot\boldsymbol{\Psi}=0 \tag{1.6-1b}$$

ここに、$\mathbf{u}$ は変位ベクトル、∇ は微分演算子ベクトルで、それらの成分は式 (1.5-1b) で与えられる。

上式において 3 つの変位に対して 4 つの変位ポテンシャルを導入したため、変位と変位ポテンシャルは 1 対 1 に対応していないように見えるが、これら変位ポテンシャルには式 (1.6-1a) の 2 番目の関係式があるので、独立な変位ポテンシャルの数は 3 つであり、変位と変位ポテンシャルは 1 対 1 に対応している。すなわち、変位ポテンシャルから 1 意に変位を決めることができるし、逆に変位から 1 意に変位ポテンシャルが求められる。

体積力 f_x, f_y, f_z に関して、式(1.6-1b)のように次式の体積力ポテンシャルを導入する。

$$\mathbf{f} = C_P^2 \nabla F + C_S^2 \nabla \times \mathbf{G}, \quad \nabla \cdot \mathbf{G} = 0 \tag{1.6-2a}$$

ここに、$\mathbf{f}$ は体積力ベクトル、$F, \mathbf{G}$ は体積力ポテンシャルで成分は次式のようになる

$$\mathbf{f} = (f_x, f_y, f_z)^T, \quad \mathbf{G} = (G_1, G_2, G_3)^T \tag{1.6-2b}$$

さて、上式を変位に関する波動方程式(1.5-2c)に代入し整理すると次式が得られる。

$$\begin{aligned} &\mu \nabla^2 (\nabla \Phi + \nabla \times \mathbf{\Psi}) + (\lambda + \mu) \nabla \Big(\nabla \cdot (\nabla \Phi + \nabla \times \mathbf{\Psi}) \Big) + \\ &\qquad C_P^2 \nabla F + C_S^2 \nabla \times \mathbf{G} = \rho (\nabla \ddot{\Phi} + \nabla \times \ddot{\mathbf{\Psi}}) \end{aligned} \tag{1.6-3}$$

ここに、$\nabla \cdot \nabla \Phi = \nabla^2 \Phi, \quad \nabla \cdot \nabla \times \mathbf{\Psi} = 0$(補足 1.2 参照)を考慮すると、上式は次式のように整理できる。

$$\nabla \Big[(\lambda + 2\mu) \nabla^2 \Phi + C_P^2 F - \rho \ddot{\Phi} \Big] + \nabla \times \Big[\mu \nabla^2 \mathbf{\Psi} + C_S^2 \mathbf{G} - \rho \ddot{\mathbf{\Psi}} \Big] = \mathbf{0} \tag{1.6-4}$$

したがって、次式の変位ポテンシャルに関する P 波と S 波の波動方程式が満足されれば、変位ポテンシャルから得られる変位は変位の波動方程式を満足するといえる。

$$\begin{aligned} &\nabla^2 \Phi + \frac{F}{\rho} = \frac{1}{C_P^2} \ddot{\Phi} \\ &\nabla^2 \mathbf{\Psi} + \frac{\mathbf{G}}{\rho} = \frac{1}{C_S^2} \ddot{\mathbf{\Psi}}, \quad \nabla^2 = \frac{\partial^2}{\partial x^2} + \frac{\partial^2}{\partial y^2} + \frac{\partial^2}{\partial z^2} \end{aligned} \tag{1.6-5}$$

上式 (1.6-5) は、変位ポテンシャルに関して独立な 2 階偏微分方程式であり、波動方程式の標準形になっている。したがって、前節の変位に関する連立 2 階偏微分方程式を取り扱うよりも、上式のような変位ポテンシャルに関する独立な 4 つの標準形波動方程式を扱う方が簡単で、一般解が求めやすい。2 章 2.2 節で示すように、この標準形波動方程式から変位ポテンシャルの一般解を求め、変位と変位ポテンシャルの関係式に代入して変位の一般解を求めるという手順がよく用いられる。

1.6.2　2 次元波動方程式

面内問題(P・SV 波問題)における変位に関する 2 次元波動方程式(1.5-6)は、次式の変位ポテンシャルを用いると、独立な変位ポテンシャルに関する標準波動方程式に変形することができる。

$$\begin{pmatrix} u \\ w \end{pmatrix} = \begin{pmatrix} \dfrac{\partial}{\partial x} \\ \dfrac{\partial}{\partial z} \end{pmatrix} \Phi + \begin{pmatrix} -\dfrac{\partial}{\partial z} \\ \dfrac{\partial}{\partial x} \end{pmatrix} \Psi, \quad \begin{pmatrix} f_x \\ f_z \end{pmatrix} = \begin{pmatrix} \dfrac{\partial}{\partial x} \\ \dfrac{\partial}{\partial z} \end{pmatrix} F + \begin{pmatrix} -\dfrac{\partial}{\partial z} \\ \dfrac{\partial}{\partial x} \end{pmatrix} G \tag{1.6-6}$$

上式を式(1.5-6)に代入すると、次式が得られる。

$$\nabla^2\Phi + \frac{F}{\rho} = \frac{1}{C_P^2}\ddot{\Phi}$$
$$\nabla^2\Psi + \frac{G}{\rho} = \frac{1}{C_S^2}\ddot{\Psi}, \quad \nabla^2 = \frac{\partial^2}{\partial x^2} + \frac{\partial^2}{\partial z^2} \tag{1.6-7a}$$

面外問題 (SH 波問題) における変位 $v(x,z)$ に関しては、式 (1.5-7) のように独立な標準波動方程式となっているため、これを上式と同じような表現で再記しておく。

$$\nabla^2 v + \frac{F_y}{\rho} = \frac{1}{C_S^2}\ddot{v}, \quad \nabla^2 = \frac{\partial^2}{\partial x^2} + \frac{\partial^2}{\partial z^2}, \quad f_y = C_S^2 F_y \tag{1.6-7b}$$

1.7　行列表示の波動方程式

地殻や地盤の最も単純なモデルとして、地層が水平面内 (x, y) では一定の厚さと物性値を有する水平多層構造を用いる場合が多い。このような水平多層構造の弾性体の解析では、各層間の変位と応力の連続条件 (適合条件) を用いて、全体の水平多層弾性体を解析するため、任意の深さ z における x, y 平面上の変位と応力をまとめて取り扱う方が便利である(図 1.7-1 参照)。ここでは、この変位と応力ベクトルを **B** として、この変位・応力ベクトルに関する波動方程式を記述する。

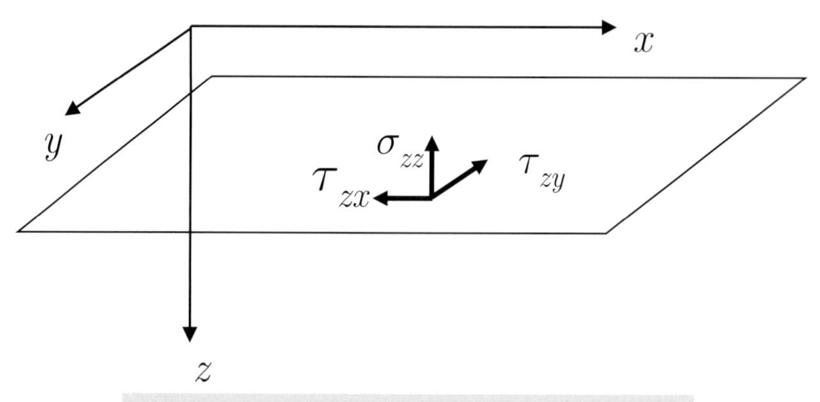

図 1.7-1　任意の深さ z における (x, y) 平面上の応力

1.7.1　3 次元波動方程式

図 1.7-1 より、任意の深さ z における x, y 平面上の変位と応力をまとめて、次式のような変位・応力ベクトル **B** を定義する。

$$\mathbf{B} = (u, v, w, \tau_{zx}, \tau_{zy}, \sigma_{zz})^T = \begin{pmatrix} u \\ v \\ w \\ \tau_{zx} \\ \tau_{zy} \\ \sigma_{zz} \end{pmatrix} \tag{1.7-1}$$

応力と変位の関係式(1.5-1)を変形すると次式が得られる。

$$\begin{aligned}
\frac{\partial u}{\partial z} &= -\frac{\partial w}{\partial x} + \frac{1}{\mu}\tau_{zx} \\
\frac{\partial v}{\partial z} &= -\frac{\partial w}{\partial y} + \frac{1}{\mu}\tau_{zy} \\
\frac{\partial w}{\partial z} &= -\frac{\lambda}{\lambda+2\mu}\frac{\partial u}{\partial x} - \frac{\lambda}{\lambda+2\mu}\frac{\partial v}{\partial y} + \frac{1}{\lambda+2\mu}\sigma_{zz}
\end{aligned} \tag{1.7-2}$$

また、力のつり合い式(1.1-4)または式(1.4-1)から、応力($\tau_{zx}, \tau_{zy}, \sigma_{zz}$)の z に関する微分項を左辺に移し、残りの応力を応力と変位の関係式(1.5-1)を用いて変位の微分項によって表すと次式が得られる。

$$\begin{aligned}
\frac{\partial \tau_{zx}}{\partial z} &= \rho\ddot{u} - \frac{\partial \zeta}{\partial x}\frac{\partial u}{\partial x} - \zeta\frac{\partial^2 u}{\partial x^2} - \frac{\partial \mu}{\partial y}\frac{\partial u}{\partial y} - \mu\frac{\partial^2 u}{\partial y^2} \\
&\quad - \frac{\partial \mu}{\partial y}\frac{\partial v}{\partial x} - \frac{\partial(\zeta - 2\mu)}{\partial x}\frac{\partial v}{\partial y} - (\zeta - \mu)\frac{\partial^2 v}{\partial x \partial y} \\
&\quad - \frac{\partial}{\partial x}\left(\frac{\lambda}{\lambda+2\mu}\right)\sigma_{zz} - \frac{\lambda}{\lambda+2\mu}\frac{\partial \sigma_{zz}}{\partial x} - f_x \\
\frac{\partial \tau_{zy}}{\partial z} &= \rho\ddot{v} - \frac{\partial(\zeta - 2\mu)}{\partial y}\frac{\partial u}{\partial x} - \frac{\partial \mu}{\partial x}\frac{\partial u}{\partial y} - (\zeta - \mu)\frac{\partial^2 u}{\partial x \partial y} \\
&\quad - \frac{\partial \zeta}{\partial y}\frac{\partial v}{\partial y} - \zeta\frac{\partial^2 v}{\partial y^2} - \frac{\partial \mu}{\partial x}\frac{\partial v}{\partial x} - \mu\frac{\partial^2 v}{\partial x^2} \\
&\quad - \frac{\partial}{\partial y}\left(\frac{\lambda}{\lambda+2\mu}\right)\sigma_{zz} - \frac{\lambda}{\lambda+2\mu}\frac{\partial \sigma_{zz}}{\partial y} - f_y \\
\frac{\partial \sigma_{zz}}{\partial z} &= \rho\ddot{w} - \frac{\partial \tau_{zx}}{\partial x} - \frac{\partial \tau_{zy}}{\partial y} - f_z
\end{aligned} \tag{1.7-3}$$

ここに、

$$\zeta = \frac{4\mu(\lambda+\mu)}{\lambda+2\mu}, \quad \zeta - \mu = \zeta\left(1 + \frac{2\lambda}{\lambda+2\mu}\right) \tag{1.7-4}$$

式(1.7-1)のような変位・応力ベクトルを使って、式(1.7-2)と式(1.7-3)を書き直すと、次式のような変位・応力ベクトル $\mathbf{B}$ に関する１階偏微分方程式(連立微分方程式)が得られる。

$$\frac{\partial \mathbf{B}}{\partial z} = \mathbf{AB} + \mathbf{Q}, \quad \mathbf{Q} = (0, 0, 0, -f_x, -f_y, -f_z)^T \tag{1.7-5}$$

ここに、$\mathbf{A}$ は係数行列で次式のように与えられる。

$$\mathbf{A} = \begin{pmatrix} \mathbf{A}_{11} & \mathbf{A}_{12} \\ \mathbf{A}_{21} & \mathbf{A}_{22} \end{pmatrix}, \mathbf{A}_{11} = \begin{pmatrix} 0 & 0 & -\frac{\partial}{\partial x} \\ 0 & 0 & -\frac{\partial}{\partial y} \\ A_{31} & A_{32} & 0 \end{pmatrix}, \mathbf{A}_{12} = \begin{pmatrix} \frac{1}{\mu} & 0 & 0 \\ 0 & \frac{1}{\mu} & 0 \\ 0 & 0 & A_{36} \end{pmatrix},$$

$$\mathbf{A}_{21} = \begin{pmatrix} A_{41} & A_{42} & 0 \\ A_{51} & A_{52} & 0 \\ 0 & 0 & \rho \frac{\partial^2}{\partial t^2} \end{pmatrix}, \mathbf{A}_{22} = \begin{pmatrix} 0 & 0 & A_{46} \\ 0 & 0 & A_{56} \\ -\frac{\partial}{\partial x} & -\frac{\partial}{\partial y} & 0 \end{pmatrix} \tag{1.7-6a}$$

ここに、

$$\begin{aligned} A_{31} &= A_{46} = -\frac{\lambda}{\lambda + 2\mu}\frac{\partial}{\partial x}, \quad A_{32} = A_{56} = -\frac{\lambda}{\lambda + 2\mu}\frac{\partial}{\partial y}, \quad A_{36} = \frac{\lambda}{\lambda + 2\mu} \\ A_{41} &= \rho \frac{\partial^2}{\partial t^2} - \frac{\partial \zeta}{\partial x}\frac{\partial}{\partial x} - \zeta \frac{\partial^2}{\partial x^2} - \frac{\partial \mu}{\partial y}\frac{\partial}{\partial y} - \mu \frac{\partial^2}{\partial y^2} \\ A_{42} &= A_{51} = -\frac{\partial \mu}{\partial y}\frac{\partial}{\partial x} - \frac{\partial(\zeta - 2\mu)}{\partial x}\frac{\partial}{\partial y} - (\zeta - \mu)\frac{\partial^2}{\partial x \partial y} \\ A_{52} &= \rho \frac{\partial^2}{\partial t^2} - \frac{\partial \zeta}{\partial y}\frac{\partial}{\partial y} - \zeta \frac{\partial^2}{\partial y^2} - \frac{\partial \mu}{\partial x}\frac{\partial}{\partial x} - \mu \frac{\partial^2}{\partial x^2} \end{aligned} \tag{1.7-6b}$$

上式は、ラーメの定数が座標の関数である場合の方程式である。

ここで、ラーメの定数が一定値の場合、これらの定数の座標に関する微分を零とおいて次式のようになる。

$$\begin{aligned} A_{31} &= A_{46} = -\frac{\lambda}{\lambda + 2\mu}\frac{\partial}{\partial x}, \quad A_{32} = A_{56} = -\frac{\lambda}{\lambda + 2\mu}\frac{\partial}{\partial y}, \quad A_{36} = \frac{\lambda}{\lambda + 2\mu} \\ A_{41} &= \rho \frac{\partial^2}{\partial t^2} - \zeta \frac{\partial^2}{\partial x^2} - \mu \frac{\partial^2}{\partial y^2} \\ A_{42} &= A_{51} = -(\zeta - \mu)\frac{\partial^2}{\partial x \partial y} \\ A_{52} &= \rho \frac{\partial^2}{\partial t^2} - \mu \frac{\partial^2}{\partial x^2} - \zeta \frac{\partial^2}{\partial y^2} \end{aligned} \tag{1.7-6c}$$

1.7.2　2 次元波動方程式

式(1.7-2)において y に関する微分を零とすると、次式が得られる。

$$\frac{\partial u}{\partial z} = -\frac{\partial w}{\partial x} + \frac{1}{\mu}\tau_{zx}$$
$$\frac{\partial v}{\partial z} = \frac{1}{\mu}\tau_{zy} \tag{1.7-7}$$
$$\frac{\partial w}{\partial z} = -\frac{\lambda}{\lambda+2\mu}\frac{\partial u}{\partial x} + \frac{1}{\lambda+2\mu}\sigma_{zz}$$

また、式(1.7-3)の y に関する微分を零とすると次式が得られる。

$$\frac{\partial \tau_{zx}}{\partial z} = \rho\ddot{u} - \frac{\partial \zeta}{\partial x}\frac{\partial u}{\partial x} - \zeta\frac{\partial^2 u}{\partial x^2} - \frac{\partial}{\partial x}\left(\frac{\lambda}{\lambda+2\mu}\right)\sigma_{zz} - \frac{\lambda}{\lambda+2\mu}\frac{\partial \sigma_{zz}}{\partial x} - f_x$$
$$\frac{\partial \tau_{zy}}{\partial z} = \rho\ddot{v} - \frac{\partial \mu}{\partial x}\frac{\partial v}{\partial x} - \mu\frac{\partial^2 v}{\partial x^2} - f_y \tag{1.7-8}$$
$$\frac{\partial \sigma_{zz}}{\partial z} = \rho\ddot{w} - \frac{\partial \tau_{zx}}{\partial x} - f_z$$

ここに、

$$\zeta = \frac{4\mu(\lambda+\mu)}{\lambda+2\mu} \tag{1.7-9}$$

面内問題（P・SV 波問題）における変位・応力ベクトル $\mathbf{B}_{P\cdot SV} = (u, w, \tau_{zx}, \sigma_{zz})^T$ に関する 2 次元波動方程式は、式(1.7-7)と式(1.7-8)から次式のようになる。

$$\frac{\partial \mathbf{B}_{P\cdot SV}}{\partial z} = \mathbf{A}_{P\cdot SV}\mathbf{B}_{P\cdot SV} + \mathbf{Q}_{P\cdot SV}, \quad \mathbf{Q}_{P\cdot SV} = (0, 0, -f_x, -f_z)^T \tag{1.7-10}$$

ここに、

$$\mathbf{B}_{P\cdot SV} = (u, w, \tau_{zx}, \sigma_{zz})^T = \begin{pmatrix} u \\ w \\ \tau_{zx} \\ \sigma_{zz} \end{pmatrix} \tag{1.7-11}$$

$$\mathbf{A}_{P\cdot SV} = \begin{pmatrix} 0 & -\frac{\partial}{\partial x} & \frac{1}{\mu} & 0 \\ -\frac{\lambda}{\lambda+2\mu}\frac{\partial}{\partial x} & 0 & 0 & \frac{1}{\lambda+2\mu} \\ \rho\frac{\partial^2}{\partial t^2} - \frac{\partial \zeta}{\partial x}\frac{\partial}{\partial x} - \zeta\frac{\partial^2}{\partial x^2} & 0 & 0 & -\frac{\partial}{\partial x}\left(\frac{\lambda}{\lambda+2\mu}\right) - \frac{\lambda}{\lambda+2\mu}\frac{\partial}{\partial x} \\ 0 & \rho\frac{\partial^2}{\partial t^2} & -\frac{\partial}{\partial x} & 0 \end{pmatrix} \tag{1.7-12}$$

上式において、ラーメの定数が一定の場合には次式のようになる。

$$\mathbf{A}_{P\cdot SV}=\begin{pmatrix} 0 & -\dfrac{\partial}{\partial x} & \dfrac{1}{\mu} & 0 \\ -\dfrac{\lambda}{\lambda+2\mu}\dfrac{\partial}{\partial x} & 0 & 0 & \dfrac{1}{\lambda+2\mu} \\ \rho\dfrac{\partial^2}{\partial t^2}-\zeta\dfrac{\partial^2}{\partial x^2} & 0 & 0 & -\dfrac{\lambda}{\lambda+2\mu}\dfrac{\partial}{\partial x} \\ 0 & \rho\dfrac{\partial^2}{\partial t^2} & -\dfrac{\partial}{\partial x} & 0 \end{pmatrix} \tag{1.7-13}$$

面外問題（SH 波問題）における変位・応力ベクトル $\mathbf{B}_{SH}=(v,\tau_{zy})^T$ に関する 2 次元波動方程式は、式(1.7-7)と式(1.7-8)から次式のようになる。

$$\frac{\partial \mathbf{B}_{SH}}{\partial z}=\mathbf{A}_{SH}\mathbf{B}_{SH}+\mathbf{Q}_{SH},\quad \mathbf{Q}_{SH}=(0,-f_y)^T \tag{1.7-14}$$

ここに

$$\mathbf{B}_{SH}=(v,\tau_{zy})^T=\begin{pmatrix} v \\ \tau_{zy} \end{pmatrix} \tag{1.7-15}$$

$$\mathbf{A}_{SH}=\begin{pmatrix} 0 & \dfrac{1}{\mu} \\ \rho\dfrac{\partial^2}{\partial t^2}-\dfrac{\partial \mu}{\partial x}\dfrac{\partial}{\partial x}-\mu\dfrac{\partial^2}{\partial x^2} & 0 \end{pmatrix} \tag{1.7-16}$$

ラーメの定数が一定の場合には次式のようになる。

$$\mathbf{A}_{SH}=\begin{pmatrix} 0 & \dfrac{1}{\mu} \\ \rho\dfrac{\partial^2}{\partial t^2}-\mu\dfrac{\partial^2}{\partial x^2} & 0 \end{pmatrix} \tag{1.7-17}$$

1.8　弾性波動の積分方程式表示とグリーン関数

1.6 節と 1.7 節には、弾性波動の微分方程式表示を示した。本節では、これらの微分方程式の積分方程式表示を説明する。これは表現定理と呼ばれ、震源断層・不整形弾性体中の波動伝播問題や運動学的断層モデルの基礎式となる。

1.8.1　弾性波動に関する波動方程式とグリーン関数

(1) 波動方程式

1.4 節で説明したが、等方均質な弾性体の波動方程式を再掲し表現定理を導く。Betti の定理から導くのが簡単であるが（Aki and Richards, 1980)、ここで示す方法（Pao, *et al.*,1976）は原理的なので（ホイゲンスの定理)、体積積分が境界面積分に変換できるという部分積分やガウスの積分定理等を使う手順の理解に役立つ。

応力のつり合い式：

$$\frac{\partial \tau_{mn}}{\partial x_n} + \rho b_m = \rho \frac{\partial^2 u_m}{\partial t^2}, \quad \tau_{mn} = \tau_{nm} \tag{1.8-1a}$$

応力と変位の関係式：

$$\tau_{mn} = \lambda \frac{\partial u_k}{\partial x_k} \delta_{mn} + \mu \left(\frac{\partial u_m}{\partial x_n} + \frac{\partial u_n}{\partial x_m} \right), \quad \delta_{mn} = \begin{cases} 1 & m = n \\ 0 & m \neq n \end{cases} \tag{1.8-1b}$$

ここに、ρ は弾性体の密度、u_m と ρb_m は m 軸方向の変位と単位体積当たりの体積力を表す。また、x_n は n 軸方向の座標、τ_{mn} は応力テンソルを表わす。

ここで、初期条件が静止の状態で振動数 ω の（複素）調和振動外力 $\mathrm{e}^{-i\omega t}$（i は虚数単位）を受ける場合、上式の変位や応力等は次式のように表現できる（補足 2.6(4) 参照)。

$$\tau_{mn}(\mathbf{x}, t) = \tau_{mn}(\mathbf{x}, \omega)\mathrm{e}^{-i\omega t}, \quad u_m(\mathbf{x}, t) = u_m(\mathbf{x}, \omega)\mathrm{e}^{-i\omega t}, \quad b_m(\mathbf{x}, t) = b_m(\mathbf{x}, \omega)\mathrm{e}^{-i\omega t} \tag{1.8-2}$$

これらより、調和振動外力を受ける場合の波動方程式は次式のようになる。

$$\frac{\partial \tau_{mn}}{\partial x_n} + \rho \omega^2 u_m = -\rho b_m \tag{1.8-3}$$

記号の簡単化のため、変位と応力等が場所 $\mathbf{x}$ と振動数 ω の関数であることを省略している。

(2) グリーン関数

次に、単位体積当たりに単位振幅の調和振動外力 $\rho b_m = \mathrm{e}^{-i\omega t}\delta_{mk}$（$\delta_{mk}$ はクロネッカーのデルタを表す）が $\mathbf{x}_{so}$ 点の k 軸方向に作用する時の任意の座標点 $\mathbf{x}$ における m 軸方向の変位を $G_{mk}(\mathbf{x}, \omega; \mathbf{x}_{so})$ とすると次式が成立する（2 章 2.2.5 項では $g_{kp}(\mathbf{x}, \omega; \mathbf{x}_{so})$ と表現)。

$$\frac{\partial H_{mnk}(\mathbf{x}, \omega; \mathbf{x}_{so})}{\partial x_n} + \rho \omega^2 G_{mk}(\mathbf{x}, \omega; \mathbf{x}_{so}) = -\delta(\mathbf{x} - \mathbf{x}_{so})\delta_{mk} \tag{1.8-4a}$$

ここに、

$$H_{mnk}(\mathbf{x}, \omega; \mathbf{x}_{so}) = \lambda \frac{\partial G_{lk}}{\partial x_l} \delta_{mn} + \mu \left(\frac{\partial G_{mk}}{\partial x_n} + \frac{\partial G_{nk}}{\partial x_m} \right) \tag{1.8-4b}$$

変位グリーン関数 $G_{mk}(\mathbf{x}, \omega; \mathbf{x}_{so})$ と応力グリーン関数 $H_{mnk}(\mathbf{x}, \omega; \mathbf{x}_{so})$ は、座標 $\mathbf{x}$ と荷重点座標 $\mathbf{x}_{so}$ に関して対称であり次式の関係が成り立つ（小林, 2000、Aki and Richards, 1980、または 2 章式(2.2-47a)で確認できる)。

$$G_{mk}(\mathbf{x}, \omega; \mathbf{x}_{so}) = G_{km}(\mathbf{x}_{so}, \omega; \mathbf{x}), \quad H_{mnk}(\mathbf{x}, \omega; \mathbf{x}_{so}) = H_{knm}(\mathbf{x}_{so}, \omega; \mathbf{x}) \tag{1.8-5a}$$

また、応力グリーン関数は下添字 mn に関して対称で次式が成立する。

$$H_{mnk}(\mathbf{x},\omega;\mathbf{x}_{so}) = H_{nmk}(\mathbf{x},\omega;\mathbf{x}_{so}) \tag{1.8-5b}$$

これらの関係式は、変位と応力のグリーン関数の物理的意味を表し以後に示す波動場の積分方程式表示の物理的解釈において役立つ。

1.8.2　積分方程式表示

(1) 積分方程式表示 ― 内部問題 ―

ここでは調和振動を対象として、図 1.8-1 (a) に示すように等方均質弾性体 V の表面Γ上に荷重点 $\mathbf{x}_{so}$ がある場合の弾性体 V 内の観測点 $\mathbf{x}$ における波動場の積分方程式を導く。この問題は内部問題と呼ばれる。

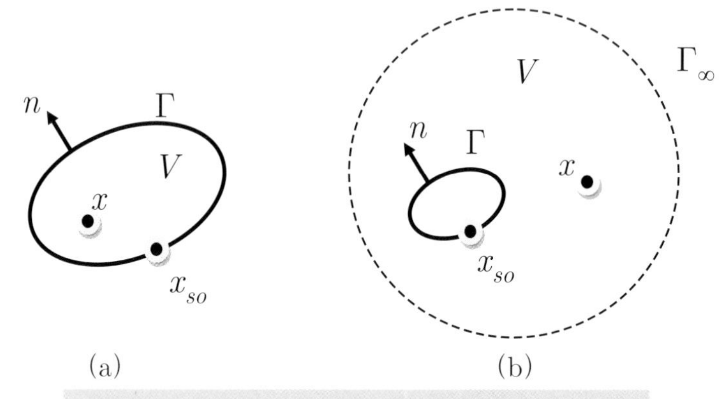

図 1.8-1　波動場の内部問題(a)と外部問題(b)の記号

式(1.8-3)と式(1.8-4a)に、それぞれ変位グリーン関数 $G_{mk}(\mathbf{x},\omega;\mathbf{x}_{so})$ と変位 $u_m(\mathbf{x},\omega)$ をかけて、両式の引き算した式を弾性体 V 内部で積分すると次式のようになる。

$$\begin{aligned}\int_V \left(\frac{\partial \tau_{mn}}{\partial x_n} G_{mk} - \frac{\partial H_{mnk}}{\partial x_n} u_m\right) dV(\mathbf{x}) + \int_V \rho\omega^2 (u_m G_{mk} - G_{mk} u_m) dV(\mathbf{x}) + \\ \int_V \rho b_m G_{mk} dV(\mathbf{x}) = \int_V \delta(\mathbf{x}-\mathbf{x}_{so})\delta_{mk} u_m dV(\mathbf{x})\end{aligned} \tag{1.8-6}$$

ここで、上式の左辺第 1 項の体積積分は次式のようになる。

$$\begin{aligned}&\int_V \left(\frac{\partial \tau_{mn}}{\partial x_n} G_{mk} - \frac{\partial H_{mnk}}{\partial x_n} u_m\right) dV(\mathbf{x}) = \\ &\qquad \int_\Gamma (\tau_{mn} n_n G_{mk} - H_{mnk} n_n u_m) d\Gamma(\mathbf{x}) + \int_V \left(H_{mnk}\frac{\partial u_m}{\partial x_n} - \tau_{mn}\frac{\partial G_{mk}}{\partial x_n}\right) dV(\mathbf{x})\end{aligned} \tag{1.8-7a}$$

上式を導くに当たり次式の部分積分(ガウスの発散定理)を使った。

$$\int_V \left(\frac{\partial u}{\partial x_n} v + u\frac{\partial v}{\partial x_n}\right) dV(\mathbf{x}) = \int_\Gamma uv n_n d\Gamma(\mathbf{x}) \tag{1.8-7b}$$

ここに、n_n は表面 Γ の外向きを正とする単位法線ベクトルの n 軸方向成分を表す（図1.8-1(a)参照）。

ここで、次式が成立することを考慮すると、

$$u_m G_{mk} - G_{mk} u_m = 0, \quad H_{mnk} \frac{\partial u_m}{\partial x_n} - \tau_{mn} \frac{\partial G_{mk}}{\partial x_n} = 0 \tag{1.8-8}$$

式(1.8-6)は次式のように表される。

$$\int_\Gamma (\tau_{mn} n_n G_{mk} - H_{mnk} n_n u_m) d\Gamma(\mathbf{x}) + \int_V \rho b_m G_{mk} dV(\mathbf{x}) = u_k(\mathbf{x}_{so}, \omega) \tag{1.8-9}$$

上式に荷重点 $\mathbf{x}_{so}$ と観測点 $\mathbf{x}$ を区別するために変数を入れて表現すると、次式のようになる。

$$\begin{aligned} &\int_\Gamma (G_{mk}(\mathbf{x},\omega;\mathbf{x}_{so}) T_m(\mathbf{x},\omega,\mathbf{n}) - H_{mk}(\mathbf{x},\omega;\mathbf{x}_{so},\mathbf{n}) u_m(\mathbf{x},\omega)) d\Gamma(\mathbf{x}) + \\ &\qquad \int_V \rho b_m(\mathbf{x},\omega) G_{mk}(\mathbf{x},\omega;\mathbf{x}_{so}) dV(\mathbf{x}) = u_k(\mathbf{x}_{so},\omega) \end{aligned} \tag{1.8-10a}$$

ここに、T_m と H_{mk} は表面応力ベクトルの m 軸方向成分と表面応力グリーン関数を表し次式で与えられる。

$$\begin{aligned} T_m(\mathbf{x},\omega,\mathbf{n}) &= \tau_{mn}(\mathbf{x},\omega) n_n(\mathbf{x}) \\ H_{mk}(\mathbf{x},\omega;\mathbf{x}_{so},\mathbf{n}) &= H_{mnk}(\mathbf{x},\omega;\mathbf{x}_{so}) n_n(\mathbf{x}) \end{aligned} \tag{1.8-10b}$$

式(1.8-10)は、積分変数 $\mathbf{x}$ を $\mathbf{x}_{so}$ に交換し式(1.8-5)を用いると次式のようにも表せる。

$$\begin{aligned} &\int_\Gamma (G_{mk}(\mathbf{x},\omega;\mathbf{x}_{so}) T_m(\mathbf{x}_{so},\omega,\mathbf{n}) - H_{mk}(\mathbf{x},\omega;\mathbf{x}_{so},\mathbf{n}) u_m(\mathbf{x}_{so},\omega)) d\Gamma(\mathbf{x}_{so}) + \\ &\qquad\qquad \int_V \rho b_m(\mathbf{x}_{so}) G_{mk}(\mathbf{x},\omega;\mathbf{x}_{so}) dV(\mathbf{x}_{so}) = u_k(\mathbf{x},\omega) \end{aligned} \tag{1.8-11a}$$

ここに、T_m と H_{mk} は次式のように与えられる。

$$\begin{aligned} T_m(\mathbf{x}_{so},\omega,\mathbf{n}) &= \tau_{mn}(\mathbf{x}_{so},\omega) n_n(\mathbf{x}_{so}) \\ H_{mk}(\mathbf{x},\omega;\mathbf{x}_{so},\mathbf{n}) &= H_{mnk}(\mathbf{x},\omega;\mathbf{x}_{so}) n_n(\mathbf{x}_{so}) \end{aligned} \tag{1.8-11b}$$

式(1.8-11a)を物理的に解釈すれば、弾性体V内の変位 $u_k(\mathbf{x},\omega)$ はその表面上の単位面積当たりの表面力 $T_m(\mathbf{x}_{so},\omega,\mathbf{n})$（単位面積当たりの力なので表面応力と呼んでもよいが応力はテンソルであるのに対し表面力はベクトルなので区別しトラクションと呼ぶのが一般的である）と表面変位 $u_m(\mathbf{x}_{so},\omega)$ の関係が積分方程式で表されるということになる。ただし、体積力の方は体積積分でしか表せない。

上式は、図1.8-1(a)のように荷重点 $\mathbf{x}_{so}$ が表面上にあり、観測点 $\mathbf{x}$ は弾性体内部に存在する場合の式であるため観測点が弾性体の外部にある場合には、式(1.8-11a)の左辺の積分は零となり結果的に式(1.8-11a)の右辺は零となる。また、観測点が表面上にある場合には、

式 (1.8-11a) の左辺の積分に特異点が生じるため特異積分として評価しなければならない。特異点近傍の積分値は、滑らかな境界に対して以下のような値となる。

$$\lim_{\varepsilon\to 0}\int_{\varepsilon} G_{mk}(\mathbf{x},\omega;\mathbf{x}_{so})d\Gamma(\mathbf{x}_{so}) = 0$$
$$\lim_{\varepsilon\to 0}\int_{\varepsilon} G_{mk}(\mathbf{x},\omega;\mathbf{x}_{so})dV(\mathbf{x}_{so}) = 0 \tag{1.8-12}$$
$$\lim_{\varepsilon\to 0}\int_{\varepsilon} H_{mk}(\mathbf{x},\omega;\mathbf{x}_{so})d\Gamma(\mathbf{x}_{so}) = -\frac{1}{2}$$

したがって、式(1.8-11a)は次式のような一般化された表現に書き換えられる。

$$\int_{\Gamma}\left(G_{mk}(\mathbf{x},\omega;\mathbf{x}_{so})T_m(\mathbf{x}_{so},\omega,\mathbf{n}) - H_{mk}(\mathbf{x},\omega;\mathbf{x}_{so},\mathbf{n})u_m(\mathbf{x}_{so},\omega)\right)d\Gamma(\mathbf{x}_{so}) + \int_{V}\rho b_m(\mathbf{x}_{so})G_{mk}(\mathbf{x},\omega;\mathbf{x}_{so})dV(\mathbf{x}_{so}) = c(\mathbf{x})u_k(\mathbf{x},\omega) \tag{1.8-13a}$$

ここに、

$$c(\mathbf{x}) = \begin{cases} 1 & \mathbf{x}\ in\ V \\ 1/2 & \mathbf{x}\ on\ \Gamma \\ 0 & \mathbf{x}\ out\ V \end{cases} \tag{1.8-13b}$$

上式が内部問題における波動場の積分方程式表示である。ただし、上式の左辺第 1 項の境界積分は特異点を除いた境界（$\Gamma - \varepsilon$）での積分で、いわゆる Cauchy の主値積分で評価される(例えば、小林, 2000)。

(2) 積分方程式表示 — 外部問題 —

ここでは、図 1.8-1 (b) に示すように等方均質弾性体 V の表面 Γ 上に荷重点 $\mathbf{x}_{so}$ がある場合の弾性体 V における波動場の積分方程式を導く。この場合、弾性体 V は表面 Γ と無限遠方の境界面 Γ_{∞} によって囲まれる領域となる。したがって、この領域を内部問題として前節と同じ操作により積分方程式表示が導ける。

ここで内部問題と異なる点は、弾性体 V の表面が表面 Γ と Γ_{∞} から構成されるという点と、表面 Γ の法線ベクトル $n_n(\mathbf{x}_{so})$ が弾性体内部に向かう方向を正としている点の 2 点である。グリーン関数は荷重点と観測点が無限に離れると零となる性質を有するため次式のように無限遠方の表面積分の値は零とみなすことができる。

$$\int_{\Gamma_{\infty}}\left(G_{mk}(\mathbf{x},\omega;\mathbf{x}_{so})T_m(\mathbf{x}_{so},\omega,\mathbf{n}) - H_{mk}(\mathbf{x},\omega;\mathbf{x}_{so},\mathbf{n})u_m(\mathbf{x}_{so},\omega)\right)d\Gamma(\mathbf{x}_{so}) = 0 \tag{1.8-14}$$

この式は放射条件式と呼ばれる。また、表面 Γ の法線ベクトル $n_n(\mathbf{x}_{so})$ が弾性体内部に向かう方向を正としているため表面Γ上の積分では正負が逆転する。したがって、図 1.8-1（b）に示すような外部問題の積分方程式表示は次式のようになる。

$$\int_{\Gamma} \left(H_{mk}(\mathbf{x},\omega;\mathbf{x}_{so},\mathbf{n})u_m(\mathbf{x}_{so},\omega) - G_{mk}(\mathbf{x},\omega;\mathbf{x}_{so})T_m(\mathbf{x}_{so},\omega,\mathbf{n}) \right) d\Gamma(\mathbf{x}_{so}) + \int_{V} \rho b_m(\mathbf{x}_{so})G_{mk}(\mathbf{x},\omega;\mathbf{x}_{so})dV(\mathbf{x}_{so}) = c(\mathbf{x})u_k(\mathbf{x},\omega) \tag{1.8-15}$$

ここに、$c(\mathbf{x})$ は式(1.8-13b)で与えられる係数である。

(3) 積分方程式表示 ― 入射波問題 ―

波動場の内部問題と外部問題を利用して、図 1.8-2 に示すように弾性体 V_0 の内部に物性値の異なる弾性体 V_1 が存在し、弾性体 V_1 に入射波 $\mathbf{u}^{(in)}(\mathbf{x},\omega)$ が作用する時の弾性体 V_0 の波動場に対する積分方程式表示を導く。ただし、簡単のためここでは体積力を省略する。この場合、入射波は弾性体 V_1 の表面Γから一部は内部に透過し、一部は反射され散乱波 $\mathbf{u}^{(s)}(\mathbf{x},\omega)$ として弾性体 V_0 中を伝播する。したがって、弾性体 V_0 の波動場変位ベクトル $\mathbf{u}(\mathbf{x},\omega)$ の m 軸成分は次式のように表現される。

$$u_m(\mathbf{x},\omega) = u_m^{(in)}(\mathbf{x},\omega) + u_m^{(s)}(\mathbf{x},\omega) \tag{1.8-16}$$

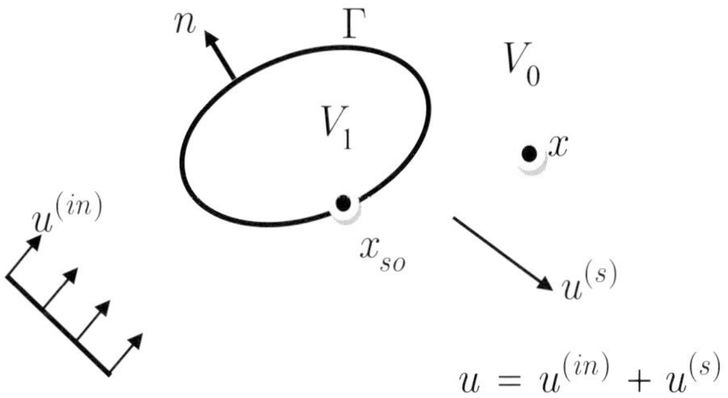

図 1.8-2　入射波問題の記号

入射波の波源は弾性体 V_1 には存在しないので、弾性体 V_1 内には入射波に関する特異点は存在しない。したがって、入射波に対しては内部問題の積分方程式表示が適用できるので次式が得られる。

$$\int_{\Gamma} \left(G_{mk}^0(\mathbf{x},\omega;\mathbf{x}_{so})T_m^{(in)}(\mathbf{x}_{so},\omega,\mathbf{n}) - H_{mk}^0(\mathbf{x},\omega;\mathbf{x}_{so},\mathbf{n})u_m^{(in)}(\mathbf{x}_{so},\omega) \right) d\Gamma(\mathbf{x}_{so}) = 0 \quad \mathbf{x}\ in\ V_0 \tag{1.8-17}$$

ここに、G_{mk}^0, H_{mk}^0 は弾性体 V_0 におけるグリーン関数を意味する。

一方、散乱波の波源は弾性体 V_1 内またはその表面上に存在するので、弾性体 V_0 には散乱波に関する特異点は存在しない。したがって、散乱波に対しては外部問題の積分方程式表示が適用できるので次式が得られる。

$$\int_\Gamma \Big(H^0_{mk}(\mathbf{x},\omega;\mathbf{x}_{so},\mathbf{n})u^{(s)}_m(\mathbf{x}_{so},\omega) - G^0_{mk}(\mathbf{x},\omega;\mathbf{x}_{so})T^{(s)}_m(\mathbf{x}_{so},\omega,\mathbf{n})\Big)d\Gamma(\mathbf{x}_{so}) = u^{(s)}_k(\mathbf{x},\omega) \quad \mathbf{x}\ in\ V_0 \tag{1.8-18}$$

式 (1.8-18) から式 (1.8-17) を引き、式 (1.8-16) を使うと次式のような弾性体 V_0 内の全変位 $u_k(\mathbf{x},\omega)$ に関する積分方程式が得られる。

$$\int_\Gamma \Big(H^0_{mk}(\mathbf{x},\omega;\mathbf{x}_{so},\mathbf{n})u_m(\mathbf{x}_{so},\omega) - G^0_{mk}(\mathbf{x},\omega;\mathbf{x}_{so})T_m(\mathbf{x}_{so},\omega,\mathbf{n})\Big)d\Gamma(\mathbf{x}_{so}) + u^{(in)}_k(\mathbf{x},\omega) = u_k(\mathbf{x},\omega) \quad \mathbf{x}\ in\ V_0 \tag{1.8-19}$$

ここで、観測点 $\mathbf{x}$ が表面 Γ 上にある場合には、特異積分の値を評価し上式は以下のように表現できる。

$$\int_\Gamma \Big(H^0_{mk}(\mathbf{x},\omega;\mathbf{x}_{so},\mathbf{n})u_m(\mathbf{x}_{so},\omega) - G^0_{mk}(\mathbf{x},\omega;\mathbf{x}_{so})T_m(\mathbf{x}_{so},\omega,\mathbf{n})\Big)d\Gamma(\mathbf{x}_{so}) + u^{(in)}_k(\mathbf{x},\omega) = c(\mathbf{x})u_k(\mathbf{x},\omega) \quad \mathbf{x}\ in\ V_0 \tag{1.8-20}$$

ここに、$c(\mathbf{x})$ は式(1.8-13b)で与えられる係数である。

上式は、単位体積当たりの体積力を無視して導いた。しかし、内部問題と外部問題の式 (1.8-13a) と式 (1.8-15a) からわかるように体積力の項は両者で変わらないため式 (1.8-19) を求めるときに体積力項は引き算により消えてしまう (読者は体積力と式 (1.8-20) の物理的な意味を考察せよ)。

(4) 積分方程式表示 ― 食い違い境界のある内部問題 ―

図 1.8-3 に示すように弾性体 V の内部に存在する境界 Γ の両側で変位または単位面積当たりの表面力 (トラクション) が不連続である場合の弾性体 V における波動場の積分方程式を求める。

図 1.8-3 (b) に示すように内部境界 Γ を膨らませてその境界の内部に仮想の境界 Γ^- と Γ^+ を設定し、先に述べた内部問題と外部問題の積分方程式表示を適用する。外部問題の積分方程式表示から次式が得られる。

$$\int_\Gamma \Big(H_{mk}(\mathbf{x},\omega;\mathbf{x}_{so},\mathbf{n})u^{\Gamma^+}_m(\mathbf{x}_{so},\omega) - G_{mk}(\mathbf{x},\omega;\mathbf{x}_{so})T^{\Gamma^+}_m(\mathbf{x}_{so},\omega,\mathbf{n})\Big)d\Gamma(\mathbf{x}_{so}) + \int_V \rho b^{\Gamma^+}_m(\mathbf{x}_{so})G_{mk}(\mathbf{x},\omega;\mathbf{x}_{so})dV(\mathbf{x}_{so}) = u_k(\mathbf{x},\omega), \quad \mathbf{x}\ in\ V \tag{1.8-21}$$

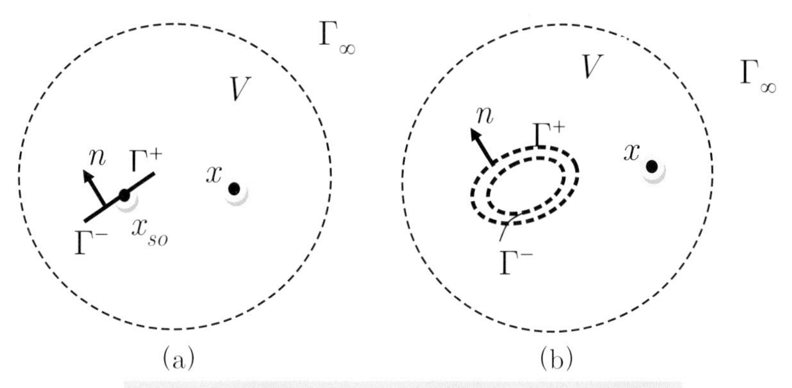

図 1.8-3　食い違い境界(a)とその拡大図(b)の記号

ここに、$u_m^{\Gamma^+}, T_m^{\Gamma^+}$ は表面 Γ^+ 上の変位と表面力を表す。また、内部問題の積分方程式表示から次式が得られる。

$$\int_\Gamma \left(G_{mk}(\mathbf{x},\omega;\mathbf{x}_{so}) T_m^{\Gamma^-}(\mathbf{x}_{so},\omega,\mathbf{n}) - H_{mk}(\mathbf{x},\omega;\mathbf{x}_{so},\mathbf{n}) u_m^{\Gamma^-}(\mathbf{x}_{so},\omega) \right) d\Gamma(\mathbf{x}_{so}) + \int_V \rho b_m^{\Gamma^-}(\mathbf{x}_{so}) G_{mk}(\mathbf{x},\omega;\mathbf{x}_{so}) dV(\mathbf{x}_{so}) = 0, \quad \mathbf{x}\ in\ V \tag{1.8-22}$$

ここに、$u_m^{\Gamma^-}, T_m^{\Gamma^-}$ は表面 Γ^- 上の変位と表面力を表す。

ここで、両式を足し合わせると次式が得られる。

$$\int_\Gamma (H_{mk}(\mathbf{x},\omega;\mathbf{x}_{so},\mathbf{n}) [\Delta u_m(\mathbf{x}_{so},\omega)] - G_{mk}(\mathbf{x},\omega;\mathbf{x}_{so}) [\Delta T_m(\mathbf{x}_{so},\omega,\mathbf{n})]) d\Gamma(\mathbf{x}_{so}) + \int_V \rho b_m(\mathbf{x}_{so}) G_{mk}(\mathbf{x},\omega;\mathbf{x}_{so}) dV(\mathbf{x}_{so}) = u_k(\mathbf{x},\omega), \quad \mathbf{x}\ in\ V \tag{1.8-23}$$

ここに、

$$\begin{aligned} [\Delta u_m(\mathbf{x}_{so},\omega)] &= u_m^{\Gamma^+}(\mathbf{x}_{so},\omega) - u_m^{\Gamma^-}(\mathbf{x}_{so},\omega) \\ [\Delta T_m(\mathbf{x}_{so},\omega,\mathbf{n})] &= T_m^{\Gamma^+}(\mathbf{x}_{so},\omega,\mathbf{n}) - T_m^{\Gamma^-}(\mathbf{x}_{so},\omega,\mathbf{n}) \end{aligned} \tag{1.8-24}$$

上式では、図 1.8-3 (b) に示すように膨らませた内部境界を縮小して図 1.8-3 (a) に示すような食い違い境界 Γ としているため、内部の体積は零となるが単位体積当たりの体積力を $b_m(\mathbf{x}_{so}) (= b_m^{\Gamma^-}(\mathbf{x}_{so}) + b_m^{\Gamma^+}(\mathbf{x}_{so}))$ として評価している。次の 2 つの場合、上式は以下のように表現される。

(1) 食い違い境界 Γ で、変位が連続で表面応力が不連続の場合 :

$$-\int_\Gamma (G_{mk}(\mathbf{x},\omega;\mathbf{x}_{so})[\Delta T_m(\mathbf{x}_{so},\omega,\mathbf{n})])\,d\Gamma(\mathbf{x}_{so}) + \int_V \rho b_m(\mathbf{x}_{so})G_{mk}(\mathbf{x},\omega;\mathbf{x}_{so})dV(\mathbf{x}_{so}) = u_k(\mathbf{x},\omega), \quad \mathbf{x}\ in\ V \tag{1.8-25}$$

(2)食い違い境界Γで、変位が不連続で表面力(トラクション)が連続の場合:

$$\int_\Gamma (H_{mk}(\mathbf{x},\omega;\mathbf{x}_{so},\mathbf{n})[\Delta u_m(\mathbf{x}_{so},\omega)])\,d\Gamma(\mathbf{x}_{so}) + \int_V \rho b_m(\mathbf{x}_{so})G_{mk}(\mathbf{x},\omega;\mathbf{x}_{so})dV(\mathbf{x}_{so}) = u_k(\mathbf{x},\omega), \quad \mathbf{x}\ in\ V \tag{1.8-26}$$

式(1.8-26)は、弾性体内部に変位の食い違いが生じた時に弾性体内部の任意点$\mathbf{x}$における変位$u_k(\mathbf{x},\omega)$を与える式で、以下に示すように運動学的断層モデルの基礎式である。

式(1.8-4b)の応力グリーン関数は次式のように表すことができる。

$$H_{mnk}(\mathbf{x},\omega;\mathbf{x}_{so}) = C_{mnij}\frac{\partial G_{ik}(\mathbf{x},\omega;\mathbf{x}_{so})}{\partial x_j} \tag{1.8-27a}$$

ここに、

$$C_{mnij} = \lambda\delta_{mn}\delta_{ij} + \mu(\delta_{mi}\delta_{nj} + \delta_{mj}\delta_{ni}) \tag{1.8-27b}$$

上式を導くに当たり、次式を用いた。

$$\frac{\partial G_{lk}(\mathbf{x},\omega;\mathbf{x}_{so})}{\partial x_l} = \delta_{ij}\frac{\partial G_{ik}(\mathbf{x},\omega;\mathbf{x}_{so})}{\partial x_j}$$
$$\frac{\partial G_{mk}(\mathbf{x},\omega;\mathbf{x}_{so})}{\partial x_n} + \frac{\partial G_{nk}(\mathbf{x},\omega;\mathbf{x}_{so})}{\partial x_m} = (\delta_{mi}\delta_{nj} + \delta_{mj}\delta_{ni})\frac{\partial G_{ik}(\mathbf{x},\omega;\mathbf{x}_{so})}{\partial x_j} \tag{1.8-28}$$

式(1.8-27a) を式(1.8-26)に代入すると次式が得られる。

$$\int_\Gamma C_{mnij}n_n(\mathbf{x}_{so})\frac{\partial G_{ik}(\mathbf{x},\omega;\mathbf{x}_{so})}{\partial x_j}[\Delta u_m(\mathbf{x}_{so},\omega)]d\Gamma(\mathbf{x}_{so}) = u_k(\mathbf{x},\omega), \quad \mathbf{x}\ in\ V \tag{1.8-29a}$$

この式は、式(1.8-5a)のようなグリーン関数の性質から、荷重点と観測点を入れ替えて次式のように荷重点での微分に書き換えれる。これは運動学的断層モデルの基礎式となる。

$$\int_\Gamma C_{mnij}n_n(\mathbf{x}_{so})\frac{\partial G_{ki}(\mathbf{x}_{so},\omega;\mathbf{x})}{\partial x_{soj}}[\Delta u_m(\mathbf{x}_{so},\omega)]d\Gamma(\mathbf{x}_{so}) = u_k(\mathbf{x},\omega), \quad \mathbf{x}\ in\ V \tag{1.8-29b}$$

上式では、簡単化のため体積力は零としている。運動学的断層モデルでは、上式を次式のように書き換えて弾性体内部に生じる変位の食い違いに震源断層という物理的意味を与えている。

$$\int_\Gamma m_{ij}(\mathbf{x}_{so},\mathbf{n},\omega)\frac{\partial G_{ki}(\mathbf{x}_{so},\omega;\mathbf{x})}{\partial x_{soj}}d\Gamma(\mathbf{x}_{so}) = u_k(\mathbf{x},\omega), \quad \mathbf{x}\ in\ V \tag{1.8-30}$$

ここに、m_{ij} は地震モーメントテンソルと呼ばれ、次式で与えられる。

$$\begin{aligned} m_{ij}(\mathbf{x}_{so},\mathbf{n},\omega) &= C_{mnij}n_n(\mathbf{x}_{so})[\Delta u_m(\mathbf{x}_{so},\omega)] \\ &= \lambda n_n[\Delta u_n(\mathbf{x}_{so},\omega)]\delta_{ij} + \mu\big(n_i[\Delta u_j(\mathbf{x}_{so},\omega)] + n_j[\Delta u_i(\mathbf{x}_{so},\omega)]\big) \end{aligned} \tag{1.8-31}$$

上式を導くに当たって、変位グリーン関数に関する対称性を用い観測点 $\mathbf{x}$ と荷重点 $\mathbf{x}_{so}$ を入れ換えて物理的意味を明確にしている。例えば、震源断層が x, y 平面内にある場合、z 軸が食い違い境界の鉛直ベクトルの方向となるので、$n_1 = n_2 = 0, n_3 = 1$ とおける。したがって、地震モーメントを行列表示すると次式のようになる。

$$\mathbf{m} = \begin{pmatrix} \lambda\Delta u_3 & 0 & \mu\Delta u_1 \\ 0 & \lambda\Delta u_3 & \mu\Delta u_2 \\ \mu\Delta u_1 & \mu\Delta u_2 & (\lambda+2\mu)\Delta u_3 \end{pmatrix} \tag{1.8-32}$$

式 (1.8-30) において、左辺の積分は震源断層における変位の食い違い $[\Delta u_m(\mathbf{x}_{so},\omega)]$ が与えられると計算できる。この積分値は震源断層によって生じた地震波による無限弾性体の任意点 $\mathbf{x}$ の変位 $u_k(\mathbf{x},\omega)$ を与える。

■ 例題 1.8-1

食い違い境界 Γ における変位や単位面積当たりの表面力(トラクション)が不連続である3つの場合(基礎式 (1.8-23) ~ (1.8-26))の物理的意味を考察せよ。

食い違い境界 Γ の単位面積当たりの表面力(トラクション)が不連続であるということは、その境界に外力(単位面積当たりの外力)が作用していることに相当する。食い違い境界 Γ に何らかの外力を作用させるような場合には、式 (1.8-25) となる。

断層運動のように断層面で変位の食い違いが生じる場合には、断層面に外力は作用していないため表面力は連続であり($[\Delta T_m(\mathbf{x}_{so},\omega,\mathbf{n})] = \mathbf{0}$ を意味する)、式 (1.8-26) を使う。

食い違い境界に外力が作用しかつ、変位の食い違いがが生じるような問題では、式 (1.8-23) を使うことになる。

■ 例題 1.8-2

震源断層における変位の食い違い $[\Delta u_m(\mathbf{x}_{so},\omega)]$ と等価体積力を導け。

変位の食い違いが与えられると式 (1.8-29b) により無限弾性体中の地震波変位が求められるというのが運動学的断層モデルの基本式であるが、以下のようにこれと等価な体積力が震源断層に作用するという定式化もできる。

次式のようにデルタ関数は積分を局所化できる性質(補足 2.6 の任意の関数のデルタ関数による積分表示)を用いる。

$$
\begin{aligned}
G_{ki}(\mathbf{x}_{so},\omega;\mathbf{x}) &= \int_V \delta(\boldsymbol{\xi}-\mathbf{x}_{so})G_{ki}(\boldsymbol{\xi},\omega;\mathbf{x})dV(\boldsymbol{\xi}) \\
\frac{\partial G_{ki}(\mathbf{x}_{so},\omega;\mathbf{x})}{\partial x_{soj}} &= \int_V \delta(\boldsymbol{\xi}-\mathbf{x}_{so})\frac{\partial G_{ki}(\boldsymbol{\xi},\omega;\mathbf{x})}{\partial \xi_j}dV(\boldsymbol{\xi}) \\
&= -\int_V \frac{\partial \delta(\boldsymbol{\xi}-\mathbf{x}_{so})}{\partial \xi_j}G_{ki}(\boldsymbol{\xi},\omega;\mathbf{x})dV(\boldsymbol{\xi})
\end{aligned}
$$

上式の 3 行から 4 行を導くに当たり、部分積分と $\boldsymbol{\xi}=\pm\infty$ で $\delta(\boldsymbol{\xi}-\mathbf{x}_{so})=0$ を用いた。このようにデルタ関数を使いグリーン関数を体積積分表示して、式 (1.8-29b) に代入し整理すると、

$$
\begin{aligned}
u_k(\mathbf{x},\omega) &= \int_V \left(-\int_\Gamma C_{mnij}n_n(\mathbf{x}_{so})\frac{\partial \delta(\boldsymbol{\xi}-\mathbf{x}_{so})}{\partial \xi_j}[\Delta u_m(\mathbf{x}_{so},\omega)]d\Gamma(\mathbf{x}_{so})\right)G_{ki}(\boldsymbol{\xi},\omega;\mathbf{x})dV(\boldsymbol{\xi}) \\
&= \int_V f_i^{[\Delta u]}(\boldsymbol{\xi})G_{ki}(\boldsymbol{\xi},\omega;\mathbf{x})dV(\boldsymbol{\xi})
\end{aligned}
$$

上式は等価体積力 $f_i^{[\Delta u]}(\boldsymbol{\xi})$ による変位の定式化となっている(式 (1.8-25) の体積力の項との比較)。ここに、

$$
f_i^{[\Delta u]}(\boldsymbol{\xi}) = -\int_\Gamma C_{mnij}n_n(\mathbf{x}_{so})\frac{\partial \delta(\boldsymbol{\xi}-\mathbf{x}_{so})}{\partial \xi_j}[\Delta u_m(\mathbf{x}_{so},\omega)]d\Gamma(\mathbf{x}_{so})
$$

■ 例題 1.8-3

断層すべり面が x, y 平面で x 軸方向のみに食い違いがあるような場合を例に式 (1.8-30) による変位の具体式や例題 1.8-2 の等価体積力を考察せよ。

この場合、断層面の単位法線ベクトルと変位の食い違いベクトル、断層面上の座標は、

$(n_1,n_2,n_3)=(0,0,1)$、$[\Delta u_m(\mathbf{x}_{so},\omega)]=(\Delta u_1,0,0)$、

$$(x_{so1}, x_{so2}, x_{so3}) = (x_{so1}, x_{so2}, 0)$$

式 (1.8-32) より地震モーメントは $m_{13} = m_{31} = \mu\Delta u_1$ のみなので、式 (1.8-30) は、

$$u_k(\mathbf{x}, \omega) = \int_\Gamma m_{13}(\mathbf{x}_{so}, \mathbf{n}, \omega)\left(\frac{\partial G_{k1}(\mathbf{x}_{so}, \omega; \mathbf{x})}{\partial x_{so3}} + \frac{\partial G_{k3}(\mathbf{x}_{so}, \omega; \mathbf{x})}{\partial x_{so1}}\right) d\Gamma(\mathbf{x}_{so}) \tag{a}$$

ここで、

$$\frac{\partial G_{k1}(\mathbf{x}_{so}, \omega; \mathbf{x})}{\partial x_{so3}} = \lim_{\varepsilon \to 0} \frac{G_{k1}(x_{so3} + \varepsilon, \omega; \mathbf{x}) - G_{k1}(x_{so3} - \varepsilon, \omega; \mathbf{x})}{2\varepsilon}$$

$$\frac{\partial G_{k3}(\mathbf{x}_{so}, \omega; \mathbf{x})}{\partial x_{so1}} = \lim_{\varepsilon \to 0} \frac{G_{k3}(x_{so1} + \varepsilon, \omega; \mathbf{x}) - G_{k3}(x_{so1} - \varepsilon, \omega; \mathbf{x})}{2\varepsilon}$$

を使うと、これらは図 A のようなシングルカップル力による x_{so2} 軸回りの時計回りと反時計回りのモーメントであることがわかる。式 (a) は震源に２つのシングルカップル力によるダブルカップルモーメントが作用し、地震波の変位が求められることを意味している。

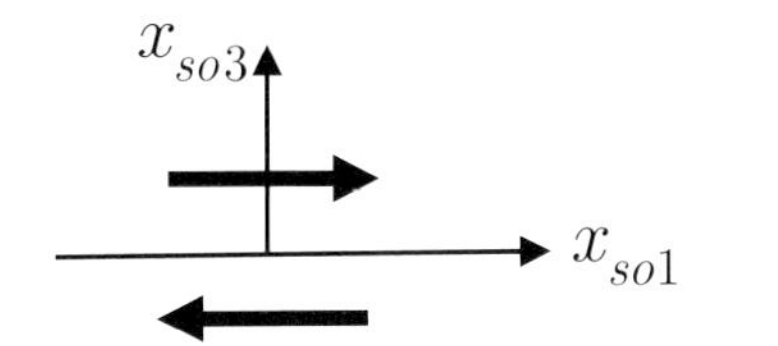

(a) 時計回りのシングルカップル力

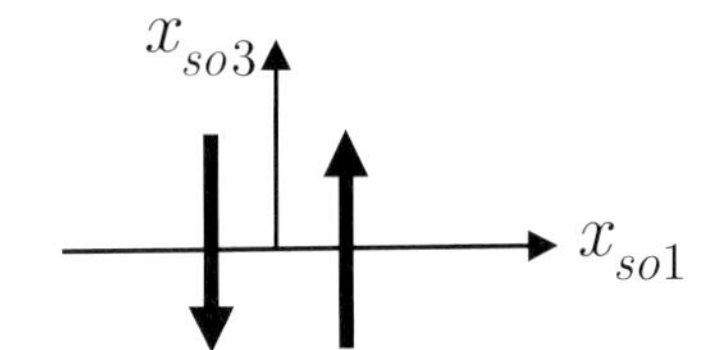

(b) 反時計回りのシングルカップル力

図A　震源に作用する２つのシングルカップル力（ダブルカップル力と呼ぶ）

また、例題 1.8-2 の等価体積力は、

$$f_1^{[\Delta u]}(\boldsymbol{\xi}) = -\int_\Gamma \mu\left[\Delta u_1\right]\delta(\xi_1 - x_{so1})\delta(\xi_2 - x_{so2})\frac{\partial\delta(\xi_3)}{\partial\xi_3} dx_{so1}dx_{so2}$$

$$= -\mu\left[\Delta u_1(\xi_1, \xi_2)\right]\frac{\partial\delta(\xi_3)}{\partial\xi_3}$$

$$f_2^{[\Delta u]}(\boldsymbol{\xi}) = 0$$

$$f_3^{[\Delta u]}(\boldsymbol{\xi}) = -\int_\Gamma \mu\left[\Delta u_1\right]\frac{\partial\delta(\xi_1 - x_{so1})}{\partial\xi_1}\delta(\xi_2 - x_{so2})\delta(\xi_3)dx_{so1}dx_{so2}$$
$$= -\mu\frac{\partial\left[\Delta u_1(\xi_1,\xi_2)\right]}{\partial\xi_1}\delta(\xi_3)$$

等価体積力 $f_1^{[\Delta u]}(\boldsymbol{\xi})$ は、

$$\frac{\partial\delta(\xi_3)}{\partial\xi_3} = \lim_{\varepsilon\to 0}\frac{\delta(\xi_3+\varepsilon)-\delta(\xi_3-\varepsilon)}{2\varepsilon}$$

となるので、ξ_3 軸(断層面は $\xi_1\xi_2$ 面)の $\xi_3 = 0^+$ に作用する ξ_1 軸方向と $\xi_3 = 0^-$ に逆方向に作用する水平力の断層面上の分布力を表している。水平方向の力の和は零であるが、ξ_2 軸回りのモーメントは零ではない。事実、水平方向の力の和は次式のように零になる。

$$\int_V f_1^{[\Delta u]}(\boldsymbol{\xi})dV = -\mu\int_V\left[\Delta u_1(\xi_1,\xi_2)\right]\frac{\partial\delta(\xi_3)}{\partial\xi_3}d\xi_1 d\xi_2 d\xi_3$$
$$= \mu\int_\Gamma\left[\Delta u_1(\xi_1,\xi_2)\right]d\xi_1 d\xi_2\int\frac{\partial\delta(\xi_3)}{\partial\xi_3}d\xi_3 = 0$$

ここに、次式を用いた。

$$\int\frac{\partial\delta(\xi_3)}{\partial\xi_3}d\xi_3 = \lim_{\varepsilon\to 0}\frac{\delta(\xi_3+\varepsilon)-\delta(\xi_3-\varepsilon)}{2\varepsilon}2\varepsilon = 0$$

一方、断層面全体のモーメントは時計回りを正とし、

$$M(\omega) = \int_V \xi_3 f_1^{[\Delta u]}(\boldsymbol{\xi})dV = -\mu\int_V\xi_3\left[\Delta u_1(\xi_1,\xi_2)\right]\frac{\partial\delta(\xi_3)}{\partial\xi_3}d\xi_1 d\xi_2 d\xi_3$$
$$= -\mu\int_\Gamma\left[\Delta u_1(\xi_1,\xi_2)\right]d\xi_1 d\xi_2\int\xi_3\frac{\partial\delta(\xi_3)}{\partial\xi_3}d\xi_3 = \mu\int_\Gamma\left[\Delta u_1(\xi_1,\xi_2)\right]d\xi_1 d\xi_2$$

ここに、次式を用いた。

$$\int\xi_3\frac{\partial\delta(\xi_3)}{\partial\xi_3}d\xi_3 = \left[\xi_3\delta(\xi_3)\right]_{-\infty}^{\infty} - \int\delta(\xi_3)\frac{\partial\xi_3}{\partial\xi_3}d\xi_3 = -1$$

ここで、断層面の面積を S として平均すべり量を

$$D(\omega) = \frac{1}{S}\int_\Gamma\left[\Delta u_1(\xi_1,\xi_2)\right]d\xi_1 d\xi_2$$

とすると、断層面全体のモーメント $M(\omega)$ は次式のように表される。これは地震モーメントと呼ばれ、Aki が導入した(Aki and Richards,1980)。

$$M(\omega) = \mu SD(\omega)$$

等価体積力 $f_3^{[\Delta u]}(\boldsymbol{\xi})$ の方は、上記の等価体積力 $f_1^{[\Delta u]}(\boldsymbol{\xi})$ のような力の分布ではないが、断層面全体の ξ_2 軸回りのモーメントは反時計回りなので負とし、

$$M(\omega) = -\int_V \xi_1 f_3^{[\Delta u]}(\boldsymbol{\xi}) dV = \mu \int_V \xi_1 \frac{\partial\left[\Delta u_1(\xi_1, \xi_2)\right]}{\partial \xi_1} \delta(\xi_3) d\xi_1 d\xi_2 d\xi_3$$
$$= -\mu \int_\Gamma \left[\Delta u_1(\xi_1, \xi_2)\right] d\xi_1 d\xi_2 \int \delta(\xi_3) d\xi_3 = -\mu \int_\Gamma \left[\Delta u_1(\xi_1, \xi_2)\right] d\xi_1 d\xi_2$$

上式の 1 行から 2 行目第 1 項を導くに当たり、断層面端の相対すべりは零としている。この断層面全体の ξ_2 軸回りのモーメントも次式のようになる。

$$M(\omega) = -\mu SD(\omega)$$

等価体積力 $f_3^{[\Delta u]}(\boldsymbol{\xi})$ の総和は、以下のように零となる。

$$\int_V f_3^{[\Delta u]}(\boldsymbol{\xi}) dV = -\mu \int_V \frac{\partial\left[\Delta u_1(\xi_1, \xi_2)\right]}{\partial \xi_1} \delta(\xi_3) d\xi_1 d\xi_2 d\xi_3$$
$$= -\mu \int_\Gamma \partial\left[\Delta u_1(\xi_1, \xi_2)\right] d\xi_2 \int \delta(\xi_3) d\xi_3 = -\mu \int_\Gamma \partial\left[\Delta u_1(\xi_1, \xi_2)\right] d\xi_2 = 0$$

ここに、断層面端の相対すべりは零としている。

1.8.3　震源断層・不整形弾性体系の積分方程式表示

ここでは、前節の積分方程式表示の結果を使って図 1.8-4 に示すような震源断層・不整形弾性体系の積分方程式表示を示す。地震動問題では、地殻や地盤の自重による静止つりあい状態からの変動量に着目するため体積力の影響は無視する。簡単のため、観測点は境界上に

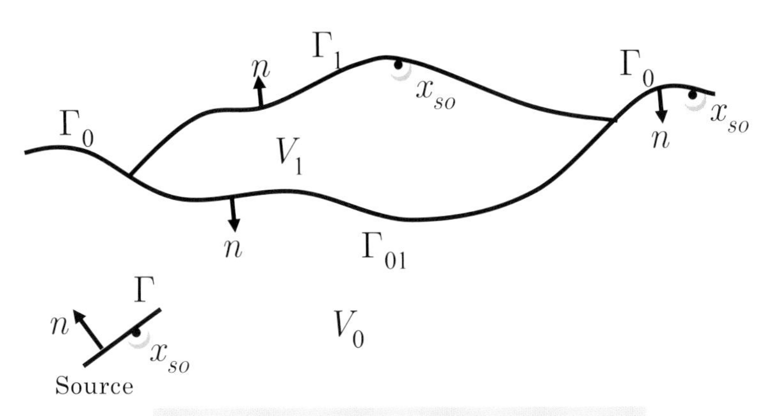

図 1.8-4　震源断層・不整形弾性体系の記号

ある場合の定式を示す。

震源断層を含む弾性体V_0において、入射波問題の積分方程式より次式が成立する。

$$\int_{\Gamma_0+\Gamma_{01}} \Big(H^0_{mk}(\mathbf{x},\omega;\mathbf{x}_{so},\mathbf{n})u_m(\mathbf{x}_{so},\omega) - G^0_{mk}(\mathbf{x},\omega;\mathbf{x}_{so})T_m(\mathbf{x}_{so},\omega,\mathbf{n}) \Big) d\Gamma(\mathbf{x}_{so}) + u_k^{(in)}(\mathbf{x},\omega) = \frac{1}{2}u_k(\mathbf{x},\omega), \quad \mathbf{x}\ on\ \Gamma_0+\Gamma_{01} \tag{1.8-33}$$

ここに、$u_k^{(in)}(\mathbf{x},\omega)$は運動学的断層モデルから求められる地震波の変位成分で式(1.8-30)より以下のように与えられる。

$$u_k^{(in)}(\mathbf{x},\omega) = \int_{\Gamma} m_{ij}(\mathbf{x}_{so},\mathbf{n},\omega)\frac{\partial G_{ki}(\mathbf{x}_{so},\omega;\mathbf{x})}{\partial x_{soj}}d\Gamma(\mathbf{x}_{so}) \tag{1.8-34}$$

ここに、$\mathbf{x}_{so}$は震源断層上の位置を表す。

堆積層に相当する弾性体V_1においては、内部問題の積分方程式を適用し次の積分方程式が成立する。

$$\int_{\Gamma_1+\Gamma_{01}} \Big(G^1_{mk}(\mathbf{x},\omega;\mathbf{x}_{so})T_m(\mathbf{x}_{so},\omega,\mathbf{n}) - H^1_{mk}(\mathbf{x},\omega;\mathbf{x}_{so},\mathbf{n})u_m(\mathbf{x}_{so},\omega) \Big) d\Gamma(\mathbf{x}_{so}) = \frac{1}{2}u_k(\mathbf{x},\omega), \quad \mathbf{x}\ on\ \Gamma_1+\Gamma_{01} \tag{1.8-35}$$

以上のように図1.8-4に示すような震源断層・不整形弾性体系の地震波動問題は、積分方程式によって定式化できることを示した。これらの式(1.8-33)と式(1.8-35)の積分方程式の境界条件は、地表面で表面応力が零並びに、弾性体V_0とV_1の接触している境界上で変位と表面応力が連続という条件となる。このような積分方程式を境界要素法を用いて離散化し境界条件を加味すると、境界上の未知変位と未知表面応力を求めることができる。この積分方程式を離散化して直接に解く方法が(直接)境界要素法である(補足1.3参照)。

1.8.4 点震源モデルから放射される地震波と地震モーメント、グリーン関数の関係

式(1.8-34)の入射波において、断層面が小さくm_{ij}が断層面上の1地点$\mathbf{x}_{so}$に集中したと評価できる点震源モデルから放射される地震波の具体式を示す。震源断層の大きさ（矩形断層)から放射される地震波の具体式は2章2.2.8項に記述する。

点震源モデルから放射される地震波は、式(1.8-34)より次式のように表される。

$$u_k^{(in)}(\mathbf{x},\omega) = M_{ij}(\omega)\frac{\partial G_{ki}(\mathbf{x}_{so},\omega;\mathbf{x})}{\partial x_{soj}} \tag{1.8-36a}$$

ここに、

$$M_{ij}(\omega) = \int_{\Gamma} m_{ij}(\mathbf{x}_{so},\mathbf{n},\omega)d\Gamma(\mathbf{x}_{so})$$
$$m_{ij}(\mathbf{x}_{so},\mathbf{n},\omega) = \lambda n_n[\Delta u_n(\mathbf{x}_{so},\omega)]\delta_{ij} + \mu\big(n_i[\Delta u_j(\mathbf{x}_{so},\omega)] + n_j[\Delta u_i(\mathbf{x}_{so},\omega)]\big) \tag{1.8-36b}$$

例えば、図 1.8-5 に示すような座標系において、せん断型の断層すべりを想定し平均すべりベクトルを $\mathbf{D}(\mathbf{x}_{so},\omega)(=[\Delta\mathbf{u}(\mathbf{x}_{so},\omega)])$ とすると上式は次式のように表される。

$$\begin{aligned} M_{ij}(\omega) &= \mu\Big(D_j(\mathbf{x}_{so},\omega)n_i(\mathbf{x}_{so}) + D_i(\mathbf{x}_{so},\omega)n_j(\mathbf{x}_{so})\Big)\int_\Gamma d\Gamma(\mathbf{x}_{so}) \\ &= \mu S\Big(D_j(\mathbf{x}_{so},\omega)n_i(\mathbf{x}_{so}) + D_i(\mathbf{x}_{so},\omega)n_j(\mathbf{x}_{so})\Big) \end{aligned} \tag{1.8-37}$$

ここに、S はせん断型断層の面積を表す。

図 1.8-5 に示すような座標系において、震源断層面上の座標 ($x_{so}, y_{so}, 0$) と座標 (x, y, z) の幾何学的関係は次式のようになる。

$$\begin{pmatrix} x \\ y \\ z \end{pmatrix} = \begin{pmatrix} x_{so} + x_0 \\ y_{so}\cos\delta + y_0 \\ y_{so}\sin\delta + z_0 \end{pmatrix} \tag{1.8-38}$$

ここに、(x_0, y_0, z_0) は (x, y, z) 座標での点震源の位置を表し、これは震源断層面上の座標 ($x_{so}, y_{so}, 0$)の原点を表す。

したがって、震源断層の平均すべり量を D としすべり方向を λ とすると、震源断層の平均すべり量の震源断層面上の座標成分は ($D\cos\lambda, -D\sin\lambda, 0$) となるので、断層面の法線ベクトルとすべりベクトルの(x, y, z)座標系の成分は次式のように求められる。

$$\mathbf{n} = \begin{pmatrix} 0 \\ \sin\delta \\ -\cos\delta \end{pmatrix}, \quad \mathbf{D} = \begin{pmatrix} D\cos\lambda \\ -D\sin\lambda\cos\delta \\ -D\sin\lambda\sin\delta \end{pmatrix} \tag{1.8-39}$$

ここに、D は振動数の関数であるが簡単のため ω を省略している。したがって、せん断型震源断層の点震源モデルの地震モーメントテンソル $M_{ij} = M_{ji}$ は次式で与えられる。

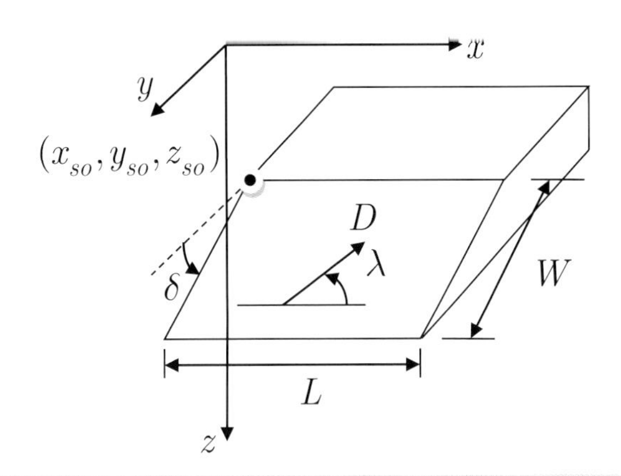

図 1.8-5　せん断型点震源モデルの座標とパラメータの記号

$$
\begin{pmatrix} M_{xx}(\omega) \\ M_{xy}(\omega) \\ M_{xz}(\omega) \\ M_{yy}(\omega) \\ M_{yz}(\omega) \\ M_{zz}(\omega) \end{pmatrix} = M_0(\omega) \begin{pmatrix} 0 \\ \sin\delta\cos\lambda \\ -\cos\delta\cos\lambda \\ -\sin 2\delta\sin\lambda \\ \cos 2\delta\sin\lambda \\ \sin 2\delta\sin\lambda \end{pmatrix} \tag{1.8-40a}
$$

ここに、

$$
M_0(\omega) = \mu SD(\omega) \tag{1.8-40b}
$$

式（1.8-36a）より、地震モーメントテンソルと変位グリーン関数の微分が与えられると無限弾性体中のせん断型運動学的断層モデルから放射される地震波の変位が求められる。

補足 1.1　運動の記述(ラグランジェの方法とオイラーの方法)

1.1.1　基礎的事項

運動の記述には、以下に記述するように時刻 $t=0$ における特定の粒子の運動を調べるラグランジェの方法と、ある特定の空間位置に存在する不特定の粒子の運動状態を調べるオイラーの方法の 2 つの記述方法がある。1 章で対象とする変位の空間微分が小さいと仮定できる線形変形理論では、ラグランジェの方法とオイラーの方法による運動の記述は同じなので、厳密な運動の記述(変形前とか変形後、特定の粒子の運動か不特定粒子の運動の状態かなど)を気にせずに変位や速度、加速度の記述ができるが、特定の粒子の運動に着目するラグランジェの方法の方が質点の運動に慣れている読者にはわかりやすい。例えば、地震計は地盤の 1 地点の粒子の運動を計測するので地震記録はラグランジェの方法による地盤の 1 地点の運動といえる。

図 A1.1-1 に示すように時刻 $t=0$ において注目した物体の位置ベクトルを $\mathbf{X}$ と表してラベルを付ける(物体が変形する前の初期状態の物体に $\mathbf{X}$ という目印(ラベル)を付けたと考える)。この物体が任意の時刻 t では $\mathbf{x}$ という位置ベクトルで表される場所に移動したとする(変形後に $\mathbf{x}$ という位置に目印 $\mathbf{X}$ が移動したと考える)。座標軸は、図 A1.1-1 に示す直交座標系とし、各座標軸は (x, y, z) または (X, Y, Z) あるいは、(x_1, x_2, x_3) または (X_1, X_2, X_3) のような記号で表す。

時刻 $t=0$ で位置 $\mathbf{X}=(X_1, X_2, X_3)$ にあった物体が時刻 t では位置 $\mathbf{x}=(x_1, x_2, x_3)$ に移動しているので、注目物体の座標位置 (x_1, x_2, x_3) (以後簡単のために x_i と表現する) は初期の位置と時間の関数として次式のように表すことができる。

$$x_i = P_i(X_1, X_2, X_3, t) = P_i(X_j, t) \tag{A1.1-1}$$

上式は任意の関数を P_i として表現している。

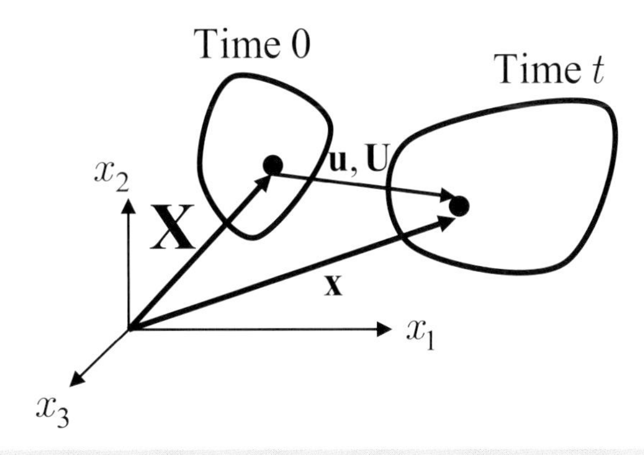

図 A1.1-1　3 次元直交座標における物体の運動の記述とその記号

上式のように変形前の物体のある点に目印を付けてその注目点が変形後にどこに移動するかを記述する方法が、ラグランジェの方法である。

ここで、変形前の物体における特定の１点 $\mathbf{X} = \mathbf{X}^0(X_j^0)$ の運動に注目する。すなわち、

$$x_i^0 = P_i(X_j^0, t) \tag{A1.1-2}$$

は、特定の１点の運動軌跡を表す。そして、この１点の運動の速度や加速度は上式の時間微分で次式のように表される。

$$v_i^0 = \frac{dx_i^0}{dt} = \frac{\partial P_i(X_j^0, t)}{\partial t}, \quad a_i^0 = \frac{dv_i^0}{dt} = \frac{\partial^2 P_i(X_j^0, t)}{\partial t^2} = \frac{d^2 x_i^0}{dt^2} \tag{A1.1-3a}$$

上式を一般化すると、速度や加速度の空間的分布または速度場、加速度場が次式のように求められる。

$$v_i = \frac{dx_i}{dt} = \frac{\partial P_i(X_j, t)}{\partial t}, \quad a_i = \frac{dv_i}{dt} = \frac{\partial^2 P_i(X_j, t)}{\partial t^2} = \frac{d^2 x_i}{dt^2} \tag{A1.1-3b}$$

これらの速度や加速度と位置の関係は１質点の運動の記述と同じである。

また、同じように変形前の物体の特定の１点 $\mathbf{X} = \mathbf{X}^0(X_j^0)$ の密度（単位体積質量）の時間的変化に注目する。すなわち、

$$\rho^0 = \rho(X_j^0, t) \tag{A1.1-4a}$$

上式を一般化すると、密度の時間的変化は次式のように表される。

$$\rho = \rho(X_j, t) \tag{A1.1-4b}$$

ここで、運動や変形は時間的かつ空間的に連続であると仮定し、式（A1.1-1）の関数の微分が存在すると仮定する。さらに、式（A1.1-1）の逆関数から変形前の物体の位置ベクトルが求められるものとする。すなわち、

$$X_i = P_i^{-1}(x_1, x_2, x_3, t) = P_i^{-1}(x_j, t) = p_i(x_j, t) \tag{A1.1-5}$$

ここに、P_i^{-1} は関数 P_i の逆関数を意味し逆関数を $p_i(x_j, t)$ として表わす。数学的には、上式の逆関数が存在するためには次式で定義されるヤコビアンが零でないことが必要となる。

$$J = \frac{\partial(x_1, x_2, x_3)}{\partial(X_1, X_2, X_3)} = \begin{vmatrix} \frac{\partial x_1}{\partial X_1} & \frac{\partial x_1}{\partial X_2} & \frac{\partial x_1}{\partial X_3} \\ \frac{\partial x_2}{\partial X_1} & \frac{\partial x_2}{\partial X_2} & \frac{\partial x_2}{\partial X_3} \\ \frac{\partial x_3}{\partial X_1} & \frac{\partial x_3}{\partial X_2} & \frac{\partial x_3}{\partial X_3} \end{vmatrix} \tag{A1.1-6}$$

上記のことを整理すると、変形前の物体に目印を付けてその注目点が時間毎にどこに移動するかというようにある注目点の運動を記述するラグランジェの方法では、変形後の位置、速度、加速度、密度は次式のように変形前の物体の注目点の座標を表す変数 X_j と時間 t の関数として表される。

$$\begin{aligned} x_i &= P_i(X_j, t) \\ v_i &= \frac{\partial P_i(X_j, t)}{\partial t} = V_i(X_j, t) \\ a_i &= \frac{\partial V_i(X_j, t)}{\partial t} = \frac{\partial^2 P_i(X_j, t)}{\partial t^2} = A_i(X_j, t) \\ \rho &= \rho(X_j, t) \end{aligned} \tag{A1.1-7}$$

このラグランジェの記述方法は、物体の 1 質点の運動を記述する質点力学と同じであるため、運動の物質表現とも呼ばれる。

ところで、変形前と変形後の物体の位置の間には式（A1.1-5）の関係式があるので、次式のように速度、加速度、密度は変形後の位置 x_i の関数として表すこともできる。

$$\begin{aligned} v_i &= V_i(X_j, t) = V_i(p_j(x_k, t), t) = v_i(x_j, t) \\ a_i &= A_i(X_j, t) = A_i(p_j(x_k, t), t) = a_i(x_j, t) \\ \rho &= \rho(X_j, t) = \rho(p_j(x_k, t), t) = \rho^*(x_j, t) \end{aligned} \tag{A1.1-8}$$

ここに、v_i, a_i, ρ^* は変数が x_i に変換されたことによる関数を表す。

このように変形後の位置 x_i と時刻 t における物体の速度、加速度、密度などの物理量の

状態を記述する方法は、オイラーの方法、または、空間表現と呼ばれる。先に述べたラグランジェの方法と上記のオイラーの方法による物体の運動の 2 つの記述方法は、歴史的にはどちらもレオンハルトオイラーによって提唱されたものである。

1.1.2　位置、変位、速度、加速度の関係

(1) 変位

以上の運動の 2 つの記述方法により図 A1.1-1 に示すような注目物体の変位の記述を調べてみよう。変位ベクトル $\mathbf{u}$ は $\mathbf{x}-\mathbf{X}$ として定義されるが、ラグランジェの方法では次式のように記述される。

$$U_i(X_j,t)=x_i-X_i=P_i(X_j,t)-X_i \tag{A1.1-9}$$

ここに、X_i は初期の物体の位置を表し時間の関数ではない($dX_i/dt=0$)。

オイラーの方法では次式のように記述される。

$$u_i(x_j,t)=x_i-X_i=x_i-p_i(x_j,t) \tag{A1.1-10}$$

ここに、x_i は座標位置で、時間の関数ではない（ $dx_i/dt=0$ ）。もちろん、変位の定義からラグランジェの方法とオイラーの方法における変位は次式のように等しい。

$$U_i(X_j,t)=u_i(x_j,t) \tag{A1.1-11}$$

(2) 変位の空間変化率

変位の空間変化率を考えてみる。式 (A1.1-11) の空間変化率 (空間微分) は次式のように書ける。

$$\frac{\partial U_i}{\partial X_j}=\frac{\partial u_i}{\partial x_k}\frac{\partial x_k}{\partial X_j} \tag{A1.1-12}$$

ここで、$x_k=X_k+U_k(X_j,t)$ より、

$$\frac{\partial x_k}{\partial X_j}=\delta_{kj}+\frac{\partial U_k}{\partial X_j} \tag{A1.1-13}$$

ここに、δ_{kj} はクロネッカのデルタで $k=j$ の時に 1 となりその他では零となる。

上式より次式が得られる。

$$\frac{\partial U_i}{\partial X_j}=\frac{\partial u_i}{\partial x_j}+\frac{\partial u_i}{\partial x_k}\frac{\partial U_k}{\partial X_j} \tag{A1.1-14}$$

この式は、変位の空間微分の漸化式となっている。上式の右辺第 2 項の第 2 因子に上式を代入すると次式が得られる。

$$\frac{\partial U_i}{\partial X_j} = \frac{\partial u_i}{\partial x_j} + \frac{\partial u_i}{\partial x_k}\left(\frac{\partial u_k}{\partial x_j} + \frac{\partial u_k}{\partial x_l}\frac{\partial U_l}{\partial X_j}\right) + \cdots$$
$$= \frac{\partial u_i}{\partial x_j} + \frac{\partial u_i}{\partial x_k}\frac{\partial u_k}{\partial x_j} + \frac{\partial u_i}{\partial x_k}\frac{\partial u_k}{\partial x_l}\frac{\partial U_l}{\partial X_j} + \cdots \tag{A1.1-15}$$

いま、変位の空間微分が小さく高次項が無視できるような場合(線形変形理論)、上式は次式のように書ける。

$$\frac{\partial U_i}{\partial X_j} = \frac{\partial u_i}{\partial x_j} \tag{A1.1-16}$$

すなわち、線形変形理論が成り立つ場合、ラグランジェの方法とオイラーの方法による変位の空間微分は同じになる。

(3) 変位の時間微分、速度、加速度、ラグランジェ微分

ここでは、ラグランジェとオイラーの方法による変位の時間微分を考える。いま、変形前の物体の特定の点 **X** の運動に注目するとその速度と加速度は、変位の時間微分により次式のように表される。

$$v_i = \frac{\partial P_i(X_j, t)}{\partial t} = \frac{\partial (U_i(X_j, t) + X_i)}{\partial t} = \frac{\partial U_i(X_j, t)}{\partial t}$$
$$a_i = \frac{\partial^2 P_i(X_j, t)}{\partial t^2} = \frac{\partial^2 (U_i(X_j, t) + X_i)}{\partial t^2} = \frac{\partial^2 U_i(X_j, t)}{\partial t^2} \tag{A1.1-17}$$

上式を導くに当たり、$\partial X_j / \partial t = 0$ を用いた。

上式の速度と加速度は、式 (A1.1-11) を用いれば次式のようなオイラーの方法による変位の微分として与えることもできる。

$$v_i = \frac{\partial U_i(X_j, t)}{\partial t} = \frac{\partial u_i(x_j, t)}{\partial t}$$
$$a_i = \frac{\partial^2 U_i(X_j, t)}{\partial t^2} = \frac{\partial^2 u_i(x_j, t)}{\partial t^2} \tag{A1.1-18}$$

ただし、上式の右辺第 2 項のオイラーの方法による変位の微分は、次のように考えなければならないことが注意すべき点である。

時刻 t での注目点の位置 x_j は、$x_j = P_j(X_k, t)$ として表されるのでオイラーの方法による変位の時間の 1 階微分は次式のように表される。

$$\frac{\partial u_i(x_j, t)}{\partial t} = \frac{\partial u_i(P_j(X_k, t), t)}{\partial t} \tag{A1.1-19a}$$

この微分は、微分の定義式から次式のように表される（dt は微小時間を意味する）。

$$\frac{\partial u_i(P_j(X_k,t),t)}{\partial t}=\frac{u_i(P_j(X_k,t+dt),t+dt)-u_i(P_j(X_k,t),t)}{dt} \tag{A1.1-19b}$$

時刻 $t+dt$ では、注目点は x_j ではなく、その近くの x_j+dx_j に位置するため次式が成り立つ。

$$x_j=P_j(X_k,t),\quad x_j+dx_j=P_j(X_k,t+dt) \tag{A1.1-19c}$$

したがって、式(A1.1-19a)は次式のように表される。

$$\frac{\partial u_i(P_j(X_k,t),t)}{\partial t}=\frac{u_i(x_j+dx_j,t+dt)-u_i(x_j,t)}{dt} \tag{A1.1-19d}$$

ここで、テイラー展開を用いると次式が得られる。

$$u_i(x_j+dx_j,t+dt)=u_i(x_j,t)+\left(\frac{\partial u_i}{\partial t}+\frac{\partial u_i}{\partial x_j}\frac{\partial x_j}{\partial t}\right)dt+\cdots \tag{A1.1-20}$$

式(A1.1-19d)に式(A1.1-20)を代入すると次式が得られる。

$$\frac{\partial u_i(P_j(X_k,t),t)}{\partial t}=\frac{\partial u_i}{\partial t}+\frac{\partial u_i}{\partial x_j}\frac{\partial x_j}{\partial t}+\cdots \tag{A1.1-21a}$$

また、

$$\frac{\partial x_j}{\partial t}=\frac{\partial P_j(X_k,t)}{\partial t}=V_j(X_k,t),\quad \frac{\partial u_i(P_j(X_k,t),t)}{\partial t}=V_j(X_k,t) \tag{A1.1-21b}$$

したがって、式(A1.1-21a)に式(A1.1-21b)を代入すると次式が求められる。

$$V_i(X_k,t)=\frac{\partial u_i}{\partial t}+\frac{\partial u_i}{\partial x_j}V_j(X_k,t)+\cdots \tag{A1.1-22a}$$

また、式（A1.1-8）のようにラグランジュの方法とオイラーの方法による速度は同じであるため（$V_i(X_j,t)=v_i(x_j,t)$）、上式は次式のようにも表せる。

$$v_i(x_k,t)=\frac{\partial u_i}{\partial t}+\frac{\partial u_i}{\partial x_j}v_j(x_k,t)+\cdots \tag{A1.1-22b}$$

結局、式(A1.1-18)の時間微分は次式のようになる。

$$v_i(x_k,t)=\frac{\partial u_i(x_k,t)}{\partial t}=\frac{\partial u_i}{\partial t}+\frac{\partial u_i}{\partial x_j}v_j(x_k,t)=\frac{Du_i(x_k,t)}{Dt} \tag{A1.1-23a}$$

ここに、

$$\frac{D}{Dt}=\frac{\partial}{\partial t}+v_j(x_k,t)\frac{\partial}{\partial x_j} \qquad \text{(A1.1-23b)}$$

$$v_j(x_k,t)\frac{\partial}{\partial x_j}=v_1\frac{\partial}{\partial x_1}+v_2\frac{\partial}{\partial x_2}+v_3\frac{\partial}{\partial x_3} \qquad \text{(A1.1-23c)}$$

以上のようにオイラーの方法で変位を記述した場合、変位の時間 t に関する微分は式(A1.1-23)のような時間微分要素の微分となる。これは、速度が注目点 **X** の運動を追跡して求められているために物理量の場の表現方法(オイラーの方法)においては、単なる時間での微分のみでは表されないことになる。したがって、この D/Dt の時間微分要素は物理量の場の表現方法におけるラグランジェ微分と呼ばれている。

また、オイラーの方法による加速度は次式のように表されることになる。

$$a_i\,(x_j,t)=\frac{\partial^2 u_i(x_j,t)}{\partial t^2}=\frac{\partial v_i(x_j,t)}{\partial t}=\left(\frac{\partial}{\partial t}+v_j(x_k,t)\frac{\partial}{\partial x_j}\right)v_i(x_j,t)=\frac{Dv_i(x_j,t)}{Dt}$$

(A1.1-24a)

$$a_i(x_k,t)=\frac{Dv_i(x_j,t)}{Dt}=\left(\frac{\partial}{\partial t}+v_j(x_k,t)\frac{\partial}{\partial x_j}\right)v_i(x_j,t)=\frac{D^2u_i(x_j,t)}{Dt^2} \qquad \text{(A1.1-24b)}$$

以上のことは、変位や速度のみならず物体の状態を特徴付ける密度などの物理量をオイラーの方法で記述した時の時間微分に対しても成立する。

例えば、物理量として位置 x_i をとると、$dx_i/dt=0$ は意味がないがそのラグランジェ微分により次式のように位置 x_i のラグランジェ微分から速度が求められる。

$$\frac{Dx_i}{Dt}=\frac{\partial x_i}{\partial t}+v_j(x_k,t)\frac{\partial x_i}{\partial x_j}=0+v_j(x_k,t)\delta_{ij}=v_i(x_k,t) \qquad \text{(A1.1-25)}$$

また、以下のように考えて変位のラグランジェ微分から速度を導くこともできる。すなわち、オイラーの方法による変位 $u_i(x_j,t)=x_i-p_i(x_j,t)$ のラグランジェ微分は、

$$\begin{aligned}\frac{Du_i(x_k,t)}{Dt}&=\frac{\partial(x_i-p_i(x_k,t))}{\partial t}+v_j(x_k,t)\frac{\partial(x_i-p_i(x_k,t))}{\partial x_j}\\&=-\frac{\partial p_i(x_k,t)}{\partial t}+v_j(x_k,t)\left(\delta_{ij}-\frac{\partial p_i(x_k,t)}{\partial x_j}\right)\end{aligned} \qquad \text{(A1.1-26a)}$$

ここで、オイラーの方法による位置 $X_i=p_i(x_j,t)$ のラグランジェ微分は、

$$\frac{Dp_i(x_k,t)}{Dt}=\frac{\partial p_i(x_k,t)}{\partial t}+v_j(x_k,t)\frac{\partial p_i(x_k,t)}{\partial x_j}=0 \qquad \text{(A1.1-26b)}$$

であるため($DX_i/Dt=0$: X_i は変形前の注目点の位置で時間の関数ではない)、

$$v_j(x_k,t)\frac{\partial p_i(x_k,t)}{\partial x_j}=-\frac{\partial p_i(x_k,t)}{\partial t} \tag{A1.1-26c}$$

これより、

$$\begin{aligned}\frac{Du_i(x_k,t)}{Dt}&=-\frac{\partial p_i(x_k,t)}{\partial t}+v_j(x_k,t)\left(\delta_{ij}-\frac{\partial p_i(x_k,t)}{\partial x_j}\right)\\&=-\frac{\partial p_i(x_k,t)}{\partial t}+v_j(x_k,t)\delta_{ij}+\frac{\partial p_i(x_k,t)}{\partial t}\\&=v_j(x_k,t)\delta_{ij}=v_i(x_k,t)\end{aligned} \tag{A1.1-26d}$$

1.1.3　線形変形理論における速度と加速度

式(A1.1-22)は漸化式なので、繰り返し使うと次式が得られる(式(A1.1-22b)のみ示す)。

$$\begin{aligned}v_i(x_k,t)&=\frac{\partial u_i}{\partial t}+\frac{\partial u_i}{\partial x_j}\left(\frac{\partial u_j}{\partial t}+\frac{\partial u_j}{\partial x_l}v_l(x_k,t)\right)+\cdots\\&=\frac{\partial u_i}{\partial t}+\frac{\partial u_i}{\partial x_j}\frac{\partial u_j}{\partial t}+\frac{\partial u_i}{\partial x_j}\frac{\partial u_j}{\partial x_l}v_l(x_k,t)+\cdots\end{aligned} \tag{A1.1-27}$$

変位の空間微分が小さいと仮定できる線形変形理論では、式 (A1.1-27) の右辺第１項のみを採用するため速度と加速度では次式が成立する。

$$v_i(x_k,t)=\frac{\partial u_i}{\partial t},\qquad a_i(x_k,t)=\frac{\partial^2 u_i}{\partial t^2} \tag{A1.1-28}$$

補足 1.2　ベクトルの表現と内積、外積等のよく使う公式

1.2.1　ベクトルの表現と内積・外積

直交座標系の各軸方向の単位ベクトル（振幅が１で各軸方向に向きを持つベクトル）を $\mathbf{i},\mathbf{j},\mathbf{k}$ とすると、各軸方向の大きさが a_x,a_y,a_z を持つベクトル $\mathbf{A}$ は次式で表される。

$$A=a_x\mathbf{i}+a_y\mathbf{j}+a_z\mathbf{k} \tag{A1.2-1}$$

また、次式のように各軸方向の成分のみを使った表示も多用される。

$$\mathbf{A}=(a_x,a_y,a_z)^T=\begin{pmatrix}a_x\\a_y\\a_z\end{pmatrix} \tag{A1.2-2}$$

ここに、T は転置を意味する。

２つのベクトル $\mathbf{A}$ と $\mathbf{B}$ の内積は次式のように定義される。

$$\mathbf{A}\cdot\mathbf{B} = |\,\mathbf{A}\,||\,\mathbf{B}\,|\cos\theta = a_x b_x + a_y b_y + a_z b_z = (a_x, a_y, a_z)\begin{pmatrix} b_x \\ b_y \\ b_z \end{pmatrix} = \mathbf{A}^T\mathbf{B} \tag{A1.2-3}$$

ここに、$|\ \ |$は振幅をθは2つのベクトルの成す角度を表す。

2つのベクトル$\mathbf{A}$と$\mathbf{B}$の外積は次式のように定義される。

$$\begin{aligned}\mathbf{A}\times\mathbf{B} &= \begin{vmatrix} \mathbf{i} & \mathbf{j} & \mathbf{k} \\ a_x & a_y & a_z \\ b_x & b_y & b_z \end{vmatrix} = (a_y b_z - a_z b_y)\mathbf{i} + (a_z b_x - a_x b_z)\mathbf{j} + (a_x b_y - a_y b_x)\mathbf{k} \\ &= \left(a_y b_z - a_z b_y,\, a_z b_x - a_x b_z,\, a_x b_y - a_y b_x\right)^T = \begin{pmatrix} a_y b_z - a_z b_y \\ a_z b_x - a_x b_z \\ a_x b_y - a_y b_x \end{pmatrix}\end{aligned} \tag{A1.2-4}$$

1.2.2　微分演算子ベクトル（ナブラベクトルとラプラシアン）

微分演算子ベクトル∇は次式のように定義される。

$$\nabla = \frac{\partial}{\partial x}\mathbf{i} + \frac{\partial}{\partial y}\mathbf{j} + \frac{\partial}{\partial z}\mathbf{k} \tag{A1.2-5a}$$

または、成分のみでの表示では、

$$\nabla = \left(\frac{\partial}{\partial x}, \frac{\partial}{\partial y}, \frac{\partial}{\partial z}\right)^T = \begin{pmatrix} \dfrac{\partial}{\partial x} \\ \dfrac{\partial}{\partial y} \\ \dfrac{\partial}{\partial z} \end{pmatrix} \tag{A1.2-5b}$$

ここで、微分演算子ベクトル∇と変位ベクトル$\mathbf{u} = (u, v, w)^T$の内積$\nabla\cdot\mathbf{u}$（Divergenceと呼ばれる）は次式のようになる。

$$\nabla\cdot\mathbf{u} = \frac{\partial u}{\partial x} + \frac{\partial v}{\partial y} + \frac{\partial w}{\partial z} \tag{A1.2-6}$$

また、微分演算子ベクトル∇と変位ベクトル$\mathbf{u} = (u, v, w)^T$の外積$\nabla\times\mathbf{u}$（Curlと呼ばれる）は次式のようになる。

$$\nabla\times\mathbf{u}=\begin{vmatrix}\mathbf{i} & \mathbf{j} & \mathbf{k}\\ \dfrac{\partial}{\partial x} & \dfrac{\partial}{\partial y} & \dfrac{\partial}{\partial z}\\ u & v & w\end{vmatrix}=\left(\frac{\partial w}{\partial y}-\frac{\partial v}{\partial z}\right)\mathbf{i}+\left(\frac{\partial u}{\partial z}-\frac{\partial w}{\partial x}\right)\mathbf{j}+\left(\frac{\partial v}{\partial x}-\frac{\partial u}{\partial y}\right)\mathbf{k}$$

$$=\left(\frac{\partial w}{\partial y}-\frac{\partial v}{\partial z},\frac{\partial u}{\partial z}-\frac{\partial w}{\partial x},\frac{\partial v}{\partial x}-\frac{\partial u}{\partial y}\right)^T=\begin{pmatrix}\dfrac{\partial w}{\partial y}-\dfrac{\partial v}{\partial z}\\ \dfrac{\partial u}{\partial z}-\dfrac{\partial w}{\partial x}\\ \dfrac{\partial v}{\partial x}-\dfrac{\partial u}{\partial y}\end{pmatrix} \tag{A1.2-7a}$$

微分演算子ベクトル∇と$\nabla\times\mathbf{u}$(Curl)の内積は次式のように零となる。

$$\nabla\cdot(\nabla\times\mathbf{u})=\left(\frac{\partial}{\partial x},\frac{\partial}{\partial y},\frac{\partial}{\partial z}\right)\begin{pmatrix}\dfrac{\partial w}{\partial y}-\dfrac{\partial v}{\partial z}\\ \dfrac{\partial u}{\partial z}-\dfrac{\partial w}{\partial x}\\ \dfrac{\partial v}{\partial x}-\dfrac{\partial u}{\partial y}\end{pmatrix}=0 \tag{A1.2-7b}$$

また、微分演算子ベクトル∇をスカラーである変位ポテンシャル関数ϕに適用すると、

$$\nabla\phi=\frac{\partial\phi}{\partial x}\mathbf{i}+\frac{\partial\phi}{\partial y}\mathbf{j}+\frac{\partial\phi}{\partial z}\mathbf{k} \tag{A1.2-8a}$$

このベクトルの成分のみの表示をすると、

$$\nabla\phi=\left(\frac{\partial\phi}{\partial x},\frac{\partial\phi}{\partial y},\frac{\partial\phi}{\partial z}\right)^T=\begin{pmatrix}\dfrac{\partial\phi}{\partial x}\\ \dfrac{\partial\phi}{\partial y}\\ \dfrac{\partial\phi}{\partial z}\end{pmatrix} \tag{A1.2-8b}$$

ラプラシアン∇^2は微分演算子ベクトル同士の内積として定義される。

$$\nabla^2=\nabla\cdot\nabla=\frac{\partial^2}{\partial x^2}+\frac{\partial^2}{\partial y^2}+\frac{\partial^2}{\partial z^2} \tag{A1.2-9}$$

例えば、スカラーである変位ポテンシャル関数ϕに適用すると、

$$\nabla^2\phi=\nabla\cdot\nabla\phi=\frac{\partial^2\phi}{\partial x^2}+\frac{\partial^2\phi}{\partial y^2}+\frac{\partial^2\phi}{\partial z^2} \tag{A1.2-10}$$

補足 1.3　境界要素法の概要

ここでは、次式のような内部問題における波動場の積分方程式表示を用いて境界要素法について概説する。

$$\int_{\Gamma}\Big(G_{mk}(\mathbf{x},\omega;\mathbf{x}_{so})T_m(\mathbf{x}_{so},\omega,\mathbf{n})-H_{mk}(\mathbf{x},\omega;\mathbf{x}_{so},\mathbf{n})u_m(\mathbf{x}_{so},\omega)\Big)d\Gamma(\mathbf{x}_{so})=\frac{1}{2}u_k(\mathbf{x},\omega) \tag{A1.3-1}$$

ここに、観測点 $\mathbf{x}$ は弾性体表面上にある。

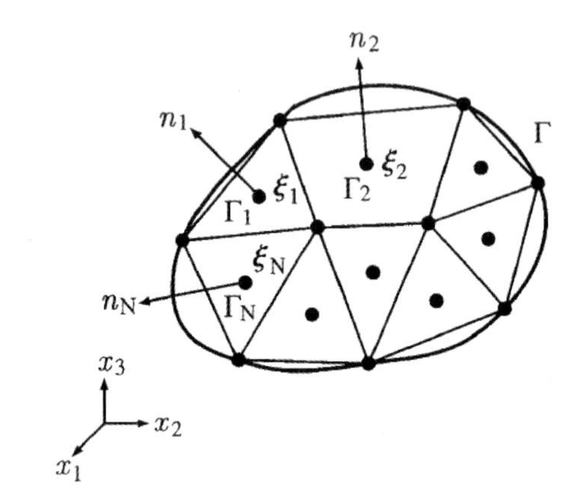

図 A1.3-1　波動場の内部問題における弾性体表面の離散化とその記号

図 A1.3-1 のように弾性体表面を N 個の要素で離散化し各要素を $\Gamma_i (i=1,2,\cdots,N)$ とする。各要素上の変位と表面応力は一様に分布すると仮定する。このように表面を離散化すると、上式の積分方程式は次式のような $3N$ 個の未知数の連立 1 次方程式となる。

$$\big[\mathbf{G}\big]\big(\mathbf{T}_\Gamma\big)-\big[\mathbf{H}\big]\big(\mathbf{u}_\Gamma\big)=\frac{1}{2}\big(\mathbf{u}_\Gamma\big) \tag{A1.3-2}$$

$$\big(\mathbf{u}_\Gamma\big)=\begin{pmatrix} u_1(\mathbf{x}_{so1}) \\ u_2(\mathbf{x}_{so1}) \\ u_3(\mathbf{x}_{so1}) \\ \vdots \\ u_1(\mathbf{x}_{soN}) \\ u_2(\mathbf{x}_{soN}) \\ u_3(\mathbf{x}_{soN}) \end{pmatrix},\quad \big(\mathbf{T}_\Gamma\big)=\begin{pmatrix} T_1(\mathbf{x}_{so1},n_1) \\ T_2(\mathbf{x}_{so1},n_1) \\ T_3(\mathbf{x}_{so1},n_1) \\ \vdots \\ T_1(\mathbf{x}_{soN},n_N) \\ T_2(\mathbf{x}_{soN},n_N) \\ T_3(\mathbf{x}_{soN},n_N) \end{pmatrix} \tag{A1.3-3a}$$

ここに、表面応力（トラクション）$T_m(\mathbf{x}_{so},\omega,\mathbf{n})$ は各要素の単位鉛直ベクトル $\mathbf{n}_j$ の関数である。また、

$$\left[\mathbf{H}\right]=\begin{pmatrix} \int_{\Gamma_1}\mathbf{H}(\mathbf{x}_{so1},\omega;\mathbf{x}_{so1},\mathbf{n}_1)d\Gamma & \int_{\Gamma_2}\mathbf{H}(\mathbf{x}_{so2},\omega;\mathbf{x}_{so1},\mathbf{n}_1)d\Gamma & \cdots & \int_{\Gamma_N}\mathbf{H}(\mathbf{x}_{soN},\omega;\mathbf{x}_{so1},\mathbf{n}_1)d\Gamma \\ \int_{\Gamma_1}\mathbf{H}(\mathbf{x}_{so1},\omega;\mathbf{x}_{so2},\mathbf{n}_2)d\Gamma & \int_{\Gamma_2}\mathbf{H}(\mathbf{x}_{so2},\omega;\mathbf{x}_{so2},\mathbf{n}_2)d\Gamma & \cdots & \int_{\Gamma_N}\mathbf{H}(\mathbf{x}_{soN},\omega;\mathbf{x}_{so2},\mathbf{n}_2)d\Gamma \\ \cdots & \cdots & \cdots & \cdots \\ \int_{\Gamma_1}\mathbf{H}(\mathbf{x}_{so1},\omega;\mathbf{x}_{soN},\mathbf{n}_N)d\Gamma & \int_{\Gamma_2}\mathbf{H}(\mathbf{x}_{so2},\omega;\mathbf{x}_{soN},\mathbf{n}_N)d\Gamma & \cdots & \int_{\Gamma_N}\mathbf{H}(\mathbf{x}_{soN},\omega;\mathbf{x}_{soN},\mathbf{n}_N)d\Gamma \end{pmatrix} \tag{A1.3-3b}$$

$$\mathbf{H}(\mathbf{x}_{soj},\omega;\mathbf{x}_{soi},\mathbf{n}_i)=\begin{pmatrix} H_{11}(\mathbf{x}_{soj},\omega;\mathbf{x}_{soi},\mathbf{n}_i) & H_{21}(\mathbf{x}_{soj},\omega;\mathbf{x}_{soi},\mathbf{n}_i) & H_{31}(\mathbf{x}_{soj},\omega;\mathbf{x}_{soi},\mathbf{n}_i) \\ H_{12}(\mathbf{x}_{soj},\omega;\mathbf{x}_{soi},\mathbf{n}_i) & H_{22}(\mathbf{x}_{soj},\omega;\mathbf{x}_{soi},\mathbf{n}_i) & H_{32}(\mathbf{x}_{soj},\omega;\mathbf{x}_{soi},\mathbf{n}_i) \\ H_{13}(\mathbf{x}_{soj},\omega;\mathbf{x}_{soi},\mathbf{n}_i) & H_{23}(\mathbf{x}_{soj},\omega;\mathbf{x}_{soi},\mathbf{n}_i) & H_{33}(\mathbf{x}_{soj},\omega;\mathbf{x}_{soi},\mathbf{n}_i) \end{pmatrix} \tag{A1.3-3c}$$

式(A1.3-2) の変位グリーン関数行列$\left[\mathbf{G}\right]$は、

$$\left[\mathbf{G}\right]=\begin{pmatrix} \int_{\Gamma_1}\mathbf{G}(\mathbf{x}_{so1},\omega;\mathbf{x}_{so1})d\Gamma & \int_{\Gamma_2}\mathbf{G}(\mathbf{x}_{so2},\omega;\mathbf{x}_{so1})d\Gamma & \cdots & \int_{\Gamma_N}\mathbf{G}(\mathbf{x}_{soN},\omega;\mathbf{x}_{so1})d\Gamma \\ \int_{\Gamma_1}\mathbf{G}(\mathbf{x}_{so1},\omega;\mathbf{x}_{so2})d\Gamma & \int_{\Gamma_2}\mathbf{G}(\mathbf{x}_{so2},\omega;\mathbf{x}_{so2})d\Gamma & \cdots & \int_{\Gamma_N}\mathbf{G}(\mathbf{x}_{soN},\omega;\mathbf{x}_{so2})d\Gamma \\ \cdots & \cdots & \cdots & \cdots \\ \int_{\Gamma_1}\mathbf{G}(\mathbf{x}_{so1},\omega;\mathbf{x}_{soN})d\Gamma & \int_{\Gamma_2}\mathbf{G}(\mathbf{x}_{so2},\omega;\mathbf{x}_{soN})d\Gamma & \cdots & \int_{\Gamma_N}\mathbf{G}(\mathbf{x}_{soN},\omega;\mathbf{x}_{soN})d\Gamma \end{pmatrix} \tag{A1.3-3d}$$

$$\mathbf{G}(\mathbf{x}_{soj},\omega;\mathbf{x}_{soi})=\begin{pmatrix} G_{11}(\mathbf{x}_{soj},\omega;\mathbf{x}_{soi}) & G_{21}(\mathbf{x}_{soj},\omega;\mathbf{x}_{soi}) & G_{31}(\mathbf{x}_{soj},\omega;\mathbf{x}_{soi}) \\ G_{12}(\mathbf{x}_{soj},\omega;\mathbf{x}_{soi}) & G_{22}(\mathbf{x}_{soj},\omega;\mathbf{x}_{soi}) & G_{32}(\mathbf{x}_{soj},\omega;\mathbf{x}_{soi}) \\ G_{13}(\mathbf{x}_{soj},\omega;\mathbf{x}_{soi}) & G_{23}(\mathbf{x}_{soj},\omega;\mathbf{x}_{soi}) & G_{33}(\mathbf{x}_{soj},\omega;\mathbf{x}_{soi}) \end{pmatrix} \tag{A1.3-3e}$$

ここに、$\mathbf{x}_{soj}$はj番目の要素の中心の座標を表す。

無限弾性体における表面応力グリーン関数H_{mk}と変位グリーン関数G_{mk}の具体的関数は、2章の振動数領域の解としてよく知られている。したがって、式(A1.3-2)の連立１次方程式の係数行列$\left[\mathbf{H}\right],\left[\mathbf{G}\right]$は求められる。ここでの未知数は表面上の変位$\left(\mathbf{u}_\Gamma\right)$と表面応力$\left(\mathbf{T}_\Gamma\right)$である。

３次元弾性体表面のみをN個の要素で離散化できる境界要素法に比べると、有限要素法では、弾性体内部も離散化するので要素数は$N^{3/2}$と多くなり連立１次方程式の未知数も多くなる。しかし、連立１次方程式の係数行列に注目すると、式 (A1.3-3b) と式 (A1.3-3d) のように境界要素法の係数行列では、$3N\times 3N$の全ての値が必要となる密な行列となり計算機記憶容量は $9N^2$ 程度必要となる。これに対して有限要素法の係数行列は対称で $9N^3$ 程度となるがそのほとんどが零となる疎の行列となるので計算機の記憶容量は $3N^{3/2}$ 程度と少なくなり有限要素法の方が効率的である。

参考文献

Aki, K.and Richards, P.G.(1980): Quantitative seismology, Theory and methods, Vol.1, Vol.2, W.H.Freeman and Company.

小林昭一(2000)：波動解析と境界要素法，京都大学学術出版会.

Pao, Y.H. and Varatharajulu, V.(1976): Huygens' principle, radiation conditions, and integral formulas for the scattering of elastic waves, J.Acoust. Soc. Am., Vol.59, No.6, pp.1361-1371.

第2章 無限弾性体の波動場解析

本章では、変位ポテンシャルと行列表示による3次元波動方程式の振動数・波数領域の解を厳密に求める方法を記述している。これらの厳密解から、3次元波動場が2次元のP・SV波動場とSH波動場の和として与えられることを導く。このような振動数・波数領域の厳密解と3次元波動場が2次元波動場の和で与えられることを利用して求めた振動数・波数領域の解(グリーン関数)は新しいので、本章の解から既存の時空間領域のグリーン関数が求められることを示している。また、行列表示の3次元波動方程式に関しては、2.5節で不均質、不整形弾性体波動の近似解を取り上げて境界要素法による数値計算によりその近似解の適用限界等を取り上げている。

本章は、弾性波動の解の特性や3章で記述する震源断層を含む水平多層弾性体の波動場解析を理解するために重要である。

2.1 解法の概説

波動方程式の解法は解析的方法と数値計算法の2つに大別される。これら2つの方法には、時間・空間領域の解法と振動数・波数領域の解法や振動数・空間領域の解法等がある。

数値計算法では、波動方程式を直接に離散化して解く差分法や有限要素法、境界要素法等があるが、3次元問題では差分法や有限要素法が多用されている。4章には、1章で示したように震源断層・不整形弾性体の波動方程式が表現定理に基づき境界積分方程式で記述できるので、これを境界要素法で離散化した数値計算の事例を示している。一方、解析的方法は数値計算法ほど汎用性のある問題に適用できないが、解の厳密性や数式の物理的解釈を広げ波動特性への理解を深めるために役立つ。その結果、数値計算法への理解や数値計算結果の評価と解釈に役立つ。

本書では、外力や運動学的断層モデルから放射される地震波を受けて無限弾性体（2章)、半無限弾性体並びに、水平多層弾性体中(3章)を波動が伝播する現象を解析的な方法で解くことを目的に、振動数・波数領域の解析的解法を説明する。本章の結果を使うと、3 章で記述する水平多層弾性体の波動方程式の解が、対称行列係数の連立 1 次方程式を解く問題となるため高度な数学的知識を必要とせずに、交通振動や建設工事に伴う外力や震源断層破壊による水平多層弾性体中の弾性波動伝播問題を取り扱うことができる。さらに、これらの解析解と逆解析を用いると、地表面の波動特性の観測記録から水平多層弾性体の層厚や各層の弾性定数を推定する問題(地盤探査問題)を解くことができる(4 章参照)。

2.2 変位ポテンシャルによる 3 次元波動方程式の解

2.2.1 3 次元波動方程式の解

ここでは、1 章で求めた変位ポテンシャルを用いた 3 次元波動方程式(体積力 =0)の一般解をフーリエ変換による方法で求める(この方法の簡単な研究の歴史は 4 章 4.3.1 項に記載)。改めて波動方程式を以下に示す。

$$\nabla^2\Phi = \frac{1}{C_P^2}\ddot{\Phi}, \quad \nabla^2\boldsymbol{\Psi} = \frac{1}{C_S^2}\ddot{\boldsymbol{\Psi}}, \quad \frac{\partial\Psi_1}{\partial x}+\frac{\partial\Psi_2}{\partial y}+\frac{\partial\Psi_3}{\partial z}=0$$
$$\nabla^2 = \frac{\partial^2}{\partial x^2}+\frac{\partial^2}{\partial y^2}+\frac{\partial^2}{\partial z^2} \tag{2.2-1}$$

変位ポテンシャル Φ と $\boldsymbol{\Psi}$ の波動方程式の違いは、P 波速度 C_P が S 波速度 C_S に代わるだけなので、以下では変位ポテンシャル Φ の解のみを導き、$\boldsymbol{\Psi}$ の解は結果のみを示す。

ここでは、x, y, t に関する 3 重フーリエ変換を次式のように定義する(補足 2.1 参照)。

$$\Phi(\kappa_x,\kappa_y,z,\omega) = \iiint \Phi(x,y,z,t)\mathrm{e}^{-i(\kappa_x x+\kappa_y y-\omega t)}dxdydt \tag{2.2-2}$$

上式では、記号の簡単化のため、フーリエ変換後の関数に対してもフーリエ変換前と同じ関数記号を使い変数(κ_x,κ_y,ω)によって区別している。この 3 重フーリエ変換の定義よりフーリエ逆変換は次式のようになる。

$$\Phi(x,y,z,t) = \frac{1}{(2\pi)^3}\iiint \Phi(\kappa_x,\kappa_y,z,\omega)\mathrm{e}^{i(\kappa_x x+\kappa_y y-\omega t)}d\kappa_x d\kappa_y d\omega \tag{2.2-3}$$

ここに、κ_x,κ_y はそれぞれ x 軸、y 軸方向の波数(単位は rad/m)を表し、ω は(円)振動数(または角速度)(単位は rad/s)を表す。

波動方程式(2.2-1)の解を導くに当り、物理的に妥当な条件として、時刻 $t<0$ と無限遠では弾性体は静止しているものとし、$0 \le t \le \infty$ の時間区間と、$-\infty \le x,y,z \le \infty$ の空間区間を対象とする(補足 2.2 参照)。

波動方程式(2.2-1)の両辺をフーリエ変換すると次式のようになる。

$$\iiint \nabla^2 \Phi e^{-i(\kappa_x x+\kappa_y y-\omega t)} dxdydt = \frac{1}{C_P^2}\iiint \ddot{\Phi} e^{-i(\kappa_x x+\kappa_y y-\omega t)} dxdydt \tag{2.2-4}$$

このフーリエ変換は、厳密には、補足 2.2 に示すように部分積分を使い、初期と無限時間および無限遠での物理的条件を考慮して振動数・波数領域に変換しなければならない。しかし、初期と無限時間および無限遠での静止状態を仮定する場合（波動問題での物理的条件としては妥当な仮定である)、式 (2.2-3) の両辺の時間や空間微分が次式になることを利用して、これらを直接に式 (2.2-1) の時間・空間領域の波動方程式に代入して振動数・波数領域に変換することができる。

$$\begin{pmatrix} \dfrac{\partial^2}{\partial t^2} \\ \dfrac{\partial^2}{\partial x^2} \\ \dfrac{\partial^2}{\partial y^2} \\ \dfrac{\partial^2}{\partial z^2} \end{pmatrix} \Phi(x,y,z,t) = \frac{1}{(2\pi)^3}\iiint \begin{pmatrix} -\omega^2 \\ -\kappa_x^2 \\ -\kappa_y^2 \\ \dfrac{\partial^2}{\partial z^2} \end{pmatrix} \Phi(\kappa_x,\kappa_y,z,\omega) e^{i(\kappa_x x+\kappa_y y-\omega t)} d\kappa_x d\kappa_y d\omega \tag{2.2-5}$$

これを式(2.2-1)の波動方程式に代入すると次式が得られる。

$$\frac{1}{(2\pi)^3}\iiint \left(\frac{\partial^2}{\partial z^2} + \left(\frac{\omega}{C_P}\right)^2 - \kappa_x^2 - \kappa_y^2 \right) \Phi(\kappa_x,\kappa_y,z,\omega) e^{i(\kappa_x x+\kappa_y y-\omega t)} d\kappa_x d\kappa_y d\omega = 0 \tag{2.2-6}$$

上式を満足するためには、次式が成立しなければならない。そうでなければ、上式左辺の振動数・波数に関する 3 次元フーリエ積分によって定まる時空間領域の $\Phi(x,y,z,t)$ に関係する関数が右辺のように零となり、零は自明の解であるからである。

$$\left(\frac{\partial^2}{\partial z^2} + \nu^2 \right) \Phi(\kappa_x,\kappa_y,z,\omega) = 0, \qquad \nu^2 = \left(\frac{\omega}{C_P}\right)^2 - \kappa_x^2 - \kappa_y^2 \tag{2.2-7}$$

上式が求める振動数・波数領域の波動方程式である。

これは、z の 2 階微分方程式なので $\Phi = ce^{\alpha z}$ のような指数関数を仮定する。これを式(2.2-7)に代入し以下のように一般解が求められる。

零でない解を得るためには、α は次式の特性方程式を満足しなければならない。

$$\alpha^2 + \nu^2 = 0 \rightarrow \alpha = i\nu, -i\nu \tag{2.2-8}$$

2 つの解 $\Phi = c_1 e^{i\nu z}, c_2 e^{-i\nu z}$ は式(2.2-7)の解で、これら 2 つの解の和が一般解となる。

$$\Phi(\kappa_x,\kappa_y,z,\omega) = \Phi_{out} e^{i\nu z} + \Phi_{in} e^{-i\nu z} \tag{2.2-9}$$

上式では、積分定数$c_1, c_2 \rightarrow \Phi_{out}, \Phi_{in}$と表現した。これらの積分定数は$z$軸方向の境界条件から決定される。後で考察するが、物理的にはΦ_{out}とΦ_{in}はそれぞれz軸の正と負方向へ伝播する平面波のポテンシャル振幅を意味する。

式(2.2-3)のフーリエ逆変換より、時間・空間領域のΦの一般解が次式で与えられる。

$$\Phi(x,y,z,t) = \frac{1}{(2\pi)^3}\iiint\left(\Phi_{out}\mathrm{e}^{i\nu z} + \Phi_{in}\mathrm{e}^{-i\nu z}\right)\mathrm{e}^{i(\kappa_x x+\kappa_y y-\omega t)}d\kappa_x d\kappa_y d\omega \quad (2.2\text{-}10)$$

ここに、νはz軸方向の複素波数を表し次式のように定義される。

$$\nu = \sqrt{\left(\frac{\omega}{C_P}\right)^2 - \kappa_x^2 - \kappa_y^2}, \quad \mathrm{Im}(\nu) \geq 0 \quad (2.2\text{-}11)$$

複素波数νの虚部が正という条件式($\mathrm{Im}(\nu) \geq 0$)は、$z \rightarrow \pm\infty$において波の振幅が零となるための条件(放射条件)として必要である(例題2.2-1参照)。

以上のΦの一般解のP波速度C_PをS波速度C_Sに変えると、$\mathbf{\Psi} = (\Psi_1, \Psi_2, \Psi_3)$の一般解が次式のように求められる。

$$\Psi_n(x,y,z,t) = \frac{1}{(2\pi)^3}\iiint\left(\Psi_{nout}\mathrm{e}^{i\gamma z} + \Psi_{nin}\mathrm{e}^{-i\gamma z}\right)\mathrm{e}^{i(\kappa_x x+\kappa_y y-\omega t)}d\kappa_x d\kappa_y d\omega \quad (2.2\text{-}12)$$

ここに、γはz軸方向の複素波数を表し次式のように定義される。

$$\gamma = \sqrt{\left(\frac{\omega}{C_S}\right)^2 - \kappa_x^2 - \kappa_y^2}, \quad \mathrm{Im}(\gamma) \geq 0 \quad (2.2\text{-}13)$$

ただし、$\nabla \cdot \mathbf{\Psi} = 0$の条件があるため積分定数ベクトル$\Psi_{nout}, \Psi_{nin}$には次式が課される。

$$\begin{aligned} &\kappa_x\Psi_{1out}+\kappa_y\Psi_{2out} + \gamma\Psi_{3out}=0 \\ &\kappa_x\Psi_{1in}+\kappa_y\Psi_{2in} - \gamma\Psi_{3in}=0 \end{aligned} \quad (2.2\text{-}14)$$

式(2.2-10)と式(2.2-12)の一般解を変位と変位ポテンシャルの関係式に代入すると、変位ポテンシャルを用いた3次元波動方程式の変位の一般解が次式のように求められる。

$$\mathbf{u}(x,y,z,t) = \frac{1}{(2\pi)^3}\iiint \mathbf{u}(\kappa_x,\kappa_y,z,\omega)\mathrm{e}^{i(\kappa_x x+\kappa_y y-\omega t)}d\kappa_x d\kappa_y d\omega \quad (2.2\text{-}15a)$$

ここに、振動数・波数領域の変位ベクトル$\mathbf{u}(\kappa_x,\kappa_y,z,\omega)$の各成分は次式のようになる。

$$
\begin{pmatrix} u(\kappa_x,\kappa_y,z,\omega) \\ v(\kappa_x,\kappa_y,z,\omega) \\ w(\kappa_x,\kappa_y,z,\omega) \end{pmatrix} = \begin{pmatrix} i\kappa_x \\ i\kappa_y \\ i\nu \end{pmatrix} \Phi_{out} \mathrm{e}^{i\nu z} + \begin{pmatrix} i\kappa_x \\ i\kappa_y \\ -i\nu \end{pmatrix} \Phi_{in} \mathrm{e}^{-i\nu z} + \begin{pmatrix} i(\kappa_y \Psi_{3out} - \gamma \Psi_{2out}) \\ i(\gamma \Psi_{1out} - \kappa_x \Psi_{3out}) \\ i(\kappa_x \Psi_{2out} - \kappa_y \Psi_{1out}) \end{pmatrix} \mathrm{e}^{i\gamma z} + \begin{pmatrix} i(\kappa_y \Psi_{3in} + \gamma \Psi_{2in}) \\ i(-\gamma \Psi_{1in} - \kappa_x \Psi_{3in}) \\ i(\kappa_x \Psi_{2in} - \kappa_y \Psi_{1in}) \end{pmatrix} \mathrm{e}^{-i\gamma z} \tag{2.2-15b}
$$

式(2.2-15b)の右辺第 1 項と第 2 項は、P 波の下降波と上昇波成分を、第 3 項と第 4 項は、S 波の下降波と上昇波成分を表す。すなわち、振動数・波数領域の変位ベクトルの各成分は、P 波と S 波の下降波と上昇波成分の和で与えられる。なお、上式の変位の係数には波数 $\kappa_x, \kappa_y, \nu, \gamma$ の正負が現れている。この係数の正負は式(2.2-2)と式(2.2-3)のフーリエ変換の定義に依存し、波動の進行方向に関係するため大変重要であることに注意せよ。

■ 例題 2.2-1

$\Phi_{out}\mathrm{e}^{i\nu z}, \Psi_{nout}\mathrm{e}^{i\gamma z}$ と $\Phi_{in}\mathrm{e}^{-i\nu z}, \Psi_{nin}\mathrm{e}^{-i\gamma z}$ が P 波と S 波の下降波と上昇波成分であることや複素波数 ν, γ の虚部が正の条件式($\mathrm{Im}(\nu) \geq 0, \mathrm{Im}(\gamma) \geq 0$)は、$z \to \pm\infty$ において波の振幅が零となるための条件(放射条件)として必要であることを示せ。

(1) 上昇波と下降波

P 波に関する $\Phi_{out}\mathrm{e}^{i\nu z}$ と $\Phi_{in}\mathrm{e}^{-i\nu z}$ がそれぞれ下降波（z 軸の正の方向に進む波：地表方向から下方に進む波）と上昇波（z 軸の負の方向に進む波：下方から地表方向に向かう波）を示すが、S 波に関しても同様である。

本書では $\mathrm{e}^{-i\omega t}$ なので、$\Phi_{out}\mathrm{e}^{i\nu z}$ の時空間変化は $\Phi_{out}\mathrm{e}^{i(\nu z - \omega t)}$ となる。位相 Phase が一定の点の移動速度を位相速度という。この場合、位相 $Phase = \nu z - \omega t$ となる。両辺を時間で微分すると、z 軸方向の位相速度が

$$
\frac{dz}{dt} = \frac{\omega}{\nu}
$$

と求まる。振動数と波数を正とするとこの位相速度は正の値を取るので、$\Phi_{out}\mathrm{e}^{i(\nu z - \omega t)}$ は z 軸方向に位相がこの速度で移動する波動である。

$\Phi_{in}\mathrm{e}^{-i\nu z}$ の場合、位相速度は

$$
\frac{dz}{dt} = -\frac{\omega}{\nu}
$$

のように負の値となるので、$\Phi_{in}e^{-i(\nu z+\omega t)}$ は z 軸の負方向に移動する波動となる。

読者に任せるが、以上のことは以下のように、

$$z=\frac{\omega}{\nu}t+\frac{Phase}{\nu}$$

として、位相 Phase が一定の点の移動グラフ(z と t の関係図)を書くとわかりやすい。

(2)放射条件

P 波の複素波数 ν で示すが、S 波の複素波数 γ も同様である。$\nu=a+ib$ と表すと、

$$\Phi_{out}e^{i\nu z}=\Phi_{out}e^{-bz}e^{iaz}$$

となる。$e^{iaz}=\cos az+i\sin az$ なので振幅は ± 1 以内となる。e^{-bz} は、b が正の値ならば、$z=\infty$ で零となり下降波の振幅が $z=\infty$ の遠方で零となる放射条件を満たす。b が負の値ならば、下降波の振幅が $z=\infty$ で無限大となり物理的にはあり得ない波動の解となるので、$b=\mathrm{Im}(\nu)\geq 0$ の条件が必要となる。

この条件ならば、上昇波は、

$$\Phi_{in}e^{-i\nu z}=\Phi_{in}e^{bz}e^{-iaz}$$

となり、$z=-\infty$ で振幅が零となり放射条件を満たす。

■ 例題 2.2-2

材料減衰定数の導入について考察せよ。

弾性体の材料定数は、ラーメの定数を複素定数 λ^*,μ^* にして導入することができる。

$$\lambda^*+2\mu^*=(\lambda+2\mu)\left(1+i2D_P\,\mathrm{sgn}(\omega)\right)$$
$$\mu^*=\mu\left(1+i2D_S\,\mathrm{sgn}(\omega)\right)$$

ここに、D_P,D_S は P 波と S 波の材料減衰定数であり、いわゆる Q_P,Q_S 値とは $D_P=1/2Q_P,D_S=1/2Q_S$ の関係にある。一般に、P 波と S 波の材料減衰定数は区別せず、$D=D_P=D_S=1/2Q$ が用いられる。

$$\mathrm{sgn}(\omega)=\begin{cases}1 & \omega\geq 0\\ -1 & \omega\leq 0\end{cases}$$

本書では、調和振動 $e^{-i\omega t}$ を仮定しているため複素減衰定数は $(1-i2D)$ となる。

したがって、材料減数を導入した時の P 波と S 波速度は以下のように複素 P 波と S 波速度として与えられる。

$$C_P^* = C_P\sqrt{1+i2D\,\mathrm{sgn}(\omega)} \approx C_P\Big(1+iD\,\mathrm{sgn}(\omega)\Big) = C_P\left(1+i\frac{1}{2Q}\mathrm{sgn}(\omega)\right)$$
$$C_S^* = C_S\sqrt{1+i2D\,\mathrm{sgn}(\omega)} \approx C_S\Big(1+iD\,\mathrm{sgn}(\omega)\Big) = C_S\left(1+i\frac{1}{2Q}\mathrm{sgn}(\omega)\right)$$

なお、材料減衰を導入した複素 P 波と S 波速度を使っても、式 (2.2-11) と式 (2.2-13) で定義される z 軸方向の複素波数 ν, γ の虚部は常に正でなければならない(放射条件のため)ことに注意せよ。

■ 例題 2.2-3

補足 2.6 の(4)と(5)に示す 1 質点振動系を例に、振動数 ω の正負($e^{-i\omega t}$, $e^{i\omega t}$)により、動的グリーン関数や振動数領域の応答関数が共役複素数となることを確認せよ。

(1)動的グリーン関数

式 (A2.6-19c) のように($e^{-i\omega t}$ を仮定)1 質点振動系の動的グリーン関数は、

$$G(\omega) = \frac{1}{-m\omega^2 - ic\omega + k}$$

これを実部と虚部に以下の様に書き換える。

$$G(\omega) = \frac{-m\omega^2 + k + ic\omega}{\left(-m\omega^2+k\right)^2 + \left(c\omega\right)^2} = G_1(\omega) + iG_2(\omega)$$

$\omega \to -\omega (= e^{-i\omega t} \to e^{i\omega t})$ とすると上式は

$$G(-\omega) = \frac{-m\omega^2 + k - ic\omega}{\left(-m\omega^2+k\right)^2 + \left(c\omega\right)^2} = G_1(\omega) - iG_2(\omega)$$

となり、$G(-\omega)$ は $G(\omega)$ の共役複素数 $G(-\omega) = G^*(\omega)$ として与えられる。

(1)の補足：複素ばね

1 質点系のばねと減衰係数で構成される復元力特性を以下のように複素ばねにすると、振動数に依存しない減衰力が与えられる。ここに、D は 1 質点系の減衰定数を表す。

$$k^* = k\Big(1 + i2D\,\mathrm{sgn}(\omega)\Big)$$

$e^{-i\omega t}$ を仮定した時の 1 質点振動系の動的グリーン関数は、

$$G(\omega) = \frac{1}{-m\omega^2 + k(1 - i2D)}$$

となり、この場合も $G(-\omega)$ は $G(\omega)$ の共役複素数として与えられる。

(2)振動数領域の応答関数

式(A2.6-21)のように（$\mathrm{e}^{-i\omega t}$ を仮定）1質点振動系の外力 $f(t)$ による振動数領域の応答関数は、$G(\omega)F(\omega)$ で与えられる。ここに、$F(\omega)$ は外力 $f(t)$ のフーリエ変換で式(A2.6-20)で与えられる。

$$F(\omega) = \int_{-\infty}^{\infty} f(t)\mathrm{e}^{i\omega t}dt = \int_{-\infty}^{\infty} f(t)\cos\omega t dt + i\int_{-\infty}^{\infty} f(t)\sin\omega t dt = F_1(\omega) + iF_2(\omega)$$

$\omega \to -\omega$ とすると上式は、

$$F(-\omega) = \int_{-\infty}^{\infty} f(t)\mathrm{e}^{-i\omega t}dt = \int_{-\infty}^{\infty} f(t)\cos\omega t dt - i\int_{-\infty}^{\infty} f(t)\sin\omega t dt = F_1(\omega) - iF_2(\omega)$$

$F(\omega)$ も共役複素数の関係が成立する。蛇足だが、$F(\omega)$ が共役複素数の関係にあるということは以下のように $f(t)$ が実関数であることの必要十分条件である。

$$\begin{aligned} f(t) &= \frac{1}{2\pi}\int_{-\infty}^{\infty} F(\omega)\mathrm{e}^{-i\omega t}d\omega \\ &= \frac{1}{2\pi}\int_{-\infty}^{\infty} \left(F_1(\omega)\cos\omega t + F_2(\omega)\sin\omega t\right)d\omega + i\frac{1}{2\pi}\int_{-\infty}^{\infty} \left(F_2(\omega)\cos\omega t - F_1(\omega)\sin\omega t\right)d\omega \end{aligned}$$

$f(t)$ が実関数であるためには、上式右辺の虚部の積分が零でなければならない。そのためには、$F_2(-\omega) = -F_2(\omega), F_1(-\omega) = F_1(\omega)$ でなければならない。これは、$F(\omega)$ が共役複素数の関係にあることを意味する。

振動数領域の応答関数 $G(\omega)F(\omega)$ は以下のように共役複素数の関係となっている。

$$G(\omega)F(\omega) = \left(G_1 + iG_2\right)\left(F_1 + iF_2\right) = \left(G_1F_1 - G_2F_2\right) + i\left(G_1F_2 + G_2F_1\right)$$

また、

$$G(-\omega)F(-\omega) = \left(G_1 - iG_2\right)\left(F_1 - iF_2\right) = \left(G_1F_1 - G_2F_2\right) - i\left(G_1F_2 + G_2F_1\right)$$

以上のことは、振動数領域から時間領域に変換するフーリエ変換では振動数 $-\infty \leq \omega \leq \infty$ の積分が必要になるが、振動数が正の領域の動的グリーン関数や振動数領域の応答関数を求めて負の領域はその共役複素数として与え、フーリエ変換をすればよいことを意味している。波数に関しては共役複素数の関係が成立するか確かめていないので(読者への課題)、波数の正負に対する計算をしフーリエ変換することになる(例題2.2-10参照)。

2.2.2　調和平面波の特性と座標変換

3 次元波動方程式の一般解は、式（2.2-15a）のように振動数・波数領域の解の 3 重フーリエ変換から求められる。

ここでは、3 重フーリエ変換における調和平面波 $e^{i(\kappa_x x+\kappa_y y-\omega t)}$ の特性から、調和平面波の伝播方向に座標軸 x' を設定した新座標系 (x',y',z) で調和平面波を表すと、調和平面波は座標軸 y' に依存しないことを示す。これを利用すると、これまでの任意の直交座標系 (x,y,z) の 3 次元波動方程式の一般解と、新座標系 (x',y',z) での座標軸 y' に依存しない 2 次元波動方程式の一般解の関係が求められる。ここで述べる両座標系の関係は、座標軸 y' に依存しない 2 次元波動方程式の一般解から任意の直交座標系の 3 次元波動方程式の一般解が求められるので大変便利で重要な点である。

調和平面波は、オイラーの公式より次式のように表される。

$$\begin{aligned} e^{i(\kappa_x x+\kappa_y y-\omega t)} &= \cos(\kappa_x x+\kappa_y y-\omega t)+i\sin(\kappa_x x+\kappa_y y-\omega t) \\ &= \cos(Phase)+i\sin(Phase) \end{aligned} \tag{2.2-16}$$

ここに、位相 $Phase$ は次式のように定義した。

$$Phase=\kappa_x x+\kappa_y y-\omega t, \qquad y=-\frac{\kappa_x}{\kappa_y}x+\frac{\omega}{\kappa_y}t+\frac{Phase}{\kappa_y} \tag{2.2-17}$$

調和平面波は、位相 $Phase$ に関して周期 2π の周期関数である。

実部 $\cos(Phase)$ のみに注目し位相 $Phase$ が一定である $\cos(Phase)$ の値が時間 t の経過によって空間 $(x,\ y)$ でどのように移動するかを調べる。

式 (2.2-17) から、例えば、時刻 $t=0$ と $t=t$ での位相 $Phase$ が一定である $\cos(Phase)$ の値は図 2.2-1 の 2 つの直線上にあることがわかる。

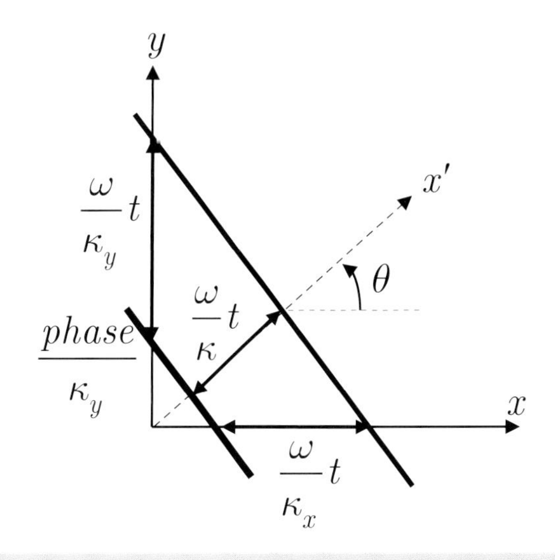

図 2.2-1　調和平面波の位相が一定である値と伝播方向、伝播速度、波数の関係

図 2.2-1 の幾何学的関係から時刻 $t=0$ で位相が一定である $\cos(Phase)$ の値が、時刻 t では x, y 軸方向にそれぞれ $(\omega/\kappa_x)t, (\omega/\kappa_y)t$ だけ移動している。このことは、調和平面波の x, y 軸方向の伝播速度が次式で与えられることを意味する。

$$C_x = \frac{\omega}{\kappa_x}, \quad C_y = \frac{\omega}{\kappa_y} \tag{2.2-18}$$

また、図 2.2-1 に示すように 2 つの直線に直交する方向に座標軸 x' を設定すると、この座標軸 x' 方向に調和平面波が伝播する。この座標軸 x' に直交する方向に座標軸 y' をとると、位相 $Phase$ が一定である $\cos(Phase)$ の値は y' に依存しない。そこで、図 2.2-1 のように調和平面波伝播方向(x')の波数を κ とすると、x' 方向の速度は次式で与えられる。

$$C_{x'} = \frac{\omega}{\kappa} \tag{2.2-19}$$

また、図 2.2-1 の幾何学的関係より次式が成立し、波数軸で表すと図 2.2-2 のようになる。

$$\kappa_x = \kappa\cos\theta, \quad \kappa_y = \kappa\sin\theta \tag{2.2-20}$$

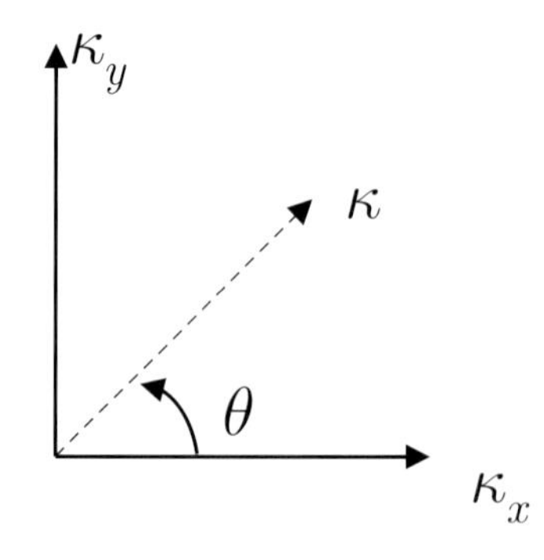

図 2.2-2　調和平面波の伝播方向(x')の波数と座標(x, y)方向の波数の関係

新座標系(x', y')と任意の座標系(x, y)の間には次式が成立する。

$$\begin{pmatrix} x \\ y \end{pmatrix} = \begin{pmatrix} \cos\theta & -\sin\theta \\ \sin\theta & \cos\theta \end{pmatrix}\begin{pmatrix} x' \\ y' \end{pmatrix}, \quad \begin{pmatrix} x' \\ y' \end{pmatrix} = \begin{pmatrix} \cos\theta & \sin\theta \\ -\sin\theta & \cos\theta \end{pmatrix}\begin{pmatrix} x \\ y \end{pmatrix} \tag{2.2-21}$$

式(2.2-20)と式(2.2-21)を使うと、任意の座標(x, y)での調和平面波は次式のように新座標系(x', y')では x' のみに依存し、y' に依存しない調和平面波になる。

$$\mathrm{e}^{i(\kappa_x x + \kappa_y y - \omega t)} = \mathrm{e}^{i(\kappa(x\cos\theta + y\sin\theta) - \omega t)} = \mathrm{e}^{i(\kappa x' - \omega t)} \tag{2.2-22}$$

上式は、調和平面波の進行方向に x' を設定した新座標系 (x', y') でみると、y' に依存しない調和平面波になるという当然のことを意味するが、この性質を使うと次項で記述するような

3 次元と 2 次元波動方程式の解の重要な関係が得られる。

2.2.3　3 次元波動方程式の解と 2 次元波動方程式の解の関係

上記のように新座標系の変位は、$u_0(x', z, t), v_0(x', z, t), w_0(x', z, t)$ のように座標軸 y' に無関係な 2 次元 (x', z) の面内問題(P・SV 波問題)と面外問題(SH 波問題)となる(1 章の 1.5.2 項参照)。

任意の座標系を z 軸の回りに角度 θ だけ回転した新座標系の変位と、座標系の変位 $u(x, y, z, t), v(x, y, z, t), w(x, y, z, t)$ の間には、次式が成立する(時間・空間領域の関係)。

$$\begin{pmatrix} u \\ v \\ w \end{pmatrix} = \begin{pmatrix} \cos\theta & -\sin\theta & 0 \\ \sin\theta & \cos\theta & 0 \\ 0 & 0 & 1 \end{pmatrix} \begin{pmatrix} u_0 \\ v_0 \\ w_0 \end{pmatrix}, \quad \begin{pmatrix} u_0 \\ v_0 \\ w_0 \end{pmatrix} = \begin{pmatrix} \cos\theta & \sin\theta & 0 \\ -\sin\theta & \cos\theta & 0 \\ 0 & 0 & 1 \end{pmatrix} \begin{pmatrix} u \\ v \\ w \end{pmatrix} \tag{2.2-23}$$

振動数・波数領域の変位では、波数と座標回転の関係式(2.2-20)より次式が成立する。

$$\begin{pmatrix} u(z) \\ v(z) \\ w(z) \end{pmatrix} = \frac{1}{\kappa} \begin{pmatrix} \kappa_x & -\kappa_y & 0 \\ \kappa_y & \kappa_x & 0 \\ 0 & 0 & \kappa \end{pmatrix} \begin{pmatrix} u_0(z) \\ v_0(z) \\ w_0(z) \end{pmatrix}, \quad \begin{pmatrix} u_0(z) \\ v_0(z) \\ w_0(z) \end{pmatrix} = \frac{1}{\kappa} \begin{pmatrix} \kappa_x & \kappa_y & 0 \\ -\kappa_y & \kappa_x & 0 \\ 0 & 0 & \kappa \end{pmatrix} \begin{pmatrix} u(z) \\ v(z) \\ w(z) \end{pmatrix} \tag{2.2-24}$$

ここに、$\kappa = \sqrt{\kappa_x^2 + \kappa_y^2}$ 、振動数・波数領域の変位を次式のように簡略表現した。

$$\begin{pmatrix} u(z) \\ v(z) \\ w(z) \end{pmatrix} \equiv \begin{pmatrix} u(\kappa_x, \kappa_y, z, \omega) \\ v(\kappa_x, \kappa_y, z, \omega) \\ w(\kappa_x, \kappa_y, z, \omega) \end{pmatrix}, \quad \begin{pmatrix} u_0(z) \\ v_0(z) \\ w_0(z) \end{pmatrix} \equiv \begin{pmatrix} u_0(\kappa, z, \omega) \\ v_0(\kappa, z, \omega) \\ w_0(\kappa, z, \omega) \end{pmatrix} \tag{2.2-25}$$

以上より 3 次元波動方程式の解 $\mathbf{u}(\kappa_x, \kappa_y, z, \omega)$ は、新座標系の面内問題 (P・SV 波問題) と面外問題 (SH 波問題) の 2 次元波動方程式の解 $\mathbf{u}_0(\kappa, z, \omega)$ に分解できることがわかった。これをまとめると図 2.2-3 のようになる。このことより、2 次元波動方程式の解 $\mathbf{u}_0(\kappa, z, \omega)$ は新座標系の面内問題と面外問題の 2 次元波動方程式を直接に解く(補足 2.3 参照)か、または、式(2.2-24)のような 3 次元と 2 次元の解の関係式に以下のように 3 次元の解を代入して求めることができる。

式(2.2-24)に 3 次元の解(式(2.2-15))を代入して、2 次元の解が次式のように得られる。

$$\mathbf{u}_0(x', z, t) = \frac{1}{(2\pi)^2} \iint \mathbf{u}_0(\kappa, z, \omega) \mathrm{e}^{i(\kappa x' - \omega t)} d\kappa d\omega \tag{2.2-26a}$$

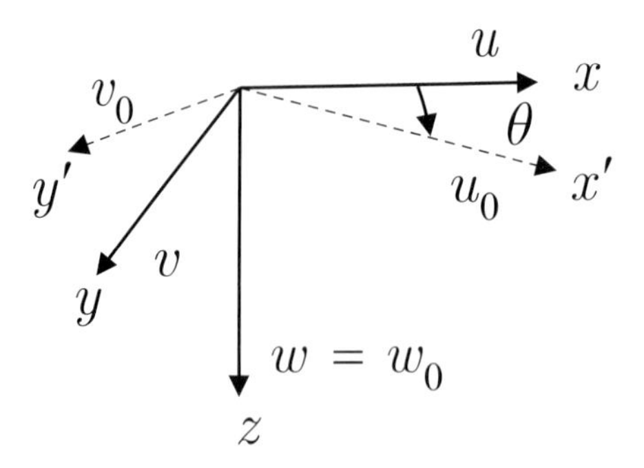

図 2.2-3　3 次元波動場$(u,\ v,\ w)$と 2 次元波動場(P・SV 波問題 : u_0, w_0と SH 波問題 : v_0)と調和平面波伝播方向x'の関係

ここに、振動数・波数領域の変位ベクトル$\mathbf{u}_0(\kappa, z, \omega)$の各成分は次式のようになる。

SH 波(面外問題):

$$v_0(\kappa, z, \omega) = i\left(\Psi_{SHout}\mathrm{e}^{i\gamma z} + \Psi_{SHin}\mathrm{e}^{-i\gamma z}\right) \tag{2.2-26b}$$

P・SV 波(面内問題):

$$\begin{pmatrix} u_0(\kappa, z, \omega) \\ w_0(\kappa, z, \omega) \end{pmatrix} = \begin{pmatrix} i\kappa \\ i\nu \end{pmatrix}\Phi_{out}\mathrm{e}^{i\nu z} + \begin{pmatrix} i\kappa \\ -i\nu \end{pmatrix}\Phi_{in}\mathrm{e}^{-i\nu z} + \begin{pmatrix} -i\gamma \\ i\kappa \end{pmatrix}\Psi_{SVout}\mathrm{e}^{i\gamma z} + \begin{pmatrix} i\gamma \\ i\kappa \end{pmatrix}\Psi_{SVin}\mathrm{e}^{-i\gamma z} \tag{2.2-26c}$$

ここに、

$$\begin{aligned} \Psi_{SVout} &= \left(\frac{\kappa_x}{\kappa}\Psi_{2out} - \frac{\kappa_y}{\kappa}\Psi_{1out}\right), \qquad \Psi_{SVin} = \left(\frac{\kappa_x}{\kappa}\Psi_{2in} - \frac{\kappa_y}{\kappa}\Psi_{1in}\right) \\ \Psi_{SHout} &= -\kappa\Psi_{3out} + \gamma\left(\frac{\kappa_x}{\kappa}\Psi_{1out} + \frac{\kappa_y}{\kappa}\Psi_{2out}\right) \\ \Psi_{SHin} &= -\kappa\Psi_{3in} - \gamma\left(\frac{\kappa_x}{\kappa}\Psi_{1in} + \frac{\kappa_y}{\kappa}\Psi_{2in}\right) \end{aligned} \tag{2.2-26d}$$

読者は、この式が式(2.2-58b)、式(2.2-59b)と同じ変換になっていることを確認せよ。

これらの振動数・波数領域での 2 次元波動方程式の解は、補足 2.3 に示すように 2 重フーリエ変換を使って求めた 2 次元波動方程式の解と一致している。上式の Φ_{out} , Ψ_{SVout} , Ψ_{SHout} 等は未知係数で、2 次元問題としての境界条件から決定できる。ただし、3 次元問題の境界条件を満たす解を求めた場合、3 次元問題の未知係数とは式 (2.2-26d) の関係があるため、2.2.4 項で示すような 3 次元問題の境界条件から決められる未知係数から 2 次元問題の未知係数が求められる。この場合、2 次元問題の未知係数は 3 次元問題の(x, y, z)座標系での波数$\kappa_x, \kappa_y, \nu, \gamma$の関数として決まることに注意せよ。

■ 例題 2.2-4

P 波、SV 波、SH 波の変位ポテンシャルと 3 次元波動方程式の変位解について考察せよ。具体的には、ヘルムホルツの変位ポテンシャルの他に、次式のような P 波、SV 波、SH 波の変位ポテンシャル $(\Phi, \Psi_{SV}, \Psi_{SH})$ と 3 次元波動方程式の変位の関係が竹内 (1956) により求められている。この竹内 (1956) の変位ポテンシャルをヘルムホルツの変位ポテンシャルから導け。

$$\begin{pmatrix} u(x,y,z,t) \\ v(x,y,z,t) \\ w(x,y,z,t) \end{pmatrix} = \begin{pmatrix} \dfrac{\partial}{\partial x} \\ \dfrac{\partial}{\partial y} \\ \dfrac{\partial}{\partial z} \end{pmatrix} \Phi + \begin{pmatrix} \dfrac{\partial^2}{\partial x \partial z} \\ \dfrac{\partial^2}{\partial y \partial z} \\ -\left(\dfrac{\partial^2}{\partial x^2} + \dfrac{\partial^2}{\partial y^2}\right) \end{pmatrix} \Psi_{SV} + \begin{pmatrix} \dfrac{\partial}{\partial y} \\ -\dfrac{\partial}{\partial x} \\ 0 \end{pmatrix} \Psi_{SH}$$

この関係式は、振動数・波数領域の 3 次元と 2 次元変位の関係式 (2.2-24) に式 (2.2-26) の下降波の解を代入し以下のように導くことができる。

$$\begin{pmatrix} u(z) \\ v(z) \\ w(z) \end{pmatrix} = \begin{pmatrix} i\kappa_x \\ i\kappa_y \\ i\nu \end{pmatrix} \Phi_{out} + \begin{pmatrix} i\kappa_x i\gamma \\ i\kappa_y i\gamma \\ \kappa_x^2 + \kappa_y^2 \end{pmatrix} \left(\frac{i\Psi_{SVout}}{\kappa}\right) + \begin{pmatrix} i\kappa_y \\ -i\kappa_x \\ 0 \end{pmatrix} \left(\frac{-\Psi_{SHout}}{\kappa}\right)$$

上式を時空間領域と振動数・波数領域の関係、すなわち、

$$i\kappa_x \leftrightarrow \frac{\partial}{\partial x}, i\kappa_y \leftrightarrow \frac{\partial}{\partial y}, i\gamma \leftrightarrow \frac{\partial}{\partial z}$$
$$i\kappa_x i\gamma \leftrightarrow \frac{\partial^2}{\partial x \partial z}, i\kappa_y i\gamma \leftrightarrow \frac{\partial^2}{\partial y \partial z}, \kappa_x^2 + \kappa_y^2 \leftrightarrow -\left(\frac{\partial^2}{\partial x^2} + \frac{\partial^2}{\partial y^2}\right)$$

を使い、時空間領域に書き換えて、変位ポテンシャル

$$\Phi_{out}, \left(\frac{i\Psi_{SVout}}{\kappa}\right), \left(\frac{-\Psi_{SHout}}{\kappa}\right)$$

の振動数・波数に関するフーリエ変換により時空間領域に変換した変位ポテンシャルを $\Phi(x,y,z,t), \Psi_{SV}(x,y,z,t), \Psi_{SH}(x,y,z,t)$ とすれば、竹内の変位ポテンシャル式が得られる。

2.2.4　3 次元無限弾性体のグリーン関数（3 次元波動方程式の一般解の応用）

ここでは、3 次元波動方程式の一般解の応用例として、3 次元無限弾性体内部の 1 点に単位力積の衝撃力が作用する時の波動場を解析する（単位力積衝撃力の振動数・波数領域の表

現式は補足 2.6 (3) 参照)。このような波動場はグリーン関数と呼ばれる。このグリーン関数は、2.2.7 項や 2.2.8 項で記述する震源断層から放射される地震波動場等に応用される。

図 2.2-4 に示すような調和荷重が、点(x_{so}, y_{so}, z_{so})に作用する時の 3 次元無限弾性体の波動場を定式化する。この問題は、2 次元問題に対して Lamb (1904) が取り扱った。Lamb (1904) の方法に基づいて、Buchon (1979) は 3 次元問題の定式化を行った。ここでは、3 次元波動方程式の一般解の応用例として Buchon (1979)、原田ら (1999) の定式化を整理する。

図 2.2-4 のように、$z = z_{so}$ 平面の単位面積に単位振幅の調和荷重が作用する場合を考える。荷重は$z = z_{so}$ 平面に作用するので、$z < z_{so}$ の領域では、波は上方に伝播する上昇波のみで、下方に伝わる波は存在しない。逆に、$z > z_{so}$ の領域では、下方に伝播する下降波のみである。したがって、変位ポテンシャルは次式のように表わされる。

$z < z_{so}$ の領域 :

$$\begin{pmatrix} \Phi_{in}(\mathbf{x}, t; \mathbf{x}_{so} \mid \kappa_x, \kappa_y, \omega) \\ \Psi_{n\,in}(\mathbf{x}, t; \mathbf{x}_{so} \mid \kappa_x, \kappa_y, \omega) \end{pmatrix} = \begin{pmatrix} \Phi_{in} \mathrm{e}^{i[\kappa_x(x-x_{so})+\kappa_y(y-y_{so})-\nu(z-z_{so})-\omega t]} \\ \Psi_{n\,in} \mathrm{e}^{i[\kappa_x(x-x_{so})+\kappa_y(y-y_{so})-\gamma(z-z_{so})-\omega t]} \end{pmatrix} \tag{2.2-27a}$$

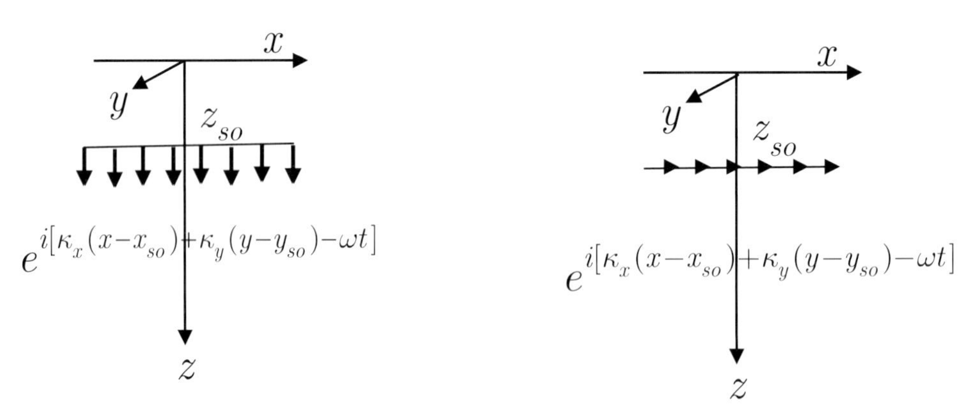

(a) 鉛直荷重(z 方向荷重)　　(b) 水平荷重(x 方向荷重)

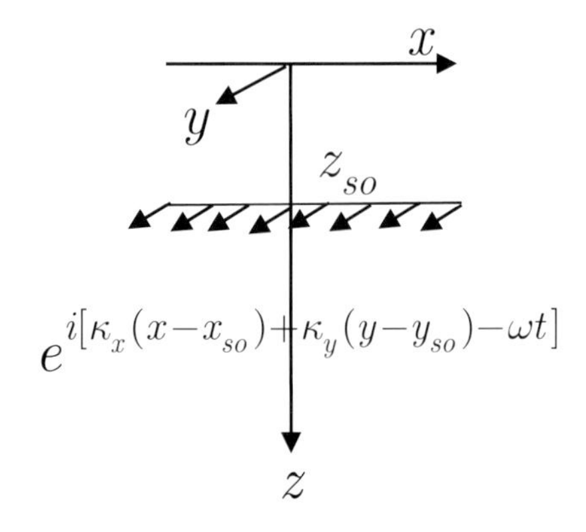

(c) 水平荷重 (y 方向荷重)

図 2.2-4　無限弾性体中の z_{so} 平面の単位面積に作用する 3 つの単位調和荷重

ここに、観測点位置ベクトルを $\mathbf{x} = (x, y, z)^T$ 、荷重点位置ベクトルを $\mathbf{x}_{so} = (x_{so}, y_{so}, z_{so})^T$ で表す。また、$\Psi_{nin} (= (\Psi_{1in}, \Psi_{2in}, \Psi_{3in}))$ を意味する。

$z > z_{so}$ の領域 :

$$\begin{pmatrix} \Phi_{out}(\mathbf{x}, t; \mathbf{x}_{so} \mid \kappa_x, \kappa_y, \omega) \\ \Psi_{n\,out}(\mathbf{x}, t; \mathbf{x}_{so} \mid \kappa_x, \kappa_y, \omega) \end{pmatrix} = \begin{pmatrix} \Phi_{out} \mathrm{e}^{i[\kappa_x(x - x_{so}) + \kappa_y(y - y_{so}) + \nu(z - z_{so}) - \omega t]} \\ \Psi_{n\,out} \mathrm{e}^{i[\kappa_x(x - x_{so}) + \kappa_y(y - y_{so}) + \gamma(z - z_{so}) - \omega t]} \end{pmatrix} \tag{2.2-27b}$$

式 (2.2-27) には、8 つの未知な積分定数 $\Phi_{in}, \Phi_{out}, \Psi_{n\,in}, \Psi_{n\,out}, (n = 1, 2, 3)$ が含まれる。これら 8 つの積分定数は次に示す 8 つの境界条件から決められる。

$$\text{BC1:}\ u(z = z_{so}^+) = u(z = z_{so}^-) \tag{2.2-28a}$$

$$\text{BC2:}\ v(z = z_{so}^+) = v(z = z_{so}^-) \tag{2.2-28b}$$

$$\text{BC3:}\ w(z = z_{so}^+) = w(z = z_{so}^-) \tag{2.2-28c}$$

$$\text{BC4:}\ \frac{\partial \Psi_{1in}}{\partial x} + \frac{\partial \Psi_{2in}}{\partial y} + \frac{\partial \Psi_{3in}}{\partial z} = 0 \quad \text{at } z = z_{so}^- \tag{2.2-28d}$$

$$\text{BC5:}\ \frac{\partial \Psi_{1out}}{\partial x} + \frac{\partial \Psi_{2out}}{\partial y} + \frac{\partial \Psi_{3out}}{\partial z} = 0 \quad \text{at } z = z_{so}^+ \tag{2.2-28e}$$

残り 3 つの境界条件は荷重条件で異なる。図 2.2-4 のように時刻 t において、点 (x_{so}, y_{so}, z_{so}) に 3 方向の単位力積の衝撃力がそれぞれ作用する場合を考える。

鉛直荷重(z 方向荷重):

$$\text{BC6:}\ \tau_{zx}(z = z_{so}^+) = \tau_{zx}(z = z_{so}^-) \tag{2.2-29a}$$

$$\text{BC7:}\ \tau_{zy}(z = z_{so}^+) = \tau_{zy}(z = z_{so}^-) \tag{2.2-29b}$$

$$\text{BC8:}\ \sigma_{zz}(z = z_{so}^+) - \sigma_{zz}(z = z_{so}^-) = -\mathrm{e}^{i[\kappa_x(x - x_{so}) + \kappa_y(y - y_{so}) - \omega t]} \tag{2.2-29c}$$

水平荷重 (x 方向荷重):

$$\text{BC6:}\ \tau_{zx}(z = z_{so}^+) - \tau_{zx}(z = z_{so}^-) = -\mathrm{e}^{i[\kappa_x(x - x_{so}) + \kappa_y(y - y_{so}) - \omega t]} \tag{2.2-30a}$$

$$\text{BC7:}\ \tau_{zy}(z = z_{so}^+) = \tau_{zy}(z = z_{so}^-) \tag{2.2-30b}$$

$$\text{BC8:}\ \sigma_{zz}(z = z_{so}^+) = \sigma_{zz}(z = z_{so}^-) \tag{2.2-30c}$$

水平荷重 (y 方向荷重):

$$\text{BC6:}\ \tau_{zx}(z = z_{so}^+) = \tau_{zx}(z = z_{so}^-) \tag{2.2-31a}$$

$$\text{BC7:}\ \tau_{zy}(z = z_{so}^+) - \tau_{zy}(z = z_{so}^-) = -\mathrm{e}^{i[\kappa_x(x - x_{so}) + \kappa_y(y - y_{so}) - \omega t]} \tag{2.2-31b}$$

$$\text{BC8:}\ \sigma_{zz}(z = z_{so}^+) = \sigma_{zz}(z = z_{so}^-) \tag{2.2-31c}$$

ここに、変位 $u,\ v,\ w$ は変位ポテンシャルによって次式のように与えられる(1.6 節参照)。

$$\begin{pmatrix} u \\ v \\ w \end{pmatrix} = \begin{pmatrix} \dfrac{\partial}{\partial x} \\ \dfrac{\partial}{\partial y} \\ \dfrac{\partial}{\partial z} \end{pmatrix} \Phi + \begin{pmatrix} \dfrac{\partial \Psi_3}{\partial y} - \dfrac{\partial \Psi_2}{\partial z} \\ \dfrac{\partial \Psi_1}{\partial z} - \dfrac{\partial \Psi_3}{\partial x} \\ \dfrac{\partial \Psi_2}{\partial x} - \dfrac{\partial \Psi_1}{\partial y} \end{pmatrix} \tag{2.2-32}$$

応力 $\tau_{zx}, \tau_{zy}, \sigma_{zz}$ は変位と歪の関係式と応力と歪の関係式より、変位ポテンシャルを用いて次式のように表わされる。

$$\begin{pmatrix} \tau_{zx} \\ \tau_{zy} \\ \sigma_{zz} \end{pmatrix} = \left(\lambda \begin{pmatrix} 0 \\ 0 \\ \nabla^2 \end{pmatrix} + 2\mu \frac{\partial}{\partial z} \begin{pmatrix} \dfrac{\partial}{\partial x} \\ \dfrac{\partial}{\partial y} \\ \dfrac{\partial}{\partial z} \end{pmatrix} \right) \Phi + \mu \left(\begin{pmatrix} \dfrac{\partial}{\partial x} \\ \dfrac{\partial}{\partial y} \\ \dfrac{\partial}{\partial z} \end{pmatrix} \left(\frac{\partial \Psi_2}{\partial x} - \frac{\partial \Psi_1}{\partial y} \right) + \frac{\partial}{\partial z} \begin{pmatrix} \dfrac{\partial \Psi_3}{\partial y} - \dfrac{\partial \Psi_2}{\partial z} \\ \dfrac{\partial \Psi_1}{\partial z} - \dfrac{\partial \Psi_3}{\partial x} \\ \dfrac{\partial \Psi_2}{\partial x} - \dfrac{\partial \Psi_1}{\partial y} \end{pmatrix} \right) \tag{2.2-33}$$

式(2.2-28)～式(2.2-31)の境界条件より式(2.2-27)の未知振幅が次式のように求められる。

P 波に関して:

$$\begin{pmatrix} \Phi_{in}^{x} \\ \Phi_{in}^{y} \\ \Phi_{in}^{z} \end{pmatrix} = \begin{pmatrix} \Phi_{out}^{x} \\ \Phi_{out}^{y} \\ -\Phi_{out}^{z} \end{pmatrix} = \frac{1}{2\mu \left(\dfrac{\omega}{C_S} \right)^2} \begin{pmatrix} \dfrac{\kappa_x}{\nu} \\ \dfrac{\kappa_y}{\nu} \\ -1 \end{pmatrix} \tag{2.2-34}$$

S 波に関して(x 方向荷重):

$$\begin{pmatrix} \Psi_{1in}^{x} \\ \Psi_{2in}^{x} \\ \Psi_{3in}^{x} \end{pmatrix} = \begin{pmatrix} \Psi_{1out}^{x} \\ -\Psi_{2out}^{x} \\ \Psi_{3out}^{x} \end{pmatrix} = \frac{1}{2\mu \left(\dfrac{\omega}{C_S} \right)^2} \begin{pmatrix} 0 \\ 1 \\ \dfrac{\kappa_y}{\gamma} \end{pmatrix} \tag{2.2-35}$$

S 波に関して(y 方向荷重):

$$\begin{pmatrix} \Psi^y_{1in} \\ \Psi^y_{2in} \\ \Psi^y_{3in} \end{pmatrix} = \begin{pmatrix} -\Psi^y_{1out} \\ \Psi^y_{2out} \\ \Psi^y_{3out} \end{pmatrix} = \frac{1}{2\mu\left(\dfrac{\omega}{C_S}\right)^2} \begin{pmatrix} -1 \\ 0 \\ -\dfrac{\kappa_x}{\gamma} \end{pmatrix} \tag{2.2-36}$$

S 波に関して(z 方向荷重):

$$\begin{pmatrix} \Psi^z_{1in} \\ \Psi^z_{2in} \\ \Psi^z_{3in} \end{pmatrix} = \begin{pmatrix} \Psi^z_{1out} \\ \Psi^z_{2out} \\ \Psi^z_{3out} \end{pmatrix} = \frac{1}{2\mu\left(\dfrac{\omega}{C_S}\right)^2} \begin{pmatrix} -\dfrac{\kappa_y}{\gamma} \\ \dfrac{\kappa_x}{\gamma} \\ 0 \end{pmatrix} \tag{2.2-37}$$

ここに、上添字 x, y, z は単位荷重の作用方向を意味する。

上式の変位ポテンシャルの解 (式 (2.2-34) ~式 (2.2-37) を式 (2.2-27) に代入したもの) を変位と変位ポテンシャルの関係式 (2.2-32) に代入し、$\kappa_x, \kappa_y, \omega$ に関するフーリエ積分を行うと、図 2.2-5 に示すような 3 つの単位力積衝撃荷重による時間・空間領域の変位（上昇波

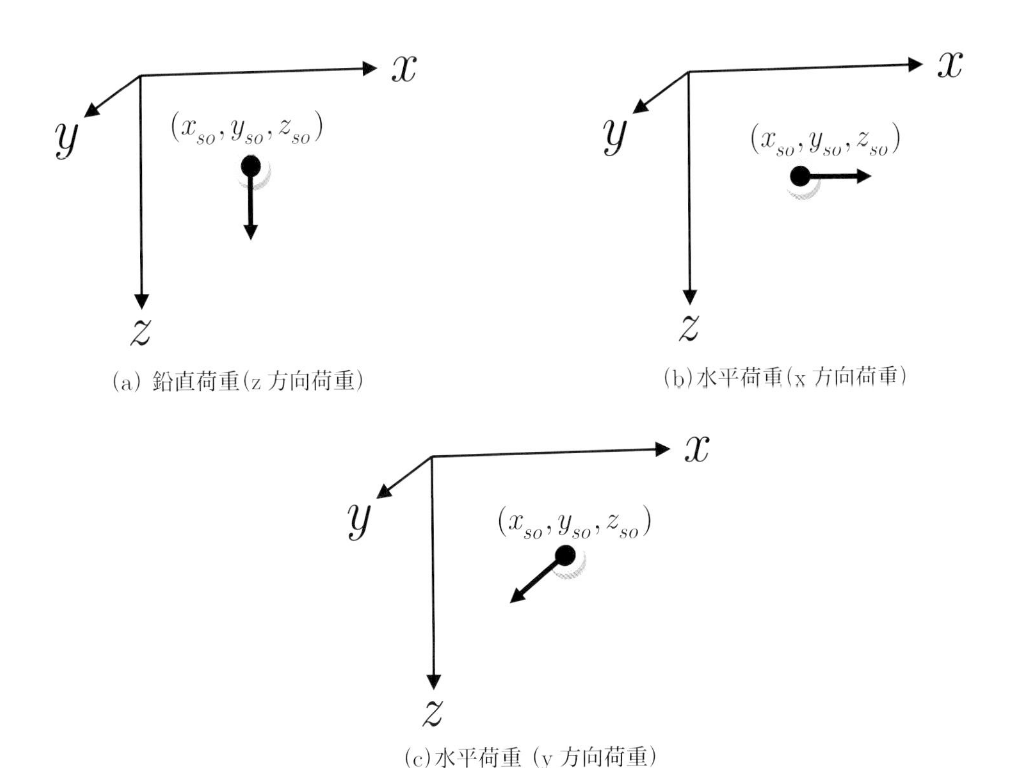

図 2.2-5　単位力積の衝撃力

$(z < z_{so})$と下降波$(z > z_{so})$)が次式のように求められる。ここに、上添字$p = x, y, z$は荷重の作用方向を意味する。

(1) 3つの単位力積衝撃荷重による時間・空間領域の変位(上昇波):

$$\begin{pmatrix} u_{in}^p(\mathbf{x},t;\mathbf{x}_{so}) \\ v_{in}^p(\mathbf{x},t;\mathbf{x}_{so}) \\ w_{in}^p(\mathbf{x},t;\mathbf{x}_{so}) \end{pmatrix} = \frac{1}{(2\pi)^3}\iiint \begin{pmatrix} u_{in}^p(z;z_{so}) \\ v_{in}^p(z;z_{so}) \\ w_{in}^p(z;z_{so}) \end{pmatrix} \mathrm{e}^{i[\kappa_x(x-x_{so})+\kappa_y(y-y_{so})-\omega t]} d\kappa_x d\kappa_y d\omega \tag{2.2-38}$$

ここに、

$$\begin{pmatrix} u_{in}^p(z;z_{so}) \\ v_{in}^p(z;z_{so}) \\ w_{in}^p(z;z_{so}) \end{pmatrix} = \left(\begin{pmatrix} i\kappa_x \\ i\kappa_y \\ -i\nu \end{pmatrix} \Phi_{in}^p \mathrm{e}^{-i\nu(z-z_{so})} + \begin{pmatrix} i(\kappa_y \Psi_{3in}^p + \gamma\Psi_{2in}^p) \\ i(-\gamma\Psi_{1in}^p - \kappa_x\Psi_{3in}^p) \\ i(\kappa_x\Psi_{2in}^p - \kappa_y\Psi_{1in}^p) \end{pmatrix} \mathrm{e}^{-i\gamma(z-z_{so})} \right) \tag{2.2-39}$$

(2) 3つの単位力積衝撃荷重による時間・空間領域の変位(下降波):

$$\begin{pmatrix} u_{out}^p(\mathbf{x},t;\mathbf{x}_{so}) \\ v_{out}^p(\mathbf{x},t;\mathbf{x}_{so}) \\ w_{out}^p(\mathbf{x},t;\mathbf{x}_{so}) \end{pmatrix} = \frac{1}{(2\pi)^3}\iiint \begin{pmatrix} u_{out}^p(z;z_{so}) \\ v_{out}^p(z;z_{so}) \\ w_{out}^p(z;z_{so}) \end{pmatrix} \mathrm{e}^{i[\kappa_x(x-x_{so})+\kappa_y(y-y_{so})-\omega t]} d\kappa_x d\kappa_y d\omega \tag{2.2-40}$$

ここに、

$$\begin{pmatrix} u_{out}^p(z;z_{so}) \\ v_{out}^p(z;z_{so}) \\ w_{out}^p(z;z_{so}) \end{pmatrix} = \left(\begin{pmatrix} i\kappa_x \\ i\kappa_y \\ i\nu \end{pmatrix} \Phi_{out}^p \mathrm{e}^{i\nu(z-z_{so})} + \begin{pmatrix} i(\kappa_y \Psi_{3out}^p - \gamma\Psi_{2out}^p) \\ i(\gamma\Psi_{1out}^p - \kappa_x\Psi_{3out}^p) \\ i(\kappa_x\Psi_{2out}^p - \kappa_y\Psi_{1out}^p) \end{pmatrix} \mathrm{e}^{i\gamma(z-z_{so})} \right) \tag{2.2-41}$$

また、$\Phi_{in}^p, \Phi_{out}^p, \Psi_{n\,in}^p, \Psi_{n\,out}^p, (n = 1,2,3, p = x,y,z)$は、式(2.2-34)~式(2.2-37)で与えられる。

2.2.5 3次元無限弾性体のグリーン関数の別表現と検証(振動数・波数領域の解から振動数領域の解と時間・空間領域の解)

前項2.2.4では、上昇波と下降波に分けて振動数・波数領域の3次元無限弾性体のグリーン関数を導いた。ここでは、上昇波と下降波に分けない別表現を示し、解析的に波数に関するフーリエ積分を実施し、振動数領域のグリーン関数を求めて既存のものと一致することを示す。さらに、この振動数領域のグリーン関数の振動数に関するフーリエ積分から、時間・空間領域のグリーン関数を求め、これらの振動数領域や時間・空間領域のグリーン関数が、時間・空間領域の解析から求められている既存のグリーン関数（Stokes, 1849、Love, 1952、Cruse *et al.*, 1968）と同じであることを示し、2.2.4 項で示した振動数・波数領域のグリーン関数の検証とする。したがって、本項の検証に興味のない読者は読み飛ばしてよい。なお、本項の検証の説明は図 2.2-6 のようになる（Stokes, 1849 の解は Love, 1952 の著書参照）。

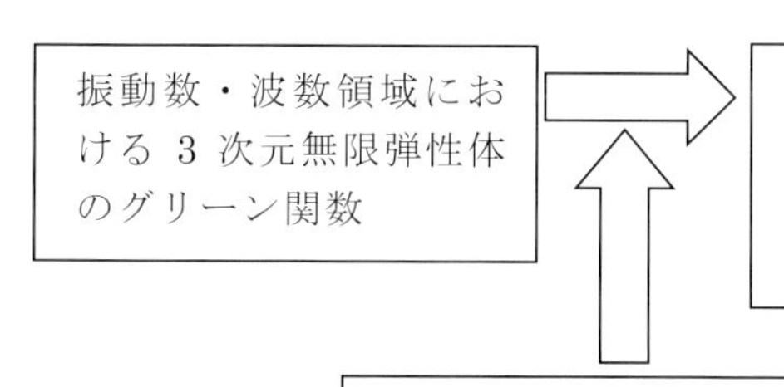

図 2.2-6　本項の検証の内容

上昇波と下降波では、z に関する指数関数の正負が異なる。これを以下のように表す。

$$
\mathrm{e}^{i\nu|z-z_{so}|}=\begin{cases}\mathrm{e}^{-i\nu(z-z_{so})} & z<z_{so}\ (\text{上昇波})\\ \mathrm{e}^{i\nu(z-z_{so})} & z>z_{so}\ (\text{下降波})\end{cases},\quad \mathrm{e}^{i\gamma|z-z_{so}|}=\begin{cases}\mathrm{e}^{-i\gamma(z-z_{so})} & z<z_{so}\ (\text{上昇波})\\ \mathrm{e}^{i\gamma(z-z_{so})} & z>z_{so}\ (\text{下降波})\end{cases}
\tag{2.2-42}
$$

ここで、振動数・波数領域において、式 (2.2-38) ~式 (2.2-41) で与えられる $p(=x,y,z)$ 方向荷重による各軸方向の変位 u,v,w を $G_{kp}(\kappa_x,\kappa_y,\omega,z;z_{so})$ のように表すと、時間・空間領域のグリーン関数は、次式の 3 重フーリエ変換から求めることができる。

$$
g_{kp}(\mathbf{x},t;\mathbf{x}_{so})=\frac{1}{(2\pi)^3}\iiint G_{kp}(\kappa_x,\kappa_y,\omega,z;z_{so})\mathrm{e}^{i[\kappa_x(x-x_{so})+\kappa_y(y-y_{so})-\omega t]}d\kappa_x d\kappa_y d\omega
\tag{2.2-43a}
$$

$$
G_{kp}(\kappa_x,\kappa_y,\omega,z;z_{so})=\frac{i}{2\mu\left(\dfrac{\omega}{C_S}\right)^2}\left(\Phi_{kp}\mathrm{e}^{i\nu|z-z_{so}|}+\Psi_{kp}\mathrm{e}^{i\gamma|z-z_{so}|}\right)
\tag{2.2-43b}
$$

ここに、$\Phi_{kp}(=\Phi_{pk})$ は P 波に関する係数（式 (2.2-34)）で次式のようになる。

$$
\begin{pmatrix}\Phi_{xx} & \Phi_{xy} & \Phi_{xz}\\ & \Phi_{yy} & \Phi_{yz}\\ \mathrm{Sym.} & & \Phi_{zz}\end{pmatrix}=\begin{pmatrix}\dfrac{\kappa_x^2}{\nu} & \dfrac{\kappa_x\kappa_y}{\nu} & \mathrm{sgn}(z-z_{so})\kappa_x\\ & \dfrac{\kappa_y^2}{\nu} & \mathrm{sgn}(z-z_{so})\kappa_y\\ \mathrm{Sym.} & & \nu\end{pmatrix}
\tag{2.2-44a}
$$

式(2.2-35)から式(2.2-37)のS波に関する係数$\Psi_{kp}(=\Psi_{pk})$は次式のように整理できる。

$$\begin{pmatrix} \Psi_{xx} & \Psi_{xy} & \Psi_{xz} \\ & \Psi_{yy} & \Psi_{yz} \\ \text{Sym.} & & \Psi_{zz} \end{pmatrix} = \begin{pmatrix} \dfrac{\kappa_y^2+\gamma^2}{\gamma} & -\dfrac{\kappa_x\kappa_y}{\gamma} & -\mathrm{sgn}(z-z_{so})\kappa_x \\ & \dfrac{\kappa_x^2+\gamma^2}{\gamma} & -\mathrm{sgn}(z-z_{so})\kappa_y \\ \text{Sym.} & & \dfrac{\kappa_x^2+\kappa_y^2}{\gamma} \end{pmatrix} \tag{2.2-44b}$$

ここに、

$$\mathrm{sgn}(z-z_{so}) = \begin{cases} 1 & \text{for } z > z_{so} \\ -1 & \text{for } z < z_{so} \end{cases} \tag{2.2-44c}$$

振動数・空間領域のグリーン関数は次式の波数に関する2重フーリエ変換から得られる。

$$g_{kp}(\mathbf{x},\omega;\mathbf{x}_{so}) = \frac{1}{(2\pi)^2}\iint G_{kp}(\kappa_x,\kappa_y,\omega,z;z_{so})\mathrm{e}^{i[\kappa_x(x-x_{so})+\kappa_y(y-y_{so})-\omega t]}d\kappa_x d\kappa_y \tag{2.2-45}$$

ここでは、次式のWeylの積分(例えば、Aki and Richards, 1980)を使って、式(2.2-45)を波数で2重積分すると、よく知られた振動数領域のグリーン関数が得られることを示す。

$$\begin{aligned} \frac{i}{2\pi}\iint\frac{1}{\nu}\mathrm{e}^{i[\kappa_x(x-x_{so})+\kappa_y(y-y_{so})+\nu|z-z_{so}|)}d\kappa_x d\kappa_y &= \frac{1}{r}\mathrm{e}^{i\frac{\omega r}{C_P}} \\ \frac{i}{2\pi}\iint\frac{1}{\gamma}\mathrm{e}^{i[\kappa_x(x-x_{so})+\kappa_y(y-y_{so})+\gamma|z-z_{so}|)}d\kappa_x d\kappa_y &= \frac{1}{r}\mathrm{e}^{i\frac{\omega r}{C_S}} \end{aligned} \tag{2.2-46a}$$

ここに、

$$r=\sqrt{(x-x_{so})^2+(y-y_{so})^2+(z-z_{so})^2} \tag{2.2-46b}$$

式(2.2-46a)を使い、式(2.2-45)を波数で2重積分すると次式が得られる。

$$g_{kp}(r,\omega;\mathbf{x}_{so}) = \frac{1}{4\pi\mu}\left(\psi\delta_{kp} - \chi\frac{\partial r}{\partial x_k}\frac{\partial r}{\partial x_p}\right) \tag{2.2-47a}$$

ここに、δ_{kl}はクロネッカのデルタ関数を表わす。また、

$$\begin{aligned} \psi &= (1+\Omega_S)\frac{1}{r}e^{i\frac{\omega r}{C_S}} - \left(\frac{C_S}{C_P}\right)^2\Omega_P\frac{1}{r}e^{i\frac{\omega r}{C_P}} \\ \chi &= (1+3\Omega_S)\frac{1}{r}e^{i\frac{\omega r}{C_S}} - \left(\frac{C_S}{C_P}\right)^2(1+3\Omega_P)\frac{1}{r}e^{i\frac{\omega r}{C_P}} \end{aligned} \tag{2.2-47b}$$

ここに、

$$\Omega_S = \frac{i}{\left(\frac{\omega r}{C_S}\right)} - \frac{1}{\left(\frac{\omega r}{C_S}\right)^2}, \quad \Omega_P = \frac{i}{\left(\frac{\omega r}{C_P}\right)} - \frac{1}{\left(\frac{\omega r}{C_P}\right)^2} \tag{2.2-47c}$$

上式は、よく知られた無限弾性体の振動数領域のグリーン関数の解（Cruse, *et al.*, 1968）と同じである。また、上式を振動数でフーリエ変換すると Stokes (1849)、Love (1952) の解が得られる。なお、Cruse, *et al.* (1968) の解では調和振動 $e^{i\omega t}$ を仮定しているが、上式では調和振動 $e^{-i\omega t}$ を仮定した解で振動数の係数の正負が異なることに注意せよ。

■ 例題 2.2-5

静的グリーン関数、または Somigliana 解を求めよ。

式 (2.2-47) で $\omega \to 0$ とすると、静的グリーン関数が次式のように求められる。

$$g_{kp}(r, \omega = 0; \mathbf{x}_{so}) = \frac{1}{8\pi\mu r}\left(\left(1 + \left(\frac{C_S}{C_P}\right)^2\right)\delta_{kp} + \left(1 - \left(\frac{C_S}{C_P}\right)^2\right)\frac{\partial r}{\partial x_k}\frac{\partial r}{\partial x_p}\right)$$

上式を導くに当たり次式を用いた。

$$\psi(\omega = 0) = (1 + \Omega_S)\frac{1}{r}e^{i\frac{\omega r}{C_S}} - \left(\frac{C_S}{C_P}\right)^2 \Omega_P \frac{1}{r}e^{i\frac{\omega r}{C_P}}$$
$$= \frac{1}{r}\left(1 + \frac{i\frac{\omega r}{C_S} - 1}{\left(\frac{\omega r}{C_S}\right)^2}\right)\left(1 + i\frac{\omega r}{C_S} - \frac{1}{2}\left(\frac{\omega r}{C_S}\right)^2 + \cdots\right) -$$
$$\frac{1}{r}\left(\frac{C_S}{C_P}\right)^2\left(\frac{i\frac{\omega r}{C_P} - 1}{\left(\frac{\omega r}{C_P}\right)^2}\right)\left(1 + i\frac{\omega r}{C_P} - \frac{1}{2}\left(\frac{\omega r}{C_P}\right)^2 + \cdots\right) = \frac{1}{2r}\left(1 + \left(\frac{C_S}{C_P}\right)^2\right)$$

$$\chi(\omega = 0) = (1 + 3\Omega_S)\frac{1}{r}e^{i\frac{\omega r}{C_S}} - \left(\frac{C_S}{C_P}\right)^2 (1 + 3\Omega_P)\frac{1}{r}e^{i\frac{\omega r}{C_P}}$$
$$= \frac{1}{r}\left(1 + 3\frac{i\frac{\omega r}{C_S} - 1}{\left(\frac{\omega r}{C_S}\right)^2}\right)\left(1 + i\frac{\omega r}{C_S} - \frac{1}{2}\left(\frac{\omega r}{C_S}\right)^2 + \cdots\right) -$$

$$\frac{1}{r}\left(\frac{C_S}{C_P}\right)^2\left(1+3\frac{i\dfrac{\omega r}{C_P}-1}{\left(\dfrac{\omega r}{C_P}\right)^2}\right)\left(1+i\frac{\omega r}{C_P}-\frac{1}{2}\left(\frac{\omega r}{C_P}\right)^2+\cdots\right)=-\frac{1}{2r}\left(1-\left(\frac{C_S}{C_P}\right)^2\right)$$

■ 例題 2.2-6

式 (2.2-47) で与えられる無限弾性体の動的グリーン関数 $g_{kp}(r,\omega;\mathbf{x}_{so})$ は振動数 ω に関して共役複素数であることを示せ(例題 2.2-3 も参照)。

動的グリーン関数の係数は式 (2.2-47b,c) で与えらる。これらの係数には次式のような共役複素数(上添字＊はその共役複素数を意味する)の関係が成立する。

$$\left(e^{-i\frac{\omega r}{C}}\right)^* = e^{i\frac{\omega r}{C}},\quad \Omega_S^*(-\omega)=\Omega_S(\omega),\quad \Omega_P^*(-\omega)=\Omega_P(\omega)$$

したがって、容易に次式を導くことができる。すなわち、グリーン関数 $g_{kp}(r,\omega;\mathbf{x}_{so})$ は振動数 ω に関して共役複素数である。

$$\psi^*(-\omega)=\psi(\omega),\quad \chi^*(-\omega)=\chi(\omega),\rightarrow\ g_{kp}^*(r,-\omega;\mathbf{x}_{so})=g_{kp}(r,\omega;\mathbf{x}_{so})$$

■ 課題 2.2-1

後で示す 2 次元問題の SH 波と P・SV 波の動的グリーン関数や 3 章で示す半無限弾性体、水平多層弾性体の動的グリーン関数はすべて振動数 ω に関して共役複素数であることを確認せよ。

振動数・波数領域のグリーン関数から振動数・空間領域のグリーン関数を求める際に使った Weyl の積分公式 (式 (2.2-46a)) は調和平面波の重ね合わせによって調和球面波が求められるという波動伝播の物理的性質を述べたホイゲンスの定理の数学的表現である。複素積分の知識でこの公式は求められるが、この積分公式により解析的に振動数・空間領域のグリーン関数を求めることができた。ここに、Weyl の積分公式に感謝する。

最後に、古典的な時間・空間領域の解析から求められている時間・空間領域のグリーン関数の解 (Stokes,1849、Love, 1952) を求める。時間・空間領域のグリーン関数は次式のような式(2.2-47a)の振動数に関するフーリエ変換から以下のように求められる。

$$g_{kp}(r,t;\mathbf{x}_{so}) = \frac{1}{2\pi}\int_{-\infty}^{\infty} g_{kp}(r,\omega;\mathbf{x}_{so})\mathrm{e}^{-i\omega t}d\omega$$
$$= \frac{1}{4\pi\rho r^3}\left(3\frac{\partial r}{\partial x_k}\frac{\partial r}{\partial x_p} - \delta_{kp}\right)\int_{r/C_P}^{r/C_S}\tau\delta(t-\tau)d\tau +$$
$$\frac{1}{4\pi\rho C_P^2 r}\frac{\partial r}{\partial x_k}\frac{\partial r}{\partial x_p}\delta(t-\frac{\omega r}{C_P}) - \frac{1}{4\pi\rho C_S^2 r}\left(\frac{\partial r}{\partial x_k}\frac{\partial r}{\partial x_p} - \delta_{kp}\right)\delta(t-\frac{\omega r}{C_S}) \tag{2.2-47d}$$

上式右辺の第 1 項は近地項と呼ばれ変位振幅は距離の 3 乗に比例して小さくなる。第 2 項と 3 項は、遠地項と呼ばれ変位振幅は距離の 1 乗に比例して小さくなる。 上式を導くに当たり、次式の関係を用いた。

$$\frac{1}{2\pi}\int_{-\infty}^{\infty}\mathrm{e}^{i\frac{\omega r}{C}}\mathrm{e}^{-i\omega t}d\omega = \delta\left(t-\frac{r}{C}\right) \tag{2.2-47e}$$

$$\frac{1}{2\pi}\int_{-\infty}^{\infty}\left(\Omega_S\mathrm{e}^{i\frac{\omega r}{C_S}} - \left(\frac{C_S}{C_P}\right)^2\Omega_P\mathrm{e}^{i\frac{\omega r}{C_P}}\right)\mathrm{e}^{-i\omega t}d\omega = -\frac{C_S^2}{r^2}\int_{r/C_P}^{r/C_S}\tau\delta(t-\tau)d\tau \tag{2.2-47f}$$

上式の上段のフーリエ積分は、デルタ関数の積分表示として広く知られている関係式である。下段のフーリエ積分は広く知られていないが、次式のように下段右辺の時間関数のフーリエ積分が左辺の被積分関数になることを利用するとわかりやすい。

$$f(t) = \int_{r/C_P}^{r/C_S}\tau\delta(t-\tau)d\tau$$

$$F(\omega) = \int_{-\infty}^{\infty} f(t)\mathrm{e}^{i\omega t}dt = \int_{-\infty}^{\infty}\int_{r/C_P}^{r/C_S}\tau\delta(t-\tau)\mathrm{e}^{i\omega t}d\tau dt$$
$$= \int_{r/C_P}^{r/C_S}\tau\int_{-\infty}^{\infty}\delta(t-\tau)\mathrm{e}^{i\omega t}dtd\tau = \int_{r/C_P}^{r/C_S}\tau\mathrm{e}^{i\omega\tau}d\tau$$
$$= \left[\frac{\mathrm{e}^{i\omega\tau}}{i\omega}\tau\right]_{r/C_P}^{r/C_S} - \int_{r/C_P}^{r/C_S}\frac{\mathrm{e}^{i\omega\tau}}{i\omega}d\tau = \left(-\frac{ir}{\omega C_S}+\frac{1}{\omega^2}\right)\mathrm{e}^{i\frac{\omega r}{C_S}} + \left(\frac{ir}{\omega C_P}-\frac{1}{\omega^2}\right)\mathrm{e}^{i\frac{\omega r}{C_P}}$$
$$= -\frac{r^3}{C_S^2}\left(\frac{\Omega_S}{r}\mathrm{e}^{i\frac{\omega r}{C_S}} - \left(\frac{C_S}{C_P}\right)^2\frac{\Omega_P}{r}\mathrm{e}^{i\frac{\omega r}{C_P}}\right) \tag{2.2-47g}$$

式 (2.2-47d) で与えられる時間・空間領域のグリーン関数の近地項と遠地項の波形の面積は、フーリエ変換の関係式 (2.2-47g) より ($F(0) = \int f(t)dt$)、式 (2.2-47a) の振動数・空間領域のグリーン関数における $\omega \to 0$ の値になることを考慮すると、次式のようになる。これは近地項(次式の右辺第 1 項)も遠地項(次式の右辺第 2 項と第 3 項)も共に波形の面積は、$1/r$ に比例して小さくなることを表している。

$$
\begin{aligned}
g_{kp}(r,\omega = 0;\mathbf{x}_{so}) &= \frac{1}{8\pi\rho C_S^2 r}\left(3\frac{\partial r}{\partial x_k}\frac{\partial r}{\partial x_p} - \delta_{kp}\right)\left(1-\left(\frac{C_S}{C_P}\right)^2\right) + \\
&\quad \frac{1}{4\pi\rho C_P^2 r}\frac{\partial r}{\partial x_k}\frac{\partial r}{\partial x_p} - \frac{1}{4\pi\rho C_S^2 r}\left(\frac{\partial r}{\partial x_k}\frac{\partial r}{\partial x_p} - \delta_{kp}\right) \\
&= (\text{近地項の変位の面積}) + \\
&\quad (\text{遠地項の P 波変位の面積}) + (\text{遠地項の S 波変位の面積})
\end{aligned}
\tag{2.2-47h}
$$

上式は静的グリーン関数または Somigliana 解 (例題 2.2-5) を式 (2.2-47d) の近地項と遠地項に対応して書き換えたもので、上記のように静的グリーン関数の別解釈を与える。

2.2.6　3 次元無限弾性体のグリーン関数における P・SV 波と SH 波成分

ここでは、振動数・波数領域の 3 次元と 2 次元波動場の関係を表す式 (2.2-24) を利用して、各軸方向の単位力積衝撃荷重による新座標系（ $x', y', z' = z$ ）の変位（P・SV 波成分と SH 波成分）を示す。

上昇波 :

P・SV 波成分 :

$$
\begin{pmatrix} u_{0in}^p \\ w_{0in}^p \end{pmatrix} = \left(\begin{pmatrix} i\kappa \\ -i\nu \end{pmatrix}\Phi_{in}^p \mathrm{e}^{-i\nu(z-z_{so})} + \begin{pmatrix} i\gamma \\ i\kappa \end{pmatrix}\Psi_{SVin}^p \mathrm{e}^{-i\gamma(z-z_{so})}\right)\mathrm{e}^{i[\kappa(x'-x'_{so})-\omega t]} \tag{2.2-48a}
$$

SH 波成分 :

$$
v_{0in}^p = i\Psi_{SHin}^p \mathrm{e}^{-i\gamma(z-z_{so})}\mathrm{e}^{i[\kappa(x'-x'_{so})-\omega t]} \tag{2.2-48b}
$$

下降波 :

P・SV 波成分 :

$$
\begin{pmatrix} u_{0out}^p \\ w_{0out}^p \end{pmatrix} = \left(\begin{pmatrix} i\kappa \\ i\nu \end{pmatrix}\Phi_{out}^p \mathrm{e}^{i\nu(z-z_{so})} + \begin{pmatrix} -i\gamma \\ i\kappa \end{pmatrix}\Psi_{SVout}^p \mathrm{e}^{i\gamma(z-z_{so})}\right)\mathrm{e}^{i[\kappa(x'-x'_{so})-\omega t]} \tag{2.2-49a}
$$

SH 波成分 :

$$
v_{0out}^p = i\Psi_{SHout}^p \mathrm{e}^{i\gamma(z-z_{so})}\mathrm{e}^{i[\kappa(x'-x'_{so})-\omega t]} \tag{2.2-49b}
$$

ここに、

$$
\begin{aligned}
\Psi^p_{SVin} &= \left(\frac{\kappa_x}{\kappa} \Psi^p_{2in} - \frac{\kappa_y}{\kappa} \Psi^p_{1in} \right) \\
\Psi^p_{SHin} &= -\kappa \Psi^p_{3in} - \gamma \left(\frac{\kappa_x}{\kappa} \Psi^p_{1in} + \frac{\kappa_y}{\kappa} \Psi^p_{2in} \right) \\
\Psi^p_{SVout} &= \left(\frac{\kappa_x}{\kappa} \Psi^p_{2out} - \frac{\kappa_y}{\kappa} \Psi^p_{1out} \right) \\
\Psi^p_{SHout} &= -\kappa \Psi^p_{3out} + \gamma \left(\frac{\kappa_x}{\kappa} \Psi^p_{1out} + \frac{\kappa_y}{\kappa} \Psi^p_{2out} \right)
\end{aligned}
\tag{2.2-50}
$$

読者は、この式が式 (2.2-58b)、式 (2.2-59b) と同じ変換であることを確認せよ。

2.2.3 項で述べたように 3 次元問題の境界条件を満たす解から 2 次元問題の解を求めているので Φ^p_{out} ，Ψ^p_{SVout} ，Ψ^p_{SHout} 等のポテンシャル係数は 3 次元問題の (x, y, z) 座標系での波数 $\kappa_x, \kappa_y, \nu, \gamma$ の関数として決まることに注意せよ。

2.2.7　複双荷重による 3 次元無限弾性体の変位（点震源モデルによる地震波）

ここでは、これまでに導いた 3 次元無限弾性体のグリーン関数の応用例の 1 つとして、3 次元無限弾性体内の点震源モデルから放射される地震波の解析解を求める。

点震源に作用する力は複双荷重（double couple force）なので、点 $\mathbf{x}_{so} (= (x_{so}, y_{so}, z_{so}))$ に作用する複双荷重による変位は次式で与えられる（1 章 1.8.4 項参照）。

$$
u_k(\kappa_x, \kappa_y, \omega, z; \mathbf{x}_{so}) = M_{pq}(\omega) \frac{\partial}{\partial x_{so\,q}} G_{kp}(\kappa_x, \kappa_y, \omega, z; z_{so}) \mathrm{e}^{i[\kappa_x (x - x_{so}) + \kappa_y (y - y_{so}) - \omega t]}
\tag{2.2-51}
$$

ここに、$x_{so\,q} = x_{so}, y_{so}, z_{so}$ は点震源の座標を、$G_{kp}(\kappa_x, \kappa_y, \omega, z; z_{so})$ は 3 次元無限弾性体のグリーン関数（式 (2.2-43)）を表わす。$M_{pq}(\omega) (= M_{qp}(\omega))$ は点震源と等価な地震モーメントテンソルで対称行列となる。上式を具体的に書き表すと次式のようになる。

$$
\begin{pmatrix}
u(\kappa_x, \kappa_y, \omega, z; \mathbf{x}_{so}) \\
v(\kappa_x, \kappa_y, \omega, z; \mathbf{x}_{so}) \\
w(\kappa_x, \kappa_y, \omega, z; \mathbf{x}_{so})
\end{pmatrix}
=
\begin{pmatrix}
\mathbf{G}_{xx} & \mathbf{G}_{xy} & \mathbf{G}_{xz} & \mathbf{G}_{yy} & \mathbf{G}_{yz} & \mathbf{G}_{zz}
\end{pmatrix}
\begin{pmatrix}
M_{xx}(\omega) \\ M_{xy}(\omega) \\ M_{xz}(\omega) \\ M_{yy}(\omega) \\ M_{yz}(\omega) \\ M_{zz}(\omega)
\end{pmatrix}
\tag{2.2-52a}
$$

ここに、

$$\mathbf{G}_{xx}=\begin{pmatrix}\dfrac{\partial G_{xx}}{\partial x_{so}} & \dfrac{\partial G_{yx}}{\partial x_{so}} & \dfrac{\partial G_{zx}}{\partial x_{so}}\end{pmatrix}^T \mathrm{e}^{i[\kappa_x(x-x_{so})+\kappa_y(y-y_{so})-\omega t]}$$

$$\mathbf{G}_{xy}=\begin{pmatrix}\left(\dfrac{\partial G_{xx}}{\partial y_{so}}+\dfrac{\partial G_{xy}}{\partial x_{so}}\right) & \left(\dfrac{\partial G_{yx}}{\partial y_{so}}+\dfrac{\partial G_{yy}}{\partial x_{so}}\right) & \left(\dfrac{\partial G_{zx}}{\partial y_{so}}+\dfrac{\partial G_{zy}}{\partial x_{so}}\right)\end{pmatrix}^T \mathrm{e}^{i[\kappa_x(x-x_{so})+\kappa_y(y-y_{so})-\omega t]}$$

$$\mathbf{G}_{xz}=\begin{pmatrix}\left(\dfrac{\partial G_{xx}}{\partial z_{so}}+\dfrac{\partial G_{xz}}{\partial x_{so}}\right) & \left(\dfrac{\partial G_{yx}}{\partial z_{so}}+\dfrac{\partial G_{yz}}{\partial x_{so}}\right) & \left(\dfrac{\partial G_{zx}}{\partial z_{so}}+\dfrac{\partial G_{zz}}{\partial x_{so}}\right)\end{pmatrix}^T \mathrm{e}^{i[\kappa_x(x-x_{so})+\kappa_y(y-y_{so})-\omega t]}$$

$$\mathbf{G}_{yy}=\begin{pmatrix}\dfrac{\partial G_{xy}}{\partial y_{so}} & \dfrac{\partial G_{yy}}{\partial y_{so}} & \dfrac{\partial G_{zy}}{\partial y_{so}}\end{pmatrix}^T \mathrm{e}^{i[\kappa_x(x-x_{so})+\kappa_y(y-y_{so})-\omega t]}$$

$$\mathbf{G}_{yz}=\begin{pmatrix}\left(\dfrac{\partial G_{xy}}{\partial z_{so}}+\dfrac{\partial G_{xz}}{\partial y_{so}}\right) & \left(\dfrac{\partial G_{yy}}{\partial z_{so}}+\dfrac{\partial G_{yz}}{\partial y_{so}}\right) & \left(\dfrac{\partial G_{zy}}{\partial z_{so}}+\dfrac{\partial G_{zz}}{\partial y_{so}}\right)\end{pmatrix}^T \mathrm{e}^{i[\kappa_x(x-x_{so})+\kappa_y(y-y_{so})-\omega t]}$$

$$\mathbf{G}_{zz}=\begin{pmatrix}\dfrac{\partial G_{xz}}{\partial z_{so}} & \dfrac{\partial G_{yz}}{\partial z_{so}} & \dfrac{\partial G_{zz}}{\partial z_{so}}\end{pmatrix}^T \mathrm{e}^{i[\kappa_x(x-x_{so})+\kappa_y(y-y_{so})-\omega t]} \qquad (2.2\text{-}52\mathrm{b})$$

上式は、グリーン関数が与えられると 6 個の地震モーメントテンソルから地震波の変位成分が求められることを意味する。

6 つの地震モーメントテンソルは、1 章の図 1.8-5 のように震源断層の長さ方向に沿って x 軸（走向）をとるものとすると式（1.8-40）で与えられる。式（1.8-40）の $D(\omega)$ は、震源のすべり時間関数 $D(t)$ のフーリエ変換で、すべり時間関数の振動数特性を表わす。すべり時間関数 $D(t)$ が図 2.2-7 のような傾斜関数と指数関数の場合には、次式のようになる。

傾斜関数の場合 :

$$D(t)=\begin{cases} D_0\dfrac{t}{\tau} & (0\le t\le\tau) \\ D_0 & (t\ge\tau)\end{cases},\quad D(\omega)=D_0\left(\frac{1}{\omega^2\tau}\left(\mathrm{e}^{i\omega\tau}-1\right)+\pi\delta(\omega)\right) \qquad (2.2\text{-}53)$$

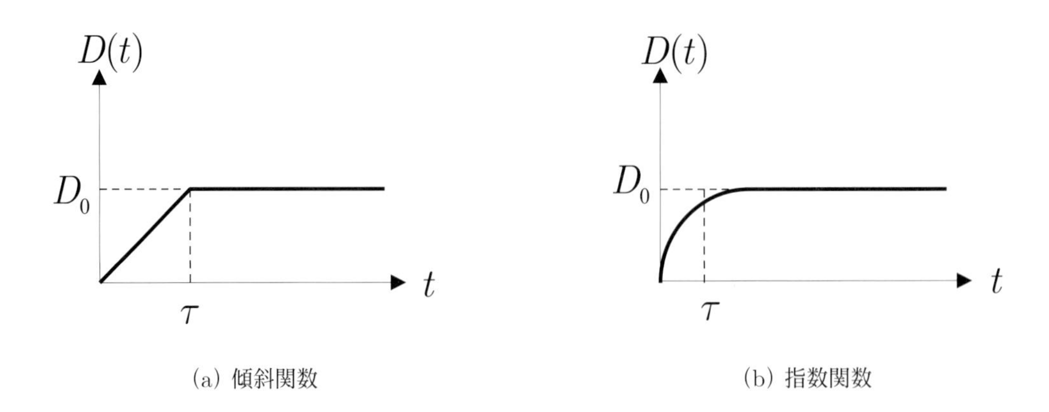

(a) 傾斜関数　(b) 指数関数

図 2.2-7　すべり時間関数

指数関数の場合：

$$D(t) = D_0\left(1 - \mathrm{e}^{-\frac{t}{\tau}}\right),\quad D(\omega) = D_0\left(\frac{1}{\omega^2\tau}\left(\frac{i\omega\tau - \omega^2\tau^2}{1+\omega^2\tau^2}\right) + \pi\delta(\omega)\right) \tag{2.2-54}$$

ここに、D_0 は断層の平均滑り量である。また、$\delta(\omega)$ はデルタ関数を表す。

例題 2.2-7

すべり時間関数が指数関数の場合、立ち上がり時間 τ と永久変位 D_0 の関係を示せ。

t	τ	2τ	4τ	6τ	8τ	10τ
$D_0\left(1-\mathrm{e}^{-\frac{t}{\tau}}\right)$	0.6321 D_0	0.8647 D_0	0.9817 D_0	0.9975 D_0	0.9996 D_0	0.9999 D_0

この表からわかるように指数関数の場合、$t = 10\tau$ で永久変位になる。

その他の任意のすべり時間関数に対しては、次式のフーリエ変換の数値計算で求める。

$$D(\omega) = \int_{-\infty}^{\infty} D(t)\mathrm{e}^{i\omega t}dt,\qquad D(t) = \frac{1}{2\pi}\int_{-\infty}^{\infty} D(\omega)\mathrm{e}^{-i\omega t}d\omega \tag{2.2-55}$$

式(2.2-52)に式(2.2-38)と式(2.2-40)の上昇波と下降波によるグリーン関数を代入すると、次式のように整理できる。

上昇波($z < z_{so}$):

$$\begin{pmatrix} u_{in}(\kappa_x,\kappa_y,\omega,z;\mathbf{x}_{so}) \\ v_{in}(\kappa_x,\kappa_y,\omega,z;\mathbf{x}_{so}) \\ w_{in}(\kappa_x,\kappa_y,\omega,z;\mathbf{x}_{so}) \end{pmatrix} = M_0(\omega)\left(\begin{pmatrix} i\kappa_x \\ i\kappa_y \\ -i\nu \end{pmatrix} R_{Pin}\mathrm{e}^{-i\nu(z-z_{so})} + \begin{pmatrix} i(\kappa_y R_{S3in} + \gamma R_{S2in}) \\ -i(\gamma R_{S1in} + \kappa_x R_{S3in}) \\ i(\kappa_x R_{S2in} - \kappa_y R_{S1in}) \end{pmatrix}\mathrm{e}^{-i\gamma(z-z_{so})}\right)\mathrm{e}^{i[\kappa_x(x-x_{so})+\kappa_y(y-y_{so})-\omega t]} \tag{2.2-56a}$$

ここに、

$$\begin{pmatrix} R_{Pin} \\ R_{S1in} \\ R_{S2in} \\ R_{S3in} \end{pmatrix} = \frac{i}{2\mu\left(\dfrac{\omega}{C_S}\right)^2} \left(\left(\begin{pmatrix} -2\dfrac{\kappa_x\kappa_y}{\nu} \\ \kappa_x \\ -\kappa_y \\ \dfrac{\kappa_x^2-\kappa_y^2}{\gamma} \end{pmatrix} \sin\delta + \begin{pmatrix} -2\kappa_x \\ -\dfrac{\kappa_x\kappa_y}{\gamma} \\ \dfrac{\kappa_x^2-\gamma^2}{\gamma} \\ -\kappa_y \end{pmatrix} \cos\delta \right) \cos\lambda + \left(\begin{pmatrix} 2\kappa_y \\ \dfrac{\kappa_y^2-\gamma^2}{\gamma} \\ -\dfrac{\kappa_x\kappa_y}{\gamma} \\ -\kappa_x \end{pmatrix} \cos 2\delta + \begin{pmatrix} \dfrac{\kappa_y^2-\nu^2}{\nu} \\ -2\kappa_x \\ \kappa_x \\ -\dfrac{\kappa_x\kappa_y}{\gamma} \end{pmatrix} \sin 2\delta \right) \sin\lambda \right) \tag{2.2-56b}$$

下降波($z > z_{so}$):

式(2.2-56a)の上昇波の鉛直方向波数 ν, γ を $-\nu, -\gamma$ に変更し、以下のように与えられる。

$$\begin{pmatrix} u_{out}(\kappa_x,\kappa_y,\omega,z;\mathbf{x}_{so}) \\ v_{out}(\kappa_x,\kappa_y,\omega,z;\mathbf{x}_{so}) \\ w_{out}(\kappa_x,\kappa_y,\omega,z;\mathbf{x}_{so}) \end{pmatrix} = M_0(\omega) \left(\begin{pmatrix} i\kappa_x \\ i\kappa_y \\ i\nu \end{pmatrix} R_{Pout} \mathrm{e}^{i\nu(z-z_{so})} + \begin{pmatrix} i(\kappa_y R_{S3out} - \gamma R_{S2out}) \\ i(\gamma R_{S1out} - \kappa_x R_{S3out}) \\ i(\kappa_x R_{S2out} - \kappa_y R_{S1out}) \end{pmatrix} \mathrm{e}^{i\gamma(z-z_{so})} \right) \mathrm{e}^{i[\kappa_x(x-x_{so})+\kappa_y(y-y_{so})-\omega t]} \tag{2.2-57a}$$

ここに、

$$\begin{pmatrix} R_{Pout} \\ R_{S1out} \\ R_{S2out} \\ R_{S3out} \end{pmatrix} = \frac{i}{2\mu\left(\dfrac{\omega}{C_S}\right)^2} \left(\left(\begin{pmatrix} -2\dfrac{\kappa_x\kappa_y}{\nu} \\ -\kappa_x \\ \kappa_y \\ \dfrac{\kappa_x^2-\kappa_y^2}{\gamma} \end{pmatrix} \sin\delta + \begin{pmatrix} 2\kappa_x \\ -\dfrac{\kappa_x\kappa_y}{\gamma} \\ \dfrac{\kappa_x^2-\gamma^2}{\gamma} \\ \kappa_y \end{pmatrix} \cos\delta \right) \cos\lambda + \left(\begin{pmatrix} -2\kappa_y \\ \dfrac{\kappa_y^2-\gamma^2}{\gamma} \\ -\dfrac{\kappa_x\kappa_y}{\gamma} \\ \kappa_x \end{pmatrix} \cos 2\delta + \begin{pmatrix} \dfrac{\kappa_y^2-\nu^2}{\nu} \\ 2\kappa_x \\ -\kappa_x \\ -\dfrac{\kappa_x\kappa_y}{\gamma} \end{pmatrix} \sin 2\delta \right) \sin\lambda \right) \tag{2.2-57b}$$

新座標系($x', y', z'(=z)$)の変位(P・SV 波成分と SH 波成分)は、上式を振動数・波数領域の 3 次元と 2 次元波動場の関係式(2.2-24)に代入して次式のように求められる。

上昇波($z < z_{so}$):

$$\begin{pmatrix} u_{0in}(\kappa,\omega,z;\mathbf{x}'_{so}) \\ w_{0in}(\kappa,\omega,z;\mathbf{x}'_{so}) \\ v_{0in}(\kappa,\omega,z;\mathbf{x}'_{so}) \end{pmatrix} = M_0(\omega)\left(\begin{pmatrix} i\kappa \\ -i\nu \\ 0 \end{pmatrix} R_{Pin} e^{-i\nu(z-z_{so})} + \begin{pmatrix} i\gamma R_{SVin} \\ i\kappa R_{SVin} \\ iR_{SHin} \end{pmatrix} e^{-i\gamma(z-z_{so})}\right) e^{i[\kappa(x'-x'_{so})-\omega t]} \tag{2.2-58a}$$

ここに、

$$\begin{pmatrix} R_{SVin} \\ R_{SHin} \end{pmatrix} = \begin{pmatrix} 0 \\ -\kappa \end{pmatrix} R_{S3in} + \begin{pmatrix} 1 & 0 \\ 0 & -\gamma \end{pmatrix} \begin{pmatrix} -\dfrac{\kappa_y}{\kappa} & \dfrac{\kappa_x}{\kappa} \\ \dfrac{\kappa_x}{\kappa} & \dfrac{\kappa_y}{\kappa} \end{pmatrix} \begin{pmatrix} R_{S1in} \\ R_{S2in} \end{pmatrix} \tag{2.2-58b}$$

下降波($z > z_{so}$):

$$\begin{pmatrix} u_{0out}(\kappa,\omega,z;\mathbf{x}'_{so}) \\ w_{0out}(\kappa,\omega,z;\mathbf{x}'_{so}) \\ v_{0out}(\kappa,\omega,z;\mathbf{x}'_{so}) \end{pmatrix} = M_0(\omega)\left(\begin{pmatrix} i\kappa \\ i\nu \\ 0 \end{pmatrix} R_{Pout} e^{i\nu(z-z_{so})} + \begin{pmatrix} -i\gamma R_{SVout} \\ i\kappa R_{SVout} \\ iR_{SHout} \end{pmatrix} e^{i\gamma(z-z_{so})}\right) e^{i[\kappa(x'-x'_{so})-\omega t]} \tag{2.2-59a}$$

ここに、

$$\begin{pmatrix} R_{SVout} \\ R_{SHout} \end{pmatrix} = \begin{pmatrix} 0 \\ -\kappa \end{pmatrix} R_{S3out} + \begin{pmatrix} 1 & 0 \\ 0 & \gamma \end{pmatrix} \begin{pmatrix} -\dfrac{\kappa_y}{\kappa} & \dfrac{\kappa_x}{\kappa} \\ \dfrac{\kappa_x}{\kappa} & \dfrac{\kappa_y}{\kappa} \end{pmatrix} \begin{pmatrix} R_{S1out} \\ R_{S2out} \end{pmatrix} \tag{2.2-59b}$$

■ 例題 2.2-8

無限弾性体中の地震モーメント $M_0(\omega)$ を有する点震源による振動数・波数領域の 3 次元直交座標系での厳密解が式 (2.2-56) と式 (2.2-57) で与えられる。また、その P・SV 波と SH 波成分の厳密解が式 (2.2-58) と式 (2.2-59) で与えられる。時空間領域の厳密解はこれまでに求められている (例えば、Aki and Richards,1980)。2.2.5 項で示したように、振動数・波数領域のグリーン関数では、Weyl 積分等を使って時空間領域のグリーン関数を求め、既往の厳密解と一致することを示した。点震源による振動数・波数領域の３次元直交座標系による点震源解の式 (2.2-56) と式 (2.2-57)、その P・SV 波と SH 波成分解の式 (2.2-58) と式 (2.2-59) を解析的に３重フーリエ変換して時空間領域の既往の解を求めることができるか考察せよ。

解析的に３重フーリエ変換をし、時空間領域の解を求めることは難しい。この点震源解は馴染み深いものではないが、以下の 2.2.8 項のようにこの点震源解を断層面で積分をして矩形震源断層による厳密な変位を定式化し、これを例題 2.2-10 と例題 2.2-11 で示すように高速３重フーリエ変換をし時空間領域の地震動変位波形にすることができる。これを断層永久変位を含む地震動波形の時空間領域の厳密解と比較し、振動数・波数領域の定式化の検証としている。

振動数・波数領域の解の特長は、(1) これまで示しているように代数計算のみで厳密解が得られること、(2) ３章で示すように水平多層弾性体の地震動への組み込みも容易で、最終的には振動数・波数領域の地震動変位解が対称行列の連立１次方程式を解く問題に定式化できること、(3) 高速３重フーリエ変換により３次元水平多層弾性体の離散化点の地震動が一度の計算で全て計算でき、広領域の地震動分布をみるのに適していること等、である。

４章の応用例で示すように広領域の地震動分布を計算すると、３次元地震動波形は台風の雲や水・空気の渦のように時計回り・反時計回りの渦を描きながら伝播している。

2.2.8　矩形震源断層による３次元無限弾性体の変位

(1) 定式化

図 2.2-8 に示すような４つの破壊方向を持つ矩形震源断層による無限弾性体の地震波動場を定式化する。長さ L、幅 W の矩形断層面上の座標を（x_f, y_f, z_f）とすると、この座標系と元の座標系$(x,\ y,\ z)$の間には次式が成立する。

$$\begin{pmatrix} x \\ y \\ z - z_s \end{pmatrix} = \begin{pmatrix} 1 & 0 & 0 \\ 0 & \cos\delta & -\sin\delta \\ 0 & \sin\delta & \cos\delta \end{pmatrix} \begin{pmatrix} x_f \\ y_f \\ z_f \end{pmatrix} \tag{2.2-60}$$

ここに、z_s は震源断層上端の深さを表す。

断層面は（x_f, y_f）面なので、上式で $z_f = 0$ とすると座標系$(x,\ y,\ z)$での 点震源の位置（x_{so}, y_{so}, z_{so}）は断層面上の座標（$x_f, y_f, z_f = 0$）での位置（$x_{fso}, y_{fso}, 0$）と次式の関係にある。

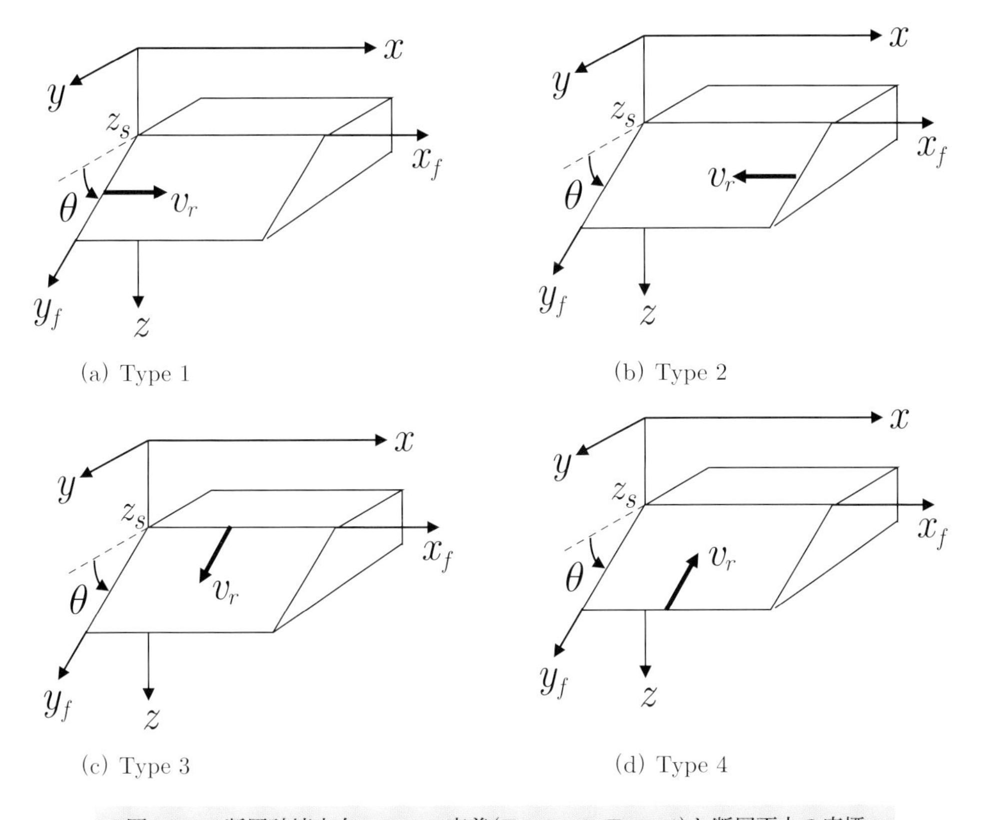

図 2.2-8　断層破壊方向の 4 つの定義(Type 1 ~ Type 4)と断層面上の座標

$$\begin{pmatrix} x_{so} \\ y_{so} \\ z_{so} - z_s \end{pmatrix} = \begin{pmatrix} 1 & 0 & 0 \\ 0 & \cos\delta & -\sin\delta \\ 0 & \sin\delta & \cos\delta \end{pmatrix} \begin{pmatrix} x_{fso} \\ y_{fso} \\ 0 \end{pmatrix} \tag{2.2-61}$$

断層の破壊は $x_{fso} = 0$ または $y_{fso} = 0$ から始まり、始まった時刻を基準にすると点震源の位置($x_{fso}, y_{fso}, 0$)では時間の遅れが生ずる。したがって、点震源の位置($x_{fso}, y_{fso}, 0$)でのすべり時間関数を $D(x_{fso}, y_{fso}, t)$ とすると 4 つの破壊タイプの断層に対して次式が成立する。

$$D(x_{fso}, y_{fso}, t) = \begin{cases} D\left(t - \dfrac{x_{fso}}{v_r}\right) & \text{Type 1} \\ D\left(t - \dfrac{L - x_{fso}}{v_r}\right) & \text{Type 2} \\ D\left(t - \dfrac{y_{fso}}{v_r}\right) & \text{Type 3} \\ D\left(t - \dfrac{W - y_{fso}}{v_r}\right) & \text{Type 4} \end{cases} \tag{2.2-62a}$$

ここに、$D(t)$ は、長さと幅が L,W の矩形断層の震源時間関数を表す。また、そのフーリエ変換を $D(\omega)$ とすると、上式の振動数領域の震源時間関数は次式のようになる。

$$D(x_{fso},y_{fso},\omega)=\begin{cases} D(\omega)\mathrm{e}^{i\frac{\omega x_{fso}}{v_r}} & \text{Type 1} \\ D(\omega)\mathrm{e}^{i\frac{\omega(L-x_{fso})}{v_r}} & \text{Type 2} \\ D(\omega)\mathrm{e}^{i\frac{\omega y_{fso}}{v_r}} & \text{Type 3} \\ D(\omega)\mathrm{e}^{i\frac{\omega(W-y_{fso})}{v_r}} & \text{Type 4} \end{cases} \tag{2.2-62b}$$

図 2.2-8 のような矩形震源断層による無限弾性体の波動場は、式（2.2-56）と式（2.2-57）で与えられる点震源の波動場を断層面上で積分して求めることができる。ただし、式（2.2-56）と式（2.2-57）の地震波動場の解は、地震モーメント $M_0(\omega)=\mu LWD(\omega)$ による地震波動場の解であるため、単位地震モーメントによる解は、式（2.2-56）と式（2.2-57）を地震モーメントで除したものとなる。また、座標（x_{so},y_{so},z_{so}）点における断層面上の微小面積 $dx_{fso}dy_{fso}$ の地震モーメントは点震源の位置（$x_{fso},y_{fso},0$）でのすべり時間関数 $D(x_{fso},y_{fso},\omega)$ を用いて、$dM_0(\omega)=\mu D(x_{fso},y_{fso},\omega)dx_{fso}dy_{fso}$ となる（微小断層と大断層の地震モーメントやすべり時間関数、断層面積の間には補足 2.5 に示す相似則が成立）。したがって、次式のように断層面上の微小面積 $dx_{fso}dy_{fso}$ からの地震波を積分して、長さ L、幅 W の矩形の震源断層からの地震波動場を計算することができる。

$$\mathbf{u}_{in}(\kappa_x,\kappa_y,\omega,z;M_0,z_s)=\int_0^L\int_0^W\frac{\mu D(x_{fso},y_{fso},\omega)}{M_0(\omega)}\mathbf{u}_{in}(\kappa_x,\kappa_y,\omega,z;\mathbf{x}_{so})dx_{fso}dy_{fso} \tag{2.2-63a}$$

ここに、

$$\mathbf{u}_{in}(\kappa_x,\kappa_y,\omega,z;\mathbf{x}_{so})=\begin{pmatrix} u_{in}(\kappa_x,\kappa_y,\omega,z;\mathbf{x}_{so}) \\ v_{in}(\kappa_x,\kappa_y,\omega,z;\mathbf{x}_{so}) \\ w_{in}(\kappa_x,\kappa_y,\omega,z;\mathbf{x}_{so}) \end{pmatrix} \tag{2.2-63b}$$

同様な式は下降波に対しても成立する。

式(2.2-63a)の積分は、式(2.2-56)と式(2.2-57)の点震源の位置(x_{so},y_{so},z_{so})に式(2.2-61)を代入して、断層面上での位置($x_{fso},y_{fso},0$)に変換して解析的に積分することができる(補足 2.4 参照)。結果は次式のようになる。

上昇波($z < z_s$):

$$
\begin{pmatrix} u_{in}(\kappa_x,\kappa_y,\omega,z;M_0,z_s) \\ v_{in}(\kappa_x,\kappa_y,\omega,z;M_0,z_s) \\ w_{in}(\kappa_x,\kappa_y,\omega,z;M_0,z_s) \end{pmatrix} = M_0(\omega)\left(\begin{pmatrix} i\kappa_x \\ i\kappa_y \\ -i\nu \end{pmatrix} R_{Pin} S_{Pmin} \mathrm{e}^{-i\nu(z-z_s)} + \begin{pmatrix} i(\kappa_y R_{S3in} + \gamma R_{S2in}) \\ -i(\gamma R_{S1in} + \kappa_x R_{S3in}) \\ i(\kappa_x R_{S2in} - \kappa_y R_{S1in}) \end{pmatrix} S_{Smin} \mathrm{e}^{-i\gamma(z-z_s)}\right) \mathrm{e}^{i(\kappa_x x+\kappa_y y-\omega t)} \tag{2.2-64a}
$$

下降波($z > z_s$):

$$
\begin{pmatrix} u_{out}(\kappa_x,\kappa_y,\omega,z;M_0,z_s) \\ v_{out}(\kappa_x,\kappa_y,\omega,z;M_0,z_s) \\ w_{out}(\kappa_x,\kappa_y,\omega,z;M_0,z_s) \end{pmatrix} = M_0(\omega)\left(\begin{pmatrix} i\kappa_x \\ i\kappa_y \\ i\nu \end{pmatrix} R_{Pout} S_{Pmout} \mathrm{e}^{i\nu(z-z_s)} + \begin{pmatrix} i(\kappa_y R_{S3out} - \gamma R_{S2out}) \\ i(\gamma R_{S1out} - \kappa_x R_{S3out}) \\ i(\kappa_x R_{S2out} - \kappa_y R_{S1out}) \end{pmatrix} S_{Smout} \mathrm{e}^{i\gamma(z-z_s)}\right) \mathrm{e}^{i(\kappa_x x+\kappa_y y-\omega t)} \tag{2.2-64b}
$$

ここに、

Type1 の破壊に対して :

$$
\begin{pmatrix} S_{P1in} \\ S_{S1in} \end{pmatrix} = \frac{1}{LW} \frac{\left(\mathrm{e}^{-i\left(\kappa_x - \frac{\omega}{v_r}\right)L} - 1\right)}{\left(\frac{\omega}{v_r} - \kappa_x\right)} \begin{pmatrix} \dfrac{\left(\mathrm{e}^{-i\left(\kappa_y \cos\delta - \nu \sin\delta\right)W} - 1\right)}{\left(\kappa_y \cos\delta - \nu \sin\delta\right)} \\ \dfrac{\left(\mathrm{e}^{-i\left(\kappa_y \cos\delta - \gamma \sin\delta\right)W} - 1\right)}{\left(\kappa_y \cos\delta - \gamma \sin\delta\right)} \end{pmatrix} \tag{2.2-65a}
$$

$$
\begin{pmatrix} S_{P1out} \\ S_{S1out} \end{pmatrix} = \frac{1}{LW} \frac{\left(\mathrm{e}^{-i\left(\kappa_x - \frac{\omega}{v_r}\right)L} - 1\right)}{\left(\frac{\omega}{v_r} - \kappa_x\right)} \begin{pmatrix} \dfrac{\left(\mathrm{e}^{-i\left(\kappa_y \cos\delta + \nu \sin\delta\right)W} - 1\right)}{\left(\kappa_y \cos\delta + \nu \sin\delta\right)} \\ \dfrac{\left(\mathrm{e}^{-i\left(\kappa_y \cos\delta + \gamma \sin\delta\right)W} - 1\right)}{\left(\kappa_y \cos\delta + \gamma \sin\delta\right)} \end{pmatrix}
$$

Type2 の破壊に対して :

$$
\begin{pmatrix} S_{P2in} \\ S_{S2in} \end{pmatrix} = \frac{1}{LW} \frac{\left(\mathrm{e}^{-i\kappa_x L} - \mathrm{e}^{i\frac{\omega L}{v_r}}\right)}{\left(\frac{\omega}{v_r} + \kappa_x\right)} \begin{pmatrix} \dfrac{\left(\mathrm{e}^{-i\left(\kappa_y \cos\delta - \nu \sin\delta\right)W} - 1\right)}{\left(\nu \sin\delta - \kappa_y \cos\delta\right)} \\ \dfrac{\left(\mathrm{e}^{-i\left(\kappa_y \cos\delta - \gamma \sin\delta\right)W} - 1\right)}{\left(\gamma \sin\delta - \kappa_y \cos\delta\right)} \end{pmatrix} \tag{2.2-65b}
$$

$$\begin{pmatrix} S_{P2out} \\ S_{S2out} \end{pmatrix} = \frac{1}{LW} \frac{\left(e^{-i\kappa_x L} - e^{i\frac{\omega L}{v_r}} \right)}{\left(\frac{\omega}{v_r} + \kappa_x \right)} \begin{pmatrix} \dfrac{\left(e^{-i\left(\kappa_y \cos\delta + \nu \sin\delta\right)W} - 1 \right)}{\left(-\nu \sin\delta - \kappa_y \cos\delta \right)} \\ \dfrac{\left(e^{-i\left(\kappa_y \cos\delta + \gamma \sin\delta\right)W} - 1 \right)}{\left(-\gamma \sin\delta - \kappa_y \cos\delta \right)} \end{pmatrix}$$

Type3 の破壊に対して：

$$\begin{pmatrix} S_{P3in} \\ S_{S3in} \end{pmatrix} = \frac{1}{LW} \frac{\left(e^{-i\kappa_x L} - 1 \right)}{\kappa_x} \begin{pmatrix} \dfrac{\left(e^{-i\left(\kappa_y \cos\delta - \nu \sin\delta - \frac{\omega}{v_r}\right)W} - 1 \right)}{\left(\nu \sin\delta - \kappa_y \cos\delta + \frac{\omega}{v_r} \right)} \\ \dfrac{\left(e^{-i\left(\kappa_y \cos\delta - \gamma \sin\delta - \frac{\omega}{v_r}\right)W} - 1 \right)}{\left(\gamma \sin\delta - \kappa_y \cos\delta + \frac{\omega}{v_r} \right)} \end{pmatrix} \tag{2.2-65c}$$

$$\begin{pmatrix} S_{P3out} \\ S_{S3out} \end{pmatrix} = \frac{1}{LW} \frac{\left(e^{-i\kappa_x L} - 1 \right)}{\kappa_x} \begin{pmatrix} \dfrac{\left(e^{-i\left(\kappa_y \cos\delta + \nu \sin\delta - \frac{\omega}{v_r}\right)W} - 1 \right)}{\left(-\nu \sin\delta - \kappa_y \cos\delta + \frac{\omega}{v_r} \right)} \\ \dfrac{\left(e^{-i\left(\kappa_y \cos\delta + \gamma \sin\delta - \frac{\omega}{v_r}\right)W} - 1 \right)}{\left(-\gamma \sin\delta - \kappa_y \cos\delta + \frac{\omega}{v_r} \right)} \end{pmatrix}$$

Type4 の破壊に対して：

$$\begin{pmatrix} S_{P4in} \\ S_{S4in} \end{pmatrix} = \frac{1}{LW} \frac{\left(e^{-i\kappa_x L} - 1 \right)}{\kappa_x} \begin{pmatrix} \dfrac{\left(e^{-i\left(\kappa_y \cos\delta - \nu \sin\delta\right)W} - e^{i\frac{\omega W}{v_r}} \right)}{\left(\nu \sin\delta - \kappa_y \cos\delta - \frac{\omega}{v_r} \right)} \\ \dfrac{\left(e^{-i\left(\kappa_y \cos\delta - \gamma \sin\delta\right)W} - e^{i\frac{\omega W}{v_r}} \right)}{\left(\gamma \sin\delta - \kappa_y \cos\delta - \frac{\omega}{v_r} \right)} \end{pmatrix} \tag{2.2-65d}$$

$$\begin{pmatrix} S_{P4out} \\ S_{S4out} \end{pmatrix} = \frac{1}{LW}\frac{\left(\mathrm{e}^{-i\kappa_x L}-1\right)}{\kappa_x}\begin{pmatrix} \dfrac{\left(\mathrm{e}^{-i\left(\kappa_y\cos\delta+\nu\sin\delta\right)W}-\mathrm{e}^{i\frac{\omega W}{v_r}}\right)}{\left(-\nu\sin\delta-\kappa_y\cos\delta-\dfrac{\omega}{v_r}\right)} \\ \dfrac{\left(\mathrm{e}^{-i\left(\kappa_y\cos\delta+\gamma\sin\delta\right)W}-\mathrm{e}^{i\frac{\omega W}{v_r}}\right)}{\left(-\gamma\sin\delta-\kappa_y\cos\delta-\dfrac{\omega}{v_r}\right)} \end{pmatrix}$$

ここで、式(2.2-65)において断層の大きさが無視できる場合を考える。すなわち、$L\to 0,$ $W\to 0, v_r\to\infty$ の極限では $S_{Pmin}, S_{Smin}, S_{Pmout}, S_{Smout}$ は次式のようになる。

$$S_{Pmin} = S_{Smin} = S_{Pmout} = S_{Smout} = 1 \tag{2.2-66}$$

この場合の式(2.2-64)は点震源の地震波動場の解(式(2.2-56) と式(2.2-57))と一致する。

■ 例題 2.2-9

無限弾性体中の震源断層から放射される地震波の新座標系 $(x', y', z'(=z))$ における変位(P・SV 波成分と SH 波成分)と応力成分を求めよ。

新座標系 $(x', y', z'(=z))$ の変位(P・SV 波成分と SH 波成分)は、上式を振動数・波数領域の 3 次元と 2 次元波動場の関係式 (2.2-24) に代入して次式のように求められる。

上昇波 $(z < z_s)$:

$$\begin{pmatrix} u_{0in}(\kappa,\omega,z;M_0,z_s) \\ w_{0in}(\kappa,\omega,z;M_0,z_s) \\ v_{0in}(\kappa,\omega,z;M_0,z_s) \end{pmatrix} = M_0(\omega)\begin{pmatrix} \begin{pmatrix} i\kappa \\ -i\nu \\ 0 \end{pmatrix} R_{Pin} S_{Pmin}\mathrm{e}^{-i\nu(z-z_s)} + \\ \begin{pmatrix} i\gamma R_{SVin} \\ i\kappa R_{SVin} \\ iR_{SHin} \end{pmatrix} S_{Smin}\mathrm{e}^{-i\gamma(z-z_s)} \end{pmatrix}\mathrm{e}^{i(\kappa x'-\omega t)} \tag{a}$$

応力は、変位と応力の関係式より、

$$\begin{pmatrix} \tau^{in}_{szx'}(\kappa,\omega,z;M_0,z_s) \\ \tau^{in}_{szz}(\kappa,\omega,z;M_0,z_s) \\ \tau^{in}_{szy'}(\kappa,\omega,z;M_0,z_s) \end{pmatrix} = \mu M_0(\omega) \left(\begin{pmatrix} 2\kappa\nu \\ 2\kappa^2 - \left(\dfrac{\omega}{C_S}\right)^2 \\ 0 \end{pmatrix} R_{Pin} S_{Pmin} \mathrm{e}^{-i\nu(z-z_s)} + \begin{pmatrix} -\left(2\kappa^2 - \left(\dfrac{\omega}{C_S}\right)^2\right) R_{SVin} \\ 2\kappa\gamma R_{SVin} \\ \gamma R_{SHin} \end{pmatrix} S_{Smin} \mathrm{e}^{-i\gamma(z-z_s)} \right) \mathrm{e}^{i(\kappa x' - \omega t)} \tag{b}$$

下降波($z > z_s$)：

$$\begin{pmatrix} u_{0out}(\kappa,\omega,z;M_0,z_s) \\ w_{0out}(\kappa,\omega,z;M_0,z_s) \\ v_{0out}(\kappa,\omega,z;M_0,z_s) \end{pmatrix} = M_0(\omega) \left(\begin{pmatrix} i\kappa \\ i\nu \\ 0 \end{pmatrix} R_{Pout} S_{Pmout} \mathrm{e}^{i\nu(z-z_s)} + \begin{pmatrix} -i\gamma R_{SVout} \\ i\kappa R_{SVout} \\ iR_{SHout} \end{pmatrix} S_{Smout} \mathrm{e}^{i\gamma(z-z_s)} \right) \mathrm{e}^{i(\kappa x' - \omega t)} \tag{c}$$

また、応力は

$$\begin{pmatrix} \tau^{out}_{szx'}(\kappa,\omega,z;M_0,z_s) \\ \tau^{out}_{szz}(\kappa,\omega,z;M_0,z_s) \\ \tau^{out}_{szy'}(\kappa,\omega,z;M_0,z_s) \end{pmatrix} = \mu M_0(\omega) \left(\begin{pmatrix} -2\kappa\nu \\ 2\kappa^2 - \left(\dfrac{\omega}{C_S}\right)^2 \\ 0 \end{pmatrix} R_{Pout} S_{Pmout} \mathrm{e}^{i\nu(z-z_s)} + \begin{pmatrix} -\left(2\kappa^2 - \left(\dfrac{\omega}{C_S}\right)^2\right) R_{SVout} \\ -2\kappa\gamma R_{SVout} \\ -\gamma R_{SHout} \end{pmatrix} S_{Smout} \mathrm{e}^{i\gamma(z-z_s)} \right) \mathrm{e}^{i(\kappa x' - \omega t)} \tag{d}$$

(2) 3重離散フーリエ変換による地震動変位波形の検証

次式のように、無限弾性体中の矩形震源断層モデルによる振動数・波数領域の地震動変位の解 $\mathbf{u}(\kappa_x,\kappa_y,z,\omega)$（簡単化のため下添字 in, out と変数 M_0, z_s を省略）である式(2.2-64)の3重フーリエ変換（積分範囲は$-\infty$から∞）を使い、時空間領域の地震動変位を求めることができる。

$$\mathbf{u}(x,y,z,t)=\frac{1}{(2\pi)^3}\iiint \mathbf{u}(\kappa_x,\kappa_y,z,\omega)e^{i(\kappa_x x+\kappa_y y-\omega t)}d\kappa_x d\kappa_y d\omega \qquad (2.2\text{-}67)$$

しかしこの場合、3 重フーリエ変換を解析的に求めることはできないので離散フーリエ変換による数値計算から求めることになる。

以下の例題で離散フーリエ変換とその計算結果の検証として Madariaga (1978) の厳密解との比較を示す。

■ 例題 2.2-10

3 重離散フーリエ変換の定式化と数値計算法を整理せよ。

(1) 定式化

地震波動場を有限な空間領域 $L_x \times L_y$ と有限な時間領域 T の周期関数と仮定すると、次式の 3 重離散フーリエ変換で時空間領域の地震動変位が計算できる。

$$\mathbf{u}(j_x\triangle x, j_y\triangle y, z, k\triangle t)=\frac{1}{L_xL_yT}\sum_{m=0}^{N_\kappa-1}\sum_{n=0}^{N_\kappa-1}\sum_{l=0}^{N_\omega-1}\mathbf{u}(m\triangle\kappa_x, n\triangle\kappa_x, z, l\triangle\omega)e^{i\left(\frac{2\pi}{N_\kappa}j_x m+\frac{2\pi}{N_\kappa}j_y n-\frac{2\pi}{N_\omega}kl\right)}$$

この 3 重離散フーリエ変換は FFT(Fast Fourier Transform) により高速に計算できる。計算上の注意点は以下のようである。

振動数・波数スペクトル $\mathbf{u}(\kappa_x,\kappa_y,z,\omega)$ は、$-\infty$ から ∞ の振動数・波数領域で定義されるが、3 重離散フーリエ変換は振動数・波数が 0 から $(N_\omega-1)\triangle\omega$, $(N_\kappa-1)\triangle\kappa_x$, $(N_\kappa-1)\triangle\kappa_y$ の正の領域で定義される。したがって、以下の (2) のように領域変更して計算し、計算結果である $\mathbf{u}(j_x\triangle x, j_y\triangle y, z, \omega)$ の空間領域を再度負から正の領域に変更しなければならない。このことは時間関数の離散フーリエ変換と同じ手順である。

上式の離散化パラメターは次式で与えられる。

$$\triangle\omega=\frac{2\pi}{T}=\frac{2\omega_{\max}}{N_\omega},\quad \triangle\kappa_x=\frac{2\pi}{L_x}=\frac{2\kappa_{x\max}}{N_\kappa},\quad \triangle\kappa_y=\frac{2\pi}{L_y}=\frac{2\kappa_{y\max}}{N_\kappa}$$

ここに、$\omega_{\max}, \kappa_{x\max}, \kappa_{y\max}$ は振動数・波数スペクトル $\mathbf{u}(\kappa_x,\kappa_y,z,\omega)$ が十分に小さく、零と見なすことができる振動数・波数領域の最大値を意味する。すなわち、振動数では、$-\omega_{\max}\le\omega\le\omega_{\max}$、波数領域では、$-\kappa_{x\max}\le\kappa_x\le\kappa_{x\max}$, $-\kappa_{y\max}\le\kappa_y\le\kappa_{y\max}$ の領域の振動数・波数スペクトルが計算対象領域となる。また、N_ω, N_κ は対象領域の全振動数・波数領域 $\pm\omega_{\max}, \pm\kappa_{x\max}, \pm\kappa_{y\max}$ の分割数(離散化

数）を表す。

時空間領域の離散化パラメータは次式で与えられる。

$$\Delta t = \frac{2\pi}{2\omega_{\max}}, \quad \Delta x = \frac{2\pi}{2\kappa_{x\max}}, \quad \Delta y = \frac{2\pi}{2\kappa_{y\max}}$$

（2）数値計算

3 重離散フーリエ変換は FFT で高速計算できるが、並列化によりさらに高速にできる。並列化は簡単で、各計算機である振動数 ω における波数の 2 重離散フーリエ変換を行い $\mathbf{u}(j_x\Delta x, j_y\Delta y, z, \omega)$ を求め、振動数 ω の 1 重離散フーリエ変換から地震動変位を計算する。

波数に関する 2 重離散フーリエ変換は次式のようになる。

$$\mathbf{u}(j_x\Delta x, j_y\Delta y, z, \omega) = \frac{1}{L_x L_y}\sum_{m=0}^{N_\kappa-1}\sum_{n=0}^{N_\kappa-1}\mathbf{u}(m\Delta\kappa_x, n\Delta\kappa_x, z, \omega)e^{i\left(\frac{2\pi}{N_\kappa}j_x m+\frac{2\pi}{N_\kappa}j_y n\right)}$$

ここに $\mathbf{u}(m\Delta\kappa_x, n\Delta\kappa_x, z, \omega)$ は、以下のように領域を入れ替える（記号の簡単化のため、$\mathbf{u}(\kappa_x, \kappa_y, z, \omega)$ を同じ記号 $\mathbf{u}$ とし、以下の式は右辺の $\mathbf{u}(\kappa_x, \kappa_y, z, \omega)$ の値を左辺のフーリエスペクトルに代入することを意味する）。

(i) $0 \le m \le \frac{N_\kappa}{2} - 1, 0 \le n \le \frac{N_\kappa}{2} - 1$ 領域：

$$\mathbf{u}(m\Delta\kappa_x, n\Delta\kappa_x, z, \omega) = \mathbf{u}(m\Delta\kappa_x, n\Delta\kappa_x, z, \omega)$$

(ii) $\frac{N_\kappa}{2} \le m \le N_\kappa - 1, 0 \le n \le \frac{N_\kappa}{2} - 1$ 領域：

$$\mathbf{u}(m\Delta\kappa_x, n\Delta\kappa_x, z, \omega) = \mathbf{u}(-(N_\kappa - m)\Delta\kappa_x, n\Delta\kappa_x, z, \omega)$$

(iii) $0 \le m \le \frac{N_\kappa}{2} - 1, \frac{N_\kappa}{2} \le n \le N_\kappa - 1$ 領域：

$$\mathbf{u}(m\Delta\kappa_x, n\Delta\kappa_y, z, \omega) = \mathbf{u}(m\Delta\kappa_x, -(N_\kappa - n)\Delta\kappa_y, z, \omega)$$

(iv) $\frac{N_\kappa}{2} \le m \le N_\kappa - 1, \frac{N_\kappa}{2} \le n \le N_\kappa - 1$ 領域：

$$\mathbf{u}(m\Delta\kappa_x, n\Delta\kappa_y, z, \omega) = \mathbf{u}(-(N_\kappa - m)\Delta\kappa_x, -(N_\kappa - n)\Delta\kappa_y, z, \omega)$$

(v) $m = \frac{N_\kappa}{2}, n = \frac{N_\kappa}{2}$ ：

$$\mathbf{u}(m\Delta\kappa_x, n\Delta\kappa_y, z, \omega) = 0$$

■ 例題 2.2-11

離散フーリエ変換による計算結果と Madariaga(1978) の厳密解との比較（無限弾性体中の矩形断層モデルによる変位波形の比較）から振動数・波数領域の地震波動場式の検証をせよ。

2.2.5 項の無限弾性体の振動数・波数領域の動的グリーン関数は、そのフーリエ変換を解析的に求めることができ、従来の時空間領域の解析解との比較から本書の振動数・波数領域の動的グリーン関数を検証した。

この振動数・波数領域の動的グリーン関数を使って、2.2.7 項と 2.2.8 項では、運動学的断層モデルから放射される地震動の計算式を示した。この振動数・波数領域の地震動の計算式を検証するには解析的なフーリエ変換が困難なため、3 重離散フーリエ変換を使った数値計算で地震動波形を求め、時空間領域の Madariaga (1978) の厳密解と比較しておく必要がある。以下にその結果を示すが両者は一致している。

図 A はこの比較で用いた矩形断層と座標を示す。表 Aa と表 Ab には、数値計算で用いた離散化パラメターを示す。無限弾性体の物性値としては、P 波速度 $C_P = 6.15$ (km/s)、S 波速度 $C_S = 3.55$ (km/s)、密度 $\rho = 2800$ (kg/m^3)を用いた。

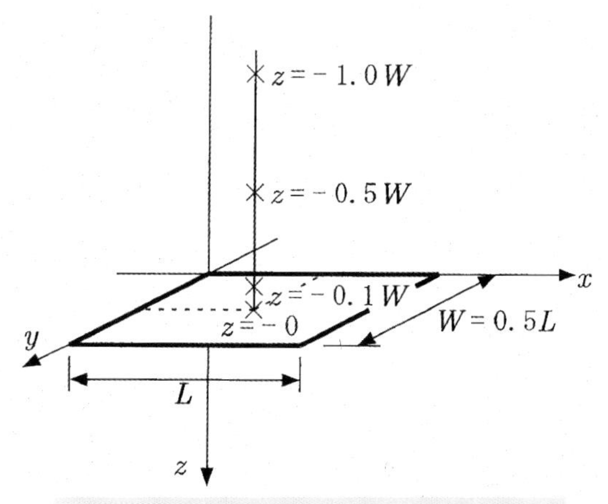

図 A　数値計算で用いた矩形断層と座標

表 Aa　厳密解との比較のために用いた断層パラメータ

地震モーメント　(Seismic Moment)	$M_0 = 2.0 \times 10^{20}$ (N.m) (2.0×10^{27} (dyne.cm))
立ち上がり時間　(Rise Time of Ramp Function)	$\tau = 0.2$ (s)
断層長　(Length of Fault)	$L = 52000$ (m)
断層幅　(Width of Fault)	$W = 0.5L$ (m)
破壊速度　(Velocity of Rupture)	$v_r = 0.9C_S$ (m/s)
断層上端深　(Depth of Upper Edge of Fault)	$z_s = 6000$ (m)
断層走向角　(Strike Angle)	$\phi = 0^\circ$
断層傾斜角　(Dip Angle)	$\delta = 0^\circ$
断層すべり角　(Slip Angle)	$\lambda = 0^\circ$
断層破壊タイプ　(Rupture Type)	Type 1

表 Ab　厳密解との比較のために用いた離散化パラメータ

最大振動数　(Cutoff Frequency)　$\omega_{\max}$(rad/s)	6.0
最大波数　(Cutoff x-Wave Number)　$\kappa_{x\max}$(rad/m)	$\pm 4.0\times 10^{-3}$
最大波数　(Cutoff y- Wave Number)　$\kappa_{y\max}$(rad/m)	$\pm 4.0\times 10^{-3}$
N_ω	512
N_κ	512
$\triangle t$(s)	0.524
$\triangle x$(m)	785・4
$\triangle y$(m)	785・4

Madariaga(1978) の厳密解は図 A の長方形断層が x 軸方向に一様破壊する場合(図 2.2-8 の Type 1 の断層破壊) で求められている。ここでは、断層面上中央点とその上側の $z=0$, $z=-0.1\,W$, $z=-1.0\,W$ の合計 3 地点の地震動変位波形を比較する。この場合、y 軸方向変位は零なので、x 軸と z 軸方向の変位波形を比較する。

図 B-1 ～図 B-3 に各地点毎の厳密解と数値計算結果の変位波形を示す。変位波形は断層永久変位 D で基準化し、時間軸は P 波速度×時間 / 断層幅で無次元化している。厳密解と数値計算結果の変位波形はほぼ一致しており、これは振動数・波数領域における地震動の定式化と高速 3 重フーリエ変換による数値計算の検証例である。

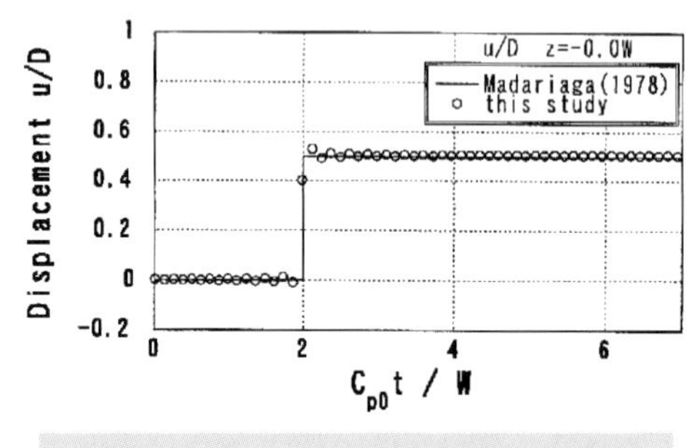

図 B-1a　$z=0$ での x 方向変位の比較

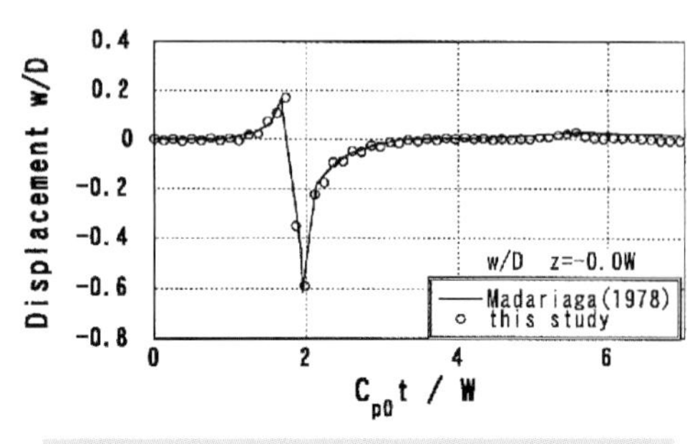

図 B-1b　$z=0$ での z 方向変位の比較

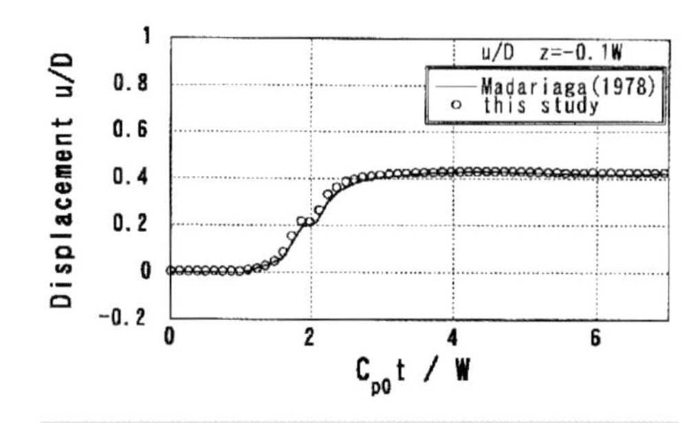

図 B-2a　$z=-0.1\,W$ の x 方向変位の比較

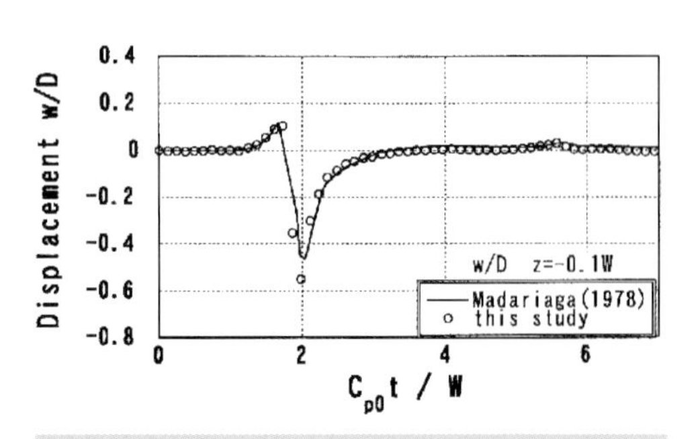

図 B-2b　$z=-0.1\,W$ の z 方向変位の比較

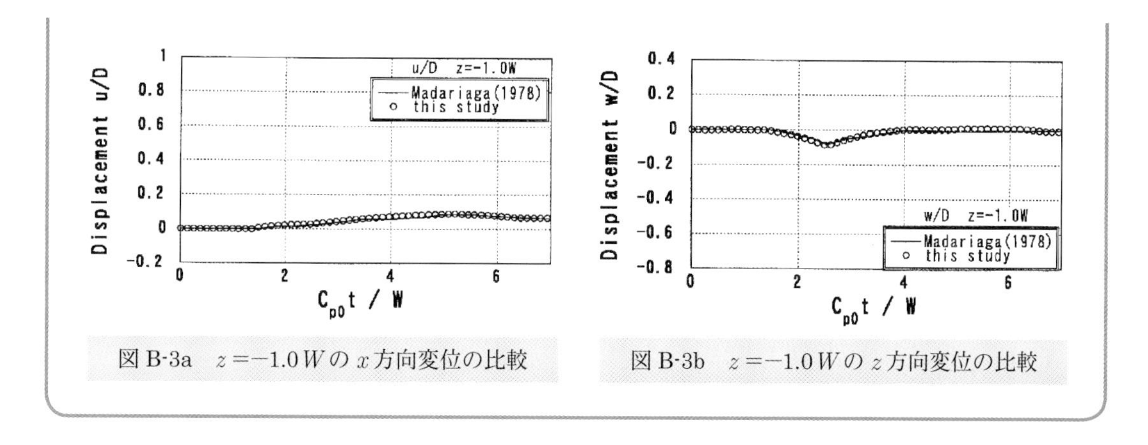

図 B-3a　$z=-1.0W$ の x 方向変位の比較　　図 B-3b　$z=-1.0W$ の z 方向変位の比較

2.3　2 次元無限弾性体のグリーン関数から 3 次元無限弾性体のグリーン関数を求める方法

2.2.3 項で求めた 3 次元波動方程式と 2 次元波動方程式の解の関係を用いると、2.2.4 項と 2.2.5 項で説明したような変位ポテンシャルの運動方程式の一般解の 8 つの未定係数を境界条件を満たすように決める古典的方法として知られている Lamb(1904) や Buchon(1979) の方法とは別に、2 次元無限弾性体のグリーン関数から 3 次元無限弾性体のグリーン関数を求める簡単な方法を導くことができる。この新しい方法を以下に説明する。この方法は 3 次元無限弾性体の他、古典的方法では難しくなる 3 次元半無限弾性体と 3 次元水平多層弾性体のグリーン関数を求めることに適用できるので、弾性波動の解析方法として優れた方法であろう。以下では、2 次元無限弾性体のグリーン関数(SH 波と P・SV 波)を求める方法を説明し、これらの 2 次元無限弾性体のグリーン関数から 3 次元無限弾性体のグリーン関数を求める。

図 2.3-1 は本方法の概説図を示すが、2 次元から 3 次元のグリーン関数を求める方法は新しいので、これまで知られている変位ポテンシャルを用いた振動数・波数領域の 3 次元無限弾性体のグリーン関数(式(2.2-43)と式(2.2-44))と同じものが得られることを示す。

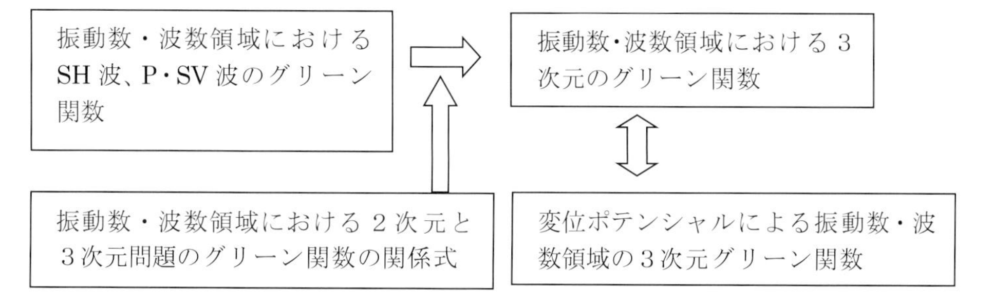

図 2.3-1　本節の方法の内容の概説図

2.3.1 無限弾性体の SH 波のグリーン関数

(1) SH 波の波動方程式

図 2.3-2 に示すように直交座標系 (x', y', z) を設定する。せん断剛性を μ、密度を ρ とすると、SH 波の波動方程式は次で与えられる(1 章 1.5.2 項参照)。

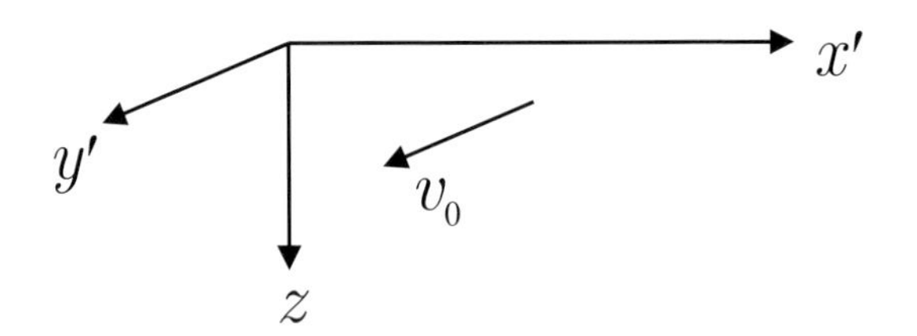

図 2.3-2 直交座標系 (x', y', z) と SH 波の変位成分 v_0

$$\mu\nabla^2 v_0 + \rho b_{y'} = \rho\ddot{v}_0, \quad \nabla^2 = \frac{\partial^2}{\partial x'^2} + \frac{\partial^2}{\partial z^2} \tag{2.3-1}$$

上式の $v_0(x', z, t)$ は y' 軸方向の変位を、$\rho b_{y'}$ は単位体積当りの体積力を表わす。

(2) SH 波のグリーン関数

グリーン関数は、単位体積当りに単位 (衝撃) 力が作用する時の応答変位なので、SH 波のグリーン関数は次式から求められる。

$$\begin{aligned}&\mu\nabla^2 g(x', z, t; x'_{so}, z_{so}) + \rho b_{y'} = \rho\ddot{g}(x', z, t; x'_{so}, z_{so})\\&\rho b_{y'} = \delta(x' - x'_{so})\delta(z - z_{so})\delta(t)\end{aligned} \tag{2.3-2}$$

ここに、(x'_{so}, z_{so}) は単位衝撃力の作用する座標点を表わす。このような荷重は図 2.3-2 に示すように y' 軸方向に一様に作用するので線荷重とも呼ばれる。

振動数・波数領域のグリーン関数は、補足 2.6 に示すように単位体積当りに作用する単位振幅の調和平面波が作用した時の変位応答として求められる。すなわち、式 (2.3-1) に次式を代入して求められる。

$$\begin{aligned}&\rho b_{y'} = 1 \cdot \mathrm{e}^{i[\kappa_{x'}(x'-x'_{so}) + \kappa_z(z-z_{so}) - \omega t]}\\&g = G_{y'y'}(\kappa_{x'}, \kappa_z, \omega)\mathrm{e}^{i[\kappa_{x'}(x'-x'_{so}) + \kappa_z(z-z_{so}) - \omega t]}\end{aligned} \tag{2.3-3a}$$

結局、次式が得られる。

$$G_{y'y'}(\kappa, \kappa_z, \omega) = \frac{1}{\mu(\kappa_z^2 - \gamma^2)}, \quad \gamma = \sqrt{\left(\frac{\omega}{C_S}\right)^2 - \kappa^2}, \quad \mathrm{Im}(\gamma) \geq 0 \tag{2.3-3b}$$

ここに、x' 軸方向の波数 $\kappa_{x'}$ を κ と表現した。上式で γ の虚数部が正という条件は放射条件を満たすためである。

ここで、次式のように波数に関する 2 つのフーリエ積分を考察する。

$$g_{y'y'}(x',z,\omega;x'_{so},z_{so}) = \frac{1}{(2\pi)^2}\iint G_{y'y'}(\kappa,\kappa_z,\omega)\mathrm{e}^{i[\kappa(x'-x'_{so})+\kappa_z(z-z_{so})]}d\kappa d\kappa_z \quad (2.3\text{-}4a)$$

$$G_{y'y'}(\kappa,\omega,z;z_{so}) = \frac{1}{2\pi}\int G_{y'y'}(\kappa,\kappa_z,\omega)\mathrm{e}^{i\kappa_z(z-z_{so})}d\kappa_z \quad (2.3\text{-}4b)$$

式(2.3-3b)を式(2.3-4)に代入して κ_z で積分すると次式が得られる。

$$g_{y'y'}(x',z,\omega;x'_{so},z_{so}) = \frac{i\pi}{(2\pi)^2\mu}\int\frac{1}{\gamma}\mathrm{e}^{i[\kappa(x'-x'_{so})+\gamma|z-z_{so}|]}d\kappa \quad (2.3\text{-}5a)$$

$$G_{y'y'}(\kappa,\omega,z;z_{so}) = \frac{i}{2\mu\left(\dfrac{\omega}{C_S}\right)^2}\left(\frac{\omega}{C_S}\right)^2\frac{1}{\gamma}\mathrm{e}^{i\gamma|z-z_{so}|} \quad (2.3\text{-}5b)$$

この式が求めるべき SH 波のグリーン関数である。上式を導くに当り、次の関係式を用いた(DeSanto,1992)。

$$\int\frac{1}{(\kappa_z^2-\gamma^2)}\,\mathrm{e}^{i\kappa_z(z-z_{so})}d\kappa_z = \frac{i\pi}{\gamma}\mathrm{e}^{i\gamma|z-z_{so}|} \quad (2.3\text{-}6)$$

ここに、$\mathrm{e}^{i\gamma|z-z_{so}|}$ の定義は式(2.2-42)と同じである。

以下に円筒波を表すハンケル関数を使った定式化を示すが、ハンケル関数に興味のない読者は飛ばしてよい。式 (2.3-5) の積分は次式のような第 1 種 0 次のハンケル関数として表わすことができる。

$$H_0^{(1)}\left(\frac{\omega r}{C_S}\right) = \frac{1}{\pi}\int\frac{1}{\gamma}\,\mathrm{e}^{i[\kappa(x'-x'_{so})+\gamma|z-z_{so}|]}d\kappa \quad (2.3\text{-}7)$$

ここに、

$$r = \sqrt{(x'-x'_{so})^2+(z-z_{so})^2} \quad (2.3\text{-}8)$$

したがって、次式が得られる。

$$g_{y'y'}(x',z,\omega;x'_{so},z_{so}) = \frac{i}{4\mu}H_0^{(1)}\left(\frac{\omega r}{C_S}\right) = -\frac{i}{4\mu}H_0^{(2)}\left(-\frac{\omega r}{C_S}\right) \quad (2.3\text{-}9)$$

式 (2.3-5) は調和平面波の足し合わせでグリーン関数を表現した式であるが、式 (2.3-9) はグリーン関数を調和円筒波で記述している。このことは、調和円筒波が調和平面波の重ね合わせで表せる(式(2.3-7))というホイゲンスの原理の数学的表現に相当する。

式(2.3-9)の右辺の第 2 種 0 次ハンケル関数の式では、次のハンケル関数の公式を用いた。

$$H_\nu^{(1)}(\mathrm{e}^{im\pi}z) = -\frac{\sin(m-1)\nu}{\sin\nu\pi}H_\nu^{(1)}(z) - \mathrm{e}^{-i\nu\pi}\frac{\sin m\nu\pi}{\sin\nu\pi}H_\nu^{(2)}(z)$$
(2.3-10)

$$H_0^{(1)}(-z = \mathrm{e}^{i\pi}z) = -H_0^{(2)}(z), \quad (m = 1, \nu = 0)$$

また、ハンケル関数は変数が大きい場合には次式のように近似できるので、式 (2.3-9) は単位荷重点から外向きに進む円筒波を表している。

$$H_0^{(1)}\left(\frac{\omega r}{C_S}\right) \sim \sqrt{\frac{2C_S}{\pi\omega r}}\mathrm{e}^{i\left(\frac{\omega r}{C_S}-\frac{\pi}{4}\right)}, \quad H_0^{(2)}\left(\frac{\omega r}{C_S}\right) \sim \sqrt{\frac{2C_S}{\pi\omega r}}\mathrm{e}^{-i\left(\frac{\omega r}{C_S}-\frac{\pi}{4}\right)} \tag{2.3-11}$$

上式の遠方近似式を用いると、式 (2.3-9) のハンケル関数による 2 つの表現式は次のように同じ近似式となることを確かめることができる。

$$\begin{aligned} g_{y'y'}(x', z, \omega; x'_{so}, z_{so}) &= \frac{i}{4\mu}H_0^{(1)}\left(\frac{\omega r}{C_S}\right) \sim \frac{1}{4\mu}\sqrt{\frac{2C_S}{\pi\omega r}}\mathrm{e}^{i\left(\frac{\omega r}{C_S}+\frac{\pi}{4}\right)} \\ g_{y'y'}(x', z, \omega; x'_{so}, z_{so}) &= -\frac{i}{4\mu}H_0^{(2)}\left(-\frac{\omega r}{C_S}\right) \sim \frac{1}{4\mu}\sqrt{\frac{2C_S}{\pi\omega r}}\mathrm{e}^{i\left(\frac{\omega r}{C_S}+\frac{\pi}{4}\right)} \end{aligned} \tag{2.3-12}$$

2.3.2　無限弾性体における P・SV 波のグリーン関数

(1) P・SV 波の波動方程式

図 2.3-3 のように直交座標系を設定する。ラーメの定数を λ, μ（μ はせん断剛性）、密度を ρ とすると、P・SV 波の波動方程式は次のように与えられる（1 章 1.5.2 参照）。

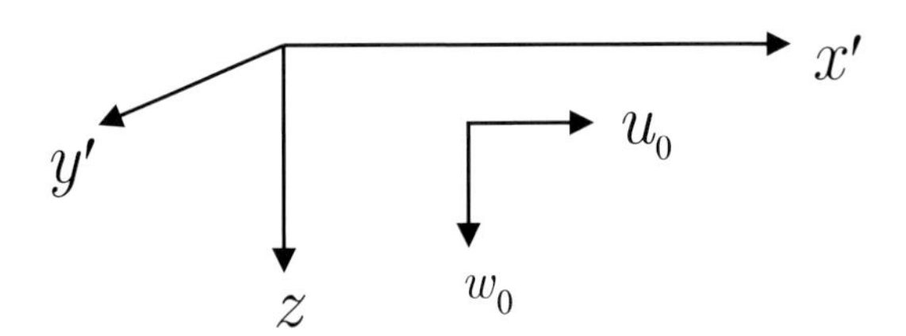

図 2.3-3　直交座標系 (x', y', z) と P・SV 波の変位成分 u_0, w_0

$$\begin{aligned} (\lambda + 2\mu)\frac{\partial^2 u_0}{\partial x'^2} + \mu\frac{\partial^2 u_0}{\partial z^2} + (\lambda + \mu)\frac{\partial^2 w_0}{\partial x'\partial z} + \rho b_{x'} &= \rho\ddot{u}_0 \\ (\lambda + 2\mu)\frac{\partial^2 w_0}{\partial z^2} + \mu\frac{\partial^2 w_0}{\partial x'^2} + (\lambda + \mu)\frac{\partial^2 u_0}{\partial x'\partial z} + \rho b_z &= \rho\ddot{w}_0 \end{aligned} \tag{2.3-13}$$

上式の $u_0(x', z, t)$ と $w_0(x', z, t)$ は、それぞれ x' と z 軸方向の変位を表わす。$\rho b_{x'}$ と ρb_z は、

それぞれ x' と z 軸方向の単位体積当りの体積力を表わす。

(2) P・SV 波のグリーン関数

SH 波のグリーン関数と同様に、P・SV 波のグリーン関数のうち、$g_{x'x'}(x', z, t; x'_{so}, z_{so})$ と $g_{zx'}(x', z, t; x'_{so}, z_{so})$ は式(2.3-13)の体積力を次式のようにおいて求められる。

$$\begin{aligned} \rho b_{x'} &= \delta(x' - x'_{so})\delta(z - z_{so})\delta(t) \\ \rho b_z &= 0 \end{aligned} \tag{2.3-14}$$

また、$g_{x'z}(x', z, t; x'_{so}, z_{so})$ と $g_{zz}(x', z, t; x'_{so}, z_{so})$ は、式（2.3-13）の体積力を次式のようにおいて求められる。

$$\begin{aligned} \rho b_{x'} &= 0 \\ \rho b_z &= \delta(x' - x'_{so})\delta(z - z_{so})\delta(t) \end{aligned} \tag{2.3-15}$$

ここに、(x'_{so}, z_{so}) は単位衝撃力の作用する座標点を表わす。また、$g_{kl}(x', z, t; x'_{so}, z_{so})$ は点 (x'_{so}, z_{so}) に作用する l 方向荷重による点 (x', z) の k 方向変位を表わす。

振動数・波数領域の x' 軸方向荷重によるグリーン関数は、単位体積当りに作用する単位振幅の調和平面波が作用した時の変位なので、式(2.3-13)に次式を代入して求められる。

$$\begin{aligned} \rho b_{x'} &= 1 \cdot \mathrm{e}^{i[\kappa_{x'}(x' - x'_{so}) + \kappa_z(z - z_{so}) - \omega t]} \\ \rho b_z &= 0 \\ u_0 &= G_{x'x'}(\kappa_{x'}, \kappa_z, \omega)\mathrm{e}^{i[\kappa_{x'}(x' - x'_{so}) + \kappa_z(z - z_{so}) - \omega t]} \\ w_0 &= G_{zx'}(\kappa_{x'}, \kappa_z, \omega)\mathrm{e}^{i[\kappa_{x'}(x' - x'_{so}) + \kappa_z(z - z_{so}) - \omega t]} \end{aligned} \tag{2.3-16}$$

その結果、次式が得られる。

$$\rho C_S^2 \begin{pmatrix} \left(\dfrac{\omega}{C_S}\right)^2 - \left(\dfrac{C_P}{C_S}\right)^2 \kappa^2 - \kappa_z^2 & \left(1 - \left(\dfrac{C_P}{C_S}\right)^2\right)\kappa\kappa_z \\ \left(1 - \left(\dfrac{C_P}{C_S}\right)^2\right)\kappa\kappa_z & \left(\dfrac{\omega}{C_S}\right)^2 - \kappa^2 - \left(\dfrac{C_P}{C_S}\right)^2 \kappa_z^2 \end{pmatrix} \begin{pmatrix} G_{x'x'} \\ G_{zx'} \end{pmatrix} = \begin{pmatrix} -1 \\ 0 \end{pmatrix} \tag{2.3-17}$$

同様に振動数・波数領域の z 軸方向荷重のグリーン関数は、次式を代入して求められる。

$$\begin{aligned} \rho b_{x'} &= 0 \\ \rho b_z &= 1 \cdot \mathrm{e}^{i[\kappa_{x'}(x' - x'_{so}) + \kappa_z(z - z_{so}) - \omega t]} \\ u_0 &= G_{x'z}(\kappa_{x'}, \kappa_z, \omega)\mathrm{e}^{i[\kappa_{x'}(x' - x'_{so}) + \kappa_z(z - z_{so}) - \omega t]} \\ w_0 &= G_{zz}(\kappa_{x'}, \kappa_z, \omega)\mathrm{e}^{i[\kappa_{x'}(x' - x'_{so}) + \kappa_z(z - z_{so}) - \omega t]} \end{aligned} \tag{2.3-18}$$

その結果、次式が得られる。

$$\rho C_S^2 \begin{pmatrix} \left(\dfrac{\omega}{C_S}\right)^2 - \left(\dfrac{C_P}{C_S}\right)^2 \kappa^2 - \kappa_z^2 & \left(1 - \left(\dfrac{C_P}{C_S}\right)^2\right)\kappa\kappa_z \\ \left(1 - \left(\dfrac{C_P}{C_S}\right)^2\right)\kappa\kappa_z & \left(\dfrac{\omega}{C_S}\right)^2 - \kappa^2 - \left(\dfrac{C_P}{C_S}\right)^2 \kappa_z^2 \end{pmatrix} \begin{pmatrix} G_{x'z} \\ G_{zz} \end{pmatrix} = \begin{pmatrix} 0 \\ -1 \end{pmatrix} \quad (2.3\text{-}19)$$

式(2.3-17)と式(2.3-19)の2つの連立1次方程式を解いて整理すると、振動数・波数領域のグリーン関数は次式のように求められる。

$$\begin{aligned} G_{x'x'}(\kappa,\kappa_z,\omega) &= \frac{1}{\mu\left(\dfrac{\omega}{C_S}\right)^2}\left(\frac{\kappa^2}{\kappa_z^2-\nu^2}+\frac{\gamma^2}{\kappa_z^2-\gamma^2}\right) \\ G_{zx'}(\kappa,\kappa_z,\omega) &= \frac{1}{\mu\left(\dfrac{\omega}{C_S}\right)^2}\left(\frac{\kappa\kappa_z}{\kappa_z^2-\nu^2}-\frac{\kappa\kappa_z}{\kappa_z^2-\gamma^2}\right) \\ G_{zz}(\kappa,\kappa_z,\omega) &= \frac{1}{\mu\left(\dfrac{\omega}{C_S}\right)^2}\left(\frac{\nu^2}{\kappa_z^2-\nu^2}+\frac{\kappa^2}{\kappa_z^2-\gamma^2}\right) \\ G_{x'z}(\kappa,\kappa_z,\omega) &= G_{zx'}(\kappa,\kappa_z,\omega), \quad \nu = \sqrt{\left(\frac{\omega}{C_P}\right)^2-\kappa^2}, \quad \mathrm{Im}(\nu) \geq 0 \end{aligned} \quad (2.3\text{-}20)$$

ここで、次のような z 軸方向の波数のフーリエ変換を考える。

$$G_{kl}(\kappa,\omega,z;z_{so}) = \frac{1}{2\pi}\int G_{kl}(\kappa,\kappa_z,\omega)\mathrm{e}^{i\kappa_z(z-z_{so})}d\kappa_z \quad (2.3\text{-}21)$$

式(2.3-6)と式(2.3-20)を用いて式(2.3-21)のフーリエ変換を行なうと次式が得られる。

$$\begin{aligned} G_{x'x'}(\kappa,\omega,z;z_{so}) &= \frac{i}{2\mu\left(\dfrac{\omega}{C_S}\right)^2}\left(\frac{\kappa^2}{\nu}\mathrm{e}^{i\nu|z-z_{so}|}+\gamma\mathrm{e}^{i\gamma|z-z_{so}|}\right) \\ G_{zx'}(\kappa,\omega,z;z_{so}) &= \frac{i\,\mathrm{sgn}(z-z_{so})}{2\mu\left(\dfrac{\omega}{C_S}\right)^2}\left(\kappa\mathrm{e}^{i\nu|z-z_{so}|}-\kappa\mathrm{e}^{i\gamma|z-z_{so}|}\right) \\ G_{zz}(\kappa,\omega,z;z_{so}) &= \frac{i}{2\mu\left(\dfrac{\omega}{C_S}\right)^2}\left(\nu\mathrm{e}^{i\nu|z-z_{so}|}+\frac{\kappa^2}{\gamma}\mathrm{e}^{i\gamma|z-z_{so}|}\right) \\ G_{x'z}(\kappa,\omega,z;z_{so}) &= G_{zx'}(\kappa,\omega,z;z_{so}) \end{aligned} \quad (2.3\text{-}22)$$

上式が求めるべき振動数・波数領域における無限弾性体の P・SV 波のグリーン関数の具体式である。空間・時間領域のグリーン関数は次式から求められる。

$$g_{kl}(x', z, t; x'_{so}, z_{so}) = \frac{1}{(2\pi)^2} \iint G_{kl}(\kappa, \omega, z; z_{so}) \mathrm{e}^{i[\kappa(x'-x'_{so})-\omega t]} d\kappa d\omega \tag{2.3-23}$$

(3) P・SV 波のグリーン関数の別表現

次式の第 1 種 0 次ハンケル関数を用いて P・SV 波のグリーン関数の別表現を求める。

$$H_0^{(1)}\left(\frac{\omega r}{C}\right) = \frac{1}{\pi}\int \frac{1}{\kappa_z}\, \mathrm{e}^{i[\kappa(x'-x'_{so})+\kappa_z|z-z_{so}|]} d\kappa, \quad \begin{cases} \kappa_z = \gamma & \text{for } C = C_S \\ \kappa_z = \nu & \text{for } C = C_P \end{cases} \tag{2.3-24}$$

上式の x', z に関する 2 階微分を計算すると次式が得られる。

$$\begin{aligned} &\int \frac{\kappa^2}{\kappa_z}\, \mathrm{e}^{i[\kappa(x'-x'_{so})+\kappa_z|z-z_{so}|]} d\kappa = -\pi \frac{\partial^2}{\partial x'^2} H_0^{(1)}\left(\frac{\omega r}{C}\right) \\ &\int \kappa_z \mathrm{e}^{i[\kappa(x'-x'_{so})+\kappa_z|z-z_{so}|]} d\kappa = -\pi \frac{\partial^2}{\partial z^2} H_0^{(1)}\left(\frac{\omega r}{C}\right) \\ &\int \kappa\ \mathrm{e}^{i[\kappa(x'-x'_{so})+\kappa_z|z-z_{so}|]} d\kappa = -\pi\, \mathrm{sgn}(z - z_{so}) \frac{\partial^2}{\partial x' \partial z} H_0^{(1)}\left(\frac{\omega r}{C}\right) \end{aligned} \tag{2.3-25}$$

また、ハンケル関数の微分は次式のようになる。

$$\begin{aligned} \frac{\partial^2}{\partial x'^2} H_0^{(1)}\left(\frac{\omega r}{C_P}\right) &= \left(\frac{\omega}{C_P}\right)^2 H_2^{(1)}\left(\frac{\omega r}{C_P}\right)\left(\frac{\partial r}{\partial x'}\right)^2 - \frac{\omega}{C_P r} H_1^{(1)}\left(\frac{\omega r}{C_P}\right) \\ \frac{\partial^2}{\partial z^2} H_0^{(1)}\left(\frac{\omega r}{C_S}\right) &= \left(\frac{\omega}{C_S}\right)^2 H_2^{(1)}\left(\frac{\omega r}{C_S}\right)\left(\frac{\partial r}{\partial z}\right)^2 - \frac{\omega}{C_S r} H_1^{(1)}\left(\frac{\omega r}{C_S}\right) \end{aligned} \tag{2.3-26}$$

さらに、次式を使う。

$$\left(\frac{\partial r}{\partial x'}\right)^2 + \left(\frac{\partial r}{\partial z}\right)^2 = 1, \quad H_2^{(1)}(z) = \frac{2}{z} H_1^{(1)}(z) - H_0^{(1)}(z) \tag{2.3-27}$$

上式を考慮すると、式(2.3-26)の z の 2 階微分は次式のように書き換えられる。

$$\frac{\partial^2}{\partial z^2} H_0^{(1)}\left(\frac{\omega r}{C_S}\right) = -\left(\frac{\omega}{C_S}\right)^2 \left(H_2^{(1)}\left(\frac{\omega r}{C_S}\right)\left(\frac{\partial r}{\partial x'}\right)^2 + H_0^{(1)}\left(\frac{\omega r}{C_S}\right)\right) + \frac{\omega}{C_S r} H_1^{(1)}\left(\frac{\omega r}{C_S}\right) \tag{2.3-28}$$

ここで、振動数領域のグリーン関数を次式で定義し上式を用いてその波数積分を行なう。

$$g_{kl}(x', z, \omega; x'_{so}, z_{so}) = \frac{1}{2\pi} \int G_{kl}(\kappa, \omega, z; z_{so}) \mathrm{e}^{i[\kappa(x'-x'_{so})-\omega t]} d\kappa \tag{2.3-29}$$

その結果、上式の振動数領域のグリーン関数は次式のように求められる。

$$g_{kl}(x', z, \omega; x'_{so}, z_{so}) = \frac{i}{4\mu}\left(\psi\delta_{kl} - \chi\frac{\partial r}{\partial x_k}\frac{\partial r}{\partial x_l}\right) \tag{2.3-30}$$

ここに、δ_{kl} はクロネッカのデルタ関数を表わす。また、

$$\psi = H_0^{(1)}\left(\frac{\omega r}{C_S}\right) - \frac{1}{\left(\frac{\omega r}{C_S}\right)}\left(H_1^{(1)}\left(\frac{\omega r}{C_S}\right) - \frac{C_S}{C_P}H_1^{(1)}\left(\frac{\omega r}{C_P}\right)\right)$$

$$\chi = -\left(H_2^{(1)}\left(\frac{\omega r}{C_S}\right) - \left(\frac{C_S}{C_P}\right)^2 H_2^{(1)}\left(\frac{\omega r}{C_P}\right)\right) \tag{2.3-31}$$

また、次式の第 2 種変形ベッセル関数と第 1 種ハンケル関数の関係を用いると上式は次のようにも表される。

$$K_n(z) = \frac{\pi}{2} i^{(n+1)} H_n^{(1)}(iz)$$

$$\psi = -\frac{2i}{\pi}\left[K_0\left(-i\frac{\omega r}{C_S}\right) - \frac{1}{\left(i\frac{\omega r}{C_S}\right)}\left(K_1\left(-i\frac{\omega r}{C_S}\right) - \frac{C_S}{C_P}K_1\left(-i\frac{\omega r}{C_P}\right)\right)\right] \tag{2.3-32}$$

$$\chi = \frac{2i}{\pi}\left[K_2\left(-i\frac{\omega r}{C_S}\right) - \left(\frac{C_S}{C_P}\right)^2 K_2\left(-i\frac{\omega r}{C_P}\right)\right]$$

2.3.3　3 次元無限弾性体のグリーン関数

(1) 基礎式

図 2.3-4 のように直交座標系を設定する。2.2.3 項の 3 次元波動場は 2 次元問題の P・SV 波と SH 波の波動場から式(2.2-24)で求められる。以下にその内容を説明する。

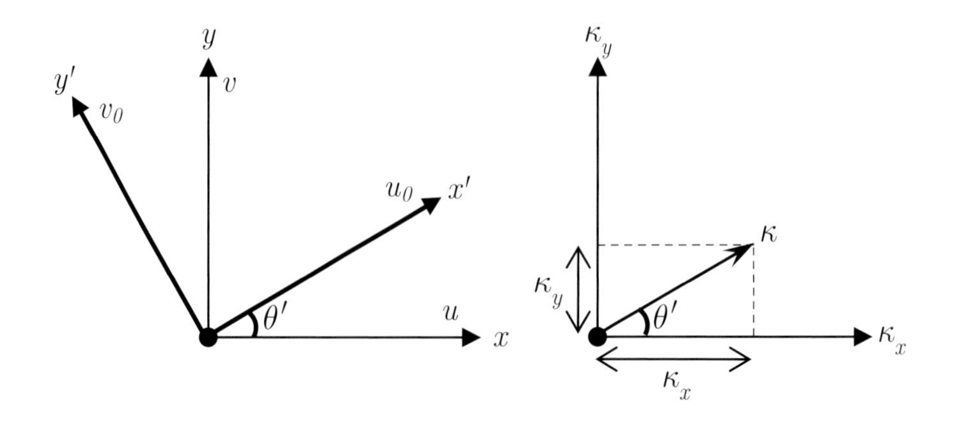

図 2.3-4　直交座標軸 (x, y, z) とその回転座標軸 (x', y', z) と波数の関係

P・SV 波と SH 波の無限弾性体のグリーン関数を簡単のため次式のように表現する。

$$
\begin{aligned}
&G_{x'x'}(z;z_{so}) \equiv G_{x'x'}(\kappa,\omega,z;z_{so}) \\
&G_{zx'}(z;z_{so}) \equiv G_{zx'}(\kappa,\omega,z;z_{so}) \\
&G_{y'y'}(z;z_{so}) \equiv G_{y'y'}(\kappa,\omega,z;z_{so})
\end{aligned}
\tag{2.3-33}
$$

深さ z における新座標軸 (x',y',z) 方向の変位は次式のように深さ z_{so} に作用する荷重に P・SV 波と SH 波の無限弾性体のグリーン関数をかけて求めることができる。

$$
\begin{pmatrix} u_0(z) \\ v_0(z) \\ w_0(z) \end{pmatrix} = \begin{pmatrix} G_{x'x'}(z;z_{so}) & 0 & G_{x'z}(z;z_{so}) \\ 0 & G_{y'y'}(z;z_{so}) & 0 \\ G_{zx'}(z;z_{so}) & 0 & G_{zz}(z;z_{so}) \end{pmatrix} \begin{pmatrix} q_{x'}(z_{so}) \\ q_{y'}(z_{so}) \\ q_z(z_{so}) \end{pmatrix} \tag{2.3-34}
$$

ここで、図 2.3-4 の直交座標系 (x,y,z) での荷重 (q_x,q_y,q_z) と新座標系 (x',y',z) の荷重 $(q_{x'},q_{y'},q_z)$ との関係式を導入する。

$$
\begin{pmatrix} q_{x'} \\ q_{y'} \\ q_z \end{pmatrix} = \begin{pmatrix} \cos\theta' & \sin\theta' & 0 \\ -\sin\theta' & \cos\theta' & 0 \\ 0 & 0 & 1 \end{pmatrix} \begin{pmatrix} q_x \\ q_y \\ q_z \end{pmatrix}, \quad \begin{pmatrix} q_x \\ q_y \\ q_z \end{pmatrix} = \begin{pmatrix} \cos\theta' & -\sin\theta' & 0 \\ \sin\theta' & \cos\theta' & 0 \\ 0 & 0 & 1 \end{pmatrix} \begin{pmatrix} q_{x'} \\ q_{y'} \\ q_z \end{pmatrix} \tag{2.3-35}
$$

式(2.2-24)に式(2.4-34)と式(2.4-35)を代入し整理すると、直交座標系 (x,y,z) での変位と荷重 (q_x,q_y,q_z) の関係が次式のように求められる。

$$
\begin{pmatrix} u(\kappa_x,\kappa_y,\omega,z) \\ v(\kappa_x,\kappa_y,\omega,z) \\ w(\kappa_x,\kappa_y,\omega,z) \end{pmatrix} = \begin{pmatrix} G_{xx}(z;z_{so}) & G_{xy}(z;z_{so}) & G_{xz}(z;z_{so}) \\ G_{yx}(z;z_{so}) & G_{yy}(z;z_{so}) & G_{yz}(z;z_{so}) \\ G_{zx}(z;z_{so}) & G_{zy}(z;z_{so}) & G_{zz}(z;z_{so}) \end{pmatrix} \begin{pmatrix} q_x(z_{so}) \\ q_y(z_{so}) \\ q_z(z_{so}) \end{pmatrix} \tag{2.3-36}
$$

ここに、$G_{kl}(z;z_{so}) \equiv G_{kl}(\kappa_x,\kappa_y,\omega,z;z_{so})$ は l 軸方向の単位荷重による k 軸方向の変位(グリーン関数)を表し次式のようになる。

x 軸方向荷重によるグリーン関数 G_{xx},G_{yx},G_{zx} :

$$
\begin{pmatrix} G_{xx}(\kappa_x,\kappa_y,\omega,z;z_{so}) \\ G_{yx}(\kappa_x,\kappa_y,\omega,z;z_{so}) \\ G_{zx}(\kappa_x,\kappa_y,\omega,z;z_{so}) \end{pmatrix} = \frac{1}{\kappa^2} \begin{pmatrix} \kappa_x^2 & \kappa_y^2 & 0 \\ \kappa_x\kappa_y & -\kappa_x\kappa_y & 0 \\ 0 & 0 & \kappa^2 \end{pmatrix} \begin{pmatrix} G_{x'x'}(\kappa,\omega,z;z_{so}) \\ G_{y'y'}(\kappa,\omega,z;z_{so}) \\ G_{zx'}(\kappa,\omega,z;z_{so}) \end{pmatrix} \tag{2.3-37}
$$

y 軸方向荷重によるグリーン関数 G_{xy}, G_{yy}, G_{zy} ：

$$\begin{pmatrix} G_{xy}(\kappa_x,\kappa_y,\omega,z;z_{so}) \\ G_{yy}(\kappa_x,\kappa_y,\omega,z;z_{so}) \\ G_{zy}(\kappa_x,\kappa_y,\omega,z;z_{so}) \end{pmatrix} = \frac{1}{\kappa^2}\begin{pmatrix} \kappa_x\kappa_y & -\kappa_x\kappa_y & 0 \\ \kappa_y^2 & \kappa_x^2 & 0 \\ 0 & 0 & \kappa\kappa_y \end{pmatrix}\begin{pmatrix} G_{x'x'}(\kappa,\omega,z;z_{so}) \\ G_{y'y'}(\kappa,\omega,z;z_{so}) \\ G_{zx'}(\kappa,\omega,z;z_{so}) \end{pmatrix} \tag{2.3-38}$$

z 軸方向荷重によるグリーン関数 G_{xz}, G_{yz}, G_{zz} ：

$$\begin{pmatrix} G_{xz}(\kappa_x,\kappa_y,\omega,z;z_{so}) \\ G_{yz}(\kappa_x,\kappa_y,\omega,z;z_{so}) \\ G_{zz}(\kappa_x,\kappa_y,\omega,z;z_{so}) \end{pmatrix} = \frac{1}{\kappa}\begin{pmatrix} \kappa_x & \kappa_y & 0 \\ \kappa_y & \kappa_x & 0 \\ 0 & 0 & \kappa \end{pmatrix}\begin{pmatrix} G_{x'z}(\kappa,\omega,z;z_{so}) \\ 0 \\ G_{zz}(\kappa,\omega,z;z_{so}) \end{pmatrix} \tag{2.3-39}$$

上式の 3 つの式で重要な点は、3 次元問題の振動数・波数領域のグリーン関数が 2 次元問題の SH 波と P・SV 波問題から求められる 5 つの振動数・波数領域のグリーン関数から求められることである。SH 波と P・SV 波問題から求められる 5 つの振動数・波数領域のグリーン関数は、振幅が 1 である線調和波 $\mathrm{e}^{i[\kappa(x'-x'_{so})-\omega t]}$ （x' 軸に依存する調和振動であるため線調和波と呼び、これに対して $\mathrm{e}^{i[\kappa_x(x-x_{so})+\kappa_y(y-y_{so})-\omega t]}$ は x, y 軸に依存する調和振動であるため調和平面波と呼ぶ）の荷重に対する応答変位である。

上式による新しい方法から求めた 3 次元問題のグリーン関数は、次の (5) で示すように古典的方法として知られている変位ポテンシャルを用いた振動数・波数領域の 3 次元無限弾性体のグリーン関数（2.2.5 項）と同じになる。

(2) x 軸方向荷重によるグリーン関数 G_{xx}, G_{yx}, G_{zx}

この場合、x 軸方向のみに単位振幅の調和平面波を作用させることになるため、次式のように荷重が与えられる。

$$\begin{aligned} q_x &= \mathrm{e}^{i[\kappa_x(x-x_{so})+\kappa_y(y-y_{so})-\omega t]} \\ q_y &= q_z = 0 \end{aligned} \tag{2.3-40}$$

上式を式 (2.3-36) に代入し式 (2.3-37) が得られる。式 (2.3-37) に 2.3.1 項と 2.3.2 項で求めた SH 波と P・SV 波の無限地盤のグリーン関数 $G_{x'x'}(\kappa,\omega), G_{zx'}(\kappa,\omega), G_{y'y'}(\kappa,\omega)$ を代入すると次式が得られる。

$$G_{xx}(\kappa_x,\kappa_y,\omega,z;z_{so})=\frac{i}{2\mu\left(\dfrac{\omega}{C_S}\right)^2}\left(\frac{\kappa_x^2}{\nu}e^{i\nu|z-z_{so}|}+\frac{\kappa_y^2+\gamma^2}{\gamma}e^{i\gamma|z-z_{so}|}\right)$$

$$G_{yx}(\kappa_x,\kappa_y,\omega,z;z_{so})=\frac{i}{2\mu\left(\dfrac{\omega}{C_S}\right)^2}\left(\frac{\kappa_x\kappa_y}{\nu}e^{i\nu|z-z_{so}|}-\frac{\kappa_x\kappa_y}{\gamma}e^{i\gamma|z-z_{so}|}\right) \quad (2.3\text{-}41)$$

$$G_{zx}(\kappa_x,\kappa_y,\omega,z;z_{so})=\frac{i\ \mathrm{sgn}(z-z_{so})}{2\mu\left(\dfrac{\omega}{C_S}\right)^2}\left(\kappa_x e^{i\nu|z-z_{so}|}-\kappa_x e^{i\gamma|z-z_{so}|}\right)$$

(3) y 軸方向荷重によるグリーン関数 G_{xy},G_{yy},G_{zy}

この場合は、次式の単位振幅の調和平面波を作用させることになる。

$$\begin{aligned}q_y&=e^{i[\kappa_x(x-x_{so})+\kappa_y(y-y_{so})-\omega t]}\\ q_x&=q_z=0\end{aligned} \quad (2.3\text{-}42)$$

上式を式（2.3-36）に代入し式（2.3-38）が得られ、これに 2.3.1 項と 2.3.2 項の SH 波と P・SV 波のグリーン関数 $G_{x'x'}(\kappa,\omega),G_{zx'}(\kappa,\omega),G_{y'y'}(\kappa,\omega)$ を代入し次式が得られる。

$$G_{xy}(\kappa_x,\kappa_y,\omega,z;z_{so})=\frac{i}{2\mu\left(\dfrac{\omega}{C_S}\right)^2}\left(\frac{\kappa_x\kappa_y}{\nu}e^{i\nu|z-z_{so}|}-\frac{\kappa_x\kappa_y}{\gamma}e^{i\gamma|z-z_{so}|}\right)$$

$$G_{yy}(\kappa_x,\kappa_y,\omega,z;z_{so})=\frac{i}{2\mu\left(\dfrac{\omega}{C_S}\right)^2}\left(\frac{\kappa_y^2}{\nu}e^{i\nu|z-z_{so}|}+\frac{\kappa_x^2+\gamma^2}{\gamma}e^{i\gamma|z-z_{so}|}\right) \quad (2.3\text{-}43)$$

$$G_{zy}(\kappa_x,\kappa_y,\omega,z;z_{so})=\frac{i\ \mathrm{sgn}(z-z_{so})}{2\mu\left(\dfrac{\omega}{C_S}\right)^2}\left(\kappa_y e^{i\nu|z-z_{so}|}-\kappa_y e^{i\gamma|z-z_{so}|}\right)$$

(4) z 軸方向荷重によるグリーン関数 G_{xz},G_{yz},G_{zz}

この場合は、次式の単位振幅の調和平面波を作用させることになる。

$$\begin{aligned}q_z&=e^{i[\kappa_x(x-x_{so})+\kappa_y(y-y_{so})-\omega t]}\\ q_x&=q_y=0\end{aligned} \quad (2.3\text{-}44)$$

同様に式（2.3-39）に 2.3.1 項と 2.3.2 項の SH 波と P・SV 波のグリーン関数 $G_{x'z}(\kappa,\omega)$,

$G_{zz}(\kappa,\omega)$ を代入し次式が得られる。

$$G_{xz}(\kappa_x,\kappa_y,\omega,z;z_{so})=\frac{i\ \mathrm{sgn}(z-z_{so})}{2\mu\left(\dfrac{\omega}{C_S}\right)^2}\left(\kappa_x\mathrm{e}^{i\nu|z-z_{so}|}-\kappa_x\mathrm{e}^{i\gamma|z-z_{so}|}\right)$$

$$G_{yz}(\kappa_x,\kappa_y,\omega,z;z_{so})=\frac{i\ \mathrm{sgn}(z-z_{so})}{2\mu\left(\dfrac{\omega}{C_S}\right)^2}\left(\kappa_y\mathrm{e}^{i\nu|z-z_{so}|}-\kappa_y\mathrm{e}^{i\gamma|z-z_{so}|}\right) \tag{2.3-45}$$

$$G_{zz}(\kappa_x,\kappa_y,\omega,z;z_{so})=\frac{i}{2\mu\left(\dfrac{\omega}{C_S}\right)^2}\left(\nu\mathrm{e}^{i\nu|z-z_{so}|}+\frac{\kappa_x^2+\kappa_y^2}{\gamma}\mathrm{e}^{i\gamma|z-z_{so}|}\right)$$

(5) 3次元無限弾性体のグリーン関数の表現

以上をまとめると、時・空間領域の3次元グリーン関数は上式の $G_{kl}(\kappa_x,\kappa_y,\omega,z;z_{so})$ を以下の振動数・波数に関する3重フーリエ変換して求められる。

$$g_{kp}(\mathbf{x},t;\mathbf{x}_{so})=\frac{1}{(2\pi)^3}\iiint G_{kp}(\kappa_x,\kappa_y,\omega,z;z_{so})\mathrm{e}^{i[\kappa_x(x-x_{so})+\kappa_y(y-y_{so})-\omega t]}d\kappa_x d\kappa_y d\omega \tag{2.3-46a}$$

ここに、振動数・波数領域のグリーン関数 $G_{kl}(\kappa_x,\kappa_y,\omega,z;z_{so})$ は次式のように与えられる。

$$G_{kp}(\kappa_x,\kappa_y,\omega,z;z_{so})=\frac{i}{2\mu\left(\dfrac{\omega}{C_S}\right)^2}\left(\Phi_{kp}\mathrm{e}^{i\nu|z-z_{so}|}+\Psi_{kp}\mathrm{e}^{i\gamma|z-z_{so}|}\right) \tag{2.3-46b}$$

式(2.3-41)と式(2.3-43)および式(2.3-45)で与えられる Φ_{kp},Ψ_{kp} を上式に代入すると、これらは2.2.5項で示した古典的な変位ポテンシャルの一般解に境界条件を考慮して求めた式(2.2-43)と式(2.2-44)のグリーン関数と同じであることがわかる。2次元から3次元問題のグリーン関数を求める本節で示した新しい方法が簡単であることもわかるであろう。

2.4 行列表示による波動方程式の一般解

2.4.1 3次元波動方程式の解

1章で示した行列表示の3次元波動方程式で外力項 $\mathbf{Q}=\mathbf{0}$ とした以下の3次元波動方程式の一般解を求める。

$$\frac{\partial\mathbf{B}}{\partial z}=\mathbf{AB} \tag{2.4-1}$$

ここに、$\mathbf{A}$ は係数行列でラーメの定数が一定の場合の式(1.7-6c)で与えられる。

係数行列 $\mathbf{A}$ には、x, y, t に関する微分演算子が含まれているので、x, y, t に関するフーリエ変換を導入する。フーリエ変換は前節と同じように次式で定義する。

$$\mathbf{B}(\kappa_x,\kappa_y,z,\omega)=\iiint \mathbf{B}(x,y,z,t)\mathrm{e}^{-i(\kappa_x x+\kappa_y y-\omega t)}dxdydt$$
$$\mathbf{B}(x,y,z,t)=\frac{1}{(2\pi)^3}\iiint \mathbf{B}(\kappa_x,\kappa_y,z,\omega)\mathrm{e}^{i(\kappa_x x+\kappa_y y-\omega t)}d\kappa_x d\kappa_y d\omega \tag{2.4-2}$$

補足 2.2 で説明したように物理的条件として、時刻 $t<0$ と無限遠で弾性体は静止しているとし、$0\le t\le\infty$ の時間区間と $-\infty\le x,y,z\le\infty$ の空間区間を対象とする。

波動方程式(2.4-1)の両辺をフーリエ変換すると次式のようになる。

$$\iiint \frac{d\mathbf{B}}{dz}\mathrm{e}^{-i(\kappa_x x+\kappa_y y-\omega t)}dxdydt=\iiint \mathbf{AB}\mathrm{e}^{-i(\kappa_x x+\kappa_y y-\omega t)}dxdydt \tag{2.4-3}$$

上式のフーリエ変換は、2.2 節（補足 2.2）にならって初期と無限時間および無限遠での静止状態を仮定する場合、式 (2.4-3) の両辺の微分が次式になることを利用して、これらを直接に式(2.4-1)に代入して振動数・波数領域に変換することができる。

$$\frac{d\mathbf{B}(x,y,z,t)}{dz}=\frac{1}{(2\pi)^3}\iiint \frac{d\mathbf{B}(\kappa_x,\kappa_y,z,\omega)}{dz}\mathrm{e}^{i(\kappa_x x+\kappa_y y-\omega t)}d\kappa_x d\kappa_y d\omega \tag{2.4-4}$$

$$\mathbf{A}(x,y,t\text{ の微分})\mathbf{B}(x,y,z,t)$$
$$=\frac{1}{(2\pi)^3}\iiint \mathbf{A}(x,y,t\text{ の微分})\mathbf{B}(\kappa_x,\kappa_y,z,\omega)\mathrm{e}^{i(\kappa_x x+\kappa_y y-\omega t)}d\kappa_x d\kappa_y d\omega \tag{2.4-5}$$

係数行列 $\mathbf{A}$ は x, y, t に関する微分演算子行列であるため、振動数・波数領域では次式のような振動数・波数の関数となる。

$$\mathbf{A}(x,y,t\text{ の微分})\mathbf{B}(\kappa_x,\kappa_y,z,\omega)=\mathbf{A}(\kappa_x,\kappa_y,\omega)\mathbf{B}(\kappa_x,\kappa_y,z,\omega)\mathrm{e}^{i(\kappa_x x+\kappa_y y-\omega t)} \tag{2.4-6a}$$

ここに、

$$\mathbf{A}(\kappa_x,\kappa_y,\omega)=\begin{pmatrix} 0 & 0 & -i\kappa_x & 1/\mu & 0 & 0 \\ 0 & 0 & -i\kappa_y & 0 & 1/\mu & 0 \\ A_{31} & A_{32} & 0 & 0 & 0 & A_{36} \\ A_{41} & A_{42} & 0 & 0 & 0 & A_{46} \\ A_{51} & A_{52} & 0 & 0 & 0 & A_{56} \\ 0 & 0 & -\rho\omega^2 & -i\kappa_x & -i\kappa_y & 0 \end{pmatrix} \tag{2.4-6b}$$

$$A_{31}=A_{46}=-i\kappa_x\frac{\lambda}{\lambda+2\mu},\quad A_{32}=A_{56}=-i\kappa_y\frac{\lambda}{\lambda+2\mu},\quad A_{36}=\frac{\lambda}{\lambda+2\mu}$$
$$A_{41}=-\rho\omega^2+\kappa_x^2\zeta+\kappa_y^2\mu,\quad A_{42}=A_{51}=\kappa_x\kappa_y(\zeta-\mu),\quad A_{52}=-\rho\omega^2+\kappa_x^2\mu+\kappa_y^2\zeta \tag{2.4-6c}$$

$$\zeta = \frac{4\mu(\lambda+\mu)}{\lambda+2\mu}, \quad \zeta - \mu = \zeta\left(1 + \frac{2\lambda}{\lambda+2\mu}\right) \tag{2.4-6d}$$

したがって、振動数・波数領域の 3 次元波動方程式は次式のようになる。

$$\frac{d\mathbf{B}(\kappa_x,\kappa_y,z,\omega)}{dz} = \mathbf{A}(\kappa_x,\kappa_y,\omega)\mathbf{B}(\kappa_x,\kappa_y,z,\omega) \tag{2.4-7}$$

上式は連立 1 階微分方程式なので、解を指数関数 $\mathbf{C}\mathrm{e}^{az}$ とおいて式 (2.4-7) に代入すると次式の連立方程式が得られる。

$$\Big(\mathbf{A}(\kappa_x,\kappa_y,\omega) - a\mathbf{I}\Big)\mathbf{B}(\kappa_x,\kappa_y,z,\omega) = \mathbf{0} \tag{2.4-8}$$

ここに、$\mathbf{I}$ は単位行列を表す。上式が自明でない解を持つための条件は次式である。

$$\Big|\mathbf{A}(\kappa_x,\kappa_y,\omega) - a\mathbf{I}\Big| = 0 \tag{2.4-9}$$

ここで、上式の固有値問題から求められる第 n 次の固有値と固有ベクトルを $a_n, \mathbf{V}_n$ とし、さらに振幅係数を W_n とすると $W_n\mathbf{V}_n\mathrm{e}^{a_n z}$ は方程式を満たす解でこれらの和が一般解となる。

$$\mathbf{B}(\kappa_x,\kappa_y,z,\omega) \equiv \mathbf{B}(z) = \sum_{n=1}^{6} W_n\mathbf{V}_n\mathrm{e}^{a_n z} = \mathbf{V}\mathbf{E}(z)\mathbf{W} = \mathbf{F}(z)\mathbf{W} \tag{2.4-10}$$

ここに、固有行列と振幅係数ベクトルを次式のように定義した。

$$\mathbf{V} = (\mathbf{V}_1\mathbf{V}_2\mathbf{V}_3\mathbf{V}_4\mathbf{V}_5\mathbf{V}_6), \quad \mathbf{W} = \begin{pmatrix} W_1 \\ W_2 \\ W_3 \\ W_4 \\ W_5 \\ W_6 \end{pmatrix} = \begin{pmatrix} u_{Pout} \\ u_{SVout} \\ u_{SHout} \\ u_{Pin} \\ u_{SVin} \\ u_{SHin} \end{pmatrix} \tag{2.4-11}$$

後の 2.4.2 項と 2.4.3 項の考察から、振幅係数 $W_1 \sim W_6$ は、P・SV 波、SH 波の下降波と上昇波の変位振幅という物理的意味を持つので、上式のように表現しておく。

固有行列 $\mathbf{V}$ と指数行列 $\mathbf{E}(z)$ は次式のように求められる。

$$\mathbf{V}_1=\begin{pmatrix}\dfrac{\kappa_x C_P}{\omega}\\ \dfrac{\kappa_y C_P}{\omega}\\ \dfrac{\nu C_P}{\omega}\\ \dfrac{i2\mu\kappa_x\nu C_P}{\omega}\\ \dfrac{i2\mu\kappa_y\nu C_P}{\omega}\\ \dfrac{i\mu(\gamma^2-\kappa^2)C_P}{\omega}\end{pmatrix},\mathbf{V}_2=\begin{pmatrix}\dfrac{\kappa_x\gamma C_S}{\kappa\omega}\\ \dfrac{\kappa_y\gamma C_S}{\kappa\omega}\\ \dfrac{\kappa C_S}{\omega}\\ \dfrac{i\mu\kappa_x(\gamma^2-\kappa^2)C_S}{\kappa\omega}\\ \dfrac{i\mu\kappa_y(\gamma^2-\kappa^2)C_S}{\kappa\omega}\\ -\dfrac{i2\mu\kappa\gamma C_S}{\omega}\end{pmatrix},\mathbf{V}_3=\begin{pmatrix}-\dfrac{\kappa_y}{\kappa}\\ \dfrac{\kappa_x}{\kappa}\\ 0\\ -\dfrac{i\mu\kappa_y\gamma}{\kappa}\\ \dfrac{i\mu\kappa_x\gamma}{\kappa}\\ 0\end{pmatrix}, \quad (2.4\text{-}12a)$$

$$\mathbf{V}_4=\begin{pmatrix}\dfrac{\kappa_x C_P}{\omega}\\ \dfrac{\kappa_y C_P}{\omega}\\ -\dfrac{\nu C_P}{\omega}\\ -\dfrac{i2\mu\kappa_x\nu C_P}{\omega}\\ -\dfrac{i2\mu\kappa_y\nu C_P}{\omega}\\ \dfrac{i\mu(\gamma^2-\kappa^2)C_P}{\omega}\end{pmatrix},\mathbf{V}_5=\begin{pmatrix}\dfrac{\kappa_x\gamma C_S}{\kappa\omega}\\ \dfrac{\kappa_y\gamma C_S}{\kappa\omega}\\ \dfrac{\kappa C_S}{\omega}\\ -\dfrac{i\mu\kappa_x(\gamma^2-\kappa^2)C_S}{\kappa\omega}\\ -\dfrac{i\mu\kappa_y(\gamma^2-\kappa^2)C_S}{\kappa\omega}\\ -\dfrac{i2\mu\kappa\gamma C_S}{\omega}\end{pmatrix},\mathbf{V}_6=\begin{pmatrix}-\dfrac{\kappa_y}{\kappa}\\ \dfrac{\kappa_x}{\kappa}\\ 0\\ \dfrac{i\mu\kappa_y\gamma}{\kappa}\\ -\dfrac{i\mu\kappa_x\gamma}{\kappa}\\ 0\end{pmatrix}, \quad (2.4\text{-}12b)$$

$$\mathbf{E}(z)=\begin{pmatrix}e^{i\nu z}&0&0&0&0&0\\ &e^{i\gamma z}&0&0&0&0\\ &&e^{i\gamma z}&0&0&0\\ &&&e^{-i\nu z}&0&0\\ &\text{Sym.}&&&e^{-i\gamma z}&0\\ &&&&&e^{-i\gamma z}\end{pmatrix} \quad (2.4\text{-}12c)$$

変位・応力ベクトルから具体的に変位成分を書き表すと次式のようになる。

$$\begin{pmatrix} u(\kappa_x,\kappa_y,z,\omega) \\ v(\kappa_x,\kappa_y,z,\omega) \\ w(\kappa_x,\kappa_y,z,\omega) \end{pmatrix} = \begin{pmatrix} \dfrac{\kappa_x C_P}{\omega} \\ \dfrac{\kappa_y C_P}{\omega} \\ \dfrac{\nu C_P}{\omega} \end{pmatrix} u_{Pout} \mathrm{e}^{i\nu z} + \begin{pmatrix} \dfrac{\kappa_x C_P}{\omega} \\ \dfrac{\kappa_y C_P}{\omega} \\ -\dfrac{\nu C_P}{\omega} \end{pmatrix} u_{Pin} \mathrm{e}^{-i\nu z} +$$
$$\begin{pmatrix} \dfrac{\gamma C_S}{\omega}\dfrac{\kappa_x}{\kappa} u_{SVout} - \dfrac{\kappa_y}{\kappa} u_{SHout} \\ \dfrac{\gamma C_S}{\omega}\dfrac{\kappa_y}{\kappa} u_{SVout} + \dfrac{\kappa_x}{\kappa} u_{SHout} \\ -\dfrac{\kappa C_S}{\omega} u_{SVout} \end{pmatrix} \mathrm{e}^{i\gamma z} + \begin{pmatrix} \dfrac{\gamma C_S}{\omega}\dfrac{\kappa_x}{\kappa} u_{SVin} - \dfrac{\kappa_y}{\kappa} u_{SHin} \\ \dfrac{\gamma C_S}{\omega}\dfrac{\kappa_y}{\kappa} u_{SVin} + \dfrac{\kappa_x}{\kappa} u_{SHin} \\ \dfrac{\kappa C_S}{\omega} u_{SVin} \end{pmatrix} \mathrm{e}^{-i\gamma z}$$

(2.4-13)

上式の振動数・波数領域の一般解のフーリエ逆変換により、時間・空間領域の変位を求めることができる。上式は 3 次元行列表示の方程式から変位振幅を未知数とした一般解で式 (2.2-15b) の変位ポテンシャルを未知係数とした一般解と同じ形式である。したがって、2.2.3 項の 2 次元と 3 次元問題の関係を使うと、2 次元の解から 3 次元の解を導くことができるので以下に示す。3 次元行列表示の波動方程式の固有値問題は 6 行 6 列の係数行列から固有値と固有ベクトルを求めたが、これには結構な計算力を必要とするので 2 次元から 3 次元の一般解を求める方が圧倒的にやさしい。

2.4.2　2 次元波動方程式の一般解

外力項を零とした次式の SH 波(面外)と P・SV 波(面内)の 2 次元波動方程式の一般解を求める。座標軸は 2 章 2.2.3 項で説明したように新座標 (x', y', z) とし、その変位成分を考える。以下は形式的な手順で手計算で確かめることができる演習問題である。

面外問題(SH 波問題):

$$\frac{\partial \mathbf{B}_{SH}(x',z,t)}{\partial z} = \mathbf{A}_{SH}\mathbf{B}_{SH}(x',z,t) \tag{2.4-14a}$$

ここに

$$\mathbf{B}_{SH} = \begin{pmatrix} v_0 \\ \tau_{zy'} \end{pmatrix}, \quad \mathbf{A}_{SH} = \begin{pmatrix} 0 & \dfrac{1}{\mu} \\ \rho\dfrac{\partial^2}{\partial t^2} - \mu\dfrac{\partial^2}{\partial x'^2} & 0 \end{pmatrix} \tag{2.4-14b}$$

3 次元の場合と同じように次式の x, t に関するフーリエ変換を導入する。

$$\mathbf{B}(\kappa,z,\omega)=\iint\mathbf{B}(x',z,t)\mathrm{e}^{-i(\kappa x'-\omega t)}dx'dt$$
$$\mathbf{B}(x',z,t)=\frac{1}{(2\pi)^2}\iint\mathbf{B}(\kappa,z,\omega)\mathrm{e}^{i(\kappa x'-\omega t)}d\kappa d\omega \tag{2.4-15}$$

また、3 次元の場合と同じように振動数・波数領域の波動方程式へ変換すると次式のようになる。

$$\frac{\partial\mathbf{B}_{SH}(\kappa,z,\omega)}{\partial z}=\mathbf{A}_{SH}(\kappa,\omega)\mathbf{B}_{SH}(\kappa,z,\omega) \tag{2.4-16a}$$

ここに、

$$\mathbf{A}_{SH}(\kappa,\omega)=\begin{pmatrix}0 & \dfrac{1}{\mu}\\ -\rho\omega^2+\mu\kappa^2 & 0\end{pmatrix} \tag{2.4-16b}$$

解を指数関数 $\mathbf{C}\mathrm{e}^{a(z-z_{ref})}$ とおくと次式の連立方程式が得られる。z_{ref} の導入は本質的なものではないが境界条件をずらすように一般化したに過ぎない。すなわち、$z=0$ の時の解を $\mathbf{C}$ とはせず $z=z_{ref}$ の時 $\mathbf{C}$ となるようにしているだけである。

$$(\mathbf{A}_{SH}(\kappa,\omega)-a\mathbf{I})\mathbf{B}(\kappa,z,\omega)=0 \tag{2.4-17a}$$

上式が自明でない解を持つためには次式が成立しなければならない。

$$|\mathbf{A}_{SH}(\kappa,\omega)-a\mathbf{I}|=\begin{vmatrix}-a & \dfrac{1}{\mu}\\ -\rho\omega^2+\mu\kappa^2 & -a\end{vmatrix}=0 \tag{2.4-17b}$$

上式の固有値問題から第 n 次の固有値と固有ベクトルを求めると次式のようになる。

$$a_1=i\gamma,\quad a_2=-i\gamma,\quad \mathbf{V}_1=\begin{pmatrix}1\\ i\mu\gamma\end{pmatrix},\quad \mathbf{V}_2=\begin{pmatrix}1\\ -i\mu\gamma\end{pmatrix} \tag{2.4-18a}$$

固有行列 $\mathbf{V}$ と指数行列 $\mathbf{E}(z)$ は次式のように与えられる。

$$\mathbf{V}_{SH}=\begin{pmatrix}\mathbf{V}_1 & \mathbf{V}_2\end{pmatrix}=\begin{pmatrix}1 & 1\\ i\mu\gamma & -i\mu\gamma\end{pmatrix},\quad \mathbf{E}_{SH}=\begin{pmatrix}\mathrm{e}^{i\gamma(z-z_{ref})} & 0\\ 0 & \mathrm{e}^{-i\gamma(z-z_{ref})}\end{pmatrix} \tag{2.4-18b}$$

したがって、一般解は次式で与えられる。

$$\mathbf{B}_{SH}(\kappa,z,\omega)=\mathbf{V}_{SH}\mathbf{E}_{SH}(z)\mathbf{W}_{SH}=\mathbf{F}_{SH}(z)\mathbf{W}_{SH}$$
$$=\begin{pmatrix}1 & 1\\ i\mu\gamma & -i\mu\gamma\end{pmatrix}\begin{pmatrix}\mathrm{e}^{i\gamma(z-z_{ref})} & 0\\ 0 & \mathrm{e}^{-i\gamma(z-z_{ref})}\end{pmatrix}\begin{pmatrix}u_{SHout}\\ u_{SHin}\end{pmatrix} \tag{2.4-19a}$$

上式より、変位成分のみを書き出すと次式のようになる。

$$v_0(\kappa,z,\omega)=u_{SHout}e^{i\gamma(z-z_{ref})}+u_{SHin}e^{-i\gamma(z-z_{ref})} \tag{2.4-19b}$$

面内問題(P・SV 波問題):

$$\frac{\partial \mathbf{B}_{P\cdot SV}(x',z,t)}{\partial z}=\mathbf{A}_{P\cdot SV}\mathbf{B}_{P\cdot SV}(x',z,t) \tag{2.4-20a}$$

$$\mathbf{B}_{P\cdot SV}=\begin{pmatrix} u_0 \\ w_0 \\ \tau_{zx'} \\ \sigma_{zz} \end{pmatrix},\quad \mathbf{A}_{P\cdot SV}=\begin{pmatrix} 0 & -\dfrac{\partial}{\partial x'} & \dfrac{1}{\mu} & 0 \\ -\dfrac{\lambda}{\lambda+2\mu}\dfrac{\partial}{\partial x'} & 0 & 0 & \dfrac{1}{\lambda+2\mu} \\ \rho\dfrac{\partial^2}{\partial t^2}-\zeta\dfrac{\partial^2}{\partial x'^2} & 0 & 0 & -\dfrac{\lambda}{\lambda+2\mu}\dfrac{\partial}{\partial x'} \\ 0 & \rho\dfrac{\partial^2}{\partial t^2} & -\dfrac{\partial}{\partial x'} & 0 \end{pmatrix}$$

$$\zeta=\frac{4\mu(\lambda+\mu)}{\lambda+2\mu} \tag{2.4-20b}$$

振動数・波数領域の波動方程式へ変換すると次式のようになる。

$$\frac{\partial \mathbf{B}_{P\cdot SV}(\kappa,z,\omega)}{\partial z}=\mathbf{A}_{P\cdot SV}(\kappa,\omega)\mathbf{B}_{P\cdot SV}(\kappa,z,\omega) \tag{2.4-21a}$$

$$\mathbf{A}_{P\cdot SV}=\begin{pmatrix} 0 & -i\kappa & \dfrac{1}{\mu} & 0 \\ -\dfrac{i\kappa\lambda}{\lambda+2\mu} & 0 & 0 & \dfrac{1}{\lambda+2\mu} \\ -\rho\omega^2+\zeta\kappa^2 & 0 & 0 & -\dfrac{i\kappa\lambda}{\lambda+2\mu} \\ 0 & -\rho\omega^2 & -i\kappa & 0 \end{pmatrix} \tag{2.4-21b}$$

面外問題と同じように固有値と固有ベクトルを求めて整理すると一般解は次式となる。

$$\mathbf{B}_{P\cdot \mathrm{SV}}(\kappa,z,\omega)=\mathbf{V}_{P\cdot \mathrm{SV}}\mathbf{E}_{P\cdot \mathrm{SV}}(z)\mathbf{W}_{P\cdot \mathrm{SV}}=\mathbf{F}_{P\cdot \mathrm{SV}}(z)\mathbf{W}_{P\cdot \mathrm{SV}} \tag{2.4-22a}$$

ここに、

$$\mathbf{V}_{P\cdot \mathrm{SV}} = \begin{pmatrix} \dfrac{\kappa C_P}{\omega} & \dfrac{\gamma C_S}{\omega} & \dfrac{\kappa C_P}{\omega} & \dfrac{\gamma C_S}{\omega} \\ \dfrac{\nu C_P}{\omega} & -\dfrac{\kappa C_S}{\omega} & -\dfrac{\nu C_P}{\omega} & \dfrac{\kappa C_S}{\omega} \\ \dfrac{i2\mu\kappa\nu C_P}{\omega} & \dfrac{i\mu(\gamma^2-\kappa^2)C_S}{\omega} & -\dfrac{i2\mu\kappa\nu C_P}{\omega} & -\dfrac{i\mu(\gamma^2-\kappa^2)C_S}{\omega} \\ \dfrac{i\mu(\gamma^2-\kappa^2)C_P}{\omega} & -\dfrac{i2\mu\kappa\gamma C_S}{\omega} & \dfrac{i\mu(\gamma^2-\kappa^2)C_P}{\omega} & -\dfrac{i2\mu\kappa\gamma C_S}{\omega} \end{pmatrix} \tag{2.4-22b}$$

$$\mathbf{E}_{P\cdot \mathrm{SV}}(z) = \begin{pmatrix} \mathrm{e}^{i\nu(z-z_{ref})} & 0 & 0 & 0 \\ & \mathrm{e}^{i\gamma(z-z_{ref})} & 0 & 0 \\ & & \mathrm{e}^{-i\nu(z-z_{ref})} & 0 \\ \mathrm{Sym.} & & & \mathrm{e}^{-i\gamma(z-z_{ref})} \end{pmatrix}, \quad \mathbf{W}_{P\cdot \mathrm{SV}} = \begin{pmatrix} u_{Pout} \\ u_{SVout} \\ u_{Pin} \\ u_{SVin} \end{pmatrix} \tag{2.4-22c}$$

上式より、変位成分のみを書き出すと次式のようになる。

$$\begin{pmatrix} u_0(\kappa,z,\omega) \\ w_0(\kappa,z,\omega) \end{pmatrix} = \begin{pmatrix} \dfrac{\kappa C_P}{\omega}u_{Pout} \\ \dfrac{\nu C_P}{\omega}u_{Pout} \end{pmatrix} \mathrm{e}^{i\nu(z-z_{ref})} + \begin{pmatrix} \dfrac{\kappa C_P}{\omega}u_{Pin} \\ -\dfrac{\nu C_P}{\omega}u_{Pin} \end{pmatrix} \mathrm{e}^{-i\nu(z-z_{ref})} + \begin{pmatrix} \dfrac{\gamma C_S}{\omega}u_{SVout} \\ -\dfrac{\kappa C_S}{\omega}u_{SVout} \end{pmatrix} \mathrm{e}^{i\gamma(z-z_{ref})} + \begin{pmatrix} \dfrac{\gamma C_S}{\omega}u_{SVin} \\ \dfrac{\kappa C_S}{\omega}u_{SVin} \end{pmatrix} \mathrm{e}^{-i\gamma(z-z_{ref})} \tag{2.4-23}$$

式 (2.2-24) に式 (2.4-19b) と式 (2.4-23) の 2 次元波動方程式の一般解を代入すると、式 (2.4-13) で与えられる 3 次元波動方程式の一般解が求められる。したがって、3 次元波動方程式の一般解は、行列表示の 3 次元波動方程式の固有値と固有ベクトルを求める経路をとらずに、SH 波と P・SV 波問題の 2 次元波動方程式の固有値と固有ベクトルから解を求めることができる。この経路の方が簡単である。

2.4.3　変位ポテンシャルと行列表示の 2 次元波動方程式の解の振幅係数の関係

ここでは、図 2.4-1 に示すように 2 次元波動方程式の変位ポテンシャルと行列表示の 2 次元波動方程式から求められる変位の一般解の比較(式(2.2-26)および式(2.4-19)、式(2.4-23))から振幅係数の関係とその幾何学的考察を行う。

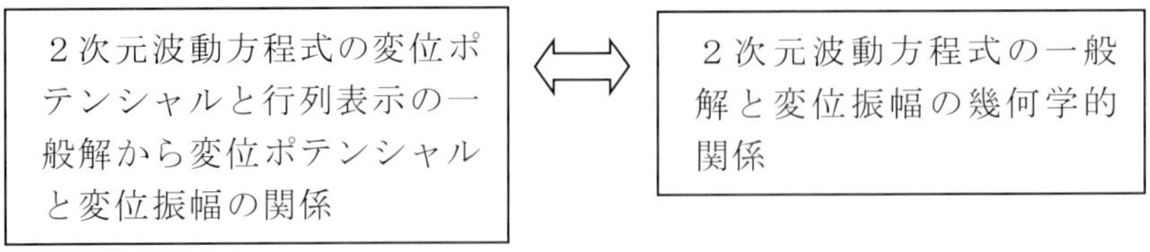

２次元波動方程式の変位ポテンシャルと行列表示の一般解から変位ポテンシャルと変位振幅の関係

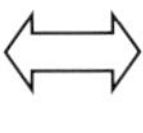

２次元波動方程式の一般解と変位振幅の幾何学的関係

図 2.4-1　本項の内容の概説

2 次元波動方程式から求められる変位の一般解を比較（式 (2.2-26) と式 (2.4-19) および式 (2.4-23)）すると、振幅係数に次式の関係が成立する。

$$\begin{pmatrix} u_{SHout} \\ u_{SHin} \end{pmatrix} = \begin{pmatrix} i\Psi_{SHout} \\ i\Psi_{SHin} \end{pmatrix}, \quad \begin{pmatrix} u_{Pout} \\ u_{SVout} \\ u_{Pin} \\ u_{SVin} \end{pmatrix} = \begin{pmatrix} i\dfrac{\omega}{C_P}\Phi_{out} \\ -i\dfrac{\omega}{C_S}\Psi_{SVout} \\ i\dfrac{\omega}{C_P}\Phi_{in} \\ i\dfrac{\omega}{C_S}\Psi_{SVin} \end{pmatrix} \tag{2.4-24}$$

以下では、式 (2.4-19)、式 (2.4-23) で与えられる SH 波と P・SV 波の上昇波と下降波の伝播方向と変位振幅係数の関係を説明する。

2 次元問題では、以下のような調和平面波の重ね合わせで一般解が求められるため、調和平面波の伝播方向、伝播速度と波数・振動数(κ,ν,γ,ω)の関係を求めておく。

$$\begin{aligned} &P\ \text{下降波}:e^{i(\kappa x'+\nu z-\omega t)}, \quad P\ \text{上昇波}:e^{i(\kappa x'-\nu z-\omega t)} \\ &S\ \text{下降波}:e^{i(\kappa x'+\gamma z-\omega t)}, \quad S\ \text{上昇波}:e^{i(\kappa x'-\gamma z-\omega t)} \end{aligned} \tag{2.4-25}$$

P 下降波で説明する。位相を次式のように $Phase$ とおく。

$$Phase = \kappa x' + \nu z - \omega t \tag{2.4-26}$$

位相が一定である位置(x', z)の間には次式が成り立つ。

$$z = -\frac{\kappa}{\nu}x' + \frac{\omega}{\nu}t + \frac{Phase}{\nu} \tag{2.4-27}$$

位相を一定とし、波数・振動数(κ,ν,ω)を正の定数とする。この時上式の位置(x', z)の関係式を時刻 $t = 0$ と時刻 t で描くと、図 2.4-2 のような 2 本の直線が得られる。この 2 本の直線が調和平面波の位相が一定である点の時間的変化を表し、この直線に直交する方向が調和平面波の伝播方向になる。伝播方向の角度を図のように θ_{out} とすると、幾何学的関係から AB の長さ(時間 t の間に平面波が移動する距離)は次式で与えられる。

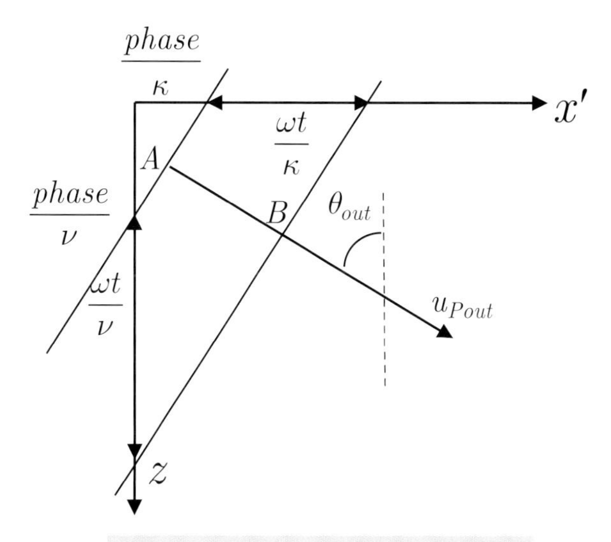

図 2.4-2　位相一定の位置(下降P波)

$$AB = \frac{\omega}{\kappa} t \sin\theta_{out} = \frac{\omega}{\nu} t \cos\theta_{out} \tag{2.4-28}$$

P 波の伝播速度は C_P なので $C_P t = AB$ となり次式が得られる。

$$\kappa = \frac{\omega}{C_P}\sin\theta_{out}, \quad \nu = \frac{\omega}{C_P}\cos\theta_{out} \tag{2.4-29}$$

S 下降波では、$\nu \rightarrow \gamma, C_P \rightarrow C_S$ と記号を変更して次式が得られる。

$$\kappa = \frac{\omega}{C_S}\sin\theta_{out}, \quad \gamma = \frac{\omega}{C_S}\cos\theta_{out} \tag{2.4-30}$$

P 上昇波では、式 (2.4-27) で $\nu \rightarrow -\nu$ とし、次式の時刻 $t = 0$ と時刻 t で描くと図 2.4-3 のような 2 本の直線が得られる。

$$z = \frac{\kappa}{\nu}x' - \frac{\omega}{\nu}t - \frac{Phase}{\nu} \tag{2.4-31}$$

幾何学的関係から AC の長さ(時間 t の間に平面波が移動する距離)は次式で与えられる。

$$AC = \frac{\omega}{\kappa} t \sin\theta_{in} = \frac{\omega}{\nu} t \cos\theta_{in} \tag{2.4-32}$$

P 波の伝播速度は C_P なので $C_P t = AC$ となるため次式が得られる。

$$\kappa = \frac{\omega}{C_P}\sin\theta_{in}, \quad \nu = \frac{\omega}{C_P}\cos\theta_{in} \tag{2.4-33}$$

S 上昇波では、$\nu \rightarrow \gamma, C_P \rightarrow C_S$ として次式が得られる。

$$\kappa = \frac{\omega}{C_S}\sin\theta_{in}, \quad \gamma = \frac{\omega}{C_S}\cos\theta_{in} \tag{2.4-34}$$

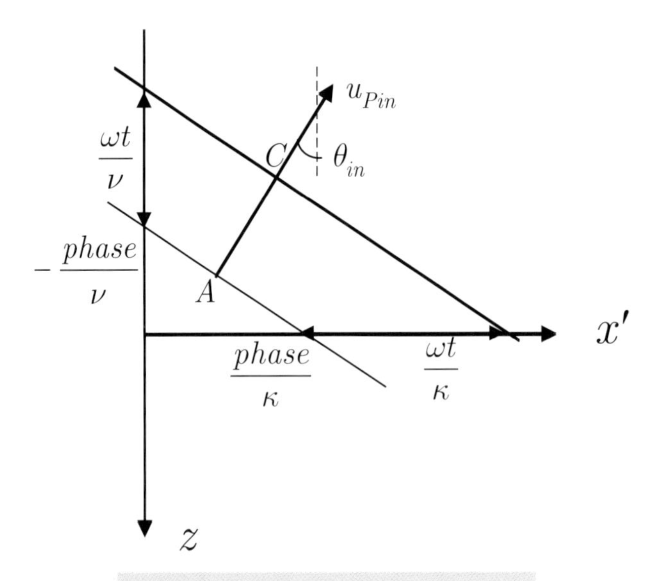

図2.4-3　位相一定の位置(上昇P波)

以上のP波とS波の下降波と上昇波成分の伝播方向θ_{out},θ_{in}と波数・振動数（κ,ν,γ,ω）並びにP波とS波速度C_P,C_Sの関係を考慮すると、式(2.4-19)と式(2.4-23)で与えられるSH波とP・SV波の上昇波と下降波の変位成分は、図2.4-4のような下降波の振幅$u_{Pout},u_{SVout},u_{SHout}$と上昇波の振幅$u_{Pin},u_{SVin},u_{SHin}$の調和平面波の和で求められていることがわかる。図2.4-4より、SH波の変位成分は下降波と上昇波の変位振幅をu_{SHout},u_{SHin}とすると、そのy'軸成分(紙面に直交する軸)の和として以下のように与えられる。

$$v_0(\kappa,z,\omega)=u_{SHout}e^{i\gamma(z-z_{ref})}+u_{SHin}e^{-i\gamma(z-z_{ref})} \tag{2.4-35}$$

これは、式(2.4-19)と同じである。また、図2.4-4より、P・SV波の上昇波と下降波のx',z軸方向の変位成分を求めると次式が得られる。

$$\begin{aligned}\begin{pmatrix}u_0(\kappa,z,\omega)\\ w_0(\kappa,z,\omega)\end{pmatrix}&=\begin{pmatrix}u_{Pout}\sin\theta_{out}\\ u_{Pout}\cos\theta_{out}\end{pmatrix}\mathrm{e}^{i\nu(z-z_{ref})}+\begin{pmatrix}u_{Pin}\sin\theta_{in}\\ -u_{Pin}\cos\theta_{in}\end{pmatrix}\mathrm{e}^{-i\nu(z-z_{ref})}+\\ &\quad\begin{pmatrix}u_{SVout}\cos\theta_{out}\\ -u_{SVout}\sin\theta_{out}\end{pmatrix}\mathrm{e}^{i\gamma(z-z_{ref})}+\begin{pmatrix}u_{SVin}\cos\theta_{in}\\ u_{SVin}\sin\theta_{in}\end{pmatrix}\mathrm{e}^{-i\gamma(z-z_{ref})}\end{aligned} \tag{2.4-36}$$

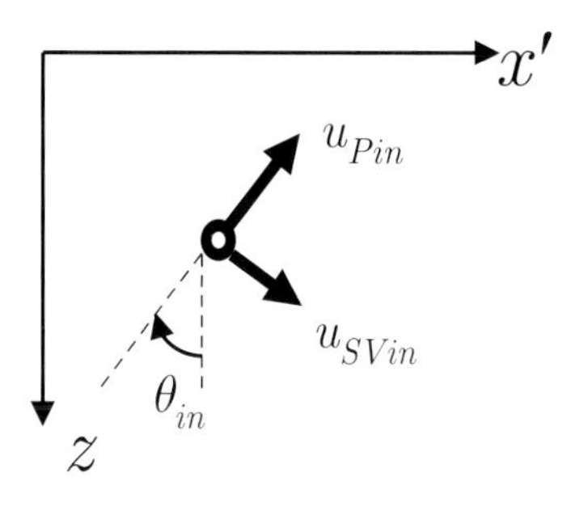

(a) 上昇 P・SV 波とその記号

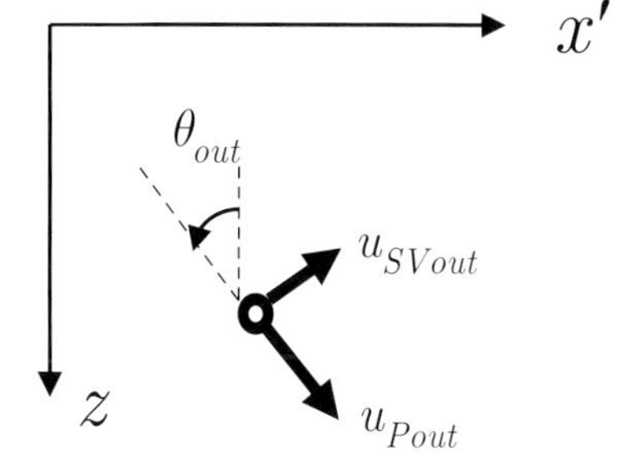

(b) 下降 P・SV 波とその記号

図 2.4-4　SH 波と P・SV 波の上昇波と下降波成分と伝播方向(SH 波、SV 波、P 波の振幅は x', y' 軸方向が正となるように決めることに留意せよ)

上式に式 (2.4-29) から式 (2.4-34) で与えられる調和平面波の伝播方向 $\theta_{out}, \theta_{in}$ と波数・振動数 $(\kappa, \nu, \gamma, \omega)$ 並びに P 波と S 波速度 C_P, C_S の関係を代入すると次式が得られる。

$$\begin{pmatrix} u_0(\kappa, z, \omega) \\ w_0(\kappa, z, \omega) \end{pmatrix} = \begin{pmatrix} \dfrac{\kappa C_P}{\omega} u_{Pout} \\ \dfrac{\nu C_P}{\omega} u_{Pout} \end{pmatrix} \mathrm{e}^{i\nu(z-z_{ref})} + \begin{pmatrix} \dfrac{\kappa C_P}{\omega} u_{Pin} \\ -\dfrac{\nu C_P}{\omega} u_{Pin} \end{pmatrix} \mathrm{e}^{-i\nu(z-z_{ref})} + \begin{pmatrix} \dfrac{\gamma C_S}{\omega} u_{SVout} \\ -\dfrac{\kappa C_S}{\omega} u_{SVout} \end{pmatrix} \mathrm{e}^{i\gamma(z-z_{ref})} + \begin{pmatrix} \dfrac{\gamma C_S}{\omega} u_{SVin} \\ \dfrac{\kappa C_S}{\omega} u_{SVin} \end{pmatrix} \mathrm{e}^{-i\gamma(z-z_{ref})} \tag{2.4-37}$$

この式は式(2.4-23)と同じである。

以上の幾何学的考察から、固有値問題から求められる SH 波と P・SV 波の一般解は図 2.4-4 の下降波の振幅 $u_{Pout}, u_{SVout}, u_{SHout}$ と上昇波の振幅 $u_{Pin}, u_{SVin}, u_{SHin}$ を持ち、伝播方向が $\theta_{out}, \theta_{in}$ である調和 (平面) 波の和で与えられていることがわかる。図 2.4-4 記号と正負を表す矢印の方向に注意せよ。

2.5　不均質弾性体と不整形弾性体の行列表示方程式とその近似解

2.5.1　不均質弾性体の行列表示方程式とその近似解

(1) 不均質弾性体の行列表示方程式

ここでは、弾性体の物性値が z 方向の不均質性に水平 (x' 軸) 方向の不均質性を加えた以下に示すような不均質弾性体の方程式とその近似解を求める。

$$\begin{aligned} C_P(z,x') &= C_P(z)\left[1+f_P(x')\right] \\ C_S(z,x') &= C_S(z)\left[1+f_S(x')\right] \\ \rho(z,x') &= \rho(z)\left[1+f_\rho(x')\right] \end{aligned} \tag{2.5-1}$$

この場合、不均質弾性体の波動方程式は式(1.7-10)と式(1.7-14)より体積力を無視し、P・SV 波と SH 波では次式のようになる。

P・SV 波：

$$\frac{\partial \mathbf{B}_{P\cdot SV}(x',z,t)}{\partial z} = \mathbf{A}_{0P\cdot SV}(z)\mathbf{B}_{P\cdot SV}(x',z,t) + \mathbf{A}_{1P\cdot SV}(x',z)\mathbf{B}_{P\cdot SV}(x',z,t) \tag{2.5-2a}$$

ここに、

$$\mathbf{A}_{0P\cdot SV}(z) = \begin{pmatrix} 0 & -\dfrac{\partial}{\partial x'} & \dfrac{1}{\rho C_S^2(z)} & 0 \\ \left[2\left(\dfrac{C_S(z)}{C_P(z)}\right)^2 - 1\right]\dfrac{\partial}{\partial x'} & 0 & 0 & \dfrac{1}{\rho C_P^2(z)} \\ -\rho\omega^2 - 4\rho C_S^2(z)\left[1-\left(\dfrac{C_S(z)}{C_P(z)}\right)^2\right]\dfrac{\partial^2}{\partial x'^2} & 0 & 0 & \left[2\left(\dfrac{C_S(z)}{C_P(z)}\right)^2 - 1\right]\dfrac{\partial}{\partial x'} \\ 0 & -\rho\omega^2 & -\dfrac{\partial}{\partial x'} & 0 \end{pmatrix} \tag{2.5-2b}$$

$$\mathbf{A}_{1P\cdot SV}(x',z) = \begin{pmatrix} 0 & 0 & -\dfrac{f_\rho + 2f_S}{\rho C_S^2(z)} & 0 \\ -4\left(\dfrac{C_S(z)}{C_P(z)}\right)^2 (f_P - f_S)\dfrac{\partial}{\partial x'} & 0 & 0 & -\dfrac{f_\rho + 2f_P}{\rho C_P^2(z)} \\ -\rho f_\rho \omega^2 - \dfrac{\partial A_1}{\partial x'}\dfrac{\partial}{\partial x'} - A_1\dfrac{\partial^2}{\partial x'^2} & 0 & 0 & \dfrac{\partial A_2}{\partial x'} + A_2\dfrac{\partial}{\partial x'} \\ 0 & -\rho f_\rho \omega^2 & 0 & 0 \end{pmatrix} \tag{2.5-2c}$$

$$\begin{aligned} A_1(z) &= 4\rho(z)C_S^2(z)\left[f_\rho\left(1-\left(\frac{C_S}{C_P}\right)^2\right) + 2f_P\left(\frac{C_S}{C_P}\right)^2 + 2f_S\left(1-2\left(\frac{C_S}{C_P}\right)^2\right)\right] \\ A_2(z) &= -4\left(\frac{C_S}{C_P}\right)^2 (f_P - f_S) \end{aligned} \tag{2.5-2d}$$

SH 波では、

$$\frac{\partial \mathbf{B}_{SH}(x',z,t)}{\partial z}=\mathbf{A}_{0SH}(z)\mathbf{B}_{SH}(x',z,t)+\mathbf{A}_{1SH}(x',z)\mathbf{B}_{SH}(x',z,t) \tag{2.5-3a}$$

ここに、

$$\mathbf{A}_{0SH}(z)=\begin{pmatrix} 0 & \dfrac{1}{\rho C_S^2(z)} \\ -\rho\omega^2-\rho C_S^2(z)\dfrac{\partial^2}{\partial x'^2} & 0 \end{pmatrix} \tag{2.5-3b}$$

$$\mathbf{A}_{1SH}(z)=\begin{pmatrix} 0 & -\dfrac{f_\rho+2f_S}{\rho C_S^2(z)} \\ -\rho f_\rho\omega^2-\dfrac{\partial A_3}{\partial x'}\dfrac{\partial}{\partial x'}-A_3\dfrac{\partial^2}{\partial x'^2} & 0 \end{pmatrix} \tag{2.5-3c}$$

$$A_3(z)=\rho C_S^2(f_\rho+2f_S) \tag{2.5-3d}$$

ここで、2.4 節と同様に時間・空間領域の方程式の 2 重フーリエ変換により振動数・波数領域の方程式に変換すると次式が得られる。

$$\frac{\partial \mathbf{B}(\kappa,z,\omega)}{\partial z}=\mathbf{A}_0(\kappa,z,\omega)\mathbf{B}(\kappa,z,\omega)+\frac{1}{2\pi}\int_{-\infty}^{\infty}\mathbf{C}(\kappa-\kappa',z,\omega)\mathbf{B}(\kappa',z,\omega)d\kappa' \tag{2.5-4a}$$

ここに、簡単のため変位・応力ベクトル等の下添字の P・SV や SH を省略している。

P・SV 波では、

$$\mathbf{A}_{0P\cdot SV}(\kappa,z,\omega)=\begin{pmatrix} 0 & -i\kappa & \dfrac{1}{\rho C_S^2(z)} & 0 \\ \left[2\left(\dfrac{C_S(z)}{C_P(z)}\right)^2-1\right]i\kappa & 0 & 0 & \dfrac{1}{\rho C_P^2(z)} \\ -\rho\omega^2+4\rho C_S^2(z)\left[1-\left(\dfrac{C_S(z)}{C_P(z)}\right)^2\right]\kappa^2 & 0 & 0 & \left[2\left(\dfrac{C_S(z)}{C_P(z)}\right)^2-1\right]i\kappa \\ 0 & -\rho\omega^2 & -i\kappa & 0 \end{pmatrix} \tag{2.5-4b}$$

$$\mathbf{C}_{P\cdot SV}(\kappa-\kappa',z,\omega)=$$
$$\begin{pmatrix} 0 & 0 & -\dfrac{f_\rho^*+2f_S^*}{\rho C_S^2(z)} & 0 \\ -i\kappa' 4\left(\dfrac{C_S(z)}{C_P(z)}\right)^2(f_P^*-f_S^*) & 0 & 0 & -\dfrac{f_\rho^*+2f_P^*}{\rho C_P^2(z)} \\ -\rho f_\rho \omega^2+\kappa\kappa' A_4(\kappa-\kappa',z) & 0 & 0 & -i\kappa' 4\left(\dfrac{C_S(z)}{C_P(z)}\right)^2(f_P^*-f_S^*) \\ 0 & -\rho f_\rho^* \omega^2 & 0 & 0 \end{pmatrix} \tag{2.5-4c}$$

$$A_4(\kappa-\kappa',z)=4\rho(z)C_S^2(z)\left[f_\rho^*\left(1-\left(\frac{C_S}{C_P}\right)^2\right)+2f_P^*\left(\frac{C_S}{C_P}\right)^2+2f_S^*\left(1-2\left(\frac{C_S}{C_P}\right)^2\right)\right] \tag{2.5-4d}$$

$$f_\rho^*=f_\rho(\kappa-\kappa'),\quad f_P^*=f_P(\kappa-\kappa'),\quad f_S^*=f_S(\kappa-\kappa') \tag{2.5-4e}$$

SH 波では、

$$\mathbf{A}_{0SH}(\kappa,z,\omega)=\begin{pmatrix} 0 & \dfrac{1}{\rho C_S^2(z)} \\ -\rho\omega^2+\rho C_S^2(z)\kappa^2 & 0 \end{pmatrix} \tag{2.5-4f}$$

$$\mathbf{C}_{SH}(\kappa-\kappa',z,\omega)=\begin{pmatrix} 0 & -\dfrac{f_\rho^*+2f_S^*}{\rho C_S^2(z)} \\ -\rho f_\rho^*\omega^2+\kappa\kappa'\rho C_S^2(z)(f_\rho^*+2f_S^*) & 0 \end{pmatrix} \tag{2.5-4g}$$

ここで、P 波と S 波の速度の水平方向の不均質性に比べ、密度の水平方向の不均質性が小さく、また P 波と S 波の速度の水平方向の不均質性が区別できないものと仮定すると、

$$f_S=f_P\gg f_\rho \tag{2.5-5a}$$

この場合、

P・SV 波では、

$$\mathbf{C}_{P\cdot SV}(\kappa-\kappa',z,\omega)=\begin{pmatrix} 0 & 0 & -\dfrac{2}{\rho C_S^2(z)} & 0 \\ 0 & 0 & 0 & -\dfrac{2}{\rho C_P^2(z)} \\ 8\kappa\kappa'\rho C_S^2(z)\left(1-\left(\dfrac{C_S(z)}{C_P(z)}\right)^2\right) & 0 & 0 & 0 \\ 0 & 0 & 0 & 0 \end{pmatrix} f_S^* \tag{2.5-5b}$$

SH 波では、

$$\mathbf{C}_{SH}(\kappa-\kappa',z,\omega)=\begin{pmatrix} 0 & -\dfrac{2}{\rho C_S^2(z)} \\ 2\kappa\kappa'\rho C_S^2(z) & 0 \end{pmatrix} f_S^* \tag{2.5-5c}$$

(2) 不均質弾性体の行列表示方程式の近似解

式(2.5-4a)の解は、連立 1 階微分方程式の解から求められる伝達行列 $\mathbf{P}(z,z_0)$ (3 章 3.1 節参照)を用いて次式のように与えられる。

$$\mathbf{B}(\kappa,z,\omega)=\mathbf{P}(z,z_0)\mathbf{B}(\kappa,z_0,\omega)+\frac{1}{2\pi}\int_{z_0}^{z}\mathbf{P}(z,z')dz'\int_{-\infty}^{\infty}\mathbf{C}(\kappa-\kappa',z',\omega)\mathbf{B}(\kappa',z',\omega)d\kappa' \tag{2.5-6}$$

上式では、$\mathbf{A}_0(\kappa,z,\omega)$ 行列に比べ $\mathbf{C}(\kappa-\kappa',z',\omega)$ 行列が十分に小さい場合、繰り返し法により以下のように近似解を求めることができる。

均質弾性体の解を $\mathbf{B}^0(\kappa,z,\omega)$ とすると、

$$\mathbf{B}^0(\kappa,z,\omega)=\mathbf{P}(z,z_0)\mathbf{B}^0(\kappa,z_0,\omega) \tag{2.5-7a}$$

この均質弾性体の解を式(2.5-6)の右辺第 2 項に代入して第 1 次近似解 $\mathbf{B}^I(\kappa,z,\omega)$ が求まる。

$$\mathbf{B}^I(\kappa,z,\omega)=\mathbf{P}(z,z_0)\mathbf{B}^I(\kappa,z_0,\omega)+\frac{1}{2\pi}\int_{z_0}^{z}\mathbf{P}(z,z')dz'\int_{-\infty}^{\infty}\mathbf{C}(\kappa-\kappa',z',\omega)\mathbf{P}(z',z_0)\mathbf{B}^0(\kappa',z_0,\omega)d\kappa' \tag{2.5-7b}$$

2.5.2　不整形弾性体の行列表示方程式とその近似解

(1) 不整形弾性体の行列表示方程式

ここでは、図 2.5-1 のように 2 つの弾性体の境界が水平 (x' 軸) 方向に不整形である場合、以下に表されるような不整形弾性体の方程式とその近似解を求める。

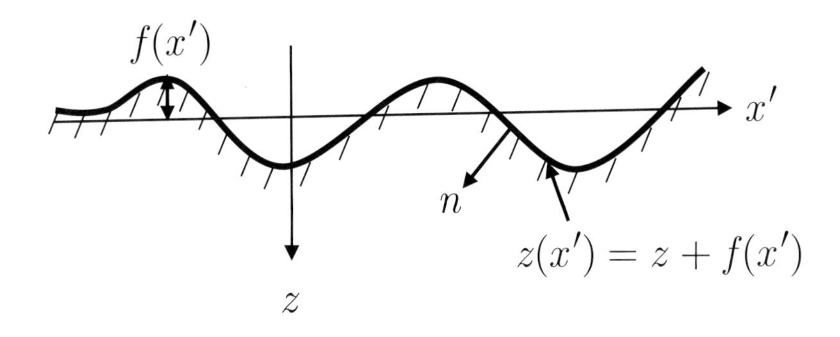

図 2.5-1　2 つの弾性体の不整形境界とその記号

2つの弾性体の不整形境界で変位と応力が連続するため、変位・応力ベクトルが次式のような水平(x' 軸)方向の不整形境界 $f(x')$ の関数に変更される。

$$z(x') = z + f(x') \tag{2.5-8}$$

境界面の単位法線ベクトルを $\mathbf{n} = (n_{x'}, n_z)^T$ とすると、不整形境界面上応力の (x', y', z) 軸方向応力(トラクション)の連続性が必要になり、この応力は次式のように表される。

$$\tau_{nx'} = \tau_{x'x'} n_{x'} + \tau_{zx'} n_z, \quad \tau_{nz} = \tau_{x'z} n_{x'} + \sigma_{zz} n_z, \quad \tau_{ny'} = \tau_{x'y'} n_{x'} + \tau_{zy'} n_z \tag{2.5-9a}$$

また、$\tau_{x'x'} = \sigma_{x'x'}$ と $\tau_{x'y'}$ は変位 u_0, v_0 の微分で次式のように表される。

$$\tau_{x'x'} (= \sigma_{x'x'}) = \frac{4\mu(\lambda+\mu)}{\lambda+2\mu} \frac{\partial u_0}{\partial x'} + \frac{\lambda}{\lambda+2\mu} \sigma_{zz}, \quad \tau_{x'y'} = \mu \frac{\partial v_0}{\partial x'} \tag{2.5-9b}$$

単位法線ベクトルの成分は幾何学的関係から次式で与えられる。

$$n_{x'} = -\frac{\dfrac{\partial f}{\partial x'}}{\sqrt{1+\left(\dfrac{\partial f}{\partial x'}\right)^2}}, \quad n_z = \frac{1}{\sqrt{1+\left(\dfrac{\partial f}{\partial x'}\right)^2}} \tag{2.5-9c}$$

上式(2.5-9)の3つの式より、不整形境界面での変位・応力ベクトルは次式のようになる。

P・SV 波では、

$$\begin{pmatrix} u_0 \\ w_0 \\ \sqrt{1+\left(\dfrac{\partial f}{\partial x'}\right)^2} \tau_{nx'} \\ \sqrt{1+\left(\dfrac{\partial f}{\partial x'}\right)^2} \tau_{nz} \end{pmatrix} = \begin{pmatrix} 1 & 0 & 0 & 0 \\ 0 & 1 & 0 & 0 \\ -\dfrac{4\mu(\lambda+\mu)}{\lambda+2\mu} \dfrac{\partial f}{\partial x'} \dfrac{\partial}{\partial x'} & 0 & 1 & -\dfrac{\lambda}{\lambda+2\mu} \dfrac{\partial f}{\partial x'} \\ 0 & 0 & -\dfrac{\partial f}{\partial x'} & 1 \end{pmatrix} \begin{pmatrix} u_0 \\ w_0 \\ \tau_{zx'} \\ \sigma_{zz} \end{pmatrix} \tag{2.5-10a}$$

SH 波では、

$$\begin{pmatrix} v_0 \\ \sqrt{1+\left(\dfrac{\partial f}{\partial x'}\right)^2} \tau_{ny'} \end{pmatrix} = \begin{pmatrix} 1 & 0 \\ -\mu \dfrac{\partial f}{\partial x'} \dfrac{\partial}{\partial x'} & 1 \end{pmatrix} \begin{pmatrix} v_0 \\ \tau_{zy'} \end{pmatrix} \tag{2.5-10b}$$

この2つの式は、次式のように行列表示することができる。

$$\mathbf{b}(x',f,t)=\left(\mathbf{I}+\mathbf{Q}_0\frac{\partial f}{\partial x'}\right)\mathbf{B}(x',f,t) \tag{2.5-11a}$$

ここに、$\mathbf{I}$ は単位行列で $\mathbf{Q}_0$ は次式のようになる。P・SV 波と SH 波では、

$$\mathbf{Q}_{0P\cdot SV}=\begin{pmatrix} 0 & 0 & 0 & 0 \\ 0 & 0 & 0 & 0 \\ -\dfrac{4\mu(\lambda+\mu)}{\lambda+2\mu}\dfrac{\partial}{\partial x'} & 0 & 0 & -\dfrac{\lambda}{\lambda+2\mu} \\ 0 & 0 & -1 & 0 \end{pmatrix},\quad \mathbf{Q}_{0SH}=\begin{pmatrix} 0 & 0 \\ -\mu\dfrac{\partial}{\partial x'} & 0 \end{pmatrix} \tag{2.5-11b}$$

ここで、$\mathbf{B}(x',f,t)$ を $z(x')=z$ の回りでテーラー展開すると、

$$\mathbf{B}(x',f,t)=\mathbf{B}(x',z,t)+\frac{\partial\mathbf{B}(x',z,t)}{\partial z}f=\left(\mathbf{I}+f\mathbf{A}_0(z)\right)\mathbf{B}(x',z,t) \tag{2.5-12}$$

右辺の最後の式では、水平境界の式 $\partial\mathbf{B}(x',z,t)\,/\,\partial z=\mathbf{A}_0(z)\mathbf{B}(x',z,t)$ を用いた。

したがって、式 (2.5-11a) の右辺に式 (2.5-12) を代入し高次項を無視すると、不整形境界面での変位・応力ベクトルは次式のように表される。

$$\mathbf{b}(x',f,t)=\left(\mathbf{I}+\mathbf{A}_0 f+\mathbf{Q}_0\frac{\partial f}{\partial x'}\right)\mathbf{B}(x',z,t) \tag{2.5-13}$$

これを振動数・波数領域に変換すると、

$$\mathbf{b}(\kappa,f(\kappa),\omega)=\mathbf{B}(\kappa,z,\omega)+\frac{1}{2\pi}\int_{-\infty}^{\infty}f(\kappa-\kappa')\mathbf{J}(\kappa,\kappa',\omega)\mathbf{B}(\kappa',z,\omega)d\kappa' \tag{2.5-14a}$$

ここに、

$$\mathbf{J}(\kappa,\kappa',\omega)=\mathbf{A}_0(\kappa',z,\omega)+i(\kappa-\kappa')\mathbf{Q}_0(\kappa') \tag{2.5-14b}$$

P・SV 波では、上式の係数行列は、

$$\mathbf{A}_{0P\cdot SV}(\kappa,z,\omega)=\begin{pmatrix} 0 & -i\kappa & \dfrac{1}{\rho C_S^2(z)} & 0 \\ \left[2\left(\dfrac{C_S(z)}{C_P(z)}\right)^2-1\right]i\kappa & 0 & 0 & \dfrac{1}{\rho C_P^2(z)} \\ -\rho\omega^2+4\rho C_S^2(z)\left[1-\left(\dfrac{C_S(z)}{C_P(z)}\right)^2\right]\kappa^2 & 0 & 0 & \left[2\left(\dfrac{C_S(z)}{C_P(z)}\right)^2-1\right]i\kappa \\ 0 & -\rho\omega^2 & -i\kappa & 0 \end{pmatrix} \tag{2.5-15a}$$

$$\mathbf{Q}_{0P\cdot SV} = \begin{pmatrix} 0 & 0 & 0 & 0 \\ 0 & 0 & 0 & 0 \\ -i\kappa\dfrac{4\mu(\lambda+\mu)}{\lambda+2\mu} & 0 & 0 & -\dfrac{\lambda}{\lambda+2\mu} \\ 0 & 0 & -1 & 0 \end{pmatrix} \tag{2.5-15b}$$

$$\mathbf{J}_{P\cdot SV}(\kappa,\kappa',\omega) = \begin{pmatrix} 0 & -i\kappa' & \dfrac{1}{\rho C_S^2(z)} & 0 \\ \left[2\left(\dfrac{C_S(z)}{C_P(z)}\right)^2 - 1\right] i\kappa' & 0 & 0 & \dfrac{1}{\rho C_P^2(z)} \\ -\rho\omega^2 + 4\rho C_S^2(z)\left[1-\left(\dfrac{C_S(z)}{C_P(z)}\right)^2\right]\kappa\kappa' & 0 & 0 & \left[2\left(\dfrac{C_S(z)}{C_P(z)}\right)^2 - 1\right] i\kappa \\ 0 & -\rho\omega^2 & -i\kappa & 0 \end{pmatrix} \tag{2.5-15c}$$

SH 波では、

$$\mathbf{A}_{0SH}(\kappa,z,\omega) = \begin{pmatrix} 0 & \dfrac{1}{\rho C_S^2(z)} \\ -\rho\omega^2 + \rho C_S^2(z)\kappa^2 & 0 \end{pmatrix} \tag{2.5-16a}$$

$$\mathbf{Q}_{0SH}(\kappa) = \begin{pmatrix} 0 & 0 \\ -i\kappa\mu & 0 \end{pmatrix}, \quad \mathbf{J}_{SH}(\kappa,z,\omega) = \begin{pmatrix} 0 & \dfrac{1}{\rho C_S^2(z)} \\ -\rho\omega^2 + \rho C_S^2(z)\kappa\kappa' & 0 \end{pmatrix} \tag{2.5-16b}$$

以上の準備の下で、不整形境界面$z(x')$では変位・応力ベクトル$\mathbf{b}_1(x',f,t) = \mathbf{b}_2(x',f,t)$の条件が必要であるため、振動数・波数領域では式(2.5-14a)より、次式が成立する。

$$\begin{aligned} &\mathbf{B}_1(\kappa,z,\omega) + \frac{1}{2\pi}\int_{-\infty}^{\infty} f(\kappa-\kappa')\mathbf{J}_1(\kappa,\kappa',\omega)\mathbf{B}_1(\kappa',z,\omega)d\kappa' = \\ &\qquad \mathbf{B}_2(\kappa,z,\omega) + \frac{1}{2\pi}\int_{-\infty}^{\infty} f(\kappa-\kappa')\mathbf{J}_2(\kappa,\kappa',\omega)\mathbf{B}_2(\kappa',z,\omega)d\kappa' \end{aligned} \tag{2.5-17}$$

(2) 不整形弾性体の近似解

水平多層弾性体の解では$z(x') = z$で次式が成立する。

$$\mathbf{B}_1^0(\kappa,z,\omega) = \mathbf{B}_2^0(\kappa,z,\omega) \tag{2.5-18}$$

この水平多層弾性体の解は、3 章に記述するように伝達行列や剛性行列を用いて求めることができる。式(2.5-17)の第 1 次近似解を$\mathbf{B}_1^I(\kappa,z,\omega), \mathbf{B}_2^I(\kappa,z,\omega)$とすると次式が得られる。

$$\mathbf{B}_1^I(\kappa,z,\omega)=\mathbf{B}_2^I(\kappa,z,\omega)+\frac{1}{2\pi}\int_{-\infty}^{\infty}f(\kappa-\kappa')\mathbf{J}_{21}(\kappa,\kappa',\omega)\mathbf{B}_2^0(\kappa',z,\omega)d\kappa' \tag{2.5-19a}$$

$$\mathbf{J}_{21}(\kappa,\kappa',\omega)=\mathbf{J}_2(\kappa,\kappa',\omega)-\mathbf{J}_1(\kappa,\kappa',\omega) \tag{2.5-19b}$$

P・SV 波では、

$$\mathbf{J}_{21P\cdot SV}(\kappa,\kappa',\omega)=$$
$$\begin{pmatrix} 0 & 0 & \dfrac{1}{\rho_2 C_{S2}^2(z)}-\dfrac{1}{\rho_1 C_{S1}^2(z)} & 0 \\ i2\kappa'\left[\left(\dfrac{C_{S2}(z)}{C_{P2}(z)}\right)^2-\left(\dfrac{C_{S1}(z)}{C_{P1}(z)}\right)^2\right] & 0 & 0 & \dfrac{1}{\rho_2 C_{P2}^2(z)}-\dfrac{1}{\rho_1 C_{P1}^2(z)} \\ -(\rho_2-\rho_1)\omega^2+4\kappa\kappa'\left(\rho_2 C_{S2}^2(z)\left[1-\left(\dfrac{C_{S2}(z)}{C_{P2}(z)}\right)^2\right]-\rho_1 C_{S1}^2(z)\left[1-\left(\dfrac{C_{S1}(z)}{C_{P1}(z)}\right)^2\right]\right) & 0 & 0 & i2\kappa\left[\left(\dfrac{C_{S2}(z)}{C_{P2}(z)}\right)^2-\left(\dfrac{C_{S1}(z)}{C_{P1}(z)}\right)^2\right] \\ 0 & -(\rho_2-\rho_1)\omega^2 & 0 & 0 \end{pmatrix} \tag{2.5-19c}$$

SH 波では、

$$\mathbf{J}_{21SH}(\kappa,\kappa',\omega)=$$
$$\begin{pmatrix} 0 & \dfrac{1}{\rho_2 C_{S2}^2(z)}-\dfrac{1}{\rho_1 C_{S1}^2(z)} \\ -(\rho_2-\rho_1)\omega^2+\kappa\kappa'\left(\rho_2 C_{S2}^2(z)-\rho_1 C_{S1}^2(z)\right) & 0 \end{pmatrix} \tag{2.5-19d}$$

■ 例題 2.5-1

図 A のように半無限弾性体から SH 波が入射する場合の地表面不整形を有する 1 層弾性体の地表面応答を求めよ。

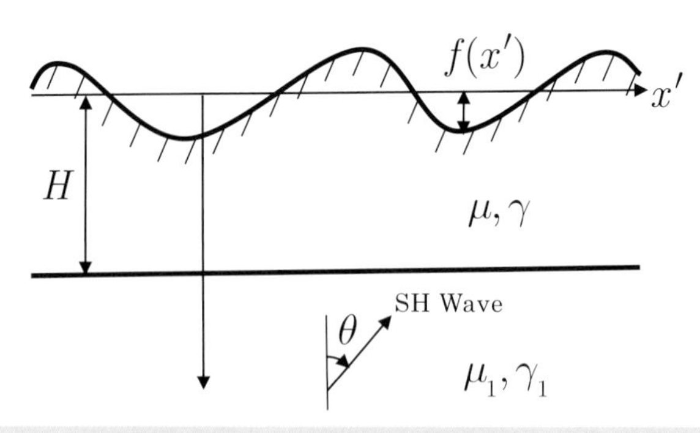

図A　SH 波入射による地表面不整形を有する1層弾性体

不整形地表面 $z(x') = f(x'), (z = 0)$ では、地表面応力（トラクション）は零なので、$\mathbf{b}(\kappa, f(\kappa), \omega) = \mathbf{B}(\kappa, f(\kappa), \omega) = (v_0(\kappa, f(\kappa)), 0)^T$ となる。式 (2.5-14a) より第1次近似解は次式となる。

$$\mathbf{B}^I(\kappa, f(\kappa), \omega) = \mathbf{B}^I(\kappa, 0, \omega) + \frac{1}{2\pi}\int_{-\infty}^{\infty} f(\kappa - \kappa')\mathbf{J}(\kappa, \kappa', \omega)\mathbf{B}^0(\kappa', 0, \omega)d\kappa' \tag{1}$$

3章の伝達行列 $\mathbf{P}(\kappa, 0, H)$ を用いると、水平多層弾性体の地表面の変位・応力ベクトル $\mathbf{B}^0(\kappa, 0, \omega)$ は深さ H での変位・応力ベクトル $\mathbf{B}^0(\kappa, H, \omega)$ から次式のように求められる。

$$\mathbf{B}^0(\kappa, 0, \omega) = \mathbf{P}(\kappa, 0, H)\mathbf{B}^0(\kappa, H, \omega) \tag{2}$$

図のように半無限弾性体から入射される単位振幅の SH 波は $e^{i(\kappa_0 x' - \omega t)}$ で表され、波数領域の解 $e^{i\kappa_0 x'}$ のフーリエ変換はデルタ関数 $\delta(\kappa' - \kappa_0)$ を使い次式で与えられる。

$$\int_{-\infty}^{\infty} e^{i\kappa_0 x'} e^{-i\kappa x'} dx' = \int_{-\infty}^{\infty} e^{-i(\kappa - \kappa_0)x'} dx' = 2\pi\delta(\kappa - \kappa_0) \tag{3a}$$

したがって、

$$\mathbf{B}^0(\kappa', H, \omega) = 2\pi\mathbf{B}^0(\kappa_0, H, \omega)\delta(\kappa' - \kappa_0), \quad \kappa_0 = \frac{\omega \sin\theta}{C_{S1}} \tag{3b}$$

式 (2) と (3) を式 (1) に代入すると、

$$\begin{aligned}\mathbf{B}^I(\kappa, f(\kappa), \omega) = 2\pi\mathbf{P}(\kappa, 0, H)\mathbf{B}^I(\kappa, H, \omega)\delta(\kappa - \kappa_0) + \\ f(\kappa - \kappa_0)\mathbf{J}(\kappa, \kappa_0, \omega)\mathbf{P}(\kappa_0, 0, H)\mathbf{B}^0(\kappa_0, H, \omega)\end{aligned} \tag{4}$$

境界条件の（1）不整形地表面でトラクション（境界面応力）が零、（2）入射 SH 波の振幅 v_{in} を考慮し、上式から不整形地表面での振動数・波数領域の変位を求めると、

$$v^I(\kappa, f(\kappa), \omega) = \left[\frac{p}{\cos\gamma H} 2\pi\delta(\kappa-\kappa_0) + qf(\kappa-\kappa_0)\gamma_0 \frac{\sin\gamma H}{\cos\gamma_0 H \cos\gamma H}\left(\frac{\kappa\kappa_0 - \kappa_0^2 - \gamma_0^2}{\gamma\gamma_0}\right)\right] 2v_{in} \tag{5}$$

ここに、

$$p = \frac{1}{1 - i\dfrac{\mu\gamma\sin\gamma H}{\mu_1\gamma_1\cos\gamma H}}, \quad q = p_0 \frac{1 + i\dfrac{\mu\gamma\cos\gamma H}{\mu_1\gamma_1\sin\gamma H}}{1 - i\dfrac{\mu\gamma\sin\gamma H}{\mu_1\gamma_1\cos\gamma H}}$$

半無限弾性体では $(\mu\gamma = \mu_1\gamma_1, H = 0)$、鉛直下方向から入射（$\kappa_0 = 0$）し、不整形地表面 $f(x')$ が波長 L 、振幅 f_0 の正弦波

$$f_0 \cos\left(\frac{2\pi}{L}x'\right) = f_0 \,\mathrm{Re}\left(e^{i\frac{2\pi}{L}x'}\right)$$

で表せるような場合（Re は実数部を意味する）、その波数領域の解は、

$$f(\kappa) = 2\pi f_0 \delta\left(\kappa - \frac{2\pi}{L}\right)$$

であるため、式 (5) の波数のフーリエ積分は解析的に以下のように求めることができる。

$$v^I(x', f(x'), \omega) = \frac{1}{2\pi}\int_{-\infty}^{\infty} v^I(\kappa, f(\kappa), \omega) e^{i\kappa x'} d\kappa$$
$$= \left[1 + f_0 \frac{\left(\dfrac{\omega}{C_{S1}}\right)^2}{\sqrt{\left(\dfrac{2\pi}{L}\right)^2 - \left(\dfrac{\omega}{C_{S1}}\right)^2}} \cos\left(\frac{2\pi}{L}x'\right)\right] 2v_{in}$$

この解析解は、境界要素法を使った数値計算と比較し、以下のような条件で適用できることがわかっている（Harada,1994）。

$$f_0 \le \alpha \times (S\text{ 波の波長}),\; f_0 \le \beta \times \frac{L}{4},\; \alpha \le 0.1,\; \beta \le 0.25$$

図 B はこの条件で材料減衰定数 8% を用いた解析解と境界要素法による数値計算結果の比較（実数部と虚数部）を示す。不整形の振幅 f_0 が S 波の波長の 0.06 の方がより数値計算結果と一致している。

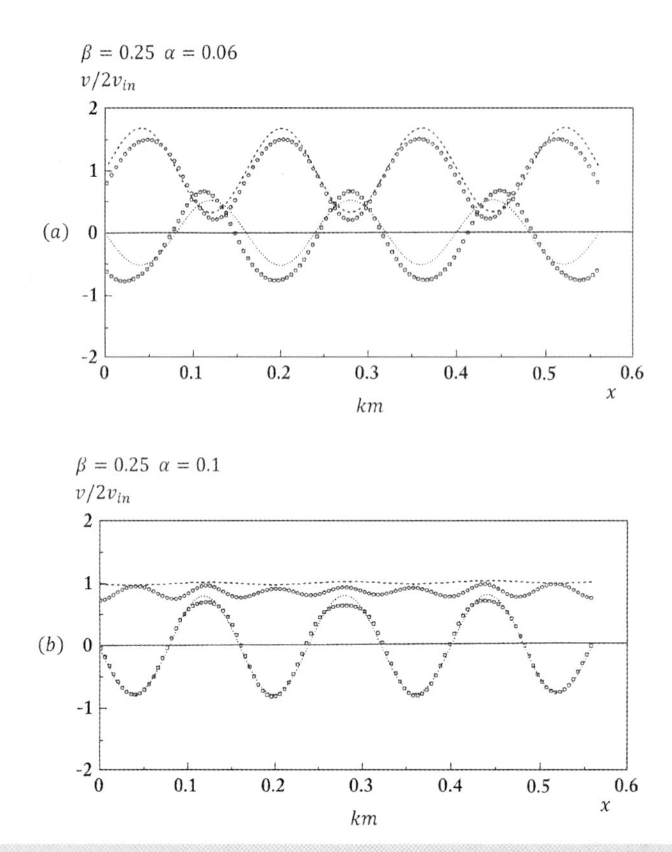

図 B　正弦波的な不整形地表を有する半無限弾性体に鉛直下方から SH 波が入射した時の不整形地表の応答倍率の実部と虚部の比較（破線は摂動法、○□は境界要素法）

補足 2.1　フーリエ変換と振動数・波数

任意の時間関数 $D(t)$ に対して次式のフーリエ変換が成立する。

$$D(\omega) = \int_{-\infty}^{\infty} D(t)\mathrm{e}^{i\omega t}dt, \quad D(t) = \frac{1}{2\pi}\int_{-\infty}^{\infty} D(\omega)\mathrm{e}^{-i\omega t}d\omega \qquad \text{(A2.1-1)}$$

記号の簡略化のため、時間関数 $D(t)$ のフーリエ変換も同じ関数記号を用いてフーリエ変換後のフーリエスペクトルを $D(\omega)$ と記述する。関数の変数を変えることで、時間領域か振動数領域かを区別する。本書では、通常のフーリエ変換と異なり $\mathrm{e}^{\pm i\omega t}$ の正負を逆に使っているが、上式の定義のようにすることで、波動方程式の振動数・波数領域の解法で用いる 3 重フーリエ変換における調和平面波を $\mathrm{e}^{i(\kappa_x x+\kappa_y y-\omega t)}$ として表現できるためである。振動数 ω や波数 κ_x, κ_y については以下で説明するが、κ_x, κ_y は x 軸と y 軸方向の波数である。

変数 ω は振動数 (rad/s) で円運動において 1 秒間に進む角度で角速度とも呼ばれる。オイラーの公式より $\mathrm{e}^{i\omega t} = \cos\omega t + i\sin\omega t$ となり、三角関数は振幅が 1 で位相角が 2π の周

期関数なので $e^{i\omega t}$ は振幅が 1 で位相角が 2π の周期関数であり、複素数のため複素調和振動と呼ばれる。変数 ω は、t が時間の場合、振動数 (rad/s) と呼ばれる。変数 t が空間変数の場合、記号 t よりも記号 x で区別し、変数 ω を記号 κ で表し波数(rad/m)と呼ぶ。

ここで、関数 $D(t), D(\omega)$ の単位を記述する。上式から $D(\omega)$ の単位は、時間関数 $D(t)$ の単位に時間を掛けたものである。もし、時間関数 $D(t)$ が加速度 ($\mathrm{cm/s^2}$) の場合、フーリエスペクトル $D(\omega)$ の単位は ($\mathrm{cm/s}$) となる。以下に、フーリエ変換の条件を示す。

一般の関数理論の範囲では、次式の絶対積分可能の条件が必要となるが、超関数の理論まで拡張すれば絶対積分可能の条件は不要になる。

$$\int_{-\infty}^{\infty} \left|D(t)\right| dt < \infty \qquad \text{(A2.1-2)}$$

そして、物理量を考える場合、$t = \pm\infty, \omega = \pm\infty$ の値は観測できないので、ある有限領域内での物理量が対象となり絶対積分可能条件は満たされる。

ここで、式(A2.1-1)のフーリエ変換の物理的意味を説明する。式(A2.1-1)の 2 番目の式は、振幅 $D(\omega)d\omega$ の複素調和振動 $D(\omega)d\omega\ e^{-i\omega t}$ をあらゆる振動数について足し合わせ、これを 2π で割ると時間関数 $D(t)$ が得られるというように解釈できる。

また、式 (A2.1-1) の 1 番目の式では、一般に 2 つの関数が同じであればその積は大きな値となり、似ていなければその積は小さくなる。このように考えると、$D(\omega)$ は時間関数 $D(t)$ が調和振動波形 $e^{i\omega t}$ にどれだけ類似しているかを表す指標であると解釈できる。すなわち、$D(\omega)$ は時間関数 $D(t)$ の中に振動数 ω の調和振動波形がどの程度含まれているかを表す指標となる。スペクトル (Spectrum) は単純な成分の組み合わせから構成される現象をその単純な成分に分解するという意味の言葉なので、時間的に複雑な関数を調和振動に分解した時の振幅や位相を表す $D(\omega)$ はフーリエスペクトと呼ばれる。

補足 2.2　振動数・波数領域の波動方程式

時間・空間領域の波動方程式をフーリエ変換して、振動数・波数領域の波動方程式を求めるための厳密な定式を示す。この厳密な定式は初期条件が零ではないような時に役立つ。波動方程式の解を導くに当たり、物理的条件として、時刻 $t < 0$ と無限遠では、弾性体は静止しているものとし、$0 \le t \le \infty$ の時間区間と、$-\infty \le x, y, z \le \infty$ の空間区間を対象とする。すなわち、次式を仮定する。

$$\Phi(x,y,z,t) = \begin{cases} 0 & (t < 0, -\infty < x,y,z < \infty) \\ \Phi(x,y,z,t) & (0 \le t < \infty, -\infty < x,y,z < \infty) \\ 0 & (t \to \infty, x,y,z \to \pm\infty) \end{cases} \qquad \text{(A2.2-1)}$$

時間・空間領域の波動方程式の両辺をフーリエ変換すると次式のようになる。

$$\iiint \nabla^2 \Phi \mathrm{e}^{-i(\kappa_x x+\kappa_y y-\omega t)} dxdydt = \frac{1}{C_P^2} \iiint \ddot{\Phi} \mathrm{e}^{-i(\kappa_x x+\kappa_y y-\omega t)} dxdydt \tag{A2.2-2}$$

ここで、部分積分より上式の左辺は次式のようになる。

$$\begin{aligned}\iiint \nabla^2 \Phi \mathrm{e}^{-i(\kappa_x x+\kappa_y y-\omega t)} dxdydt &= \iint \nabla^2 \mathrm{e}^{-i(\kappa_x x+\kappa_y y)} \left(\int_0^\infty \Phi \mathrm{e}^{i\omega t} dt \right) dxdy \\ &= \iint \nabla^2 \Phi(x,y,z,\omega) \mathrm{e}^{-i(\kappa_x x+\kappa_y y)} dxdy \\ &= \int_{-\infty}^{\infty} \mathrm{e}^{-i\kappa_x x} \left(\int_{-\infty}^{\infty} \nabla^2 \Phi(x,y,z,\omega) \mathrm{e}^{-i\kappa_y y} dy \right) dx\end{aligned} \tag{A2.2-3}$$

ここに、

$$\Phi(x,y,z,\omega) = \int_0^\infty \Phi(x,y,z,t) \mathrm{e}^{i\omega t} dt \tag{A2.2-4}$$

上式の y に関するフーリエ変換は次式のようになる。

$$\begin{aligned}&\int_{-\infty}^{\infty} \nabla^2 \Phi(x,y,z,\omega) \mathrm{e}^{-i\kappa_y y} dy = \\ &\quad \int_{-\infty}^{\infty} \left(\frac{\partial^2}{\partial x^2} + \frac{\partial^2}{\partial z^2} \right) \Phi(x,y,z,\omega) \mathrm{e}^{-i\kappa_y y} dy + \int_{-\infty}^{\infty} \frac{\partial^2}{\partial y^2} \Phi(x,y,z,\omega) \mathrm{e}^{-i\kappa_y y} dy \\ &\quad = \left(\frac{\partial^2}{\partial x^2} + \frac{\partial^2}{\partial z^2} \right) \int_{-\infty}^{\infty} \Phi(x,y,z,\omega) \mathrm{e}^{-i\kappa_y y} dy + \int_{-\infty}^{\infty} \frac{\partial^2}{\partial y^2} \Phi(x,y,z,\omega) \mathrm{e}^{-i\kappa_y y} dy \\ &\quad = \left(\frac{\partial^2}{\partial x^2} + \frac{\partial^2}{\partial z^2} - \kappa_y^2 \right) \Phi(x,\kappa_y,z,\omega)\end{aligned} \tag{A2.2-5}$$

上式右辺の第 2 行から第 3 行を導くに当たり、y に関するフーリエ変換が部分積分を用いると次式のようになることを用いた。

$$\begin{aligned}\int_{-\infty}^{\infty} \frac{\partial^2}{\partial y^2} \Phi(x,y,z,\omega) \mathrm{e}^{-i\kappa_y y} dy &= \left[\frac{\partial \Phi(x,y,z,\omega)}{\partial y} \mathrm{e}^{-i\kappa_y y} \right]_{-\infty}^{\infty} + i\kappa_y \int_{-\infty}^{\infty} \frac{\partial \Phi(x,y,z,\omega)}{\partial y} \mathrm{e}^{-i\kappa_y y} dy \\ &= i\kappa_y \left(\left[\Phi(x,y,z,\omega) \mathrm{e}^{-i\kappa_y y} \right]_{-\infty}^{\infty} + i\kappa_y \int_{-\infty}^{\infty} \Phi(x,y,z,\omega) \mathrm{e}^{-i\kappa_y y} dy \right) = -\kappa_y^2 \Phi(x,\kappa_y,z,\omega)\end{aligned} \tag{A2.2-6}$$

上式の右辺の式展開では、無限遠で変位等が零なので変位ポテンシャルとその 1 階微分は零となることを利用した。y に関するフーリエ変換を次式のように定義した。

$$\Phi(x,\kappa_y,z,\omega)=\int_{-\infty}^{\infty}\Phi(x,y,z,\omega)\mathrm{e}^{-i\kappa_y y}dy \tag{A2.2-7}$$

式(A2.2-5)を式(A2.2-3)に代入すると次式が得られる。

$$\begin{aligned}\iiint\nabla^2\Phi\mathrm{e}^{-i(\kappa_x x+\kappa_y y-\omega t)}dxdydt&=\int_{-\infty}^{\infty}\left(\frac{\partial^2}{\partial x^2}+\frac{\partial^2}{\partial z^2}-\kappa_y^2\right)\Phi(x,\kappa_y,z,\omega)\mathrm{e}^{-i\kappa_x x}dx\\&=\int_{-\infty}^{\infty}\frac{\partial^2}{\partial x^2}\Phi(x,\kappa_y,z,\omega)\mathrm{e}^{-i\kappa_x x}dx+\frac{\partial^2}{\partial z^2}\int_{-\infty}^{\infty}\Phi(x,\kappa_y,z,\omega)\mathrm{e}^{-i\kappa_x x}dx-\kappa_y^2\int_{-\infty}^{\infty}\Phi(x,\kappa_y,z,\omega)\mathrm{e}^{-i\kappa_x x}dx\\&=-\kappa_x^2\Phi(\kappa_x,\kappa_y,z,\omega)+\frac{\partial^2}{\partial z^2}\Phi(\kappa_x,\kappa_y,z,\omega)-\kappa_y^2\Phi(\kappa_x,\kappa_y,z,\omega)\\&=\left(\frac{\partial^2}{\partial z^2}-\kappa_x^2-\kappa_y^2\right)\Phi(\kappa_x,\kappa_y,z,\omega)\end{aligned} \tag{A2.2-8}$$

ここに、

$$\begin{aligned}\Phi(\kappa_x,\kappa_y,z,\omega)&=\int_{-\infty}^{\infty}\Phi(x,\kappa_y,z,\omega)\mathrm{e}^{-i\kappa_x x}dx\\&=\iint\Phi(x,y,z,\omega)\mathrm{e}^{-i(\kappa_x x+\kappa_y y)}dxdy=\iiint\Phi(x,y,z,t)\mathrm{e}^{-i(\kappa_x x+\kappa_y y-\omega t)}dxdydt\end{aligned} \tag{A2.2-9}$$

同様に、式(A2.2-2)の右辺のフーリエ変換は初期条件が零である場合(式(A2.2-11)参照)、次式のようになる。

$$\begin{aligned}\iiint\ddot{\Phi}\mathrm{e}^{-i(\kappa_x x+\kappa_y y-\omega t)}dxdydt&=\iint\mathrm{e}^{-i(\kappa_x x+\kappa_y y)}\left(\int_0^{\infty}\ddot{\Phi}\mathrm{e}^{i\omega t}dt\right)dxdy\\&=\iint\Phi(x,y,z,\omega)\mathrm{e}^{-i(\kappa_x x+\kappa_y y)}dxdy\\&=-\omega^2\Phi(\kappa_x,\kappa_x,z,\omega)\end{aligned} \tag{A2.2-10}$$

上式の右辺の式展開において次式を用いた。

$$\begin{aligned}\int_0^{\infty}\ddot{\Phi}\mathrm{e}^{i\omega t}dt&=\left[\dot{\Phi}(x,y,z,t)\mathrm{e}^{i\omega t}\right]_0^{\infty}-i\omega\int_0^{\infty}\dot{\Phi}(x,y,z,t)\mathrm{e}^{i\omega t}dt\\&=-\dot{\Phi}(x,y,z,0)-i\omega\left(\left[\Phi(x,y,z,t)\mathrm{e}^{i\omega t}\right]_0^{\infty}-i\omega\int_0^{\infty}\Phi(x,y,z,t)\mathrm{e}^{i\omega t}dt\right)\\&=-\dot{\Phi}(x,y,z,0)+i\omega\Phi(x,y,z,0)-\omega^2\Phi(x,y,z,\omega)\end{aligned} \tag{A2.2-11}$$

ここに、初期条件として $t=0$ で変位と速度が零の静止状態を、時刻が無限大で変位と速度が零の静止状態になることを仮定しているため変位ポテンシャルとその１階微分は零となることを利用した。

式(A2.2-2)に式(A2.2-8)と式(A2.2-10)を代入すると次式が求められる。

$$\left(\frac{\partial^2}{\partial z^2}+\nu^2\right)\Phi(\kappa_x,\kappa_y,z,\omega)=0,\quad \nu^2=\left(\frac{\omega}{C_P}\right)^2-\kappa_x^2-\kappa_y^2 \tag{A2.2-12}$$

補足 2.3　2 次元波動方程式の解

ここでは、1 章で求めた変位ポテンシャル（2 次元の場合、Φ,Ψ はどちらもスカラーである）を用いた 2 次元波動方程式（体積力 =0）の一般解をフーリエ変換で求める。波動方程式を以下に示す。

面内問題(P・SV 波問題):

$$\begin{pmatrix} u_0 \\ w_0 \end{pmatrix}=\begin{pmatrix} \dfrac{\partial}{\partial x'} \\ \dfrac{\partial}{\partial z} \end{pmatrix}\Phi+\begin{pmatrix} -\dfrac{\partial}{\partial z} \\ \dfrac{\partial}{\partial x'} \end{pmatrix}\Psi \tag{A2.3-1a}$$

$$\nabla^2\Phi=\frac{1}{C_P^2}\ddot{\Phi},\quad \nabla^2\Psi=\frac{1}{C_S^2}\ddot{\Psi},\quad \nabla^2=\frac{\partial^2}{\partial x'^2}+\frac{\partial^2}{\partial z^2}$$

面外問題(SH 波問題):

$$\nabla^2 v_0=\frac{1}{C_S^2}\ddot{v}_0,\quad \nabla^2=\frac{\partial^2}{\partial x'^2}+\frac{\partial^2}{\partial z^2} \tag{A2.3-1b}$$

面内問題と面外問題の波動方程式は基本的に同じであるため、以下では主に変位ポテンシャルの波動方程式の解を導く。

2 重フーリエ変換は次式のように定義する(補足 2.1 参照)。

$$\begin{pmatrix} \Phi(\kappa,z,\omega) \\ \Psi(\kappa,z,\omega) \end{pmatrix}=\iint\begin{pmatrix} \Phi(x',z,t) \\ \Psi(x',z,t) \end{pmatrix}\mathrm{e}^{-i(\kappa x'-\omega t)}dx'dt \tag{A2.3-2}$$

この 2 重フーリエ変換の定義よりフーリエ逆変換は次式のようになる。

$$\begin{pmatrix} \Phi(x',z,t) \\ \Psi(x',z,t) \end{pmatrix}=\frac{1}{(2\pi)^2}\iint\begin{pmatrix} \Phi(\kappa,z,\omega) \\ \Psi(\kappa,z,\omega) \end{pmatrix}\mathrm{e}^{i(\kappa x'-\omega t)}d\kappa d\omega \tag{A2.3-3}$$

ここに、κ は x' 軸方向の波数(rad/m)を、ω は振動数(または角速度)(rad/s)を表す。

波動方程式(A2.3-1)の解を導くに当たり、次式を仮定する。

$$\Phi(x',z,t)=\begin{cases}0 & (t<0,-\infty<x',z<\infty)\\ \Phi(x',z,t) & (0\le t<\infty,-\infty<x',z<\infty)\\ 0 & (t\to\infty,x',z\to\pm\infty)\end{cases} \tag{A2.3-4}$$

厳密には補足 2.2 に示したが、式(A2.3-4)の初期と無限時間および無限遠での静止状態を仮定する場合、式(A2.3-3)の両辺を時間や空間座標の微分が次式になる。

$$\begin{aligned}\ddot{\Phi}(x'z,t)&=\frac{1}{(2\pi)^2}\iint-\omega^2\Phi(\kappa,z,\omega)\mathrm{e}^{i(\kappa x'-\omega t)}d\kappa d\omega\\ \frac{\partial^2}{\partial x^2}\Phi(x'z,t)&=\frac{1}{(2\pi)^2}\iint-\kappa^2\Phi(\kappa,z,\omega)\mathrm{e}^{i(\kappa x'-\omega t)}d\kappa d\omega\\ \frac{\partial^2}{\partial z^2}\Phi(x'z,t)&=\frac{1}{(2\pi)^2}\iint\frac{\partial^2}{\partial z^2}\Phi(\kappa,z,\omega)\mathrm{e}^{i(\kappa x'-\omega t)}d\kappa d\omega\end{aligned} \tag{A2.3-5}$$

これを式(A2.3-1)の波動方程式に代入すると次式が得られる。

$$\frac{1}{(2\pi)^2}\iint\left(\frac{\partial^2}{\partial z^2}+\left(\frac{\omega}{C_P}\right)^2-\kappa^2\right)\Phi(\kappa,z,\omega)\mathrm{e}^{i(\kappa x'-\omega t)}d\kappa d\omega=0 \tag{A2.3-6}$$

上式を満足するためには次式が成り立たなければならない(式(2.2-7)参照)。

$$\left(\frac{\partial^2}{\partial z^2}+\nu^2\right)\Phi(\kappa,z,\omega)=0,\quad \nu^2=\left(\frac{\omega}{C_P}\right)^2-\kappa^2 \tag{A2.3-7}$$

上式が求める振動数・波数領域の波動方程式である。

これは、z の 2 階微分方程式であるため $\Phi=c\mathrm{e}^{\alpha z}$ の指数関数を仮定し、式(A2.3-7)に代入する。零でない解を得るための条件は、α が次式を満足することである。

$$\alpha^2+\nu^2=0\to\alpha=i\nu,-i\nu \tag{A2.3-8}$$

2 つの解 $\Phi=c_1\mathrm{e}^{i\nu z}, c_2\mathrm{e}^{-i\nu z}$ は満足する解であり、これら 2 つの解の和が一般解となる。

$$\Phi(\kappa,z,\omega)=\Phi_{out}\mathrm{e}^{i\nu z}+\Phi_{in}\mathrm{e}^{-i\nu z} \tag{A2.3-9}$$

上式では積分定数 $c_1,c_2\to\Phi_{out},\Phi_{in}$ と表現した。これらの積分定数は z 軸方向の境界条件により決定される。式(A2.3-3)のフーリエ逆変換より変位ポテンシャル Φ の一般解は、

$$\Phi(x',z,t)=\frac{1}{(2\pi)^2}\iint\left(\Phi_{out}\mathrm{e}^{i\nu z}+\Phi_{in}\mathrm{e}^{-i\nu z}\right)\mathrm{e}^{i(\kappa x'-\omega t)}d\kappa d\omega \tag{A2.3-10}$$

ここに、ν は z 軸方向の複素波数を表わし次式のように表される。

$$\nu=\sqrt{\left(\frac{\omega}{C_P}\right)^2-\kappa^2},\quad \mathrm{Im}(\nu)\ge 0 \tag{A2.3-11}$$

複素波数 ν の虚数部が正であるという条件式($\mathrm{Im}(\nu)\ge 0$)は、$z\to\pm\infty$ において波の振幅が零となるための条件(放射条件)として必要である。

以上の変位ポテンシャル Φ の一般解を参照し、P 波速度 C_P を S 波速度 C_S に変えると、変位ポテンシャル Ψ の一般解は、次式のように求められる。

$$\Psi(x', z, t) = \frac{1}{(2\pi)^2} \iint \left(\Psi_{SVout} \mathrm{e}^{i\gamma z} + \Psi_{SVin} \mathrm{e}^{-i\gamma z} \right) \mathrm{e}^{i(\kappa x' - \omega t)} d\kappa d\omega \qquad \text{(A2.3-12)}$$

ここに、γ は z 軸方向の複素波数を表わし、次式のように表される。

$$\gamma = \sqrt{\left(\frac{\omega}{C_S} \right)^2 - \kappa^2}, \quad \mathrm{Im}(\gamma) \geq 0 \qquad \text{(A2.3-13)}$$

また、面内問題(SH 波問題)の解は、変位ポテンシャル Ψ の解と同じであるが、変位ポテンではなく変位 v_0 の波動方程式なので、積分定数を u_{SHout}, u_{SHin} として次式のように与えられる。

$$v_0(x', z, t) = \frac{1}{(2\pi)^2} \iint \left(u_{SHout} \mathrm{e}^{i\gamma z} + u_{SHin} \mathrm{e}^{-i\gamma z} \right) \mathrm{e}^{i(\kappa x' - \omega t)} d\kappa d\omega \qquad \text{(A2.3-14)}$$

式 (A2.3-10) と式 (A2.3-12) で与えられる変位ポテンシャルの一般解を変位と変位ポテンシャルの関係式に代入すると、変位ポテンシャルを用いた 2 次元波動方程式の一般解として、振動数・波数領域の変位ベクトル $\mathbf{u}_0(\kappa, z, \omega)$ の各成分は次式のようになる。

$$\begin{pmatrix} u_0(z) \equiv u_0(\kappa, z, \omega) \\ w_0(z) \equiv w_0(\kappa, z, \omega) \end{pmatrix} = \begin{pmatrix} i\kappa \\ i\nu \end{pmatrix} \Phi_{out} \mathrm{e}^{i\nu z} + \begin{pmatrix} i\kappa \\ -i\nu \end{pmatrix} \Phi_{in} \mathrm{e}^{-i\nu z} + \begin{pmatrix} -i\gamma \\ i\kappa \end{pmatrix} \Psi_{SVout} \mathrm{e}^{i\gamma z} + \begin{pmatrix} i\gamma \\ i\kappa \end{pmatrix} \Psi_{SVin} \mathrm{e}^{-i\gamma z} \qquad \text{(A2.3-15a)}$$

$$v_0(z) \equiv v_0(\kappa, z, \omega) = \left(u_{SHout} \mathrm{e}^{i\gamma z} + u_{SHin} \mathrm{e}^{-i\gamma z} \right) \qquad \text{(A2.3-15b)}$$

これらを次式の 2 重フーリエ変換すると時間・空間領域の解が得られる。

$$\mathbf{u}_0(x', z, t) = \frac{1}{(2\pi)^2} \iint \mathbf{u}_0(\kappa, z, \omega) \mathrm{e}^{i(\kappa x' - \omega t)} d\kappa d\omega \qquad \text{(A2.3-16)}$$

補足 2.4　点震源の解から矩形震源断層の解を求める積分

矩形震源断層による上昇波の変位ベクトルは次式の積分で与えられる。

$$\mathbf{u}_{in}(\kappa_x, \kappa_y, \omega, z; M_0, z_s) = \int_0^L \int_0^W \frac{\mu D(x_{fso}, y_{fso}, \omega)}{M_0(\omega)} \mathbf{u}_{in}(\kappa_x, \kappa_y, \omega, z; \mathbf{x}_{so}) dx_{fso} dy_{fso} \qquad \text{(A2.4-1)}$$

上式で、点震源による上昇波の変位ベクトル $\mathbf{u}_{in}(\kappa_x, \kappa_y, \omega, z; \mathbf{x}_{so})$、点震源のすべり時間関数 $D(x_{fso}, y_{fso}, \omega)$、点震源の位置（$\mathbf{x}_{so} = x_{so}, y_{so}, z_{so}$）と矩形断層面上の位置（$x_{fso}, y_{fso}, 0$）の関係は次式で与えられる。

$$\begin{pmatrix} u_{in}(\kappa_x,\kappa_y,\omega,z;\mathbf{x}_{so}) \\ v_{in}(\kappa_x,\kappa_y,\omega,z;\mathbf{x}_{so}) \\ w_{in}(\kappa_x,\kappa_y,\omega,z;\mathbf{x}_{so}) \end{pmatrix} = M_0(\omega)\left(\begin{pmatrix} i\kappa_x \\ i\kappa_y \\ -i\nu \end{pmatrix} R_{Pin}\mathrm{e}^{-i\nu(z-z_{so})} + \begin{pmatrix} i(\kappa_y R_{S3in}+\gamma R_{S2in}) \\ -i(\gamma R_{S1in}+\kappa_x R_{S3in}) \\ i(\kappa_x R_{S2in}-\kappa_y R_{S1in}) \end{pmatrix}\mathrm{e}^{-i\gamma(z-z_{so})}\right)\mathrm{e}^{i[\kappa_x(x-x_{so})+\kappa_y(y-y_{so})-\omega t]} \tag{A2.4-2a}$$

$$D(x_{fso},y_{fso},\omega) = \begin{cases} D(\omega)\mathrm{e}^{i\frac{\omega x_{fso}}{v_r}} & \text{Type 1} \\ D(\omega)\mathrm{e}^{i\frac{\omega(L-x_{fso})}{v_r}} & \text{Type 2} \\ D(\omega)\mathrm{e}^{i\frac{\omega y_{fso}}{v_r}} & \text{Type 3} \\ D(\omega)\mathrm{e}^{i\frac{\omega(W-y_{fso})}{v_r}} & \text{Type 4} \end{cases}, \quad \begin{pmatrix} x_{so} \\ y_{so} \\ z_{so}-z_s \end{pmatrix} = \begin{pmatrix} 1 & 0 & 0 \\ 0 & \cos\delta & -\sin\delta \\ 0 & \sin\delta & \cos\delta \end{pmatrix}\begin{pmatrix} x_{fso} \\ y_{fso} \\ 0 \end{pmatrix} \tag{A2.4-2b}$$

ここでは、Type 1 の断層破壊を取り上げる。x_{fso}, y_{fso} に関する積分であるため積分に関係しない変数を区別して、式(A2.4-2a)を次式のように表す。

$$\begin{pmatrix} u_{in}(\kappa_x,\kappa_y,\omega,z;\mathbf{x}_{so}) \\ v_{in}(\kappa_x,\kappa_y,\omega,z;\mathbf{x}_{so}) \\ w_{in}(\kappa_x,\kappa_y,\omega,z;\mathbf{x}_{so}) \end{pmatrix} = M_0(\omega)\left(\mathbf{C}_P\mathrm{e}^{-i\nu(z-z_{so})} + \mathbf{C}_S\mathrm{e}^{-i\gamma(z-z_{so})}\right)\mathrm{e}^{i[\kappa_x(x-x_{so})+\kappa_y(y-y_{so})-\omega t]} \tag{A2.4-3a}$$

ここに、

$$\mathbf{C}_P = \begin{pmatrix} i\kappa_x \\ i\kappa_y \\ -i\nu \end{pmatrix} R_{Pin}, \quad \mathbf{C}_S = \begin{pmatrix} i(\kappa_y R_{S3in}+\gamma R_{S2in}) \\ -i(\gamma R_{S1in}+\kappa_x R_{S3in}) \\ i(\kappa_x R_{S2in}-\kappa_y R_{S1in}) \end{pmatrix} \tag{A2.4-3b}$$

式(A2.4-2)を式(A2.4-1)に代入して、式(A2.4-3)の表現式を考慮すると式(A2.4-1)は次式のように表される。

$$\mathbf{u}_{in}(\kappa_x,\kappa_y,\omega,z;M_0,z_s) = \mu D(\omega)LW\left(\mathbf{C}_P S_{P1}\mathrm{e}^{-i\nu(z-z_s)} + \mathbf{C}_S S_{S1}\mathrm{e}^{-i\gamma(z-z_s)}\right)\mathrm{e}^{i(\kappa_x x+\kappa_y y-\omega t)} \tag{A2.4-4a}$$

ここに、

$$S_{P1} = \frac{1}{LW}\int_0^L\int_0^W \mathrm{e}^{i\left(\frac{\omega}{v_r}-\kappa_x\right)x_{fso}}\mathrm{e}^{i(\nu\sin\delta-\kappa_y\cos\delta)y_{fso}}dx_{fso}dy_{fso} \tag{A2.4-4b}$$

$$S_{S1} = \frac{1}{LW}\int_0^L\int_0^W \mathrm{e}^{i\left(\frac{\omega}{v_r}-\kappa_x\right)x_{fso}}\mathrm{e}^{i(\gamma\sin\delta-\kappa_y\cos\delta)y_{fso}}dx_{fso}dy_{fso}$$

上式の積分から、次式が得られる。

$$S_{P1} = \frac{1}{LW} \frac{\left(e^{-i\left(\kappa_x - \frac{\omega}{v_r}\right)L} - 1\right)\left(e^{-i(\kappa_y \cos\delta - \nu \sin\delta)W} - 1\right)}{\left(\frac{\omega}{v_r} - \kappa_x\right)(\kappa_y \cos\delta - \nu \sin\delta)}$$

$$S_{S1} = \frac{1}{LW} \frac{\left(e^{-i\left(\kappa_x - \frac{\omega}{v_r}\right)L} - 1\right)\left(e^{-i(\kappa_y \cos\delta - \gamma \sin\delta)W} - 1\right)}{\left(\frac{\omega}{v_r} - \kappa_x\right)(\kappa_y \cos\delta - \gamma \sin\delta)} \quad \text{(A2.4-5)}$$

補足 2.5　面積 $dLdW$ の微小断層と面積 LW の断層のすべり時間関数の関係（相似則）

面積 $dLdW$ 微小断層のすべり時間関数を $D_{small}(t)$、面積 LW の断層のすべり時間関数を $D(t)$ として、両者のすべり時間関数の関係には、次式のような相似則があるものと仮定する（応力降下量が一定と仮定する（補足 4.1 参照））。

$$D(t) = ND_{small}(t) \quad \text{(A2.5-1a)}$$

ここで定義した N には、以下に説明するように次式の関係が成立しており、これは微小断層と大断層の相似則と呼ばれる。

$$N = \frac{D_0}{D_{0small}} = \frac{\tau}{\tau_{small}} = \frac{L}{dL} = \frac{W}{dW} = \left(\frac{M_0(\omega)}{M_{0small}(\omega)}\right)^{1/3} \quad \text{(A2.5-1b)}$$

この相似則は、振動数領域のすべり時間関数 $D(\omega), D_{small}(\omega)$ では次式のようになる。

$$D(\omega) = \int_{-\infty}^{\infty} D(t)e^{i\omega t}dt = \int_{-\infty}^{\infty} ND_{small}(t)e^{i\omega t}dt = ND_{small}(\omega) \quad \text{(A2.5-1c)}$$

また、N はすべり時間関数の相似率を表す。この相似則は、微小断層のすべり時間関数 $D_{small}(t)$ の振幅（すべり変位）と時間定数を N 倍に拡大すると、面積 LW の断層のすべり時間関数 $D(t)$ となることを意味している。例えば、微小断層のすべり時間関数が傾斜関数や指数関数の場合、$D_{small}(t)$ は以下のように表される

傾斜関数 :

$$D_{small}(t) = \begin{cases} D_{0small} \dfrac{t}{\tau_{small}} & ,(0 \le t \le \tau_{small}) \\ D_{0small} & ,(\tau_{small} \le t) \end{cases} \quad \text{(A2.5-2a)}$$

指数関数 :

$$D_{small}(t) = D_{0small}\left(1 - e^{-\frac{t}{\tau_{small}}}\right) \tag{A2.5-2b}$$

ここに、D_{0small}, τ_{small} は微小断層のすべり量と立ち上がり時間を表す。

式(A2.5-1)の相似則より断層すべり時間関数 $D(t)$ が次式のように求められる。

傾斜関数 :

$$D(t) = \begin{cases} ND_{0small}\dfrac{t}{N\tau_{small}} = D_0\dfrac{t}{\tau} & ,(0 \le t \le \tau) \\ ND_{0small} = D_0 & ,(\tau \le t) \end{cases} \tag{A2.5-3a}$$

指数関数 :

$$D(t) = ND_{0small}\left(1 - e^{-\frac{t}{N\tau_{small}}}\right) = D_0\left(1 - e^{-\frac{t}{\tau}}\right) \tag{A2.5-3b}$$

ここに、D_0, τ は面積 LW の断層のすべり量と立ち上がり時間を表す。

また、小地震と大地震の断層の大きさに関しても同じ次式の相似則を仮定すると、小地震と大地震の地震モーメントは次式で与えられる。

$$\begin{aligned} &M_{0small}(\omega) = \mu D_{small}(\omega)dLdW \\ &M_0(\omega) = \mu D(\omega)LW = \mu ND_{small}(\omega)N^2dLdW = N^3M_{0small}(\omega) \end{aligned} \tag{A2.5-4}$$

したがって、面積 LW の断層を長さと幅方向に $N \times N$ に分割した面積 $dLdW$ の微小断層の地震モーメントとの間には次式が成立する。

$$N = \left(\frac{M_0(\omega)}{M_{0small}(\omega)}\right)^{1/3} \tag{A2.5-5}$$

補足 2.6　振動数・波数領域のグリーン関数の求め方

線形システムの応答解析法はすでに確立されている。これらの解析法は、空間・時間領域の解析法と振動数・波数領域の解析法の 2 つに大別できよう。後者の解析法では、前者に比べると簡単な代数計算で振動数・波数領域の解析解(振動数・波数スペクトル)が求められる。振動数・波数領域の解析法は、時空間的に変動する物理量(例えば地震波)のどのくらいの波長と周期の成分がどの方向に進むかを直接的に表わす振動数・波数スペクトルを取り扱うので物理的解釈にも適している（数式だけの解釈より振動数・波数スペクトルのグラフを描くともっとわかりやすい)。この解析法の創始者が誰であるのかはわからないが、例えば Lamb (1904) は、この方法によって半無限弾性体中や表面上に作用する加振力による地表面の変動を求めている。この当時は、振動数・波数領域の解析解を空間・時間領域に変換するためには、フーリエ積分を解析的に行なう以外に方法がなかった。この積分の解析解を得るには高度な数学知識を必要とした。多くの場合、何等かの制約条件下で空間・時間領域の解析解を得ることができるにすぎなかった。しかし現在では、コンピュータによる数値積分、あるいは高速フーリエ変換を使って振動数・波数領域の解析解から容易に空間・時間領域の数値解を得ることが可能である。

ここでは、主に弾性波動のグリーン関数を例として、フーリエ変換を用いる振動数・波数領域の解析法で線形システムの応答を求める方法を中心に説明する。

(1) 力積(Impulse)と衝撃力(Impulsive Force)並びにDiracのデルタ関数

時刻 t の力積（Impulse）$I(t)$ は、次式のような微小時間 dt の間に作用する力 $f(t)$ とその作用時間の積として定義される。

$$I(t) = f(t)dt \tag{A2.6-1}$$

このため、時間の単位を (s)、力を (N) とするならば、力積の単位は $(N \cdot s)$ となる。ここに、力積が1の場合を単位力積（Unit Impulse）と言う。単位力積の場合、作用力は上式より次式のように表わされ作用時間に逆比例して大きくなる。

$$f(t) = \frac{1}{dt} \tag{A2.6-2}$$

上式の単位力積の衝撃力（Impulsive Force）を表現するために次式の特性を有するDiracのデルタ関数 $\delta(t)$ が使われる。

$$\delta(t) = \begin{cases} \infty & t = 0 \\ 0 & t \neq 0 \end{cases} \quad , \int_{-\infty}^{\infty} \delta(t)dt = 1 \tag{A2.6-3a}$$

デルタ関数を模式的に描くと図A2.6-1のようになる。

原点を τ ずらすと図A2.6-1の模式図よりそのデルタ関数は $\delta(t-\tau) = \delta(\tau - t)$ となる。

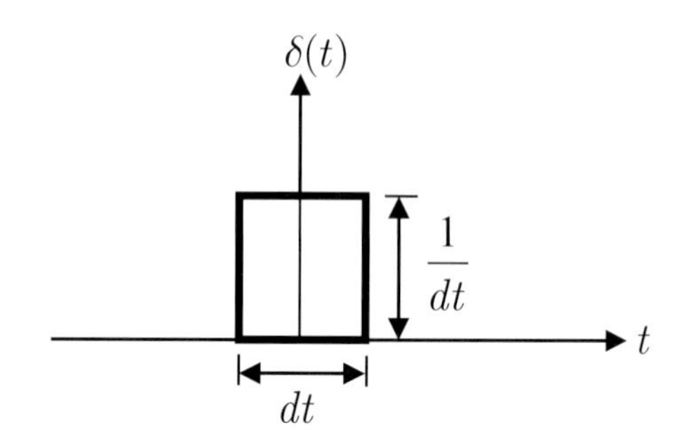

図 A2.6-1　デルタ関数の模式図

また、式 (A2.6-3a) のデルタ関数の定義から、デルタ関数は時間 $f(t)$ の積分を次式のように局所化する性質を持ち、これは積分表示と呼ばれ重要な公式である。

$$f(t)=\int_{-\infty}^{\infty} f(\tau)\delta(t-\tau)d\tau=\int_{-\infty}^{\infty} f(\tau)\delta(\tau-t)d\tau \tag{A2.6-3b}$$

この局所化の性質は、以下のような関数とデルタ関数の微分の性質にも応用できる。

$$\begin{aligned}\frac{df(t)}{dt}&=\int_{-\infty}^{\infty}\frac{df(\tau)}{d\tau}\delta(t-\tau)d\tau=\left[f(\tau)\delta(t-\tau)\right]_{-\infty}^{\infty}-\int_{-\infty}^{\infty}f(\tau)\frac{d\delta(t-\tau)}{d\tau}d\tau\\&=-\int_{-\infty}^{\infty}f(\tau)\frac{d\delta(t-\tau)}{d\tau}d\tau\end{aligned} \tag{A2.6-3c}$$

上式は部分積分と $\tau=\pm\infty$ で $\delta(t-\tau)=0$ を使って求めた。

(2) 集中荷重(Force)と応力(Stress)並びにデルタ関数

平面上の点 $(x,\ y)$ に作用する集中荷重 $Q(x,y)$ は、点 $(x,\ y)$ の応力またはトラクション(Stress or Traction) $q(x,y)$ に微小面積 $dxdy$ をかけて求められる。

$$Q(x,y)=q(x,y)dxdy \tag{A2.6-4}$$

単位荷重 $Q(x,y)=1$ に対する単位応力 $q(x,y)$ は次式のようになる。

$$q(x,y)=\frac{1}{dxdy} \tag{A2.6-5}$$

上式の単位応力 $q(x,y)$ は次式で定義されるデルタ関数によって表わすことができる。

$$\delta(x,y)=\begin{cases}\infty & x=y=0\\ 0 & others\end{cases},\quad \iint\delta(x,y)dxdy=1 \tag{A2.6-6}$$

上式で定義されるデルタ関数を模式的に描くと図 A2.6-2 のようになる。

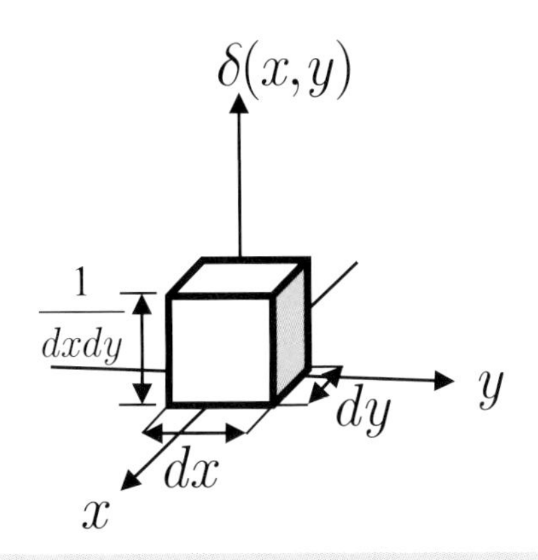

図 A2.6-2　2 次元デルタ関数の模式図

式 (A2.6-3) のデルタ関数による積分の局所化の性質は、以下のように 3 次元座標の関数 $f(x, y, z) = f(\mathbf{x})$ に拡張できる。

$$f(x, y, z) = f(\mathbf{x}) = \int_{V(\boldsymbol{\xi})} f(\boldsymbol{\xi})\delta(\mathbf{x} - \boldsymbol{\xi})d\boldsymbol{\xi} = \int_{V(\boldsymbol{\xi})} f(\boldsymbol{\xi})\delta(\boldsymbol{\xi} - \mathbf{x})d\boldsymbol{\xi} \tag{A2.6-7a}$$

$$\frac{\partial f(\mathbf{x})}{\partial x_i} = \int_{V(\boldsymbol{\xi})} \frac{\partial f(\boldsymbol{\xi})}{\partial \xi_i}\delta(\mathbf{x} - \boldsymbol{\xi})d\boldsymbol{\xi} = -\int_{V(\boldsymbol{\xi})} f(\boldsymbol{\xi})\frac{\partial \delta(\mathbf{x} - \boldsymbol{\xi})}{\partial \xi_i}d\boldsymbol{\xi} \tag{A2.6-7b}$$

ここに、$V(\boldsymbol{\xi})$ は空間座標 $\boldsymbol{\xi} = (\xi_x, \xi_y, \xi_z)$ の体積を意味する。

(3) フーリエ変換とデルタ関数

時間関数 $u(t)$ のフーリエ積分を $U(\omega)$ とすると次の関係式が成立する。

$$\begin{aligned} u(t) &= \frac{1}{2\pi}\int U(\omega)\mathrm{e}^{-i\omega t}d\omega \\ U(\omega) &= \int u(t)\mathrm{e}^{i\omega t}dt \end{aligned} \tag{A2.6-8}$$

上式はフーリエ変換と呼ばれる。通常の時間関数のフーリエ変換の複素調和振動 $\mathrm{e}^{i\omega t}$ の正負が逆になっていることに注意せよ。上式の定義は後で用いる複素平面波を $\mathrm{e}^{i(\kappa_x x + \kappa_y y - \omega t)}$ のように定義しているためである。

上式のフーリエ変換は 2 次元空間座標 $(x,\ y)$ の関数 $u(x,\ y)$ に対しても成立する。

$$\begin{aligned} u(x, y) &= \frac{1}{(2\pi)^2}\iint U(\kappa_x, \kappa_y)\mathrm{e}^{i(\kappa_x x + \kappa_y y)}d\kappa_x d\kappa_y \\ U(\kappa_x, \kappa_y) &= \iint u(x, y)\mathrm{e}^{-i(\kappa_x x + \kappa_y y)}dxdy \end{aligned} \tag{A2.6-9}$$

さらに、2 次元空間座標 $(x,\ y)$ と時間 t の関数 $u(x,\ y,\ t)$ に対しても成立する。

$$\begin{aligned} u(x, y, t) &= \frac{1}{(2\pi)^3}\iiint U(\kappa_x, \kappa_y, \omega)\mathrm{e}^{i(\kappa_x x + \kappa_y y - \omega t)}d\kappa_x d\kappa_y d\omega \\ U(\kappa_x, \kappa_y, \omega) &= \iiint u(x, y, t)\mathrm{e}^{-i(\kappa_x x + \kappa_y y - \omega t)}dxdydt \end{aligned} \tag{A2.6-10}$$

ここで、デルタ関数のフーリエ変換を求めてみよう。時間関数を $u(t) = \delta(t)$ とするとそのフーリエ変換 $\Delta(\omega)$ は積分表示式 (A2.6-3b) より次式のようになる。

$$\Delta(\omega) = 1 \tag{A2.6-11a}$$

したがって、デルタ関数は次の積分で表わされる。

$$\delta(t) = \frac{1}{2\pi}\int \mathrm{e}^{-i\omega t}d\omega \tag{A2.6-11b}$$

同様に、2 次元空間座標の関数のデルタ関数 $\delta(x, y)$ は次の積分表示となり、そのフーリエ変換を$\Delta(\kappa_x,\kappa_y)$とすると$\Delta(\kappa_x,\kappa_y)=1$となる。

$$\delta(x,y)=\frac{1}{(2\pi)^2}\iint \mathrm{e}^{i(\kappa_x x+\kappa_y y)}d\kappa_x d\kappa_y \qquad \text{(A2.6-11c)}$$

さらに、上式の組合せにより次式が得られるので、$\Delta(\kappa_x,\kappa_y,\omega)=1$となる。

$$\delta(x,y)\delta(t)=\frac{1}{(2\pi)^3}\iiint \mathrm{e}^{i(\kappa_x x+\kappa_y y-\omega t)}d\kappa_x d\kappa_y d\omega \qquad \text{(A2.6-11d)}$$

(4) 1 質点振動系のグリーン関数

2 次元や 3 次元の波動方程式をフーリエ変換して振動数・波数領域の解法で解くための基本的事項は、1 質点振動系に動的荷重$f(t)$が作用するときの応答変位$u(t)$を求める手順にあるので、1 質点振動系の振動解析を示す。運動方程式は次式のように表わされる。

$$m\ddot{u}(t)+c\dot{u}(t)+ku(t)=f(t) \qquad \text{(A2.6-12a)}$$

ここに、m, c, kは振動系の質量、減衰係数、ばね係数を表わす。振動系は最初静止状態とするので初期条件は次式となる。

$$u(0)=\dot{u}(0)=0 \qquad \text{(A2.6-12b)}$$

この振動系のグリーン関数は、単位力積（unit impulse）となるような衝撃荷重（impulsive force）$\delta(t)$が作用する時の応答変位$g(t)$として定義される。したがって、次式が成立する。

$$m\ddot{g}(t)+c\dot{g}(t)+kg(t)=\delta(t) \qquad \text{(A2.6-13)}$$

この運動方程式の解は、時間領域の解析で求められるが、ここでは以下に示すような振動数領域の解析からグリーン関数を求める。

両辺に$\mathrm{e}^{i\omega t}$をかけて時間で積分する。荷重が作用するまでは静止状態なので積分区間は零から無限時間とする。したがって、次式が得られる。

$$m\int_0^\infty \ddot{g}(t)\mathrm{e}^{i\omega t}dt+c\int_0^\infty \dot{g}(t)\mathrm{e}^{i\omega t}dt+k\int_0^\infty g(t)\mathrm{e}^{i\omega t}dt=\int_0^\infty \delta(t)\mathrm{e}^{i\omega t}dt \qquad \text{(A2.6-14)}$$

上式の左辺第 1 項と第 2 項を部分積分すると次式が得られる。

$$(-m\omega^2-ic\omega+k)\int_0^\infty g(t)\mathrm{e}^{i\omega t}dt-[m\dot{g}(0)+(c-im\omega)g(0)]=1 \qquad \text{(A2.6-15)}$$

初期条件$g(0)=\dot{g}(0)=0$を考慮すると次式が得られる。

$$(-m\omega^2-ic\omega+k)\int_0^\infty g(t)\mathrm{e}^{i\omega t}dt=1 \qquad \text{(A2.6-16)}$$

上式を導くに当たって、式（A2.6-11a）を用いた。

ここで、荷重が作用するまでは静止状態なので積分区間を負の無限時間から無限時間として次式が得られる。

$$(-m\omega^2 - ic\omega + k)G(\omega) = 1, \quad G(\omega) = \int_{-\infty}^{\infty} g(t)\mathrm{e}^{i\omega t}dt \tag{A2.6-17a}$$

逆フーリエ変換により次式が成立する。

$$g(t) = \frac{1}{2\pi}\int_{-\infty}^{\infty} G(\omega)\mathrm{e}^{-i\omega t}d\omega = \frac{1}{2\pi}\int_{-\infty}^{\infty} \frac{1}{(-m\omega^2 - ic\omega + k)}\mathrm{e}^{-i\omega t}d\omega \tag{A2.6-17b}$$

上式は複素積分の留数定理を用いて次式のように求めることができる。

$$g(t) = \begin{cases} 0 & t < 0 \\ \dfrac{1}{m\omega_D}\mathrm{e}^{-h\omega_0 t}\sin\omega_D t & t \geq 0 \end{cases} \tag{A2.6-18a}$$

ここに、

$$\omega_D = \omega_0\sqrt{1-h^2}, \quad \omega_0 = \sqrt{\frac{k}{m}}, \quad h = \frac{c}{2\sqrt{mk}} \tag{A2.6-18b}$$

以上の手順は、1質点振動系のグリーン関数を求めるための厳密な定式化である。初期条件が零でない場合には式(A2.6-15)を使う。しかし、以下のように簡単な代数計算により振動数領域のグリーン関数$G(\omega)$を求めることができる。ただし、このような簡単な方法では初期条件として静止状態である振動系について成立することに注意せよ。

(1) 運動方程式において、次式の単位振幅の調和振動を仮定する。

$$f(t) = \mathrm{e}^{-i\omega t} \tag{A2.6-19a}$$

(2) 応答が次式の振幅$G(\omega)$(複素振動数応答関数と呼ばれる)の調和振動とする。

$$u(t) = G(\omega)\mathrm{e}^{-i\omega t} \tag{A2.6-19b}$$

(3) これらを運動方程式に代入し次式より振幅$G(\omega)$を求める。

$$(-m\omega^2 - ic\omega + k)G(\omega) = 1 \tag{A2.6-19c}$$

(4) 応答振幅$G(\omega)$のフーリエ逆変換から時間領域のグリーン関数を求める。

$$g(t) = \frac{1}{2\pi}\int_{-\infty}^{\infty} G(\omega)\mathrm{e}^{-i\omega t}d\omega = \frac{1}{2\pi}\int_{-\infty}^{\infty} \frac{1}{(-m\omega^2 - ic\omega + k)}\mathrm{e}^{-i\omega t}d\omega \tag{A2.6-19d}$$

(5) グリーン関数を用いた応答

グリーン関数を用いて任意の動的荷重$f(t)(N)$による応答$u(t)(m)$を求める。動的荷重のフーリエ変換を$F(\omega)(N\cdot s)$とすると次式が成立する。

$$f(t) = \frac{1}{2\pi}\int F(\omega)\mathrm{e}^{-i\omega t}d\omega, \quad F(\omega) = \int f(t)\mathrm{e}^{i\omega t}dt \tag{A2.6-20}$$

上式は荷重 $f(t)$ が振幅 $F(\omega)d\omega$ の調和振動の和で表わされることを意味する。これは時間的変動 $f(t)$ が角速度 ω の半径 $F(\omega)d\omega$ の円運動に分解できることを表している。したがって、応答は複素振動数応答関数 $G(\omega)$ に調和振動の振幅 $F(\omega)d\omega$ を乗じて次式で求められる。

$$u(t) = \frac{1}{2\pi}\int U(\omega)\mathrm{e}^{-i\omega t}d\omega = \frac{1}{2\pi}\int G(\omega)F(\omega)\mathrm{e}^{-i\omega t}d\omega \tag{A2.6-21}$$

次に、この式から時間領域での応答解析の基礎式を導く。

$$\begin{aligned} u(t) &= \frac{1}{2\pi}\int G(\omega)F(\omega)\mathrm{e}^{-i\omega t}d\omega = \frac{1}{2\pi}\iint g(\tau)\mathrm{e}^{i\omega\tau}F(\omega)\mathrm{e}^{-i\omega t}d\omega d\tau \\ &= \frac{1}{2\pi}\iint g(\tau)F(\omega)\mathrm{e}^{-i\omega(t-\tau)}d\omega d\tau = \int g(\tau)f(t-\tau)d\tau \end{aligned} \tag{A2.6-22}$$

上式の $g(\tau)$ は τ が負の時に零である。また、$f(t)$ は t が負の時に零である。したがって、上式の積分範囲を指定した次式が成立する。

$$u(t) = \int_0^t g(\tau)f(t-\tau)d\tau \tag{A2.6-23}$$

この式は畳み込み積分（コンボリューション）またはデュアメル積分と呼ばれる。時間領域の応答はグリーン関数と外力の畳み込み積分であるが、振動数領域の解は式（A2.6-21）のようにグリーン関数と外力の掛け算となっている（$U(\omega) = G(\omega)F(\omega)$）。

時間領域と振動数領域の物理量には、フーリエ変換の関係が成立する。振動系の特性は時間領域では力積応答関数（Impulse response function）$g(t)$、振動数領域では（複素）振動数応答関数（Complex frequency response function）$G(\omega)$ として表わされるグリーン関数で与えられる。以下にこれらのグリーン関数の定義をまとめる。

力積応答関数 $g(t)$：単位力積（例えば $\mathrm{N\cdot s}$）を有する衝撃荷重 $\delta(t)$（N）が作用するときの応答変位（$\mathrm{m/N\cdot s}$）。すなわち、単位力積当りの応答変位である。

複素振動数応答関数 $G(\omega)$：単位振幅荷重の調和振動 $\mathrm{e}^{-i\omega t}$（N）が作用する時の応答変位（単位は $\mathrm{m/N}$）で、力積応答関数のフーリエ変換である。

以上の解析は、動的荷重が作用し始める時刻を零とし、その時刻まで静止状態にあるとした。もしも、時刻 $t = t_0$ で動的荷重が作用し始める場合には、以上の解析の時間座標 t を $t - t_0$ に置き換えることでこの場合の応答が求められる。

参考文献

Aki, K.and Richards, P.G.(1980): Quantitative seismology, Theory and methods,Vol.1, Vol.2, W.H.Freeman and Company.

Bouchon, M.(1979): Discrete wave number representation of elastic wave field in three dimensional space, J.Geophys. Res., Vol.84, pp.3609-3614.

Cruse, T.A. and Rizzo, F.J.(1968): A direct formulation and numerical solution of the general transient elasto dynamic problem I, J.Math. Anal. Appl., Vol.22, p.244.

DeSanto, J.A.(1992): Scalar wave theory, Springer-Verlag.

Harada, T.(1994): A stochastic SH wave model of earthquake ground motion, J.Struct. Mech. Earthquake Eng., Japan Soc. of Civil Eng., Vol.II, No.2, pp.115-122.

原田隆典，大角恒雄，奥倉英世（1999）：3次元直交座標系における波動場の解析解とその地震動波形作成への応用，土木学会論文集，No.612/I-46, pp.99-108.

Lamb, H.(1904): On the propagation of tremors at the surface of an elastic solid, Phil. Trans. Roy. Soc., London, Vol.A203, pp.1-42.

Love, A.E.H.(1952): A treatise on the mathematical theory of elasticity, Cambridge.

Madariaga, R.(1978): The dynamic field of Haskell's rectangular dislocation fault model, Bull. Seismol. Soc. Am., Vol.68, No.4, pp.869-887.

竹内均(1956)：地球物理学的興味のある2, 3の方程式の一般解，地震，Vol.9, No.4, pp.189-199.

Stokes, G.G.(1849): On the dynamical theory of diffraction, Trans. Cambridge Phil. Soc., Vol.9, p.1. reprinted by Stokes, G.G.(1883): Mathematical and physical papers, Vol.II, Cambridge: At the University Press.

第 3 章
水平多層弾性体の波動場解析

本章の水平多層弾性体中の波動問題は、古くから多くの研究成果（まえがき参照）があり、理論的には古典的弾性波動理論として完成されたと言えよう。しかし、工学問題を取り扱う読者には、その理論における様々な定式化やその特性を十分に理解するには難解であろう。本章で示す振動数・波数領域の剛性行列による定式化は、震源断層を含む水平多層弾性体の波動問題が、技術者には馴染み深い対称行列係数の連立 1 次方程式を解く問題になっていることに気付くであろう。震源断層による永久変位を含む地震動の計算や外力による地盤振動問題の計算、逆解析による地層の厚さとその弾性定数の推定等の波動理論を使った全ての工学問題が、この連立 1 次方程式から計算できることを知るであろう。

3 次元直交座標系での振動数・波数領域の剛性行列による定式化と具体式は新しいものなので、既存の円筒座標やベッセル関数を用いたものと一致することを 3.3.5 項で示しているが、興味のない読者はこの項を飛ばしてもよい。4 章の応用例は本方法の使い方等を理解するのに役立つ。

最後に、円筒座標系における伝統的な伝達行列の数値計算的不安定性を解消し、かつ技術者に馴染み深い剛性行列を考案した Kausel and Roësset (1981) に謝意を示したい。例えば、従来では伝達行列の演算等により多少複雑な定式化を必要としていたが、3.2.2 項で示すように震源断層による半無限弾性体表面の地震動の定式化において、無限弾性体と半無限弾性体の剛性行列の代数演算のみでできるようになった。

3.1 伝達行列と剛性行列

3.1.1 波動方程式の解から伝達行列と剛性行列への定式化

図 3.1-1 (a) に示すような n 層から成る水平多層弾性体の波動を取り扱うためには、行列表示による弾性波動方程式の解を用いるのが便利である。この解を用いた方法として、Haskell (1953) の開発した伝達行列に基づく定式化と、その補完関係にある剛性行列に基づく定式化

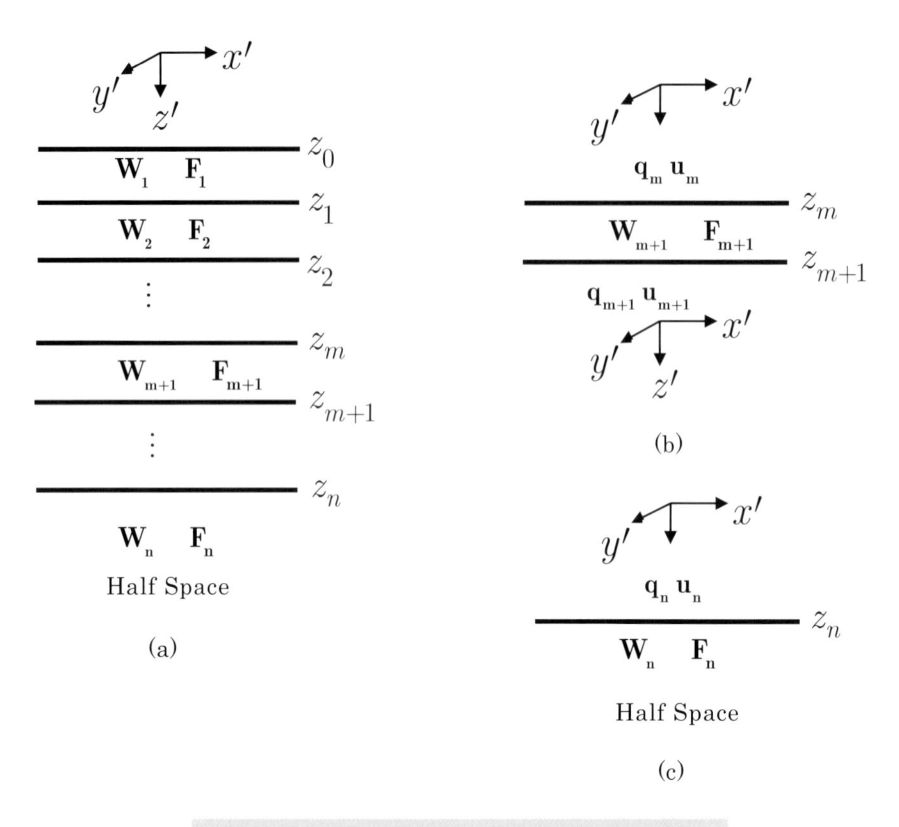

図 3.1-1　水平多層構造を持つ弾性体とその記号

の 2 つがある。ここでは、Kausel ら (1981) が開発し、数値計算上の利点が大きく、技術者には馴染み深い剛性行列に基づく定式化を整理する。

行列表示による 2 次元波動方程式の振動数・波数領域での一般解は、2 章で求めたように次式のように表される。

$$\mathbf{B}(z) = \mathbf{VE}(z)\mathbf{W} = \mathbf{F}(z)\mathbf{W} \tag{3.1-1a}$$

ここに、

$$\mathbf{B}(z) \equiv \mathbf{B}(\kappa, z, \omega) = \begin{pmatrix} \mathbf{u}(\kappa, z, \omega) \\ \boldsymbol{\tau}(\kappa, z, \omega) \end{pmatrix} \tag{3.1-1b}$$

上式は SH 波と P・SV 波に対して共通した表現として用いるが、2.4.2 項の SH 波と P・SV 波に対する具体式を再掲すると次式のようになる。

SH 波 :

$$\mathbf{B}_{SH}(z) = \mathbf{V}_{SH}\mathbf{E}_{SH}(z)\mathbf{W}_{SH} = \mathbf{F}_{SH}(z)\mathbf{W}_{SH}$$

$$\begin{pmatrix} v_0(\kappa, z, \omega) \\ \tau_{zy'}(\kappa, z, \omega) \end{pmatrix} = \begin{pmatrix} 1 & 1 \\ i\mu\gamma & -i\mu\gamma \end{pmatrix} \begin{pmatrix} \mathrm{e}^{i\gamma(z - z_{ref})} & 0 \\ 0 & \mathrm{e}^{-i\gamma(z - z_{ref})} \end{pmatrix} \begin{pmatrix} u_{SHout} \\ u_{SHin} \end{pmatrix} \tag{3.1-2a}$$

P・SV 波：

$$\mathbf{B}_{P\cdot SV}(z) = \mathbf{F}_{P\cdot SV}(z)\mathbf{W}_{P\cdot SV}$$

$$\mathbf{B}_{P\cdot SV}(z) = \begin{pmatrix} u_0(\kappa, z, \omega) \\ w_0(\kappa, z, \omega) \\ \tau_{zx'}(\kappa, z, \omega) \\ \sigma_{zz}(\kappa, z, \omega) \end{pmatrix}, \quad \mathbf{W}_{P\cdot SV} = \begin{pmatrix} u_{Pout} \\ u_{SVout} \\ u_{Pin} \\ u_{SVin} \end{pmatrix} \tag{3.1-2b}$$

ここに、

$$\mathbf{F}_{P\cdot SV}(z) = \mathbf{V}_{P\cdot \mathrm{SV}}\mathbf{E}_{P\cdot \mathrm{SV}}(z)$$

$$\mathbf{V}_{P\cdot \mathrm{SV}} = \begin{pmatrix} \frac{\kappa C_P}{\omega} & \frac{\gamma C_S}{\omega} & \frac{\kappa C_P}{\omega} & \frac{\gamma C_S}{\omega} \\ \frac{\nu C_P}{\omega} & -\frac{\kappa C_S}{\omega} & -\frac{\nu C_P}{\omega} & \frac{\kappa C_S}{\omega} \\ \frac{i2\mu\kappa\nu C_P}{\omega} & \frac{i\mu(\gamma^2 - \kappa^2)C_S}{\omega} & -\frac{i2\mu\kappa\nu C_P}{\omega} & -\frac{i\mu(\gamma^2 - \kappa^2)C_S}{\omega} \\ \frac{i\mu(\gamma^2 - \kappa^2)C_P}{\omega} & -\frac{i2\mu\kappa\gamma C_S}{\omega} & \frac{i\mu(\gamma^2 - \kappa^2)C_P}{\omega} & -\frac{i2\mu\kappa\gamma C_S}{\omega} \end{pmatrix}$$

$$\mathbf{E}_{P\cdot \mathrm{SV}}(z) = \begin{pmatrix} \mathrm{e}^{i\nu(z-z_{ref})} & 0 & 0 & 0 \\ & \mathrm{e}^{i\gamma(z-z_{ref})} & 0 & 0 \\ & & \mathrm{e}^{-i\nu(z-z_{ref})} & 0 \\ \mathrm{Sym.} & & & \mathrm{e}^{-i\gamma(z-z_{ref})} \end{pmatrix} \tag{3.1-2c}$$

式(3.1-1a)の記述を使うと、各層の変位・応力ベクトルは次式で与えられる。

$$\begin{aligned} &\mathbf{B}(z_0) = \mathbf{F}_1(z_0)\mathbf{W}_1 \\ &\mathbf{B}(z_1) = \mathbf{F}_1(z_1)\mathbf{W}_1 = \mathbf{F}_2(z_1)\mathbf{W}_2 \\ &\vdots \\ &\mathbf{B}(z_{n-1}) = \mathbf{F}_{n-1}(z_{n-1})\mathbf{W}_{n-1} = \mathbf{F}_n(z_{n-1})\mathbf{W}_n \\ &\mathbf{B}(z_n) = \mathbf{F}_n(z_n)\mathbf{W}_n = \mathbf{F}_{n+1}(z_n)\mathbf{W}_{n+1} \end{aligned} \tag{3.1-3}$$

上式より、各層の下降波と上昇波の変位振幅ベクトル $\mathbf{W}_j$ を消去すると次式が得られる。

$$\begin{aligned}\mathbf{B}(z_n) &= \mathbf{F}_{n+1}(z_n)\mathbf{W}_{n+1} \\ &= \mathbf{F}_n(z_n)\mathbf{F}_n^{-1}(z_{n-1})\mathbf{F}_{n-1}(z_{n-1})\mathbf{F}_{n-1}^{-1}(z_{n-2})\cdots\mathbf{F}_1(z_1)\mathbf{F}_1^{-1}(z_0)\mathbf{B}(z_0)\end{aligned} \tag{3.1-4}$$

ここで、次式のような伝達行列 $\mathbf{P}(z_n, z_{n-1})$ を導入する。

$$\mathbf{P}(z_n, z_{n-1}) = \mathbf{F}_n(z_n)\mathbf{F}_n^{-1}(z_{n-1}) \tag{3.1-5a}$$

この伝達行列の逆行列は次式のようになる。

$$\mathbf{P}(z_n, z_{n-1})^{-1} = \left(\mathbf{F}_n(z_n)\mathbf{F}_n^{-1}(z_{n-1})\right)^{-1} = \mathbf{F}_n(z_{n-1})\mathbf{F}_n^{-1}(z_n) = \mathbf{P}(z_{n-1}, z_n) \tag{3.1-5b}$$

上式の伝達行列を使うと、式(3.1-4)は次式のように書ける。

$$\begin{aligned}\mathbf{B}(z_n) &= \mathbf{F}_{n+1}(z_n)\mathbf{W}_{n+1} \\ &= \mathbf{P}(z_n, z_{n-1})\mathbf{P}(z_{n-1}, z_{n-2})\cdots\mathbf{P}(z_2, z_1)\mathbf{P}(z_1, z_0)\mathbf{B}(z_0)\end{aligned} \tag{3.1-6}$$

さらに、上式は次式のように表される。

$$\mathbf{B}(z_n) = \mathbf{F}_{n+1}(z_n)\mathbf{W}_{n+1} = \mathbf{P}(z_n, z_0)\mathbf{B}(z_0) \tag{3.1-7}$$

ここに、

$$\mathbf{P}(z_n, z_0) = \mathbf{P}(z_n, z_{n-1})\mathbf{P}(z_{n-1}, z_{n-2})\cdots\mathbf{P}(z_2, z_1)\mathbf{P}(z_1, z_0) \tag{3.1-8}$$

したがって、地表面の変位・応力ベクトル $\mathbf{B}(z_0)$ は、$\mathbf{B}(z_n)$ が与えられると式（3.1-7）から求めることができる。

ここで、図 3.1-1 (b) に示すように第 $(m+1)$ 層を取り出して、この層の上下端の変位と応力の関係を求める。式(3.1-7)を用いると、次式のような第 $(m+1)$ 層の上面 z_m および下面 z_{m+1} の変位・応力ベクトルの関係式が得られる。

$$\mathbf{B}(z_{m+1}) = \mathbf{P}(z_{m+1}, z_m)\mathbf{B}(z_m) \tag{3.1-9}$$

ここで、上式の変位・応力ベクトルを次式のように変位と応力成分に分けて表現する。

$$\begin{pmatrix}\mathbf{u}(z_{m+1}) \\ \boldsymbol{\tau}(z_{m+1})\end{pmatrix} = \begin{pmatrix}\mathbf{P}_{11} & \mathbf{P}_{12} \\ \mathbf{P}_{21} & \mathbf{P}_{22}\end{pmatrix}\begin{pmatrix}\mathbf{u}(z_m) \\ \boldsymbol{\tau}(z_m)\end{pmatrix} \tag{3.1-10}$$
$$\mathbf{P}_{ij} = \mathbf{P}_{ij}(z_{m+1}, z_m)$$

次に、上面 z_m に外力（応力）$\mathbf{q}(z_m) = -\boldsymbol{\tau}(z_m)$、下面 z_{m+1} に外力 $\mathbf{q}(z_{m+1}) = \boldsymbol{\tau}(z_{m+1})$ を作用させると、式(3.1-10)は次式のように書き換えられる。

$$\begin{pmatrix} \mathbf{u}(z_{m+1}) \\ \mathbf{q}(z_{m+1}) \end{pmatrix} = \begin{pmatrix} \mathbf{P}_{11} & \mathbf{P}_{12} \\ \mathbf{P}_{21} & \mathbf{P}_{22} \end{pmatrix} \begin{pmatrix} \mathbf{u}(z_m) \\ -\mathbf{q}(z_m) \end{pmatrix} \tag{3.1-11}$$

上式の変位と応力を入れ替えて整理すると次式が得られる。

$$\begin{pmatrix} \mathbf{q}(z_m) \\ \mathbf{q}(z_{m+1}) \end{pmatrix} = \begin{pmatrix} \mathbf{P}_{12}^{-1}\mathbf{P}_{11} & -\mathbf{P}_{12}^{-1} \\ \mathbf{P}_{21} - \mathbf{P}_{22}\mathbf{P}_{12}^{-1}\mathbf{P}_{11} & \mathbf{P}_{22}\mathbf{P}_{12}^{-1} \end{pmatrix} \begin{pmatrix} \mathbf{u}(z_m) \\ \mathbf{u}(z_{m+1}) \end{pmatrix} \tag{3.1-12}$$

この式を簡単に表現すると次式のような剛性方程式で表すことができる。

$$\mathbf{q}^{(m+1)} = \mathbf{K}^{(m+1)}\mathbf{u}^{(m+1)} \tag{3.1-13a}$$

ここに、以下のように $\mathbf{q}^{(m+1)}$ は第 $(m+1)$ 層の上面と下面の座標軸方向を正として作用する外力（応力）ベクトル、$\mathbf{u}^{(m+1)}$ は第 $(m+1)$ 層の上面と下面の座標軸方向を正とする変位ベクトル、$\mathbf{K}^{(m+1)}$ は剛性行列を表わす。

$$\mathbf{q}^{(m+1)} = \begin{pmatrix} \mathbf{q}(z_m) \\ \mathbf{q}(z_{m+1}) \end{pmatrix}, \mathbf{u}^{(m+1)} = \begin{pmatrix} \mathbf{u}(z_m) \\ \mathbf{u}(z_{m+1}) \end{pmatrix}$$

$$\mathbf{K}^{(m+1)} = \begin{pmatrix} \mathbf{P}_{12}^{-1}\mathbf{P}_{11} & -\mathbf{P}_{12}^{-1} \\ \mathbf{P}_{21} - \mathbf{P}_{22}\mathbf{P}_{12}^{-1}\mathbf{P}_{11} & \mathbf{P}_{22}\mathbf{P}_{12}^{-1} \end{pmatrix} \tag{3.1-13b}$$

図 3.1-1（c）に示すような第 $(n+1)$ 層の半無限弾性体の変位・応力ベクトルは次式のように与えられる。

$$\mathbf{B}(z_n) = \mathbf{F}_{n+1}(z_n)\mathbf{W}_{n+1} \tag{3.1-14a}$$

図 3.1-1 (c) のように半無限弾性体の表面のみに外力 $\mathbf{q}^{(n+1)} = \mathbf{q}(z_n) = -\boldsymbol{\tau}(z_n)$ を作用させると、z 軸の正の方向に進む波（下降波）のみとなる。したがって、式 (3.1-14a) は変位と応力成分に分けて表すと次式のようになる。

$$\begin{pmatrix} \mathbf{u}(z_n) \\ -\mathbf{q}(z_n) \end{pmatrix} = \begin{pmatrix} \mathbf{F}_{11}^{(n+1)}(z_n) & \mathbf{F}_{12}^{(n+1)}(z_n) \\ \mathbf{F}_{21}^{(n+1)}(z_n) & \mathbf{F}_{22}^{(n+1)}(z_n) \end{pmatrix} \begin{pmatrix} \mathbf{u}_{out}^{(n+1)} \\ \mathbf{u}_{in}^{(n+1)} = \mathbf{0} \end{pmatrix} \tag{3.1-14b}$$

ここに、$\mathbf{u}_{out}^{(n+1)}, \mathbf{u}_{in}^{(n+1)}$ は第 $(n+1)$ 層の半無限弾性体の下降波と上昇波の変位振幅ベクトルを表す。式 (3.1-14b) より、半無限弾性体表面に作用する外力 $\mathbf{q}^{(n+1)} = \mathbf{q}(z_n)$ と変位 $\mathbf{u}^{(n+1)} = \mathbf{u}(z_n)$ の関係が次式のように求められる。

$$\mathbf{q}^{(n+1)} = \mathbf{K}_{half}\mathbf{u}^{(n+1)}, \quad \text{または} \quad \mathbf{q}(z_n) = \mathbf{K}_{half}\mathbf{u}(z_n) \tag{3.1-15a}$$

ここに、$\mathbf{K}_{half}$ は半無限弾性体の剛性行列で次式で与えられる。

$$\mathbf{K}_{half} = -\mathbf{F}_{21}^{(n+1)}(z_n)\left(\mathbf{F}_{11}^{(n+1)}(z_n)\right)^{-1} \tag{3.1-15b}$$

3.1.2　SH 波と P・SV 波の伝達行列と剛性行列

深さ z_0 の変位・応力ベクトルから z の変位・応力ベクトルは次式のような伝達行列より求められる。

$$\begin{aligned}\mathbf{B}(z) &= \mathbf{P}(z,z_0)\mathbf{B}(z_0)\\ \mathbf{P}(z,z_0) &= \mathbf{F}(z)\mathbf{F}^{-1}(z_0) = \mathbf{V}\mathbf{E}(z)\mathbf{E}^{-1}(z_0)\mathbf{V}^{-1}\end{aligned} \tag{3.1-16a}$$

逆行列は

$$\mathbf{P}^{-1}(z,z_0) = \mathbf{P}(z_0,z) \tag{3.1-16b}$$

SH 波の伝達行列 :

式(3.1-2a)の $\mathbf{F}_{SH}(z)$ を式(3.1-16a)に代入すると次式の SH 波の伝達行列が求められる。

$$\begin{aligned}\mathbf{P}_{SH}(z,z_0) &= \begin{pmatrix} \cos\gamma(z-z_0) & \dfrac{1}{\mu\gamma}\sin\gamma(z-z_0) \\ -\mu\gamma\sin\gamma(z-z_0) & \cos\gamma(z-z_0) \end{pmatrix}\\ &= \begin{pmatrix} \cos\gamma h & \dfrac{1}{\mu\gamma}\sin\gamma h \\ -\mu\gamma\sin\gamma h & \cos\gamma h \end{pmatrix}\end{aligned} \tag{3.1-17a}$$

$$h = z - z_0$$

逆行列は、

$$\begin{aligned}\mathbf{P}_{SH}^{-1}(z,z_0) = \mathbf{P}_{SH}(z_0,z) &= \begin{pmatrix} \cos\gamma(z_0-z) & \dfrac{1}{\mu\gamma}\sin\gamma(z_0-z) \\ -\mu\gamma\sin\gamma(z_0-z) & \cos\gamma(z_0-z) \end{pmatrix}\\ &= \begin{pmatrix} \cos\gamma h & -\dfrac{1}{\mu\gamma}\sin\gamma h \\ \mu\gamma\sin\gamma h & \cos\gamma h \end{pmatrix}\end{aligned} \tag{3.1-17b}$$

P・SV 波の伝達行列 :

式(3.1-2b)の $\mathbf{F}_{P\cdot SV}(z)$ を式(3.1-16a)に代入し次式の P・SV 波の伝達行列が求められる。

$$\mathbf{P}_{P\cdot SV}(z,z_0) = \begin{pmatrix} \mathbf{P}_{P\cdot SV}^{11} & \mathbf{P}_{P\cdot SV}^{12} \\ \mathbf{P}_{P\cdot SV}^{21} & \mathbf{P}_{P\cdot SV}^{22} \end{pmatrix} \tag{3.1-18a}$$

$$\mathbf{P}_{P\cdot SV}^{11} = \begin{pmatrix} A_0 \cos \nu h + B_0 \cos \gamma h & i\dfrac{\kappa}{\nu}\left(B_0 \sin \nu h - A_0 \dfrac{\nu\gamma}{\kappa^2} \sin \gamma h \right) \\ i\dfrac{\nu}{\kappa}\left(A_0 \sin \nu h - B_0 \dfrac{\kappa^2}{\nu\gamma} \sin \gamma h \right) & B_0 \cos \nu h + A_0 \cos \gamma h \end{pmatrix}$$

$$\mathbf{P}_{P\cdot SV}^{12} = \frac{A_0}{2\mu\kappa} \begin{pmatrix} \dfrac{\kappa}{\nu}\left(\sin \nu h + \dfrac{\nu\gamma}{\kappa^2} \sin \gamma h \right) & -i(\cos \nu h - \cos \gamma h) \\ -i(\cos \nu h - \cos \gamma h) & \dfrac{\nu}{\kappa}\left(\sin \nu h + \dfrac{\kappa^2}{\nu\gamma} \sin \gamma h \right) \end{pmatrix}$$

$$\mathbf{P}_{P\cdot SV}^{21} = 2\mu \begin{pmatrix} -\nu A_0 \left(\sin \nu h + \left(\dfrac{B_0}{A_0} \right)^2 \dfrac{\kappa^2}{\nu\gamma} \sin \gamma h \right) & i\kappa B_0 \left(\cos \nu h - \cos \gamma h \right) \\ i\kappa B_0 \left(\cos \nu h - \cos \gamma h \right) & \gamma A_0 \left(\left(\dfrac{B_0}{A_0} \right)^2 \dfrac{\kappa^2}{\nu\gamma} \sin \nu h - \sin \gamma h \right) \end{pmatrix}$$

$$\mathbf{P}_{P\cdot SV}^{22} = \begin{pmatrix} A_0 \cos \nu h + B_0 \cos \gamma h & i\dfrac{\nu}{\kappa}\left(A_0 \sin \nu h - B_0 \dfrac{\kappa^2}{\nu\gamma} \sin \gamma h \right) \\ i\dfrac{\kappa}{\nu}\left(B_0 \sin \nu h - A_0 \dfrac{\nu\gamma}{\kappa^2} \sin \gamma h \right) & B_0 \cos \nu h + A_0 \cos \gamma h \end{pmatrix} \tag{3.1-18b}$$

ここに、

$$A_0 = 2\left(\kappa \frac{C_S}{\omega} \right)^2, \quad B_0 = 1 - A_0 = 1 - 2\left(\kappa \frac{C_S}{\omega} \right)^2, \quad h = z - z_0 \tag{3.1-18c}$$

次に、剛性行列を示す。ここでは、式 (3.1-13) と式 (3.1-15) の伝達行列との関係から求めた剛性行列を以下に示す。

SH 波の剛性行列 :

式 (3.1-17a) の伝達行列を式 (3.1-13b) と式 (3.1-15b) に代入すると次式が得られる。

$$\begin{pmatrix} q_{0y'}(z_m) \\ q_{0y'}(z_{m+1}) \end{pmatrix} = \mathbf{K}_{SH}^{(m+1)} \begin{pmatrix} v_0(z_m) \\ v_0(z_{m+1}) \end{pmatrix} \tag{3.1-19}$$

$$\mathbf{K}_{SH}^{(m+1)} = \frac{\mu\gamma}{\sin \gamma h_{m+1}} \begin{pmatrix} \cos \gamma h_{m+1} & -1 \\ -1 & \cos \gamma h_{m+1} \end{pmatrix} \tag{3.1-20a}$$

$$\mathbf{K}_{half}^{SH} = -i\mu\gamma$$

ここに、h_{m+1} は第 (m+1) 層の厚さを表す。記号の簡単化のため第 (m+1) 層や半無限弾性体の $\mu\gamma$ は区別せずに使用している。

$$h_{m+1} = z_{m+1} - z_m \tag{3.1-20b}$$

P・SV 波の剛性行列：

式 (3.1-18) の伝達行列を式 (3.1-13b) と式 (3.1-15b) に代入すると次式の P・SV 波の剛性行列が求められる。ただし、この行列が対称行列となるように、z 軸方向の変位と応力に虚数単位を乗じて P・SV 波の剛性行列を定義している点に注意せよ。

$$\begin{pmatrix} q_{0x'}(z_m) \\ iq_{0z}(z_m) \\ q_{0x'}(z_{m+1}) \\ iq_{0z}(z_{m+1}) \end{pmatrix} = \frac{1+\dfrac{\gamma^2}{\kappa^2}}{D}\mu\kappa \begin{pmatrix} K_{11} & K_{12} & K_{13} & K_{14} \\ & K_{22} & K_{23} & K_{24} \\ & & K_{33} & K_{34} \\ \text{Sym.} & & & K_{44} \end{pmatrix} \begin{pmatrix} u_0(z_m) \\ iw_0(z_m) \\ u_0(z_{m+1}) \\ iw_0(z_{m+1}) \end{pmatrix} \tag{3.1-21a}$$

ここに、

$$\mathbf{K}_{P\cdot SV}^{(m+1)} = \frac{1+\dfrac{\gamma^2}{\kappa^2}}{D}\mu\kappa \begin{pmatrix} K_{11} & K_{12} & K_{13} & K_{14} \\ & K_{22} & K_{23} & K_{24} \\ & & K_{33} & K_{34} \\ \text{Sym.} & & & K_{44} \end{pmatrix}$$

$$D = 2(1-\cos\nu h_{m+1}\cos\gamma h_{m+1}) + \left(\frac{\kappa^2}{\nu\gamma} + \frac{\nu\gamma}{\kappa^2}\right)\sin\nu h_{m+1}\sin\gamma h_{m+1} \tag{3.1-21b}$$

また、$K_{ij} = K_{ji}$ であり次式のように与えられる。

$$K_{11} = K_{33} = \frac{\nu}{\kappa}\left(\sin\nu h_{m+1}\cos\gamma h_{m+1} + \frac{\kappa^2}{\nu\gamma}\cos\nu h_{m+1}\sin\gamma h_{m+1}\right)$$

$$K_{12} = -K_{34} = (1-2A_0)(1-\cos\nu h_{m+1}\cos\gamma h_{m+1}) + \left(B_0\frac{\kappa^2}{\nu\gamma} - A_0\frac{\nu\gamma}{\kappa^2}\right)\sin\nu h_{m+1}\sin\gamma h_m$$

$$K_{13} = -\frac{\nu}{\kappa}\left(\sin\nu h_{m+1} + \frac{\kappa^2}{\nu\gamma}\sin\gamma h_{m+1}\right)$$

$$K_{14} = -K_{23} = -\left(\cos\nu h_{m+1} - \cos\gamma h_{m+1}\right) \tag{3.1-21c}$$

$$K_{22} = K_{44} = \frac{\kappa}{\nu}\left(\sin\nu h_{m+1}\cos\gamma h_{m+1} + \frac{\nu\gamma}{\kappa^2}\cos\nu h_{m+1}\sin\gamma h_{m+1}\right)$$

$$K_{24} = -\frac{\kappa}{\nu}\left(\sin\nu h_{m+1} + \frac{\nu\gamma}{\kappa^2}\sin\gamma h_{m+1}\right)$$

P・SV 波の半無限弾性体の剛性行列は次式のように与えられる。

$$\begin{pmatrix} q_{0x'}(z_n) \\ iq_{0z}(z_n) \end{pmatrix} = \mathbf{K}_{half}^{P \cdot SV} \begin{pmatrix} u(z_n) \\ iw(z_n) \end{pmatrix} \tag{3.1-22a}$$

ここに、

$$\mathbf{K}_{half}^{P \cdot SV} = \frac{1+\dfrac{\gamma^2}{\kappa^2}}{1+\dfrac{\nu\gamma}{\kappa^2}} \mu\kappa \begin{pmatrix} -i\dfrac{\nu}{\kappa} & B_0 - A_0\dfrac{\nu\gamma}{\kappa^2} \\ B_0 - A_0\dfrac{\nu\gamma}{\kappa^2} & -i\dfrac{\gamma}{\kappa} \end{pmatrix} \tag{3.1-22b}$$

3.2　震源断層を含む水平多層弾性体における波動解析

3.2.1　水平多層弾性体中に震源断層を含む場合

図 3.2-1 に示すような震源断層を含む 3 層の水平多層弾性体を対象として、前節で求めた要素剛性行列を用いて全体系の剛性方程式を求める。

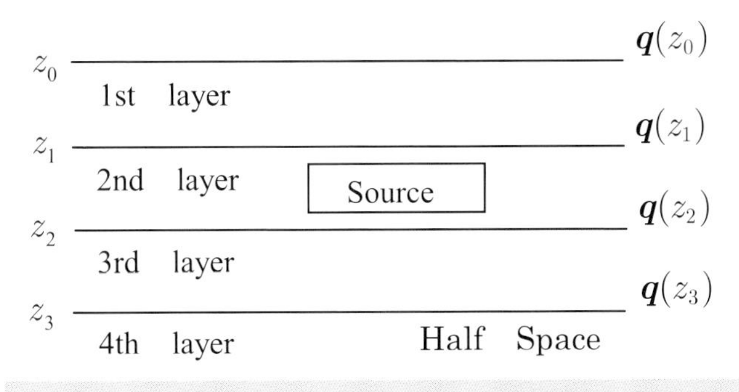

図 3.2-1　震源断層を含む 3 層の水平多層弾性体とその記号

要素剛性方程式を用いると、図 3.2-1 の第 1 層と第 3 層の上面と下面の外力(応力)と変位の関係を表す剛性方程式は次式のようになる。

$$\begin{pmatrix} \mathbf{q}_0^{(1)}(z_0) = -\boldsymbol{\tau}_0^{(1)}(z_0) \\ \mathbf{q}_0^{(1)}(z_1) = \boldsymbol{\tau}_0^{(1)}(z_1) \end{pmatrix} = \begin{pmatrix} \mathbf{K}_{11}^{(1)} & \mathbf{K}_{12}^{(1)} \\ \mathbf{K}_{21}^{(1)} & \mathbf{K}_{22}^{(1)} \end{pmatrix} \begin{pmatrix} \mathbf{u}_0^{(1)}(z_0) \\ \mathbf{u}_0^{(1)}(z_1) \end{pmatrix} \tag{3.2-1a}$$

$$\begin{pmatrix} \mathbf{q}_0^{(3)}(z_2) = -\boldsymbol{\tau}_0^{(3)}(z_2) \\ \mathbf{q}_0^{(3)}(z_3) = \boldsymbol{\tau}_0^{(3)}(z_3) \end{pmatrix} = \begin{pmatrix} \mathbf{K}_{11}^{(3)} & \mathbf{K}_{12}^{(3)} \\ \mathbf{K}_{21}^{(3)} & \mathbf{K}_{22}^{(3)} \end{pmatrix} \begin{pmatrix} \mathbf{u}_0^{(3)}(z_2) \\ \mathbf{u}_0^{(3)}(z_3) \end{pmatrix} \tag{3.2-1b}$$

第 2 層内には震源断層が存在するので、図 3.2-2 のように震源断層が存在しない層の波動による応力と変位に、無限弾性体内の震源断層から放射される地震波による第 2 層の上面と下面での外力(応力)と変位を加えた外力(応力)と変位が、震源断層を含む層の上面と下面

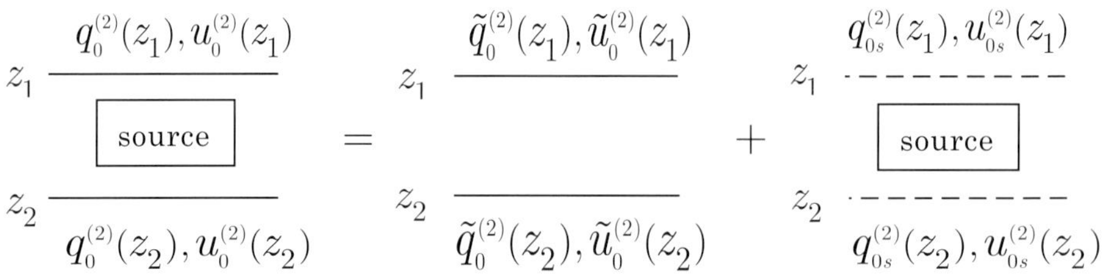

図 3.2-2　震源断層を含む層の分解とその記号

で連続になる条件が必要となる。

震源断層が存在しない層では、第 1 層と同じように以下の剛性方程式が成り立つ。

$$\begin{pmatrix} \tilde{\mathbf{q}}_0^{(2)}(z_1) = -\tilde{\boldsymbol{\tau}}_0^{(2)}(z_1) \\ \tilde{\mathbf{q}}_0^{(2)}(z_2) = \tilde{\boldsymbol{\tau}}_0^{(2)}(z_2) \end{pmatrix} = \begin{pmatrix} \mathbf{K}_{11}^{(2)} & \mathbf{K}_{12}^{(2)} \\ \mathbf{K}_{21}^{(2)} & \mathbf{K}_{22}^{(2)} \end{pmatrix} \begin{pmatrix} \tilde{\mathbf{u}}_0^{(2)}(z_1) \\ \tilde{\mathbf{u}}_0^{(2)}(z_2) \end{pmatrix} \tag{3.2-2}$$

無限弾性体内の震源断層から放射される地震波による第 2 層の上面と下面位置での外力（応力）と変位は次式のように表される。

上面位置の外力（応力）と変位 : $\mathbf{q}_{0s}^{(2)}(z_1) = -\boldsymbol{\tau}_s^{(2)}(z_1), \mathbf{u}_{0s}^{(2)}(z_1)$　(3.2-3a)

下面位置の外力（応力）と変位 : $\mathbf{q}_{0s}^{(2)}(z_2) = \boldsymbol{\tau}_s^{(2)}(z_2), \mathbf{u}_{0s}^{(2)}(z_2)$　(3.2-3b)

ここに、$\boldsymbol{\tau}_s^{(2)}(z), \mathbf{u}_{0s}^{(2)}(z)$ は無限弾性体内の震源断層から放射される z 面位置での応力と変位成分を表す。

これらの震源断層による外力（応力）と変位は、上面では震源断層からの上昇波の SH 波と P・SV 波成分として、下面では下降波の SH 波と P・SV 波成分として与えられる。

図 3.2-2 の震源断層を含む第 2 層の上面と下面の外力（応力）を $\mathbf{q}_0^{(2)}(z_1), \mathbf{q}_0^{(2)}(z_2)$ とし、変位を $\mathbf{u}_0^{(2)}(z_1), \mathbf{u}_0^{(2)}(z_2)$ で表すと、外力と変位の連続条件から次式が成り立つ。

$$\begin{pmatrix} \mathbf{q}_0^{(2)}(z_1) \\ \mathbf{q}_0^{(2)}(z_2) \end{pmatrix} = \begin{pmatrix} \tilde{\mathbf{q}}_0^{(2)}(z_1) \\ \tilde{\mathbf{q}}_0^{(2)}(z_2) \end{pmatrix} + \begin{pmatrix} \mathbf{q}_{0s}^{(2)}(z_1) \\ \mathbf{q}_{0s}^{(2)}(z_2) \end{pmatrix} \tag{3.2-4a}$$

$$\begin{pmatrix} \mathbf{u}_0^{(2)}(z_1) \\ \mathbf{u}_0^{(2)}(z_2) \end{pmatrix} = \begin{pmatrix} \tilde{\mathbf{u}}_0^{(2)}(z_1) \\ \tilde{\mathbf{u}}_0^{(2)}(z_2) \end{pmatrix} + \begin{pmatrix} \mathbf{u}_{0s}^{(2)}(z_1) \\ \mathbf{u}_{0s}^{(2)}(z_2) \end{pmatrix} \tag{3.2-4b}$$

上式を式(3.2-2)に代入すると、第 2 層の剛性方程式が次式のように求められる。

$$\begin{pmatrix} \mathbf{q}_0^{(2)}(z_1) \\ \mathbf{q}_0^{(2)}(z_2) \end{pmatrix} = \begin{pmatrix} \mathbf{K}_{11}^{(2)} & \mathbf{K}_{12}^{(2)} \\ \mathbf{K}_{21}^{(2)} & \mathbf{K}_{22}^{(2)} \end{pmatrix} \begin{pmatrix} \mathbf{u}_0^{(2)}(z_1) \\ \mathbf{u}_0^{(2)}(z_2) \end{pmatrix} - \begin{pmatrix} \mathbf{q}_{source}^{(2)}(z_1) \\ \mathbf{q}_{source}^{(2)}(z_2) \end{pmatrix} \tag{3.2-5a}$$

ここに、右辺第 2 項は震源断層による外力項で次式で与えられる。

$$\begin{pmatrix} \mathbf{q}_{source}^{(2)}(z_1) \\ \mathbf{q}_{source}^{(2)}(z_2) \end{pmatrix} = \begin{pmatrix} \mathbf{K}_{11}^{(2)} & \mathbf{K}_{12}^{(2)} \\ \mathbf{K}_{21}^{(2)} & \mathbf{K}_{22}^{(2)} \end{pmatrix} \begin{pmatrix} \mathbf{u}_{0s}^{(2)}(z_1) \\ \mathbf{u}_{0s}^{(2)}(z_2) \end{pmatrix} - \begin{pmatrix} \mathbf{q}_{0s}^{(2)}(z_1)(= -\boldsymbol{\tau}_s^{(2)}(z_1)) \\ \mathbf{q}_{0s}^{(2)}(z_2)(= \boldsymbol{\tau}_s^{(2)}(z_2)) \end{pmatrix} \tag{3.2-5b}$$

第 4 層の半無限弾性体では、半無限弾性体の剛性行列を用いて次式が成り立つ。

$$\mathbf{q}_0^{(4)}(z_3)(= -\boldsymbol{\tau}^{(4)}(z_3)) = \mathbf{K}_{half}\mathbf{u}_0^{(4)}(z_3) \tag{3.2-6}$$

以上の各層の要素剛性方程式では、各層の外力と変位の連続条件から次式が成立する。

$$\begin{aligned} \mathbf{q}_0(z_m) &= \mathbf{q}_0^{(m)}(z_m) + \mathbf{q}_0^{(m+1)}(z_m) \\ \mathbf{u}_0(z_m) &= \mathbf{u}_0^{(m)}(z_m) = \mathbf{u}_0^{(m+1)}(z_m) \end{aligned} \tag{3.2-7}$$

上式の各層の外力と変位の連続条件を考慮して、第 1 層から第 4 層の要素剛性方程式をたし合わせると、次式のような全体系の剛性方程式が得られる。

$$\begin{pmatrix} \mathbf{q}_0(z_0) \\ \mathbf{q}_0(z_1) + \mathbf{q}_{source}^{(2)}(z_1) \\ \mathbf{q}_0(z_2) + \mathbf{q}_{source}^{(2)}(z_2) \\ \mathbf{q}_0(z_3) \end{pmatrix} = \begin{pmatrix} \mathbf{K}_{11}^{(1)} & \mathbf{K}_{12}^{(1)} & \mathbf{0} & \mathbf{0} \\ & \mathbf{K}_{22}^{(1)} + \mathbf{K}_{11}^{(2)} & \mathbf{K}_{12}^{(2)} & \mathbf{0} \\ & & \mathbf{K}_{22}^{(2)} + \mathbf{K}_{11}^{(3)} & \mathbf{K}_{12}^{(3)} \\ \mathrm{Sym.} & & & \mathbf{K}_{22}^{(3)} + \mathbf{K}_{half} \end{pmatrix} \begin{pmatrix} \mathbf{u}_0(z_0) \\ \mathbf{u}_0(z_1) \\ \mathbf{u}_0(z_2) \\ \mathbf{u}_0(z_3) \end{pmatrix} \tag{3.2-8}$$

各層に作用する外力を与えると、上式の全体系の剛性方程式（対称行列係数の連立 1 次方程式）を解いて各層の変位ベクトルが求められる。例えば、以下の 2 つの場合では、

各層に外力が作用せず、震源断層による自然地盤の地震波応答の場合：

$$\mathbf{q}_0(z_0) = \mathbf{q}_0(z_1) = \mathbf{q}_0(z_2) = \mathbf{q}_0(z_3) = \mathbf{0} \tag{3.2-9a}$$

地震波応答ではなく、交通振動等による自然地盤の応答の場合：

$$\mathbf{q}_{source}^{(2)}(z_1) = \mathbf{q}_{source}^{(2)}(z_2) = \mathbf{0} \tag{3.2-9b}$$

式(3.2-8)の各層の変位ベクトルは、SH 波と P・SV 波成分(新座標(x', y', z))であるため、任意の 3 次元座標(x, y, z)での変位成分は次式で求められる(2.2.3 項参照)。

$$\begin{pmatrix} u(z) \\ v(z) \\ w(z) \end{pmatrix} = \frac{1}{\kappa} \begin{pmatrix} \kappa_x & -\kappa_y & 0 \\ \kappa_y & \kappa_x & 0 \\ 0 & 0 & 1 \end{pmatrix} \begin{pmatrix} u_0(z) \\ v_0(z) \\ w_0(z) \end{pmatrix}, \kappa = \sqrt{\kappa_x^2 + \kappa_y^2} \tag{3.2-10}$$

■ 例題 3.2-1　震源断層の外力項

$$\begin{pmatrix} \mathbf{q}^{(2)}_{source}(z_1) \\ \mathbf{q}^{(2)}_{source}(z_2) \end{pmatrix} = \begin{pmatrix} \mathbf{K}^{(2)}_{11} & \mathbf{K}^{(2)}_{12} \\ \mathbf{K}^{(2)}_{21} & \mathbf{K}^{(2)}_{22} \end{pmatrix} \begin{pmatrix} \mathbf{u}^{(2)}_{0s}(z_1) \\ \mathbf{u}^{(2)}_{0s}(z_2) \end{pmatrix} - \begin{pmatrix} \mathbf{q}^{(2)}_{0s}(z_1)(= -\boldsymbol{\tau}^{(2)}_{s}(z_1)) \\ \mathbf{q}^{(2)}_{0s}(z_2)(= \boldsymbol{\tau}^{(2)}_{s}(z_2)) \end{pmatrix}$$

を求めるために必要な右辺の具体式を示せ。

(1) 剛性行列 :SH 波では式 (3.1-20)、P・SV 波では式 (3.1-21) で与えられる。

(2) 無限弾性体内の震源断層による変位 $\begin{pmatrix} \mathbf{u}^{(2)}_{0s}(z_1) \\ \mathbf{u}^{(2)}_{0s}(z_2) \end{pmatrix}$ と応力 $\begin{pmatrix} \mathbf{q}^{(2)}_{0s}(z_1)(= -\boldsymbol{\tau}^{(2)}_{s}(z_1)) \\ \mathbf{q}^{(2)}_{0s}(z_2)(= \boldsymbol{\tau}^{(2)}_{s}(z_2)) \end{pmatrix}$:

2 章の例題 2.2-9 で与えられるが、以下に SH 波と P・SV 波の上昇波・下降波成分を考慮した結果のみを示す(この場合、z_s は z_1 からの深さで、簡単化のため $\mathrm{e}^{i(\kappa x'-\omega t)}$ を省略)。

SH 波の場合 :

$$\begin{pmatrix} v^{(2)}_{0s}(z_1) \\ v^{(2)}_{0s}(z_2) \end{pmatrix} = \begin{pmatrix} v_{0in}(\kappa, z_1, \omega; M_0, z_s) \\ v_{0out}(\kappa, z_2, \omega; M_0, z_s) \end{pmatrix} = iM_0(\omega) \begin{pmatrix} R_{SHin} S_{Smin} \mathrm{e}^{-i\gamma(z_1 - z_s)} \\ R_{SHout} S_{Smout} \mathrm{e}^{i\gamma(z_2 - z_s)} \end{pmatrix}$$

$$\begin{pmatrix} q^{(2)}_{SH0s}(z_1) \\ q^{(2)}_{SH0s}(z_2) \end{pmatrix} = \begin{pmatrix} -\tau^{(2)in}_{szy'}(\kappa, z_1, \omega; M_0, z_s) \\ \tau^{(2)out}_{szy'}(\kappa, z_2, \omega; M_0, z_s) \end{pmatrix} = i\mu\gamma \begin{pmatrix} v^{(2)}_{0s}(z_1) \\ v^{(2)}_{0s}(z_2) \end{pmatrix}$$

したがって、震源断層を含む層厚を h とすると外力は次式で与えられる。

$$\begin{pmatrix} q^{(2)}_{source\ v_0}(z_1) \\ q^{(2)}_{source\ v_0}(z_2) \end{pmatrix} = \frac{\mu\gamma}{\sin\gamma h} \begin{pmatrix} \cos\gamma h & -1 \\ -1 & \cos\gamma h \end{pmatrix} \begin{pmatrix} v^{(2)}_{0s}(z_1) \\ v^{(2)}_{0s}(z_2) \end{pmatrix} - i\mu\gamma \begin{pmatrix} v^{(2)}_{0s}(z_1) \\ v^{(2)}_{0s}(z_2) \end{pmatrix}$$

P・SV 波の場合 :

$$\begin{pmatrix} u^{(2)}_{0s}(z_1) \\ iw^{(2)}_{0s}(z_1) \\ u^{(2)}_{0s}(z_2) \\ iw^{(2)}_{0s}(z_2) \end{pmatrix} = \begin{pmatrix} u_{0in}(\kappa, z_1, \omega; M_0, z_s) \\ iw_{0in}(\kappa, z_1, \omega; M_0, z_s) \\ u_{0out}(\kappa, z_2, \omega; M_0, z_s) \\ iw_{0out}(\kappa, z_2, \omega; M_0, z_s) \end{pmatrix} = iM_0(\omega) \times$$

$$
\left(\begin{pmatrix} \kappa R_{Pin} S_{Pmin} \mathrm{e}^{-i\nu(z_1-z_s)} \\ -i\nu R_{Pin} S_{Pmin} \mathrm{e}^{-i\nu(z_1-z_s)} \\ \kappa R_{Pout} S_{Pmout} \mathrm{e}^{i\nu(z_1-z_s)} \\ i\nu R_{Pout} S_{Pmout} \mathrm{e}^{i\nu(z_1-z_s)} \end{pmatrix} + \begin{pmatrix} \gamma R_{SVin} S_{Smin} \mathrm{e}^{-i\gamma(z_1-z_s)} \\ i\kappa R_{SVin} S_{Smin} \mathrm{e}^{-i\gamma(z_1-z_s)} \\ -\gamma R_{SVout} S_{Smout} \mathrm{e}^{i\gamma(z_2-z_s)} \\ i\kappa R_{SVout} S_{Smout} \mathrm{e}^{i\gamma(z_2-z_s)} \end{pmatrix}\right)
$$

$$
\begin{pmatrix} q^{(2)}_{PSVu0s}(z_1) \\ iq^{(2)}_{PSVw0s}(z_1) \\ q^{(2)}_{PSVu0s}(z_2) \\ iq^{(2)}_{PSVw0s}(z_2) \end{pmatrix} = \begin{pmatrix} -\tau^{(2)in}_{szx'}(\kappa, z_1, \omega; M_0, z_s) \\ -i\tau^{(2)in}_{szz}(\kappa, z_1, \omega; M_0, z_s) \\ \tau^{(2)out}_{szx'}(\kappa, z_2, \omega; M_0, z_s) \\ i\tau^{(2)out}_{szz}(\kappa, z_2, \omega; M_0, z_s) \end{pmatrix} = \mu M_0(\omega) \times
$$

$$
\left(\begin{pmatrix} -2\kappa\nu R_{Pin} S_{Pmin} \mathrm{e}^{-i\nu(z_1-z_s)} \\ -i\left\{2\kappa^2 - \left(\dfrac{\omega}{C_S}\right)^2\right\} R_{Pin} S_{Pmin} \mathrm{e}^{-i\nu(z_1-z_s)} \\ -2\kappa\nu R_{Pout} S_{Pmout} \mathrm{e}^{i\nu(z_2-z_s)} \\ i\left\{2\kappa^2 - \left(\dfrac{\omega}{C_S}\right)^2\right\} R_{Pout} S_{Pmout} \mathrm{e}^{i\nu(z_2-z_s)} \end{pmatrix} + \begin{pmatrix} \left\{2\kappa^2 - \left(\dfrac{\omega}{C_S}\right)^2\right\} R_{SVin} S_{Smin} \mathrm{e}^{-i\gamma(z_1-z_s)} \\ -i2\kappa\gamma R_{SVin} S_{Smin} \mathrm{e}^{-i\gamma(z_1-z_s)} \\ -\left\{2\kappa^2 - \left(\dfrac{\omega}{C_S}\right)^2\right\} R_{SVout} S_{Smout} \mathrm{e}^{i\gamma(z_2-z_s)} \\ -i2\kappa\gamma R_{SVout} S_{Smout} \mathrm{e}^{i\gamma(z_2-z_s)} \end{pmatrix}\right)
$$

震源断層による外力項は次式で与えられる。

$$
\begin{pmatrix} q^{(2)}_{source\ u_0}(z_1) \\ iq^{(2)}_{source\ w_0}(z_1) \\ q^{(2)}_{source\ u_0}(z_2) \\ iq^{(2)}_{source\ w_0}(z_2) \end{pmatrix} = \frac{1+\dfrac{\gamma^2}{\kappa^2}}{D}\mu\kappa \begin{pmatrix} K_{11} & K_{12} & K_{13} & K_{14} \\ & K_{22} & K_{23} & K_{24} \\ & & K_{33} & K_{34} \\ \mathrm{Sym.} & & & K_{44} \end{pmatrix} \begin{pmatrix} u^{(2)}_{0s}(z_1) \\ iw^{(2)}_{0s}(z_1) \\ u^{(2)}_{0s}(z_2) \\ iw^{(2)}_{0s}(z_2) \end{pmatrix} - \begin{pmatrix} q^{(2)}_{PSVu0s}(z_1) \\ iq^{(2)}_{PSVw0s}(z_1) \\ q^{(2)}_{PSVu0s}(z_2) \\ iq^{(2)}_{PSVw0s}(z_2) \end{pmatrix}
$$

3.2.2　半無限弾性体中に震源断層を含む場合

ここでは、各層に外力が作用せず震源断層による自然地盤(弾性体)の地震波応答の特別な場合として、震源断層が半無限弾性体内にある場合（第 2 層以下が半無限弾性体として考える場合)の剛性方程式を考察する。この場合、次式のような剛性方程式となる。

$$
\begin{pmatrix} \mathbf{0} \\ \mathbf{q}^{(2)}_{source}(z_1) \end{pmatrix} = \begin{pmatrix} \mathbf{K}^{(1)}_{11} & \mathbf{K}^{(1)}_{12} \\ \mathbf{K}^{(1)}_{21} & \mathbf{K}^{(1)}_{22} + \mathbf{K}_{half} \end{pmatrix} \begin{pmatrix} \mathbf{u}_0(z_0) \\ \mathbf{u}_0(z_1) \end{pmatrix} \tag{3.2-11a}
$$

ここに、

$$\mathbf{q}_{source}^{(2)}(z_1) = \mathbf{K}_{half}\mathbf{u}_{0s}^{(2)}(z_1) - \mathbf{q}_{0s}^{(2)}(z_1)(= -\boldsymbol{\tau}_s^{(2)}(z_1)) \tag{3.2-11b}$$

以下では上式の震源断層による外力 $\mathbf{q}_{source}^{(2)}(z_1)$ の別表現として、図 3.2-3 のように、(1) 震源断層を含む半無限弾性体の地表面が露頭する場合（第 1 層の厚さが零）の地表面変位を $\mathbf{u}_{0free}$ としこの地表面変位を用いる表現と、(2) 震源断層を含む半無限弾性体上に同じ半無限弾性体が存在し、結果的に無限弾性体の変位を用いる表現、の 2 つの表現方法を求める。

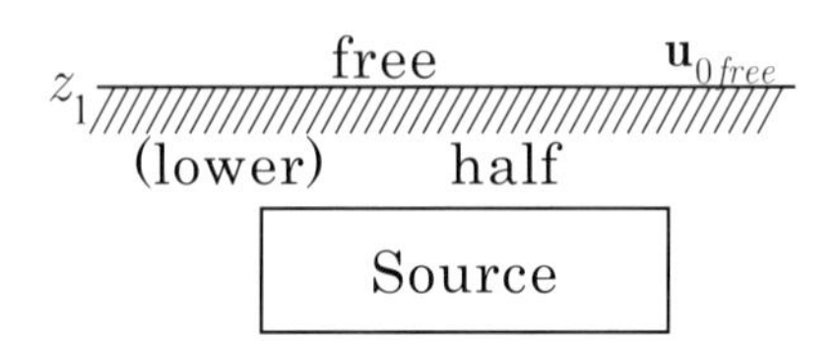

(1) 震源断層を含む半無限弾性体の地表面が露頭する場合

upper　half
z_1
lower　half
Source

(2) 震源断層を含む半無限弾性体上に同じ半無限弾性体が存在する無限弾性体の場合

図 3.2-3　震源断層の外力項の別表現を求めるための 2 つの弾性体モデル

図 3.2-3(1)の場合、半無限弾性体の地表面応力(トラクション)は零で、この条件を満たす変位を $\mathbf{u}_{0free}$ としているので次式が成り立つ。

$$\mathbf{u}_{0s}^{(2)}(z_1) = \mathbf{u}_{0free}, \quad \mathbf{q}_{0s}^{(2)}(z_1)(= -\boldsymbol{\tau}_s^{(2)}(z_1)) = \mathbf{0} \tag{3.2-12a}$$

したがって、式(3.2-11b)の震源断層による外力 $\mathbf{q}_{source}^{(2)}(z_1)$ は次式のように表される。

$$\mathbf{q}_{source}^{(2)}(z_1) = \mathbf{K}_{half}\mathbf{u}_{0free} \tag{3.2-12b}$$

これを式(3.2-11a)に代入すると次式が得られる。

$$\begin{pmatrix} \mathbf{0} \\ \mathbf{K}_{half}\mathbf{u}_{0free} \end{pmatrix} = \begin{pmatrix} \mathbf{K}_{11}^{(1)} & \mathbf{K}_{12}^{(1)} \\ \mathbf{K}_{21}^{(1)} & \mathbf{K}_{22}^{(1)} + \mathbf{K}_{half} \end{pmatrix} \begin{pmatrix} \mathbf{u}_0(z_0) \\ \mathbf{u}_0(z_1) \end{pmatrix} \tag{3.2-13}$$

図 3.2-3 (2) の場合、震源断層を含む半無限弾性体 (lower half space) 上に想定する半無限弾性体(upper half space)に対して次式の剛性方程式が成り立つ。

$$-\mathbf{q}_{0s}^{(2)}(z_1) = \mathbf{K}_{upper\ half}\mathbf{u}_{0s}^{(2)}(z_1) \tag{3.2-14}$$

したがって、式(3.2-11b)は次式のように書き換えられる。

$$\mathbf{q}_{source}^{(2)}(z_1) = \mathbf{K}_{half}\mathbf{u}_{0s}^{(2)}(z_1) - \mathbf{q}_{0s}^{(2)}(z_1) = \mathbf{K}_{full}\mathbf{u}_{0s}^{(2)}(z_1) \tag{3.2-15a}$$

ここに、$\mathbf{K}_{full}$ は次式のように半無限弾性体の剛性行列 $\mathbf{K}_{lower\ half}(= \mathbf{K}_{half}), \mathbf{K}_{upper\ half}$ の和として与えられる無限弾性体の剛性行列を表す。

$$\mathbf{K}_{full} = \mathbf{K}_{lower\ half} + \mathbf{K}_{upper\ half} \tag{3.2-15b}$$

補足 3.1 に示すように $\mathbf{K}_{upper\ half}$ は、$\mathbf{K}_{lower\ half}(= \mathbf{K}_{half})$ の対角項をそのままにして非対角項の符号(正負)のみを逆転したものとなる。したがって、無限弾性体の剛性行列 $\mathbf{K}_{full}$ は、$\mathbf{K}_{lower\ half}(= \mathbf{K}_{half})$ の対角項を 2 倍にし非対角項を零とし次式のように与えられる。

SH 波問題の無限弾性体の剛性行列：

$$\mathbf{K}_{SH}^{full} = -2i\mu\gamma \tag{3.2-16a}$$

P・SV 波問題の無限弾性体の剛性行列：

$$\mathbf{K}_{P\cdot SV}^{full} = \frac{1 + \dfrac{\gamma^2}{\kappa^2}}{1 + \dfrac{\nu\gamma}{\kappa^2}}\mu\kappa \begin{pmatrix} -2i\dfrac{\nu}{\kappa} & 0 \\ 0 & -2i\dfrac{\gamma}{\kappa} \end{pmatrix} \tag{3.2-16b}$$

式(3.2-15a)を式(3.2-11a)に代入すると次式の剛性方程式が得られる。

$$\begin{pmatrix} \mathbf{0} \\ \mathbf{K}_{full}\mathbf{u}_{0s}^{(2)}(z_1) \end{pmatrix} = \begin{pmatrix} \mathbf{K}_{11}^{(1)} & \mathbf{K}_{12}^{(1)} \\ \mathbf{K}_{21}^{(1)} & \mathbf{K}_{22}^{(1)} + \mathbf{K}_{half} \end{pmatrix} \begin{pmatrix} \mathbf{u}_0(z_0) \\ \mathbf{u}_0(z_1) \end{pmatrix} \tag{3.2-17}$$

以上のような震源断層を含む半無限弾性体上にある 1 層の表層弾性体の応答は、次式のように入射波による外力項として 3 つの定式によって求められることがわかった。

$$\begin{pmatrix} \mathbf{K}_{11}^{(1)} & \mathbf{K}_{12}^{(1)} \\ \mathbf{K}_{21}^{(1)} & \mathbf{K}_{22}^{(1)} + \mathbf{K}_{half} \end{pmatrix} \begin{pmatrix} \mathbf{u}_0(z_0) \\ \mathbf{u}_0(z_1) \end{pmatrix} = \begin{pmatrix} 0 \\ \mathbf{K}_{half}\mathbf{u}_{0s}^{(2)}(z_1) - \mathbf{q}_{0s}^{(2)}(z_1) \end{pmatrix}$$
$$= \begin{pmatrix} \mathbf{0} \\ \mathbf{K}_{half}\mathbf{u}_{0free} \end{pmatrix} = \begin{pmatrix} \mathbf{0} \\ \mathbf{K}_{full}\mathbf{u}_{0s}^{(2)}(z_1) \end{pmatrix} \tag{3.2-18}$$

すなわち、入射波による外力項は以下の 3 通りとなる。

(1) 半無限弾性体の剛性行列と無限弾性体の入射波による変位と応力を用いる場合
$(\mathbf{K}_{half}\mathbf{u}_{0s}^{(2)}(z_1) - \mathbf{q}_{0s}^{(2)}(z_1))$

(2) 半無限弾性体の剛性行列と露頭波を用いる場合

($\mathbf{K}_{half}\mathbf{u}_{0free}$)

(3) 無限弾性体の剛性行列と無限弾性体の入射波による変位を用いる場合

($\mathbf{K}_{full}\mathbf{u}_{0s}^{(2)}(z_1)$)

式(3.2-18)の外力項の関係から次式が得られる。

$$\mathbf{K}_{half}\mathbf{u}_{0free} = \mathbf{K}_{full}\mathbf{u}_{0s}^{(2)}(z_1) \rightarrow \mathbf{u}_{0free} = \mathbf{K}_{half}^{-1}\mathbf{K}_{full}\mathbf{u}_{0s}^{(2)}(z_1) \tag{3.2-19}$$

この式は半無限弾性体表面の地震動変位 $\mathbf{u}_{0free}$ が半無限弾性体と無限弾性体の剛性行列の演算より求められることを意味している。式(3.2-19)を具体的に示すと以下のようになる。

SH 波 :

$$v_{ofree} = (K_{half}^{SH})^{-1}K_{full}^{SH}v_{0s}^{(2)} = \frac{-2i\mu\gamma}{-i\mu\gamma}v_{0s}^{(2)} = 2v_{0s}^{(2)}(z_1) \tag{3.2-20a}$$

P・SV 波 :

$$\begin{aligned}\begin{pmatrix} u_{0free} \\ iw_{0free} \end{pmatrix} &= (\mathbf{K}_{half}^{P\cdot SV})^{-1}\mathbf{K}_{full}^{P\cdot SV}\begin{pmatrix} u_{0s}^{(2)}(z_1) \\ iw_{0s}^{(2)}(z_1) \end{pmatrix} \\ &= \frac{2\left(\dfrac{\omega}{C_S}\right)^4}{\left(1+\dfrac{\nu\gamma}{\kappa^2}\right)R(\kappa)}\begin{pmatrix} \dfrac{\nu\gamma}{\kappa^2} & -i\dfrac{\gamma}{\kappa}\left(B_0 - A_0\dfrac{\nu\gamma}{\kappa^2}\right) \\ -i\dfrac{\nu}{\kappa}\left(B_0 - A_0\dfrac{\nu\gamma}{\kappa^2}\right) & \dfrac{\nu\gamma}{\kappa^2} \end{pmatrix}\begin{pmatrix} u_{0s}^{(2)}(z_1) \\ iw_{0s}^{(2)}(z_1) \end{pmatrix}\end{aligned} \tag{3.2-20b}$$

ここに、

$$\mathbf{K}_{full}^{P\cdot SV} = \frac{1+\dfrac{\gamma^2}{\kappa^2}}{1+\dfrac{\nu\gamma}{\kappa^2}}\mu\kappa\begin{pmatrix} -2i\dfrac{\nu}{\kappa} & 0 \\ 0 & -2i\dfrac{\gamma}{\kappa} \end{pmatrix} \tag{3.2-20c}$$

$$A_0 = 2\left(\kappa\frac{C_S}{\omega}\right)^2, \quad B_0 = 1 - A_0 = 1 - 2\left(\kappa\frac{C_S}{\omega}\right)^2 \tag{3.2-20d}$$

$$R(\kappa) = 4\kappa^2\nu\gamma + \left(2\kappa^2 - \left(\frac{\omega}{C_S}\right)^2\right)^2 \tag{3.2-20e}$$

$R(\kappa)$ はレイリー関数で、レイリー波速度 C_R は $R(\omega / C_R) = 0$ から求められる。

■ 例題 3.2-2

半無限弾性体の P・SV 波剛性行列の逆行列を求め、レイリー関数によるレイリー波速度を考察せよ。

(1) P・SV 波剛性行列の逆行列は、式 (3.1-22b) より次式のようになる。

$$
\begin{aligned}
(\mathbf{K}_{half}^{P\cdot SV})^{-1} &= \frac{\left(1+\dfrac{\nu\gamma}{\kappa^2}\right)}{\mu\kappa\left(1+\dfrac{\gamma^2}{\kappa^2}\right)\left(\dfrac{\nu\gamma}{\kappa^2}+\left(B_0-A_0\dfrac{\nu\gamma}{\kappa^2}\right)^2\right)}\begin{pmatrix} i\dfrac{\gamma}{\kappa} & \left(B_0-A_0\dfrac{\nu\gamma}{\kappa^2}\right) \\ \left(B_0-A_0\dfrac{\nu\gamma}{\kappa^2}\right) & i\dfrac{\nu}{\kappa}\end{pmatrix} \\
&= \frac{\kappa\left(\dfrac{\omega}{C_S}\right)^2}{\mu R(\kappa)}\begin{pmatrix} i\dfrac{\gamma}{\kappa} & \left(B_0-A_0\dfrac{\nu\gamma}{\kappa^2}\right) \\ \left(B_0-A_0\dfrac{\nu\gamma}{\kappa^2}\right) & i\dfrac{\nu}{\kappa}\end{pmatrix} \qquad \text{(a)}
\end{aligned}
$$

ここに、上式右辺第 1 項の分母は次式のように書き換えられる。

$$
\begin{aligned}
\text{分母} &= \mu\kappa\left(1+\frac{\gamma^2}{\kappa^2}\right)\left(\frac{\nu\gamma}{\kappa^2}+\left(B_0-A_0\frac{\nu\gamma}{\kappa^2}\right)^2\right) = \mu\kappa\frac{\left(\dfrac{\omega}{C_S}\right)^2}{\kappa^2}\left(1+\frac{\nu\gamma}{\kappa^2}+\left(B_0-A_0\frac{\nu\gamma}{\kappa^2}\right)^2-1\right) \\
&= \mu\kappa\frac{\left(\dfrac{\omega}{C_S}\right)^2}{\kappa^2}\left[\left(1+\frac{\nu\gamma}{\kappa^2}\right)+\left(B_0-A_0\frac{\nu\gamma}{\kappa^2}+1\right)\left(B_0-A_0\frac{\nu\gamma}{\kappa^2}-1\right)\right]
\end{aligned}
$$

また、

$$
\left(B_0-A_0\frac{\nu\gamma}{\kappa^2}-1\right) = -A_0\left(1+\frac{\nu\gamma}{\kappa^2}\right) = -2\kappa^2\left(\frac{C_S}{\omega}\right)^2\left(1+\frac{\nu\gamma}{\kappa^2}\right)
$$

$$
\left(B_0-A_0\frac{\nu\gamma}{\kappa^2}+1\right) = 2-A_0\left(1+\frac{\nu\gamma}{\kappa^2}\right) = 2-2\kappa^2\left(\frac{C_S}{\omega}\right)^2\left(1+\frac{\nu\gamma}{\kappa^2}\right)
$$

したがって、

$$
\text{分母} = \mu\kappa\frac{\left(\dfrac{\omega}{C_S}\right)^2}{\kappa^2}\left(1+\frac{\nu\gamma}{\kappa^2}\right)\left(\frac{C_S}{\omega}\right)^4\left[4\kappa^2\nu\gamma+\left(2\kappa^2-\left(\frac{\omega}{C_S}\right)^2\right)^2\right]
$$

となるので、逆行列が式 (a) のように求められる。

(2) レイリー波速度 C_R は $R(\kappa=\omega\,/\,C_R)=0$ から求められ次式が得られる。

$$\left(2-\left(\frac{C_R}{C_S}\right)^2\right)^2=-4\sqrt{\left(\frac{C_R}{C_P}\right)^2-1}\sqrt{\left(\frac{C_R}{C_S}\right)^2-1}$$

上式の左辺は正で、右辺はそのままだと負となり等式が成立しない。しかし、右辺の平方根が２つとも虚数であれば右辺が正となり等式が成立する。２つの平方根が虚数であることは $C_R \le C_S \le C_P$ を意味する。したがって、次式からレイリー波速度 C_R が求められる。

$$\left(2-\left(\frac{C_R}{C_S}\right)^2\right)^2=4\sqrt{1-\left(\frac{C_R}{C_P}\right)^2}\sqrt{1-\left(\frac{C_R}{C_S}\right)^2}$$

この式を整理すると $(C_R \,/\, C_S)$ の３次方程式となる。この根よりレイリー波速度 C_R が求められる。例えば、ポアソン比、または $(C_P \,/\, C_S)$ を与えて、$(C_R \,/\, C_S)$ の３次方程式の根をニュートン法等の数値計算で求めると以下のようになる。

$(C_P \,/\, C_S)$	ポアソン比	$(C_R \,/\, C_S)$
∞	0.50	0.9554
$\sqrt{6}$	0.40	0.9422
2.0	0.33	0.9325
$\sqrt{3}$	0.25	0.9194

ここで、無限弾性体において、半無限弾性体の地表面位置（$z=z_1$）より深さ z_s に断層上端があるような矩形断層による上昇波の $z=z_1$ 位置での変位 $\mathbf{u}_{0s}^{(2)}(z_1)$ と応力 $\mathbf{q}_{0s}^{(2)}(z_1)$ を求めると以下のようになる。

２章の結果（例題 2.2-9）より上昇波の変位成分は次式で与えられる。

$$\begin{pmatrix} u_{0s}^{(2)}(z_1) \\ w_{0s}^{(2)}(z_1) \\ v_{0s}^{(2)}(z_1) \end{pmatrix}=\begin{pmatrix} u_{0in}(\kappa_x,\kappa_y,\omega,z;M_0,z_s) \\ w_{0in}(\kappa_x,\kappa_y,\omega,z;M_0,z_s) \\ v_{0in}(\kappa_x,\kappa_y,\omega,z;M_0,z_s) \end{pmatrix} \tag{3.2-21a}$$

ここに、

$$\begin{pmatrix} u_{0in}(\kappa_x,\kappa_y,\omega,z;M_0,z_s) \\ w_{0in}(\kappa_x,\kappa_y,\omega,z;M_0,z_s) \\ v_{0in}(\kappa_x,\kappa_y,\omega,z;M_0,z_s) \end{pmatrix}=iM_0(\omega)\begin{pmatrix} \kappa & \gamma & 0 \\ -\nu & \kappa & 0 \\ 0 & 0 & 1 \end{pmatrix}\begin{pmatrix} R_{Pin}S_{Pm}\mathrm{e}^{-i\nu(z-z_s)} \\ R_{SVin}S_{Sm}\mathrm{e}^{-i\gamma(z-z_s)} \\ R_{SHin}S_{Sm}\mathrm{e}^{-i\gamma(z-z_s)} \end{pmatrix}\mathrm{e}^{i(\kappa x'-\omega t)} \tag{3.2-21b}$$

応力成分は、例題 2.2-9 の上昇波による応力より、

$$\begin{pmatrix} \tau^{(2)}_{s\,zx'}(z_1) \\ \tau^{(2)}_{s\,zz}(z_1) \\ \tau^{(2)}_{s\,zy'}(z_1) \end{pmatrix} = \mu M_0(\omega) \begin{pmatrix} 2\kappa\nu & \left(\dfrac{\omega}{C_S}\right)^2 B_0 & 0 \\ -\left(\dfrac{\omega}{C_S}\right)^2 B_0 & 2\kappa\gamma & 0 \\ 0 & 0 & \gamma \end{pmatrix} \begin{pmatrix} R_{Pin} S_{Pm} \mathrm{e}^{-i\nu(z_1 - z_s)} \\ R_{SVin} S_{Sm} \mathrm{e}^{-i\gamma(z_1 - z_s)} \\ R_{SHin} S_{Sm} \mathrm{e}^{-i\gamma(z_1 - z_s)} \end{pmatrix} \mathrm{e}^{i(\kappa x' - \omega t)} \tag{3.2-21c}$$

式(3.2-21a,b)より次式が得られる。

$$M_0(\omega) \begin{pmatrix} R_{Pin} S_{Pm} \mathrm{e}^{-i\nu(z_1 - z_s)} \\ R_{SVin} S_{Sm} \mathrm{e}^{-i\gamma(z_1 - z_s)} \\ R_{SHin} S_{Sm} \mathrm{e}^{-i\gamma(z_1 - z_s)} \end{pmatrix} = -\frac{i}{\kappa^2 + \nu\gamma} \begin{pmatrix} \kappa & -\gamma & 0 \\ \nu & \kappa & 0 \\ 0 & 0 & 1 \end{pmatrix} \begin{pmatrix} u^{(2)}_{0s}(z_1) \\ w^{(2)}_{0s}(z_1) \\ v^{(2)}_{0s}(z_1) \end{pmatrix} \tag{3.2-21d}$$

式 (3.2-21d) を式 (3.2-21c) に代入し、係数行列を対称行列とするために $\tau^{(2)}_{s\,zz}(z_1), w^{(2)}_s(z_1)$ に虚数単位をつけて表すと、震源断層からの上昇波による応力と変位の関係が次式のように求められる。

$$\mathbf{q}^{(2)}_{0s}(z_1) = \begin{pmatrix} \tau^{(2)}_{s\,zx'}(z_1) \\ i\tau^{(2)}_{s\,zz}(z_1) \\ \tau^{(2)}_{s\,zy'}(z_1) \end{pmatrix} = \mathbf{K} \begin{pmatrix} u^{(2)}_{0s}(z_1) \\ iw^{(2)}_{0s}(z_1) \\ v^{(2)}_{0s}(z_1) \end{pmatrix} = \mathbf{K}\mathbf{u}^{(2)}_{0s}(z_1) \tag{3.2-21e}$$

ここに、

$$\mathbf{K} = -\mu\kappa \frac{\left(\dfrac{\omega}{C_S}\right)^2}{\kappa^2 + \nu\gamma} \begin{pmatrix} i\dfrac{\nu}{\kappa} & B_0 - A_0 \dfrac{\nu\gamma}{\kappa^2} & 0 \\ B_0 - A_0 \dfrac{\nu\gamma}{\kappa^2} & i\dfrac{\gamma}{\kappa} & 0 \\ 0 & 0 & i\dfrac{\gamma}{\kappa}(\kappa^2 + \nu\gamma) \Big/ \left(\dfrac{\omega}{C_S}\right)^2 \end{pmatrix} \tag{3.2-21f}$$

■ 例題 3.2-3

式(3.2-15a)($\mathbf{K}_{half}\mathbf{u}_{0s}^{(2)}(z_1)-\mathbf{q}_{0s}^{(2)}(z_1)=\mathbf{K}_{full}\mathbf{u}_{0s}^{(2)}(z_1)$)が成立することを具体的に SH 波と P・SV 波を使って示せ。

SH 波:

$$K_{half}^{SH}v_{0s}^{(2)}(z_1)-(-\tau_{s\,zy'}^{(2)}(z_1))=-i\mu\gamma v_{0s}^{(2)}(z_1)-i\mu\gamma v_{0s}^{(2)}(z_1)=-2i\mu\gamma v_{0s}^{(2)}(z_1)$$
$$=K_{full}^{SH}v_{0s}^{(2)}(z_1)$$

P・SV 波:

$$\mathbf{K}_{half}^{P\cdot SV}\begin{pmatrix}u_s^{(2)}(z_1)\\ iw_s^{(2)}(z_1)\end{pmatrix}-\begin{pmatrix}-\tau_{s\,zx'}^{(2)}(z_1)\\ -i\tau_{s\,zz}^{(2)}(z_1)\end{pmatrix}=\frac{1+\dfrac{\gamma^2}{\kappa^2}}{1+\dfrac{\nu\gamma}{\kappa^2}}\mu\kappa\begin{pmatrix}-i\dfrac{\nu}{\kappa} & B_0-A_0\dfrac{\nu\gamma}{\kappa^2}\\ B_0-A_0\dfrac{\nu\gamma}{\kappa^2} & -i\dfrac{\gamma}{\kappa}\end{pmatrix}\begin{pmatrix}u_{0s}^{(2)}(z_1)\\ iw_{0s}^{(2)}(z_1)\end{pmatrix}+$$
$$\frac{1+\dfrac{\gamma^2}{\kappa^2}}{1+\dfrac{\nu\gamma}{\kappa^2}}\mu\kappa\begin{pmatrix}-i\dfrac{\nu}{\kappa} & -\left(B_0-A_0\dfrac{\nu\gamma}{\kappa^2}\right)\\ -\left(B_0-A_0\dfrac{\nu\gamma}{\kappa^2}\right) & -i\dfrac{\gamma}{\kappa}\end{pmatrix}\begin{pmatrix}u_{0s}^{(2)}(z_1)\\ iw_{0s}^{(2)}(z_1)\end{pmatrix}$$
$$=\frac{1+\dfrac{\gamma^2}{\kappa^2}}{1+\dfrac{\nu\gamma}{\kappa^2}}\mu\kappa\begin{pmatrix}-2i\dfrac{\nu}{\kappa} & 0\\ 0 & -2i\dfrac{\gamma}{\kappa}\end{pmatrix}\begin{pmatrix}u_{0s}^{(2)}(z_1)\\ iw_{0s}^{(2)}(z_1)\end{pmatrix}=\mathbf{K}_{full}^{P\cdot SV}\begin{pmatrix}u_{0s}^{(2)}(z_1)\\ iw_{0s}^{(2)}(z_1)\end{pmatrix}$$

深さ z_s に断層上端があるような矩形断層による半無限弾性体の地表面($z=z_1$)の応答変位は、式(3.2-20a,b)に式(3.2-21a,b)を代入して次式のように求められる。

SH 波:

$$v_{ofree}=2iM_0(\omega)R_{SHin}S_{Sm}\mathrm{e}^{-i\gamma(z_1-z_s)}\mathrm{e}^{i(\kappa x'-\omega t)}$$

P・SV 波:

$$\begin{pmatrix}u_{0free}\\ w_{0free}\end{pmatrix}=\frac{2iM_0(\omega)}{R(\kappa)}\left(\frac{\omega}{C_S}\right)^2\nu\gamma\times$$
$$\begin{pmatrix}2\kappa & -\dfrac{1}{\nu}\left(2\kappa^2-\left(\dfrac{\omega}{C_S}\right)^2\right)\\ \dfrac{1}{\gamma}\left(2\kappa^2-\left(\dfrac{\omega}{C_S}\right)^2\right) & 2\kappa\end{pmatrix}\begin{pmatrix}R_{Pin}S_{Pm}\mathrm{e}^{-i\nu(z_1-z_s)}\\ R_{SVin}S_{Sm}\mathrm{e}^{-i\gamma(z_1-z_s)}\end{pmatrix}\mathrm{e}^{i(\kappa x'-\omega t)}$$

ここに、$R(\kappa)$ は式 (3.2-20e) のレイリー関数である(例題 3.2-2 参照)。

■ 例題 3.2-4

SH 波問題において、半無限弾性体の地表面(露頭)の地震波による厚さ h の第１層弾性体の地表面応答を求めよ。

SH 波問題に対し式(3.2-13)を適用する。第１層弾性体と半無限弾性体の剛性行列は式(3.1-20a,b)より、

$$\begin{pmatrix} \mathbf{K}_{11}^{(1)} & \mathbf{K}_{12}^{(1)} \\ \mathbf{K}_{21}^{(1)} & \mathbf{K}_{22}^{(1)} \end{pmatrix} = \frac{\mu\gamma}{\sin\gamma h}\begin{pmatrix} \cos\gamma h & -1 \\ -1 & \cos\gamma h \end{pmatrix}, \quad \mathbf{K}_{half} = -i\mu_{half}\gamma_{half}$$

また、式 (3.2-13) の各層の変位と外力は、

$$\begin{pmatrix} \mathbf{u}_0(z_0) \\ \mathbf{u}_0(z_1) \end{pmatrix} = \begin{pmatrix} v_0(z_0) \\ v_0(z_1) \end{pmatrix}, \quad \begin{pmatrix} \mathbf{0} \\ \mathbf{K}_{half}\mathbf{u}_{0free} \end{pmatrix} = \begin{pmatrix} 0 \\ -i\mu\gamma v_{0free} \end{pmatrix}$$

これらを式 (3.2-13) に代入すると次式が得られる。

$$\frac{\mu\gamma}{\sin\gamma h}\begin{pmatrix} \cos\gamma h & -1 \\ -1 & \cos\gamma h - i\dfrac{\mu_{half}\gamma_{half}}{\mu\gamma}\sin\gamma h \end{pmatrix}\begin{pmatrix} v_0(z_0) \\ v_0(z_1) \end{pmatrix} = \begin{pmatrix} 0 \\ -i\mu_{half}\gamma_{half}v_{0free} \end{pmatrix} \tag{a}$$

ここに、

$$\gamma = \sqrt{\left(\frac{\omega}{C_S}\right)^2 - \kappa^2}, \quad \gamma_{half} = \sqrt{\left(\frac{\omega}{C_{Shalf}}\right)^2 - \kappa^2}$$

SH 波の入射角を θ_{in} とすると、式(2.4-34)より次式のように波数が与えられる(2.4.4 項参照)。

$$\kappa = \left(\frac{\omega}{C_{Shalf}}\right)\sin\theta_{in}$$

以下では、鉛直下方から SH が入射する場合を考察する。この場合、

$$\theta_{in} = 0 \rightarrow \kappa = 0 \rightarrow \gamma = \frac{\omega}{C_S}, \gamma_{half} = \frac{\omega}{C_{Shalf}}$$

これを式 (a) に代入して整理すると、

$$\frac{\text{地表変位}}{\text{露頭変位}} : \frac{v_0(z_0)}{v_{0free}} = \frac{1}{\cos\left(\dfrac{\omega h}{C_S}\right) - iR\sin\left(\dfrac{\omega h}{C_S}\right)} \tag{b}$$

$$\frac{\text{地表変位}}{\text{基盤変位}} : \frac{v_0(z_0)}{v_0(z_1)} = \frac{1}{\cos\left(\dfrac{\omega h}{C_S}\right)}$$

ここに、R は以下のように定義される基盤と表層のインピーダンス比である。

$$R = \frac{\rho C_S}{\rho_{half} C_{Shalf}} = \sqrt{\frac{\rho\mu}{\rho_{half}\mu_{half}}}$$

式 (b) の上段の式は、露頭変位に対する地表変位の伝達関数を、下段の式は基盤変位に対する地表変位の伝達関数を表す。基盤が剛体とみなせる場合、$R=0$ とおけるので式 (b) の両式は同じとなる。すなわち、基盤変位に対する地表変位の伝達関数は、剛体基盤に対する地表変位の伝達関数ということができる。

$\cos\left(\omega h / C_S\right) = 0$ の時、地表面の変位振幅は無限大となる。この時の表層地盤の固有振動数 (Hz) は、

$$f_n = \frac{2\pi}{\omega_n} = n\frac{C_S}{4h}, (n = 1,3,5,\cdots)$$

3.3　3 次元水平多層弾性体のグリーン関数

3.3.1　基礎的事項

2 章で説明したように P・SV 波と SH 波の 2 次元問題と 3 次元問題の関係式(式(2.2-24))を用いると、2 次元水平多層弾性体のグリーン関数から 3 次元水平多層弾性体のグリーン関数を求めることができる。無限弾性体の場合では解析解が求められたが、水平多層弾性体の場合、解析解ではなく以下に述べるような剛性行列係数の連立 1 次方程式を数値計算で求める必要がある。

図 3.3-1 に示すような半無限弾性体上に 2 層の水平多層弾性体が乗るような 2 層水平多層弾性体を例に、剛性行列による P・SV 波と SH 波の 2 次元水平多層弾性体のグリーン関数 $G_{x'x'}(\kappa,\omega,z;z_{so})$, $G_{zx'}(\kappa,\omega,z;z_{so})$, $G_{x'z}(\kappa,\omega,z;z_{so})$, $G_{zz}(\kappa,\omega,z;z_{so})$, $G_{y'y'}(\kappa,\omega,z;z_{so})$ の求め方を述べる。以下の説明では、単位振幅の調和平面波が点 ($x'_{so}, z_{so} = z_2$) に作用した

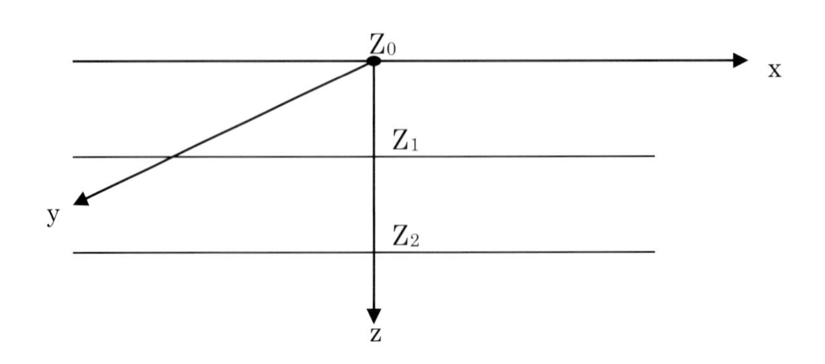

図 3.3-1　3 次元水平 2 層弾性体(半無限弾性体上の水平 2 層弾性体)および直交座標系とその記号

時の点（$x', z = z_0$）のグリーン関数を求める問題として説明する。その後、これらの 2 次元水平多層弾性体のグリーン関数から 3 次元水平多層弾性体のグリーン関数の求め方を説明する。

3.3.2　SH 波のグリーン関数

この場合、

$$q_{y'}(z_{so} = z_2) = \mathrm{e}^{i[\kappa(x'-x'_{so})-\omega t]} \tag{3.3-1a}$$

$$v_0(z = z_0) = G_{y'y'}(\kappa,\omega,z_0;z_2)\mathrm{e}^{i[\kappa(x'-x'_{so})-\omega t]} \tag{3.3-1b}$$

$G_{y'y'}(\kappa,\omega,z_0;z_2)(=G_{y'y'}(z_0;z_2))$ は次式の連立 1 次方程式を解いて求める。

$$\begin{pmatrix} K_{11}^{(1)SH} & K_{12}^{(1)SH} & 0 \\ K_{12}^{(1)SH} & K_{22}^{(1)SH} + K_{11}^{(2)SH} & K_{12}^{(2)SH} \\ 0 & K_{12}^{(2)SH} & K_{22}^{(2)SH} + K_{half}^{SH} \end{pmatrix} \begin{pmatrix} G_{y'y'}(z_0;z_2) \\ G_{y'y'}(z_1;z_2) \\ G_{y'y'}(z_2;z_2) \end{pmatrix} = \begin{pmatrix} 0 \\ 0 \\ 1 \end{pmatrix} \tag{3.3-2}$$

ここに、$K_{ij}^{(n)SH}(= K_{ij}^{(n)SH}(\kappa,\omega))$ と $K_{half}^{SH}(= K_{half}^{SH}(\kappa,\omega))$ は SH 波問題の第 n 層の剛性行列の ij 成分を表す。

3.3.3　P・SV 波のグリーン関数

(1)　x' 軸方向荷重の場合：

この場合、

$$q_{x'}(z_{so} = z_2) = \mathrm{e}^{i[\kappa(x'-x'_{so})-\omega t]} \tag{3.3-3a}$$

$$\begin{aligned} u_0 &= G_{x'x'}(\kappa,\omega,z_0;z_2)\mathrm{e}^{i[\kappa(x'-x'_{so})-\omega t]} \\ w_0 &= G_{zx'}(\kappa,\omega,z_0;z_2)\mathrm{e}^{i[\kappa(x'-x'_{so})-\omega t]} \end{aligned} \tag{3.3-3b}$$

$G_{x'x'}(\kappa,\omega,z = z_0;z_2)(= G_{x'x'}(z_0;z_2)), G_{zx'}(\kappa,\omega,z = z_0;z_2)(= G_{zx'}(z_0;z_2))$ は次式の連立 1 次方程式を解いて求める。

$$\begin{pmatrix} \mathbf{K}_{11}^{(1)P\cdot SV} & \mathbf{K}_{12}^{(1)P\cdot SV} & \mathbf{0} \\ \mathbf{K}_{12}^{(1)P\cdot SV} & \mathbf{K}_{22}^{(1)P\cdot SV} + \mathbf{K}_{11}^{(2)P\cdot SV} & \mathbf{K}_{12}^{(2)P\cdot SV} \\ \mathbf{0} & \mathbf{K}_{12}^{(2)P\cdot SV} & \mathbf{K}_{22}^{(2)P\cdot SV} + \mathbf{K}_{half}^{P\cdot SV} \end{pmatrix} \begin{pmatrix} G_{x'x'}(z_0;z_2) \\ iG_{zx'}(z_0;z_2) \\ G_{x'x'}(z_1;z_2) \\ iG_{zx'}(z_1;z_2) \\ G_{x'x'}(z_2;z_2) \\ iG_{zx'}(z_2;z_2) \end{pmatrix} = \begin{pmatrix} 0 \\ 0 \\ 0 \\ 0 \\ 1 \\ 0 \end{pmatrix} \tag{3.3-4}$$

ここに、$\mathbf{K}_{ij}^{(n)P\cdot SV}(=\mathbf{K}_{ij}^{(n)P\cdot SV}(\kappa,\omega))$ と $\mathbf{K}_{half}^{P\cdot SV}(=\mathbf{K}_{half}^{P\cdot SV}(\kappa,\omega))$ は P・SV 波問題の第 n 層の剛性行列の ij 成分を表す。

(2) z 軸方向荷重の場合：

この場合、

$$q_z(z_{so}=z_2)=\mathrm{e}^{i[\kappa(x'-x'_{so})-\omega t]} \tag{3.3-5a}$$

$$\begin{aligned} u_0 &= G_{x'z}(\kappa,\omega,z_0;z_2)\mathrm{e}^{i[\kappa(x'-x'_{so})-\omega t]} \\ w_0 &= G_{zz}(\kappa,\omega,z_0;z_2)\mathrm{e}^{i[\kappa(x'-x'_{so})-\omega t]} \end{aligned} \tag{3.3-5b}$$

$G_{x'z}(\kappa,\omega,z=z_0;z_2)(=G_{x'z}(z_0;z_2)), G_{zz}(\kappa,\omega,z=z_0;z_2)(=G_{zz}(z_0;z_2))$ は次式の連立１次方程式を解いて求める。

$$\begin{pmatrix} \mathbf{K}_{11}^{(1)P\cdot SV} & \mathbf{K}_{12}^{(1)P\cdot SV} & \mathbf{0} \\ \mathbf{K}_{12}^{(1)P\cdot SV} & \mathbf{K}_{22}^{(1)P\cdot SV}+\mathbf{K}_{11}^{(2)P\cdot SV} & \mathbf{K}_{12}^{(2)P\cdot SV} \\ \mathbf{0} & \mathbf{K}_{12}^{(2)P\cdot SV} & \mathbf{K}_{22}^{(2)P\cdot SV}+\mathbf{K}_{half}^{P\cdot SV} \end{pmatrix} \begin{pmatrix} G_{x'z}(z_0;z_2) \\ iG_{zz}(z_0;z_2) \\ G_{x'z}(z_1;z_2) \\ iG_{zz}(z_1;z_2) \\ G_{x'z}(z_2;z_2) \\ iG_{zz}(z_2;z_2) \end{pmatrix} = \begin{pmatrix} 0 \\ 0 \\ 0 \\ 0 \\ 0 \\ i \end{pmatrix} \tag{3.3-6}$$

3.3.4　3 次元水平多層弾性体のグリーン関数

3 次元水平多層弾性体のグリーン関数の表現式は以下のようになる。

$$g_{kl}(\mathbf{x},t;\mathbf{x}_{so})=\frac{1}{(2\pi)^3}\iiint G_{kl}(\kappa_x,\kappa_y,\omega,z=z_0;\mathbf{x}_{so})\mathrm{e}^{i[\kappa_x(x-x_{so})+\kappa_y(y-y_{so})-\omega t]}d\kappa_x d\kappa_y d\omega \tag{3.3-7}$$

ここに、観測点と荷重点を $\mathbf{x}=(x,y,z=z_0)^T, \mathbf{x}_{so}=(x_{so},y_{so},z_{so}=z_2)^T$ とし、振動数・波数領域の $G_{kl}(\kappa_x,\kappa_y,\omega,z=z_0;\mathbf{x}_{so})$ は上記の 3.3.2 ~ 3.3.3 項の SH 波問題と P・SV 波問題のグリーン関数 $G_{x'x'}(z_0;z_2)$ ，$G_{zx'}(z_0;z_2)$ ，$G_{x'z}(z_0;z_2)$ ，$G_{zz}(z_0;z_2)$ ，$G_{y'y'}(z_0;z_2)$ を式 (2.3-37) ~式 (2.3-39) に代入して求める。以下の具体式は、第 2 層（$z_{so}=z_2$）の荷重による地表面変位（$z=z_0$）のグリーン関数であることに注意せよ。

(1) x 軸方向荷重のグリーン関数 G_{xx}, G_{yx}, G_{zx}:

$$\begin{pmatrix} G_{xx}(\kappa_x,\kappa_y,\omega,z_0;x_{so},y_{so},z_2) \\ G_{yx}(\kappa_x,\kappa_y,\omega,z_0;x_{so},y_{so},z_2) \\ G_{zx}(\kappa_x,\kappa_y,\omega,z_0;x_{so},y_{so},z_2) \end{pmatrix} = \frac{1}{\kappa^2}\begin{pmatrix} \kappa_x^2 & \kappa_y^2 & 0 \\ \kappa_x\kappa_y & -\kappa_x\kappa_y & 0 \\ 0 & 0 & \kappa\kappa_x \end{pmatrix}\begin{pmatrix} G_{x'x'}(z_0;z_2) \\ G_{y'y'}(z_0;z_2) \\ G_{zx'}(z_0;z_2) \end{pmatrix} \quad (3.3\text{-}8)$$

(2) y 軸方向荷重のグリーン関数 G_{xy}, G_{yy}, G_{zy}:

$$\begin{pmatrix} G_{xy}(\kappa_x,\kappa_y,\omega,z_0;x_{so},y_{so},z_2) \\ G_{yy}(\kappa_x,\kappa_y,\omega,z_0;x_{so},y_{so},z_2) \\ G_{zy}(\kappa_x,\kappa_y,\omega,z_0;x_{so},y_{so},z_2) \end{pmatrix} = \frac{1}{\kappa^2}\begin{pmatrix} \kappa_x\kappa_y & -\kappa_x\kappa_y & 0 \\ \kappa_y^2 & \kappa_x^2 & 0 \\ 0 & 0 & \kappa\kappa_y \end{pmatrix}\begin{pmatrix} G_{x'x'}(z_0;z_2) \\ G_{y'y'}(z_0;z_2) \\ G_{zx'}(z_0;z_2) \end{pmatrix} \quad (3.3\text{-}9)$$

(3) z 軸方向荷重のグリーン関数 G_{xz}, G_{yz}, G_{zz}:

$$\begin{pmatrix} G_{xz}(\kappa_x,\kappa_y,\omega,z_0;x_{so},y_{so},z_2) \\ G_{yz}(\kappa_x,\kappa_y,\omega,z_0;x_{so},y_{so},z_2) \\ G_{zz}(\kappa_x,\kappa_y,\omega,z_0;x_{so},y_{so},z_2) \end{pmatrix} = \frac{1}{\kappa}\begin{pmatrix} \kappa_x & \kappa_y & 0 \\ \kappa_y & \kappa_x & 0 \\ 0 & 0 & \kappa \end{pmatrix}\begin{pmatrix} G_{x'z}(z_0;z_2) \\ 0 \\ G_{zz}(z_0;z_2) \end{pmatrix} \quad (3.3\text{-}10)$$

3.3.5　3 次元水平多層弾性体のグリーン関数の別表現(円筒座標系での表現)

上に述べた (3.3.1 項~ 3.3.4 項) 動的グリーン関数の求め方は新しい方法なので、その解析的検証が必要となる。このため、本方法から既存の円筒座標系の動的グリーン関数が導けることを示す。ここでは、ベッセル関数やハンケル関数等の特殊関数が必要となるがこの項を読み飛ばして、3.4.3 項の動的グリーン関数の使い方と数値解析結果との比較による検証を確認してもよい。

円筒座標系の定式化では、以下に記述するように円筒座標と直交座標の関係がやや複雑になるので一般には荷重点は直交座標の点 $(0, 0, z_{so})$ とする場合が多い。しかし、ここでは荷重点は上記と同じように座標点 (x_{so}, y_{so}, z_{so}) とする。

図 3.3-2a のように円筒座標の中心線は座標 (x_{so}, y_{so}, z_{so}) を通るように設定する。図 3.3-2b はその平面図を表し、直交座標 (x, y, z) での原点が (x_{so}, y_{so}) となるよう平行移動した座標 $(\tilde{x}, \tilde{y}, \tilde{z})$, 並びに調和平面波の伝播方向に合わせた新直交座標 (x', y', z) とその原点が (x_{so}, y_{so}) となるよう平行移動した座標 $(\tilde{x}', \tilde{y}', \tilde{z})$ および円筒座標 (r, θ) の関係を示す。ここに、θ' は調和平面波の伝播方向を表す。また、(r, θ) は円筒座標を表す。各座標間には次式が成立する。

$$\begin{aligned} &\tilde{x} = x - x_{so} = r\cos\theta, && \tilde{x}' = x' - x'_{so}, \\ &\tilde{y} = y - y_{so} = r\sin\theta, && \tilde{y}' = y' - y'_{so}, \\ &\tilde{z} = z, && \tilde{z}' = \tilde{z} = z, \\ &r = \sqrt{(x - x_{so})^2 + (y - y_{so})^2} \end{aligned} \quad (3.3\text{-}11)$$

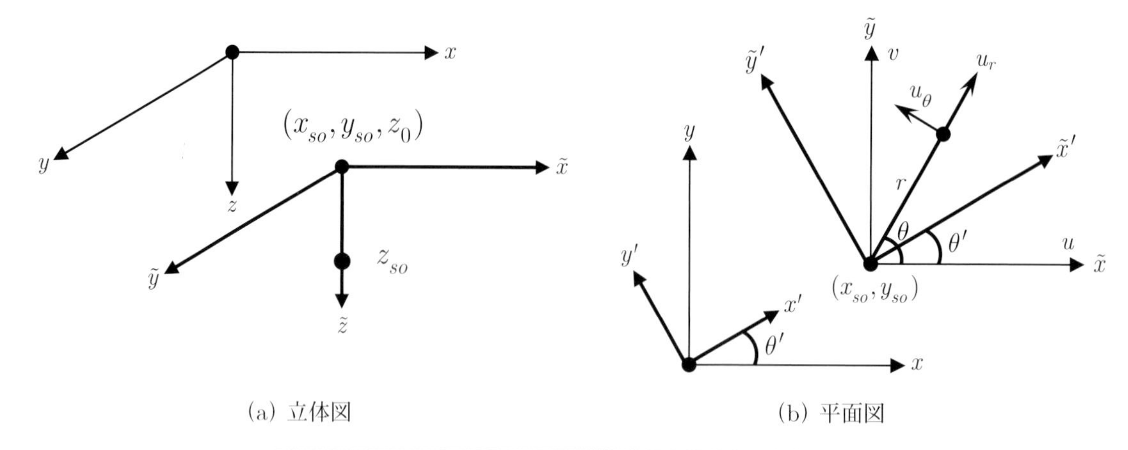

(a) 立体図　　(b) 平面図

図 3.3-2　直交座標と円筒座標と荷重の作用点の関係

図 3.3-2 は、深さ z における円筒座標 (r,θ) と直交座標 $(\tilde{x},\tilde{y})$ および、調和平面波の伝播方向の新直交座標 $(\tilde{x}',\tilde{y}')$ の関係を示している。この図には、円筒座標 (r,θ) と直交座標 $(\tilde{x},\tilde{y})$ の軸方向の変位成分 (u_r,u_θ)、(u,v) も示している。なお、深さ方向の変位成分は $u_z = w$ となる。時間・空間領域での円筒座標と直交座標の変位には、次式の関係が成立する。

$$\begin{pmatrix} u_r \\ u_\theta \\ u_z \end{pmatrix} = \begin{pmatrix} \cos\theta & \sin\theta & 0 \\ -\sin\theta & \cos\theta & 0 \\ 0 & 0 & 1 \end{pmatrix} \begin{pmatrix} u \\ v \\ w \end{pmatrix}, \quad \begin{pmatrix} u \\ v \\ w \end{pmatrix} = \begin{pmatrix} \cos\theta & -\sin\theta & 0 \\ \sin\theta & \cos\theta & 0 \\ 0 & 0 & 1 \end{pmatrix} \begin{pmatrix} u_r \\ u_\theta \\ u_z \end{pmatrix} \tag{3.3-12}$$

上式と 3.3.4 項で求めた直交座標系での 3 次元水平多層弾性体のグリーン関数を用いて、円筒座標での 3 次元水平多層弾性体のグリーン関数は既に 2.2.3 項と 2.3.3 項に示した式から求められる。諄いがもう一度定式化を以下に整理する。

振動数・波数領域において、座標 (x_{so}, y_{so}, z_{so}) 点に作用する荷重による座標 (x,y,z) 点の直交座標軸方向の変位と P・SV 波と SH 波問題の 2 次元水平多層弾性体の新直交座標軸方向の変位の間には、2.2.3 項より次式の関係が成立する。

$$\begin{pmatrix} u(z) \\ v(z) \\ w(z) \end{pmatrix} = \begin{pmatrix} \cos\theta' & -\sin\theta' & 0 \\ \sin\theta' & \cos\theta' & 0 \\ 0 & 0 & 1 \end{pmatrix} \begin{pmatrix} u_0(z) \\ v_0(z) \\ w_0(z) \end{pmatrix} \tag{3.3-13}$$

ここに、

$$\begin{aligned} u(z) &\equiv u(\kappa_x,\kappa_y,\omega,z;x_{so},y_{so},z_{so}), \quad u_0(z) \equiv u_0(\kappa,\omega,z;x'_{so},y'_{so},z_{so}) \\ v(z) &\equiv v(\kappa_x,\kappa_y,\omega,z;x_{so},y_{so},z_{so}), \quad v_0(z) \equiv v_0(\kappa,\omega,z;x'_{so},y'_{so},z_{so}) \\ w(z) &\equiv w(\kappa_x,\kappa_y,\omega,z;x_{so},y_{so},z_{so}), \quad w_0(z) \equiv w_0(\kappa,\omega,z;x'_{so},y'_{so},z_{so}) \end{aligned} \tag{3.3-14a}$$

$$\cos\theta' = \frac{\kappa_x}{\kappa}, \quad \sin\theta' = \frac{\kappa_y}{\kappa} \tag{3.3-14b}$$

また、座標（x_{so}, y_{so}, z_{so}）点に作用する荷重の直交座標軸方向の単位面積当たりの荷重と新直交座標軸方向の荷重の間には、幾何学的関係より次式の関係が成立する。

$$\begin{pmatrix} q_x(z_{so}) \\ q_y(z_{so}) \\ q_z(z_{so}) \end{pmatrix} = \begin{pmatrix} \cos\theta' & -\sin\theta' & 0 \\ \sin\theta' & \cos\theta' & 0 \\ 0 & 0 & 1 \end{pmatrix} \begin{pmatrix} q_{x'}(z_{so}) \\ q_{y'}(z_{so}) \\ q_z(z_{so}) \end{pmatrix}, \quad \begin{pmatrix} q_{x'}(z_{so}) \\ q_{y'}(z_{so}) \\ q_z(z_{so}) \end{pmatrix} = \begin{pmatrix} \cos\theta' & \sin\theta' & 0 \\ -\sin\theta' & \cos\theta' & 0 \\ 0 & 0 & 1 \end{pmatrix} \begin{pmatrix} q_x(z_{so}) \\ q_y(z_{so}) \\ q_z(z_{so}) \end{pmatrix} \tag{3.3-15a}$$

ここに、

$$\begin{aligned} q_x(z_{so}) &\equiv q_x(\kappa_x, \kappa_y, \omega, z_{so}), \quad & q_{x'}(z_{so}) &\equiv q_{x'}(\kappa, \omega, z_{so}) \\ q_y(z_{so}) &\equiv q_y(\kappa_x, \kappa_y, \omega, z_{so}), \quad & q_{y'}(z_{so}) &\equiv q_{y'}(\kappa, \omega, z_{so}) \\ q_z(z_{so}) &\equiv q_z(\kappa_x, \kappa_y, \omega, z_{so}), \quad & q_z(z_{so}) &\equiv q_z(\kappa, \omega, z_{so}) \end{aligned} \tag{3.3-15b}$$

ここで、P・SV 波と SH 波の 2 次元水平多層弾性体のグリーン関数を以下のように表す。

$$\begin{aligned} G_{x'x'}(z; z_{so}) &\equiv G_{x'x'}(\kappa, \omega, z; z_{so}) \\ G_{zx'}(z; z_{so}) &\equiv G_{zx'}(\kappa, \omega, z; z_{so}) \\ G_{x'z}(z; z_{so}) &\equiv G_{x'z}(\kappa, \omega, z; z_{so}) \\ G_{zz}(z; z_{so}) &\equiv G_{zz}(\kappa, \omega, z; z_{so}) \\ G_{y'y'}(z; z_{so}) &\equiv G_{y'y'}(\kappa, \omega, z; z_{so}) \end{aligned} \tag{3.3-16}$$

荷重 $q_{x'}(z_{so})$, $q_{y'}(z_{so}), q_z(z_{so})$ による 2 次元水平多層弾性体の新直交座標軸方向の変位は、2 次元水平多層弾性体のグリーン関数を用いると次式のように表現できる。

$$\begin{pmatrix} u_0(z) \\ v_0(z) \\ w_0(z) \end{pmatrix} = \begin{pmatrix} G_{x'x'}(z; z_{so}) & 0 & G_{x'z}(z; z_{so}) \\ 0 & G_{y'y'}(z; z_{so}) & 0 \\ G_{zx'}(z; z_{so}) & 0 & G_{zz}(z; z_{so}) \end{pmatrix} \begin{pmatrix} q_{x'}(z_{so}) \\ q_{y'}(z_{so}) \\ q_z(z_{so}) \end{pmatrix} \tag{3.3-17}$$

また、式 (3.3-13) より振動数・波数領域の円筒座標軸方向の変位と直交座標軸方向の変位は次式で表される。

$$\begin{pmatrix} u_r(z) \\ u_\theta(z) \\ u_z(z) \end{pmatrix} = \begin{pmatrix} \cos\theta & \sin\theta & 0 \\ -\sin\theta & \cos\theta & 0 \\ 0 & 0 & 1 \end{pmatrix} \begin{pmatrix} u(z) \\ v(z) \\ w(z) \end{pmatrix} \tag{3.3-18}$$

式 (3.3-18) の右辺に式 (3.3-13) を代入し式 (3.3-17) と式 (3.3-15b) を考慮すると、次式の円筒座標軸方向の変位と直交座標軸方向の荷重の関係式が求められる。

$$\begin{pmatrix} u_r(z) \\ u_\theta(z) \\ u_z(z) \end{pmatrix} = \begin{pmatrix} G_{rx}(z;z_{so}) & G_{ry}(z;z_{so}) & G_{rz}(z;z_{so}) \\ G_{\theta x}(z;z_{so}) & G_{\theta y}(z;z_{so}) & G_{\theta z}(z;z_{so}) \\ G_{zx}(z;z_{so}) & G_{zy}(z;z_{so}) & G_{zz}(z;z_{so}) \end{pmatrix} \begin{pmatrix} q_x(z_{so}) \\ q_y(z_{so}) \\ q_z(z_{so}) \end{pmatrix} \tag{3.3-19a}$$

ここに、$G_{kl}(z;z_{so})$ は直交座標軸 l 方向の単位荷重による円筒座標軸 k 方向の変位を表し、円筒座標系でのグリーン関数である。

$$\begin{aligned} G_{rx}(z;z_{so}) &= G_{x'x'}\cos\theta'\cos(\theta'-\theta) + G_{y'y'}\sin\theta'\sin(\theta'-\theta) \\ G_{ry}(z;z_{so}) &= G_{x'x'}\sin\theta'\cos(\theta'-\theta) - G_{y'y'}\cos\theta'\sin(\theta'-\theta) \\ G_{rz}(z;z_{so}) &= G_{x'z}\cos(\theta'-\theta) \\ G_{\theta x}(z;z_{so}) &= G_{x'x'}\cos\theta'\sin(\theta'-\theta) - G_{y'y'}\sin\theta'\cos(\theta'-\theta) \\ G_{\theta y}(z;z_{so}) &= G_{x'x'}\sin\theta'\sin(\theta'-\theta) + G_{y'y'}\cos\theta'\cos(\theta'-\theta) \\ G_{\theta z}(z;z_{so}) &= G_{x'z}\sin(\theta'-\theta) \\ G_{zx}(z;z_{so}) &= G_{zx'}\cos\theta' \\ G_{zy}(z;z_{so}) &= G_{zx'}\sin\theta' \\ G_{zz}(z;z_{so}) &= G_{zz} \end{aligned} \tag{3.3-19b}$$

時間・空間領域のグリーン関数は、次式の 3 重フーリエ変換によって求められる。

$$g_{kl}(r,\theta,z,t;\mathbf{x}_{so}) = \frac{1}{(2\pi)^3}\iiint G_{kl}(\kappa_x,\kappa_y,\omega,z;\mathbf{x}_{so})e^{i[\kappa_x(x-x_{so})+\kappa_y(y-y_{so})-\omega t]}d\kappa_x d\kappa_y d\omega \tag{3.3-20a}$$

振動数領域のグリーン関数は、次式の 2 重フーリエ変換によって求められる。

$$g_{kl}(r,\theta,z,\omega;\mathbf{x}_{so}) = \frac{1}{(2\pi)^2}\iint G_{kl}(\kappa_x,\kappa_y,\omega,z;\mathbf{x}_{so})e^{i[\kappa_x(x-x_{so})+\kappa_y(y-y_{so})]}d\kappa_x d\kappa_y \tag{3.3-20b}$$

以下では、上式から円筒座標系での振動数領域のグリーン関数を求める。

式(3.3-11)と式(3.3-14b)を使うと、次式が得られる。

$$\begin{aligned} e^{i[\kappa_x(x-x_{so})+\kappa_y(y-y_{so})]} &= e^{i[\kappa(x-x_{so})\cos\theta'+\kappa(y-y_{so})\sin\theta']} \\ &= e^{i[\kappa r\cos\theta\cos\theta'+\kappa r\sin\theta\sin\theta']} = e^{i[\kappa r\cos(\theta'-\theta)]} \end{aligned} \tag{3.3-21}$$

したがって、式(3.3-20b)は次式のような円筒座標系の積分に書き換えられる。

$$g_{kl}(r,\theta,z,\omega;\mathbf{x}_{so}) = \frac{1}{(2\pi)^2}\int_0^\infty\int_0^{2\pi}\kappa G_{kl}(z;z_{so})e^{i[\kappa r\cos(\theta'-\theta)]}d\theta' d\kappa \tag{3.3-22}$$

ここに、$d\kappa_x d\kappa_y = \kappa d\kappa d\theta'$ を用いた。

式(3.3-19b)を式(3.3-22)に代入し θ' で積分すると、次式の円筒座標系での振動数領域のグリーン関数が求められる。

(1) x 軸方向荷重の場合 :

$$\begin{pmatrix} g_{rx}(r,\theta,z,\omega;\mathbf{x}_{so}) \\ g_{\theta x}(r,\theta,z,\omega;\mathbf{x}_{so}) \\ g_{zx}(r,\theta,z,\omega;\mathbf{x}_{so}) \end{pmatrix} = \frac{1}{2\pi}\int_0^\infty \begin{pmatrix} \cos\theta & & \\ & -\sin\theta & \\ & & \cos\theta \end{pmatrix} \begin{pmatrix} \dfrac{\partial J_1(\kappa r)}{\partial(\kappa r)} & \dfrac{J_1(\kappa r)}{\kappa r} & 0 \\ \dfrac{J_1(\kappa r)}{\kappa r} & \dfrac{\partial J_1(\kappa r)}{\partial(\kappa r)} & 0 \\ 0 & 0 & J_1(\kappa r) \end{pmatrix} \begin{pmatrix} G_{x'x'}(z;z_{so}) \\ G_{y'y'}(z;z_{so}) \\ iG_{zx'}(z;z_{so}) \end{pmatrix} \kappa d\kappa \tag{3.3-23}$$

(2) y 軸方向荷重の場合 :

$$\begin{pmatrix} g_{ry}(r,\theta,z,\omega;\mathbf{x}_{so}) \\ g_{\theta y}(r,\theta,z,\omega;\mathbf{x}_{so}) \\ g_{zy}(r,\theta,z,\omega;\mathbf{x}_{so}) \end{pmatrix} = \frac{1}{2\pi}\int_0^\infty \begin{pmatrix} \sin\theta & & \\ & \cos\theta & \\ & & \sin\theta \end{pmatrix} \begin{pmatrix} \dfrac{\partial J_1(\kappa r)}{\partial(\kappa r)} & \dfrac{J_1(\kappa r)}{\kappa r} & 0 \\ \dfrac{J_1(\kappa r)}{\kappa r} & \dfrac{\partial J_1(\kappa r)}{\partial(\kappa r)} & 0 \\ 0 & 0 & J_1(\kappa r) \end{pmatrix} \begin{pmatrix} G_{x'x'}(z;z_{so}) \\ G_{y'y'}(z;z_{so}) \\ iG_{zx'}(z;z_{so}) \end{pmatrix} \kappa d\kappa \tag{3.3-24}$$

(3) z 軸方向荷重の場合 :

$$\begin{pmatrix} g_{rz}(r,\theta,z,\omega;\mathbf{x}_{so}) \\ g_{\theta z}(r,\theta,z,\omega;\mathbf{x}_{so}) \\ g_{zz}(r,\theta,z,\omega;\mathbf{x}_{so}) \end{pmatrix} = \frac{1}{2\pi}\int_0^\infty \begin{pmatrix} 1 & & \\ & 1 & \\ & & 1 \end{pmatrix} \begin{pmatrix} J_1(\kappa r) & 0 & 0 \\ 0 & 0 & 0 \\ 0 & 0 & J_0(\kappa r) \end{pmatrix} \begin{pmatrix} iG_{x'z}(\kappa,\omega,z;z_{so}) \\ 0 \\ G_{zz}(\kappa,\omega,z;z_{so}) \end{pmatrix} \kappa d\kappa \tag{3.3-25}$$

■ 例題 3.3-1

式 (3.3-22) の θ' での積分を求めよ。

$\theta' - \theta = \alpha$ と変数変換すると、

$$d\theta' = d\alpha,$$
$$\cos\theta' = \cos\alpha\cos\theta - \sin\alpha\sin\theta, \quad \sin\theta' = \sin\alpha\cos\theta + \cos\alpha\sin\theta$$

したがって、次式のように θ' での積分がベッセル関数で表される。

$$\int_0^{2\pi} \cos\theta' \cos(\theta'-\theta) e^{i[\kappa r \cos(\theta'-\theta)]} d\theta' = \left(\int_{-\theta}^{2\pi-\theta} \cos^2\alpha e^{i\kappa r \cos\alpha} d\alpha \right) \cos\theta - \left(\int_{-\theta}^{2\pi-\theta} \sin\alpha \cos\alpha e^{i\kappa r \cos\alpha} d\alpha \right) \sin\theta = 2\pi \frac{\partial J_1(\kappa r)}{\partial(\kappa r)} \cos\theta \tag{a}$$

$$\int_0^{2\pi} \sin\theta' \sin(\theta'-\theta) e^{i[\kappa r \cos(\theta'-\theta)]} d\theta' = \left(\int_{-\theta}^{2\pi-\theta} \sin^2\alpha e^{i\kappa r \cos\alpha} d\alpha \right) \cos\theta + \left(\int_{-\theta}^{2\pi-\theta} \sin\alpha \cos\alpha e^{i\kappa r \cos\alpha} d\alpha \right) \sin\theta = 2\pi \frac{J_1(\kappa r)}{\kappa r} \cos\theta \tag{b}$$

$$\int_0^{2\pi} \sin\theta' \cos(\theta'-\theta) e^{i[\kappa r \cos(\theta'-\theta)]} d\theta' = \left(\int_{-\theta}^{2\pi-\theta} \sin\alpha \cos\alpha e^{i\kappa r \cos\alpha} d\alpha \right) \cos\theta + \left(\int_{-\theta}^{2\pi-\theta} \cos^2\alpha e^{i\kappa r \cos\alpha} d\alpha \right) \sin\theta = 2\pi \frac{\partial J_1(\kappa r)}{\partial(\kappa r)} \sin\theta \tag{c}$$

$$\int_0^{2\pi} \cos\theta' \sin(\theta'-\theta) e^{i[\kappa r \cos(\theta'-\theta)]} d\theta' = \left(\int_{-\theta}^{2\pi-\theta} \sin\alpha \cos\alpha e^{i\kappa r \cos\alpha} d\alpha \right) \cos\theta - \left(\int_{-\theta}^{2\pi-\theta} \sin^2\alpha e^{i\kappa r \cos\alpha} d\alpha \right) \sin\theta = -2\pi \frac{J_1(\kappa r)}{\kappa r} \sin\theta \tag{d}$$

$$\int_0^{2\pi} \cos(\theta'-\theta) e^{i[\kappa r \cos(\theta'-\theta)]} d\theta' = \int_{-\theta}^{2\pi-\theta} \cos\alpha e^{i\kappa r \cos\alpha} d\alpha = i2\pi J_1(\kappa r) \tag{e}$$

$$\int_0^{2\pi} \sin(\theta'-\theta) e^{i[\kappa r \cos(\theta'-\theta)]} d\theta' = \int_{-\theta}^{2\pi-\theta} \sin\alpha e^{i\kappa r \cos\alpha} d\alpha = 0 \tag{f}$$

$$\int_0^{2\pi} \cos\theta' e^{i[\kappa r \cos(\theta'-\theta)]} d\theta' = \left(\int_{-\theta}^{2\pi-\theta} \cos\alpha e^{i\kappa r \cos\alpha} d\alpha \right) \cos\theta - \left(\int_{-\theta}^{2\pi-\theta} \sin\alpha e^{i\kappa r \cos\alpha} d\alpha \right) \sin\theta = i2\pi J_1(\kappa r) \cos\theta \tag{g}$$

$$\int_0^{2\pi} \sin\theta' e^{i[\kappa r \cos(\theta'-\theta)]} d\theta' = \left(\int_{-\theta}^{2\pi-\theta} \sin\alpha e^{i\kappa r \cos\alpha} d\alpha \right) \cos\theta + \left(\int_{-\theta}^{2\pi-\theta} \cos\alpha e^{i\kappa r \cos\alpha} d\alpha \right) \sin\theta = i2\pi J_1(\kappa r) \sin\theta \tag{h}$$

$$\int_0^{2\pi} \mathrm{e}^{i[\kappa r\cos(\theta'-\theta)]} d\theta' = \int_{-\theta}^{2\pi-\theta} \mathrm{e}^{i\kappa r\cos\alpha} d\alpha = 2\pi J_0(\kappa r) \tag{i}$$

上式の α の積分では、以下のようなベッセル関数の積分表示を用いた。

$$\int_{-\theta}^{2\pi-\theta} \cos^2\alpha \mathrm{e}^{i\kappa r\cos\alpha} d\alpha = 2\pi \frac{\partial J_1(\kappa r)}{\partial(\kappa r)}, \quad \int_{-\theta}^{2\pi-\theta} \sin^2\alpha \mathrm{e}^{i\kappa r\cos\alpha} d\alpha = 2\pi \frac{J_1(\kappa r)}{\kappa r}$$

$$\int_{-\theta}^{2\pi-\theta} \sin\alpha\cos\alpha \mathrm{e}^{i\kappa r\cos\alpha} d\alpha = \frac{1}{2} \int_{-\theta}^{2\pi-\theta} \sin 2\alpha \mathrm{e}^{i\kappa r\cos\alpha} d\alpha = 0$$

$$\int_{-\theta}^{2\pi-\theta} \sin n\alpha \mathrm{e}^{iz\cos(\alpha-\beta)} d\alpha = 2\pi i^n J_n(z) \sin n\beta$$

3.3.6　3 次元水平多層弾性体のグリーン関数の直交座標系と円筒座標系での表現と数値計算上の特徴

3.3.4 項と 3.3.5 項に示した 3 次元水平多層弾性体のグリーン関数の直交座標系と円筒座標系での記述と数値計算上の特徴を説明する。

(1) 表現方法

補足 3.2 に示すように直交座標系ではフーリエ変換、円筒座標系ではハンケル変換（変数 r の関数に対して）と複素フーリエ級数（変数 θ の関数に対して）が使われる。フーリエ変換を使う直交座標系の弾性波動解は、式(3.3-7)や式(3.3-20)のように調和平面波の重ね合わせで記述できる。一方、円筒座標系での弾性波動解は、式 (3.3-23) ～式 (3.3-25) や補足 3.2 に示すようにハンケル変換と複素フーリエ級数の定義に示されているように、解毎に適切なベッセル関数が用いられる。これは物理的解釈や解の形式上の観点からやや不便である。また、以下に説明するようにフーリエ変換とハンケル変換の関係式には係数 $1/2\pi$ が必要となる。

補足 3.2 に示すようにフーリエ変換とハンケル変換は関連しており、ハンケル変換は次式のようになる。

$$\begin{aligned} U_n(\kappa) &= \int_0^\infty r u(r) J_n(\kappa r) dr \\ u(r) &= \int_0^\infty \kappa U_n(\kappa) J_n(\kappa r) d\kappa \end{aligned} \tag{3.3-26}$$

このハンケル変換は次式のように書くこともできる。

$$u(a)=\int_0^\infty ru(r)\left(\int_0^\infty \kappa J_n(\kappa r)J_n(\kappa a)d\kappa\right)dr \tag{3.3-27}$$

この式は、次式のようにベッセル関数の波数積分がデルタ関数であることを示している。

$$\frac{\delta(r-a)}{r}=\int_0^\infty \kappa J_n(\kappa r)J_n(\kappa a)d\kappa \tag{3.3-28}$$

その理由は、式(3.3-28)を式(3.3-27)に代入すると関数 $u(a)$ が得られるからである。

$$u(a)=\int_0^\infty ru(r)\frac{\delta(r-a)}{r}dr=\int_0^\infty u(r)\delta(r-a)dr=u(a) \tag{3.3-29}$$

例えば、式 (3.3-28) で $n=0, a=0$ とし、$J_0(0)=1$ を考慮すると次式のデルタ関数とハンケル変換の関係式が得られる。

$$\frac{\delta(r)}{r}=\int_0^\infty \kappa J_0(\kappa r)d\kappa \tag{3.3-30}$$

前項のようにフーリエ変換の定式化から導いた円筒座標系のグリーン関数を求めるための波数積分(式(3.3-23)～式(3.3-25))には、係数 $1/2\pi$ がかかっている。上式のようにハンケル変換の波数積分には、係数 $1/2\pi$ はない。この違いの原因は、補足 3.2 のようにフーリエ変換とハンケル変換の間には、式(A3.2-11)に示すように係数 $1/2\pi$ の違いがあるからである。このことを具体的に説明すると以下のようになる。

式 (3.3-20) の振動数・波数領域のグリーン関数 $G_{kl}(\kappa_x,\kappa_y,\omega,z;\mathbf{x}_{so})$ は、(x,y,z) 座標系で振幅 1 の調和平面波に対して求められているので、円筒座標系でのグリーン関数の表現式では、波数積分値に $1/2\pi$ がかかる。もしも、P・SV 波と SH 波のグリー関数を振幅 $1/2\pi$ の調和平面波に対して求めておけば、式(3.3-23)～式(3.3-25)の波数積分値に $1/2\pi$ をかける必要がなくなる。

■ 例題 3.3-2

振幅 1 の調和平面波に対して求めている式 (3.3-23) ～式 (3.3-25) で示した円筒座標系のグリーン関数の表現式には、波数積分値に $1/2\pi$ がかかっている。もしも、P・SV 波と SH 波のグリーン関数を振幅 $1/2\pi$ の調和平面波に対して求めておけば、式 (3.3-23) ～式 (3.3-25) の波数積分値に $1/2\pi$ をかける必要はない。ここでは、このことをグリーン関数を求める時の単位(衝撃、力積)荷重(デルタ関数で表される)のフーリエ変換とハンケル変換の関係から説明せよ。

荷重点 (x_{so}, y_{so}, z_{so}) に x 軸方向の単位荷重（簡単のため時間軸方向のデルタ関数 $\delta(t)$ を省略）$\rho b_x = \delta(x - x_{so})\delta(y - y_{so})\delta(z - z_{so})$ について説明する。この単位荷重は深さ $z = z_{so}$ の水平面内の単位面積に作用する単位荷重 $q_x = \delta(x - x_{so})\delta(y - y_{so})$ に等しい。ただし、

$$\iint q_x dxdy = \iint \delta(x - x_{so})\delta(y - y_{so})dxdy = 1$$

この単位荷重のフーリエ変換は次式のようになり、波数領域では振幅 1 の調和平面波として与えられる(デルタ関数 $\delta(t)$ を省略したため、振動数領域の $\mathrm{e}^{-i\omega t}$ を省略)。

$$q_x(\kappa_x, \kappa_y, z = z_{so}; x_{so}, y_{so}) = \iint \delta(x - x_{so})\delta(y - y_{so})\mathrm{e}^{i[\kappa_x(x-x_{so})+\kappa_y(y-y_{so})]}dxdy = 1$$

$$q_x = \delta(x - x_{so})\delta(y - y_{so}) = \frac{1}{(2\pi)^2}\iint \mathrm{e}^{i[\kappa_x(x-x_{so})+\kappa_y(y-y_{so})]}d\kappa_x d\kappa_y$$

上式の波数に関するフーリエ変換は、式 (3.3-21) と例題 3.3-1 のベッセル関数の積分表示を使うと次式のように書ける。

$$\begin{aligned} q_x = \delta(x - x_{so})\delta(y - y_{so}) &= \frac{1}{(2\pi)^2}\iint \mathrm{e}^{i[\kappa_x(x-x_{so})+\kappa_y(y-y_{so})]}d\kappa_x d\kappa_y \\ &= \frac{1}{2\pi}\int_0^\infty \kappa J_0(\kappa r)d\kappa = \frac{1}{2\pi}\frac{\delta(r)}{r} \end{aligned} \tag{a}$$

この積分を求めるに当たり、デルタ関数のハンケル変換表現式 (3.3-30) を用いた。

式 (a) をフーリエ変換とハンケル変換から解釈すると、次のように両者の表現では振幅係数に $1/2\pi$ の違いがあることがわかる。すなわち、直交座標系の単位荷重 $q_x = \delta(x - x_{so})\delta(y - y_{so})$ は、直交座標系の波数領域では振幅 1 の調和平面波 $\mathrm{e}^{i[\kappa_x(x-x_{so})+\kappa_y(y-y_{so})]}$ （$\mathrm{e}^{-i\omega t}$ を省略）に対応しているが、円筒座標系の波数領域では、ベッセル関数 $\kappa J_0(\kappa r)$ に振幅 $1/2\pi$ をかけたものに対応している。

このような単位荷重を模式的に示すと、図 A に示すように座標点 (x_{so}, y_{so}) を中心に

微小半径 ε の円状に単位面積当りの荷重の大きさが $q_x = 1/(\pi\varepsilon^2)$ の一様な分布荷重が x 軸方向に作用するような荷重としてモデル化することができる。すなわち、このような荷重は次式を満足する。

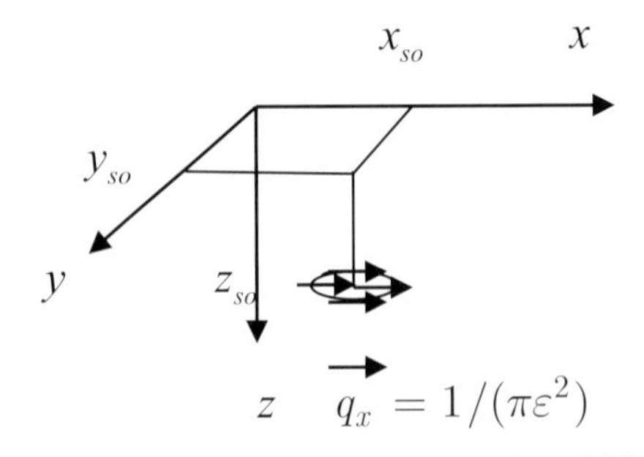

図 A　水平面内の単位面積当たりに作用する単位荷重の模式図

$$\iint q_x dxdy = \frac{1}{\pi\varepsilon^2}\pi\varepsilon^2 = 1$$

このモデル化を一般化すると、$q_x = \delta(x - x_{so})\delta(y - y_{so})$ は極座標の θ に依存せずに r のみの関数と考えることができる（図 A では、$0 \leq r \leq \varepsilon$ で一定値、その他では零)。すなわち、次式のように仮定できる。

$$q_x = q(r)$$

そして、$q(r)$ は次式を満足するような関数でなければならない。

$$\iint q_x dxdy = \int_0^{2\pi} d\theta \int_0^{\infty} q(r) r dr = 2\pi \int_0^{\infty} q(r) r dr = 1$$

したがって、関数 $q(r)$ は次式のデルタ関数でなければならない。

$$q_x = q(r) = \frac{\delta(r)}{2\pi r}$$

この式は式 (a) と同じであり、このことはこのような単位振幅荷重が図 A のようにモデル化できることを示している。

(2) 数値計算における特徴

直交座標系のグリーン関数と円筒座標系のグリーン関数の数値計算における特徴は、以下のようになる。

直交座標系による振動数領域のグリーン関数を求めるためには、波数に関する 2 重フーリエ変換を必要とするのに対し（式 (3.3-7) や式 (3.3-20))、円筒座標系によるグリーン関数では、波数に関する 1 重積分でよい（式 (3.3-23) ～式 (3.3-25))。振動数に関しては、両方で同じ 1 重のフーリエ変換となる。2 重フーリエ変換の場合、高速フーリエ変換を使うと計算時間は極めて短くなる。また、ある深さ z のグリーン関数を計算するために 2 次元の波数に関する関数の記憶を必要とするので、大容量の計算機メモリーが必要となるが、ある深さ z 平面上の全ての離散点(格子点)の値が求められるのでグリーン関数の空間的な変化を見るために適している。

一方、円筒座標系のグリーン関数では、ある深さ z のグリーン関数を計算するために 1 重の波数積分で済むので大容量の計算機メモリーを必要としないが、ある深さ z 平面上のある 1 点を指定して波数積分を行う。別な点のグリーン関数を求めるためには、再度の波数積分が必要となる。すなわち、円筒座標系のグリーン関数では空間的な変化を見るためには、その離散点(格子点)の数だけ波数積分が必要となる。

したがって、計算目的に応じて 2 重フーリエ変換か円筒座標系の 1 重波数積分を使うかを決めればよい。ここで強調したいことは、直交座標系の 2 重フーリエ変換から解析的に既存の円筒座標系のグリーン関数が求められることである。

3.4　半無限 3 次元弾性体表面に単位調和荷重が作用する場合の表面変位(グリーン関数)

3.3 節で説明した 3 次元水平多層弾性体のグリーン関数の特別な場合として、半無限弾性体表面に荷重が作用する場合の表面変位(グリーン関数)を直交座標系のフーリエ変換と円筒座標系のハンケル変換を使う 2 通りの方法による解を求める。円筒座標系の解は既存のものなので、2 つの方法のグリー関数が同じであることを示すことは、直交座標系の剛性行列による方法の検証例となる。

3.4.1　半無限 2 次元弾性体表面に単位調和荷重が作用する場合の表面変位

ここでは、半無限 2 次元弾性体表面に単位調和荷重が作用する場合の表面変位（グリーン関数）$G_{y'y'}(z_0;z_0)$（SH 波）と $G_{x'x'}(z_0;z_0), G_{zx'}(z_0;z_0), G_{x'z}(z_0;z_0), G_{zz}(z_0;z_0)$（P・SV 波)を整理する。

(1) SH 波のグリーン関数

この場合、式(3.3-2)は次式のようになる。

$$K_{half}^{SH} G_{y'y'}(z_0;z_0) = 1 \tag{3.4-1a}$$

したがって、

$$G_{y'y'}(z_0;z_0) = \left(K_{half}^{SH}\right)^{-1} = -\frac{1}{i\mu\gamma} \tag{3.4-1b}$$

(2) P・SV 波のグリーン関数

x' 軸方向荷重の場合：

式(3.3-4)は次式のようになる。

$$\mathbf{K}_{half}^{P\cdot SV}\begin{pmatrix} G_{x'x'}(z_0;z_0) \\ iG_{zx'}(z_0;z_0) \end{pmatrix} = \begin{pmatrix} 1 \\ 0 \end{pmatrix} \tag{3.4-2a}$$

したがって、

$$\begin{aligned} \begin{pmatrix} G_{x'x'}(z_0;z_0) \\ iG_{zx'}(z_0;z_0) \end{pmatrix} &= \left(\mathbf{K}_{half}^{P\cdot SV}\right)^{-1}\begin{pmatrix} 1 \\ 0 \end{pmatrix} \\ &= \frac{\kappa\left(\dfrac{\omega}{C_S}\right)^2}{\mu R(\kappa)}\begin{pmatrix} i\dfrac{\gamma}{\kappa} & \left(B_0 - A_0\dfrac{\nu\gamma}{\kappa^2}\right) \\ \left(B_0 - A_0\dfrac{\nu\gamma}{\kappa^2}\right) & i\dfrac{\nu}{\kappa} \end{pmatrix}\begin{pmatrix} 1 \\ 0 \end{pmatrix} \end{aligned} \tag{3.4-2b}$$

ここに、$R(\kappa)$ はレイリー関数（式 (3.2-20e) 参照）である。また、$A_0, B_0 = 1 - A_0$ は式(3.2-20d)で与えられる。

上式よりグリーン関数を具体的に表示すると次式のようになる。

$$\begin{pmatrix} G_{x'x'}(z_0;z_0) \\ G_{zx'}(z_0;z_0) \end{pmatrix} = \frac{i}{\mu R(\kappa)}\begin{pmatrix} \gamma\left(\dfrac{\omega}{C_S}\right)^2 \\ -\kappa\left(\left(\dfrac{\omega}{C_S}\right)^2 - 2\kappa^2 - 2\nu\gamma\right) \end{pmatrix} \tag{3.4-3}$$

z 軸方向の荷重の場合：

$$\mathbf{K}_{half}^{P\cdot SV}\begin{pmatrix} G_{x'z}(z_0;z_0) \\ iG_{zz}(z_0;z_0) \end{pmatrix} = \begin{pmatrix} 0 \\ i \end{pmatrix} \tag{3.4-4a}$$

したがって、

$$\begin{aligned} \begin{pmatrix} G_{x'z}(z_0;z_0) \\ iG_{zz}(z_0;z_0) \end{pmatrix} &= \left(\mathbf{K}_{half}^{P\cdot SV}\right)^{-1}\begin{pmatrix} 0 \\ i \end{pmatrix} \\ &= \frac{\kappa\left(\dfrac{\omega}{C_S}\right)^2}{\mu R(\kappa)}\begin{pmatrix} i\dfrac{\gamma}{\kappa} & \left(B_0 - A_0\dfrac{\nu\gamma}{\kappa^2}\right) \\ \left(B_0 - A_0\dfrac{\nu\gamma}{\kappa^2}\right) & i\dfrac{\nu}{\kappa} \end{pmatrix}\begin{pmatrix} 0 \\ i \end{pmatrix} \end{aligned} \tag{3.4-4b}$$

上式よりグリーン関数を具体的に表示すると次式のようになる。

$$\begin{pmatrix} G_{x'z}(z_0;z_0) \\ G_{zz}(z_0;z_0) \end{pmatrix} = \frac{i}{\mu R(\kappa)} \begin{pmatrix} \kappa\left(\left(\dfrac{\omega}{C_S}\right)^2 - 2\kappa^2 - 2\nu\gamma\right) \\ \nu\left(\dfrac{\omega}{C_S}\right)^2 \end{pmatrix} \tag{3.4-5}$$

3.4.2　半無限 3 次元弾性体表面に単位調和荷重が作用する場合の表面変位(グリーン関数)

(1) 直交座標系のグリーン関数(フーリエ変換を用いた表現)

前項で示した半無限 2 次元弾性体表面のグリーン関数を式(3.3-8)～式(3.3-10)に代入すると、以下のように半無限 3 次元弾性体表面に単位調和荷重が作用する場合の表面変位（振動数・波数領域のグリーン関数）が求まる。荷重点は $\mathbf{x}_{so} = (x_{so} = 0, y_{so} = 0, z_{so} = z_0)^T$ とする。

x 軸方向荷重のグリーン関数 G_{xx}, G_{yx}, G_{zx} の場合：

$$\begin{pmatrix} G_{xx}(\kappa_x,\kappa_y,\omega,z;\mathbf{x}_{so}) \\ G_{yx}(\kappa_x,\kappa_y,\omega,z;\mathbf{x}_{so}) \\ G_{zx}(\kappa_x,\kappa_y,\omega,z;\mathbf{x}_{so}) \end{pmatrix} = \frac{i}{\mu R(\kappa)\kappa^2} \begin{pmatrix} \kappa_x^2 & \kappa_y^2 & 0 \\ \kappa_x\kappa_y & -\kappa_x\kappa_y & 0 \\ 0 & 0 & \kappa\kappa_x \end{pmatrix} \begin{pmatrix} \gamma\left(\dfrac{\omega}{C_S}\right)^2 \\ \dfrac{R(\kappa)}{\gamma} \\ -\kappa\left(\left(\dfrac{\omega}{C_S}\right)^2 - 2\kappa^2 - 2\nu\gamma\right) \end{pmatrix} \tag{3.4-6}$$

y 軸方向荷重によるグリーン関数 G_{xy}, G_{yy}, G_{zy} の場合：

$$\begin{pmatrix} G_{xy}(\kappa_x,\kappa_y,\omega,z;\mathbf{x}_{so}) \\ G_{yy}(\kappa_x,\kappa_y,\omega,z;\mathbf{x}_{so}) \\ G_{zy}(\kappa_x,\kappa_y,\omega,z;\mathbf{x}_{so}) \end{pmatrix} = \frac{i}{\mu R(\kappa)\kappa^2} \begin{pmatrix} \kappa_x\kappa_y & -\kappa_x\kappa_y & 0 \\ \kappa_y^2 & \kappa_x^2 & 0 \\ 0 & 0 & \kappa\kappa_y \end{pmatrix} \begin{pmatrix} \gamma\left(\dfrac{\omega}{C_S}\right)^2 \\ \dfrac{R(\kappa)}{\gamma} \\ -\kappa\left(\left(\dfrac{\omega}{C_S}\right)^2 - 2\kappa^2 - 2\nu\gamma\right) \end{pmatrix} \tag{3.4-7}$$

z 軸方向荷重によるグリーン関数 G_{xz}, G_{yz}, G_{zz} の場合：

$$\begin{pmatrix} G_{xz}(\kappa_x,\kappa_y,\omega,z;\mathbf{x}_{so}) \\ G_{yz}(\kappa_x,\kappa_y,\omega,z;\mathbf{x}_{so}) \\ G_{zz}(\kappa_x,\kappa_y,\omega,z;\mathbf{x}_{so}) \end{pmatrix} = \frac{i}{\mu R(\kappa)\kappa} \begin{pmatrix} \kappa_x & \kappa_y & 0 \\ \kappa_y & \kappa_x & 0 \\ 0 & 0 & \kappa \end{pmatrix} \begin{pmatrix} \kappa\left(\left(\dfrac{\omega}{C_S}\right)^2 - 2\kappa^2 - 2\nu\gamma\right) \\ 0 \\ \nu\left(\dfrac{\omega}{C_S}\right)^2 \end{pmatrix} \tag{3.4-8}$$

(2) 円筒座標系のグリーン関数(ハンケル変換を用いた表現)

前項で示した半無限 2 次元弾性体のグリーン関数を式 (3.3-23) ～式 (3.3-25) に代入すると、以下のように半無限 3 次元弾性体表面に単位調和荷重が作用する場合の表面変位（振動数領域のグリーン関数）が求まる。

x 軸方向荷重の場合：

$$\begin{pmatrix} g_{rx}(r,\theta,z,\omega;\mathbf{x}_{so}) \\ g_{\theta x}(r,\theta,z,\omega;\mathbf{x}_{so}) \\ g_{zx}(r,\theta,z,\omega;\mathbf{x}_{so}) \end{pmatrix} = \frac{i}{2\pi\mu}\int_0^\infty \begin{pmatrix} \cos\theta & & \\ & -\sin\theta & \\ & & \cos\theta \end{pmatrix} \mathbf{G}(\kappa,\omega)d\kappa \tag{3.4-9a}$$

ここに、

$$\mathbf{G}(\kappa,\omega) = \begin{pmatrix} \dfrac{\partial J_1(\kappa r)}{\partial(\kappa r)} & \dfrac{J_1(\kappa r)}{\kappa r} & 0 \\ \dfrac{J_1(\kappa r)}{\kappa r} & \dfrac{\partial J_1(\kappa r)}{\partial(\kappa r)} & 0 \\ 0 & 0 & J_1(\kappa r) \end{pmatrix} \begin{pmatrix} \gamma\left(\dfrac{\omega}{C_S}\right)^2 \\ \dfrac{R(\kappa)}{\gamma} \\ -i\kappa\left(\left(\dfrac{\omega}{C_S}\right)^2 - 2\kappa^2 - 2\nu\gamma\right) \end{pmatrix} \frac{\kappa}{R(\kappa)} \tag{3.4-9b}$$

y 軸方向荷重の場合：

$$\begin{pmatrix} g_{ry}(r,\theta,z,\omega;\mathbf{x}_{so}) \\ g_{\theta y}(r,\theta,z,\omega;\mathbf{x}_{so}) \\ g_{zy}(r,\theta,z,\omega;\mathbf{x}_{so}) \end{pmatrix} = \frac{i}{2\pi\mu}\int_0^\infty \begin{pmatrix} \sin\theta & & \\ & \cos\theta & \\ & & \sin\theta \end{pmatrix} \mathbf{G}(\kappa,\omega)d\kappa \tag{3.4-10}$$

z 軸方向荷重の場合：

$$\begin{pmatrix} g_{rz}(r,\theta,z,\omega;\mathbf{x}_{so}) \\ g_{\theta z}(r,\theta,z,\omega;\mathbf{x}_{so}) \\ g_{zz}(r,\theta,z,\omega;\mathbf{x}_{so}) \end{pmatrix} = \frac{i}{2\pi\mu}\int_0^\infty \begin{pmatrix} 1 & & \\ & 1 & \\ & & 1 \end{pmatrix} \mathbf{G}_z(\kappa,\omega)d\kappa \tag{3.4-11a}$$

ここに、

$$\mathbf{G}_z(\kappa,\omega) = \begin{pmatrix} J_1(\kappa r) & 0 & 0 \\ 0 & 0 & 0 \\ 0 & 0 & J_0(\kappa r) \end{pmatrix} \begin{pmatrix} i\kappa\left(\left(\dfrac{\omega}{C_S}\right)^2 - 2\kappa^2 - 2\nu\gamma\right) \\ 0 \\ \nu\left(\dfrac{\omega}{C_S}\right)^2 \end{pmatrix} \frac{\kappa}{R(\kappa)} d\kappa \tag{3.4.11b}$$

$$r = \sqrt{x^2 + y^2} \tag{3.4.12}$$

上式より、よく知られている半無限 3 次元弾性体表面に単位調和荷重が水平または鉛直方向に作用する場合の表面水平変位と鉛直変位(グリーン関数)を求める。

x 軸方向荷重による x 軸方向変位と鉛直方向変位の場合 :

円筒座標系と直交座標系の変位に関する関係式 (3.3-12) より、x 軸方向荷重による x 軸方向変位 $g_{xx}(\omega;\mathbf{x}_{so})$ と鉛直方向変位 $g_{zx}(\omega;\mathbf{x}_{so})$ は、次式のように求められる。

$$g_{xx}(\omega;\mathbf{x}_{so}) = g_{rx}(r,\theta,z,\omega;\mathbf{x}_{so})\cos\theta - g_{\theta x}(r,\theta,z,\omega;\mathbf{x}_{so})\sin\theta \tag{3.4-13a}$$

$$g_{zx}(\omega;\mathbf{x}_{so}) = g_{zx}(r,\theta,z,\omega;\mathbf{x}_{so}) \tag{3.4-13b}$$

上式に式(3.4-9)を代入して整理すると次式が得られる。

$$g_{xx}(\omega;\mathbf{x}_{so}) = \frac{i}{4\pi\mu}\left(\int_0^\infty \left(\frac{\gamma\left(\dfrac{\omega}{C_S}\right)^2}{R(\kappa)} + \frac{1}{\gamma}\right) J_0(\kappa r)\kappa d\kappa - \cos 2\theta \int_0^\infty \left(\frac{\gamma\left(\dfrac{\omega}{C_S}\right)^2}{R(\kappa)} - \frac{1}{\gamma}\right) J_2(\kappa r)\kappa d\kappa\right) \tag{3.4-14a}$$

$$g_{zx}(\omega;\mathbf{x}_{so}) = \frac{1}{2\pi\mu}\cos\theta \int_0^\infty \frac{\kappa^2\left(\left(\dfrac{\omega}{C_S}\right)^2 - 2\kappa^2 - 2\nu\gamma\right)}{R(\kappa)} J_1(\kappa r) d\kappa \tag{3.4-14b}$$

鉛直方向荷重による r 軸方向変位と鉛直方向変位の場合 :

式(3.4-11)を具体的に表示すると次式のようになる。

$$g_{rz}(r,\theta,z,\omega;\mathbf{x}_{so}) = -\frac{1}{2\pi\mu}\int_0^\infty \frac{\kappa^2\left(\left(\dfrac{\omega}{C_S}\right)^2 - 2\kappa^2 - 2\nu\gamma\right)}{R(\kappa)} J_1(\kappa r) d\kappa \tag{3.4-15a}$$

$$g_{zz}(r,\theta,z,\omega;\mathbf{x}_{so}) = \frac{i}{2\pi\mu}\int_0^\infty \frac{\kappa\nu\left(\dfrac{\omega}{C_S}\right)^2}{R(\kappa)} J_0(\kappa r) d\kappa \tag{3.4-15b}$$

これらは、補足 3.3 の Lamb(1904)、妹沢(1929)、田治見(1968)の問題としてよく知られている半無限 3 次元弾性体の表面に単位調和荷重が水平方向または鉛直方向に作用する場合の表面の水平変位、鉛直変位(グリーン関数)と一致している。

3.4.3　3 次元水平多層弾性体のグリーン関数の数値解析結果の比較

ここでは、図 3.4-1 に示すような 3 次元 1 層弾性体の地表荷重点 1 と内部荷重点 2 による動的グリーン関数を直交座標系の剛性行列法で求める手順を具体的に示し、Luco and Apsel (1983) による円筒座標系と反射・透過行列法並びに、軸対称有限要素法による数値解析結果と比較し、本方法の検証例を示す(原田ら, 2012)。

(1) 剛性行列法による 3 次元 1 層弾性体の地表面荷重点 1 による動的グリーン関数

直交座標系の剛性行列法により動的グリーン関数を求めるためには、3.3.3 項で述べたように、P・SV 波と SH 波の 2 次元水平多層弾性体のグリーン関数 $G_{x'x'}(\kappa,\omega,z;z_{so})$，$G_{zx'}(\kappa,\omega,z;z_{so})$，$G_{x'z}(\kappa,\omega,z;z_{so})$，$G_{zz}(\kappa,\omega,z;z_{so})$，$G_{y'y'}(\kappa,\omega,z;z_{so})$の 5 つの動的グリーン関数が必要となる。この 5 つの動的グリーン関数を 3.3.4 項で記述したように波数に関する 2 重フーリエ変換により、振動数領域のグリーン関数 $g_{kl}(x,y,z,\omega;\mathbf{x}_{so})$を求めることができる。

ここでは、図 3.4-1 に示すような半無限弾性体上の 1 層弾性体の表面 (荷重点 1) に作用する単位振幅の調和波荷重に対する振動数・波数領域のグリーン関数を示す。

この場合、$x_{so}=y_{so}=0, z_{so}=z_0$で、剛性方程式は以下のように求められる。なお、剛性行列の具体式は式(3.1-20)～式(3.1-22)を用いる(3.1.2 項参照)。

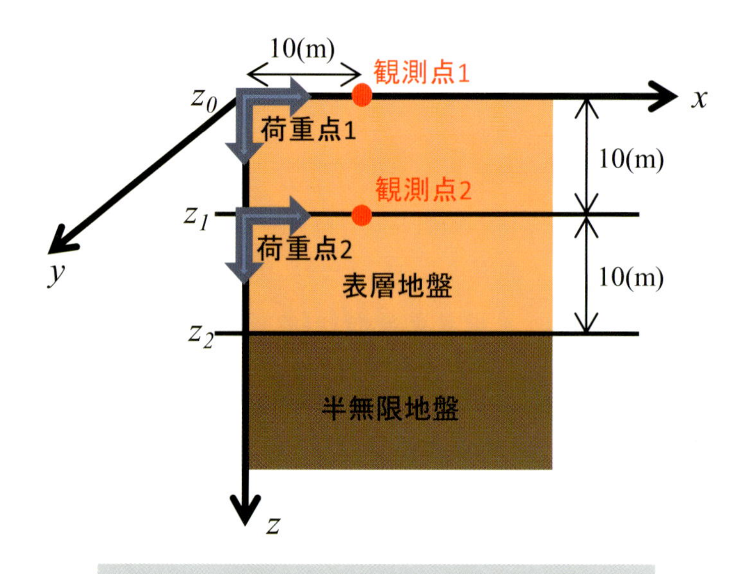

図 3.4-1　解析モデルと荷重点と観測点の位置関係

(a) SH 波のグリーン関数 :

この場合、次式のようになる。

$$\mathbf{K}_{SH}\mathbf{G}_{y'y'}(z_j;z_0) = \mathbf{q}_{SH}(z_j;z_0) \tag{3.4-16a}$$

ここに、$\mathbf{K}_{SH}$ は剛性行列を表す。また、

$$\mathbf{G}_{y'y'}(z_j;z_0) = \begin{pmatrix} G_{y'y'}(z_0;z_0) \\ G_{y'y'}(z_1;z_0) \\ G_{y'y'}(z_2;z_0) \end{pmatrix}, \quad \mathbf{q}_{SH}(z_j;z_0) = \begin{pmatrix} 1 \\ 0 \\ 0 \end{pmatrix} \tag{3.4-16b}$$

(b) P・SV 波のグリーン関数 :

x' 軸方向の荷重の場合 :

$$\mathbf{K}_{P\cdot SV}\mathbf{G}_{k'x'}(z_j;z_0) = \mathbf{q}_{P\cdot SV}(z_j;z_0) \tag{3.4-17a}$$

ここに、$\mathbf{K}_{P\cdot SV}$ は剛性行列を表す。また、

$$\mathbf{G}_{k'x'}(z_j;z_0) = \begin{pmatrix} G_{x'x'}(z_0;z_0) \\ iG_{zx'}(z_0;z_0) \\ G_{x'x'}(z_1;z_0) \\ iG_{zx'}(z_1;z_0) \\ G_{x'x'}(z_2;z_0) \\ iG_{zx'}(z_2;z_0) \end{pmatrix}, \quad \mathbf{q}_{P\cdot SV}(z_j;z_0) = \begin{pmatrix} 1 \\ 0 \\ 0 \\ 0 \\ 0 \\ 0 \end{pmatrix} \tag{3.4-17b}$$

z 軸方向の荷重の場合 :

$$\mathbf{K}_{P\cdot SV}\mathbf{G}_{k'z}(z_j;z_0) = \mathbf{q}_{P\cdot SV}(z_j;z_0) \tag{3.4-18a}$$

ここに、$\mathbf{K}_{P\cdot SV}$ は剛性行列を表す。また、

$$\mathbf{G}_{k'z}(z_j;z_0) = \begin{pmatrix} G_{x'z}(z_0;z_0) \\ iG_{zz}(z_0;z_0) \\ G_{x'z}(z_1;z_0) \\ iG_{zz}(z_1;z_0) \\ G_{x'z}(z_2;z_0) \\ iG_{zz}(z_2;z_0) \end{pmatrix}, \quad \mathbf{q}_{P\cdot SV}(z_j;z_0) = \begin{pmatrix} 0 \\ i \\ 0 \\ 0 \\ 0 \\ 0 \end{pmatrix} \tag{3.4-18b}$$

(2) 剛性行列法による 3 次元 1 層弾性体の内部荷重点 2 による動的グリーン関数

この内部荷重の場合、図 3.4-1 の荷重点より、$x_{so} = y_{so} = 0, z_{so} = z_1$ となる。

(a) SH 波のグリーン関数：

$$\mathbf{K}_{SH}\mathbf{G}_{y'y'}(z_j;z_1)=\mathbf{q}_{SH}(z_j;z_1) \tag{3.4-19a}$$

ここに、$\mathbf{K}_{SH}$ は剛性行列を表す。また、

$$\mathbf{G}_{y'y'}(z_j;z_1)=\begin{pmatrix} G_{y'y'}(z_0;z_1) \\ G_{y'y'}(z_1;z_1) \\ G_{y'y'}(z_2;z_1) \end{pmatrix}, \quad \mathbf{q}_{SH}(z_j;z_1)=\begin{pmatrix} 0 \\ 1 \\ 0 \end{pmatrix} \tag{3.4-19b}$$

(b) P・SV 波のグリーン関数：

x' 軸方向の荷重の場合：

$$\mathbf{K}_{P\cdot SV}\mathbf{G}_{k'x'}(z_j;z_1)=\mathbf{q}_{P\cdot SV}(z_j;z_1) \tag{3.4-20a}$$

ここに、$\mathbf{K}_{P\cdot SV}$ は剛性行列を表す。また、

$$\mathbf{G}_{k'x'}(z_j;z_1)=\begin{pmatrix} G_{x'x'}(z_0;z_1) \\ iG_{zx'}(z_0;z_1) \\ G_{x'x'}(z_1;z_1) \\ iG_{zx'}(z_1;z_1) \\ G_{x'x'}(z_2;z_1) \\ iG_{zx'}(z_2;z_1) \end{pmatrix}, \quad \mathbf{q}_{P\cdot SV}(z_j;z_1)=\begin{pmatrix} 0 \\ 0 \\ 1 \\ 0 \\ 0 \\ 0 \end{pmatrix} \tag{3.4-20b}$$

z 軸方向の荷重の場合：

$$\mathbf{K}_{P\cdot SV}\mathbf{G}_{k'z}(z_j;z_1)=\mathbf{q}_{P\cdot SV}(z_j;z_1) \tag{3.4-21a}$$

ここに、$\mathbf{K}_{P\cdot SV}$ は剛性行列を表す。また、

$$\mathbf{G}_{k'z}(z_j;z_1)=\begin{pmatrix} G_{x'z}(z_0;z_1) \\ iG_{zz}(z_0;z_1) \\ G_{x'z}(z_1;z_1) \\ iG_{zz}(z_1;z_1) \\ G_{x'z}(z_2;z_1) \\ iG_{zz}(z_2;z_1) \end{pmatrix}, \quad \mathbf{q}_{P\cdot SV}(z_j;z_1)=\begin{pmatrix} 0 \\ 0 \\ 0 \\ i \\ 0 \\ 0 \end{pmatrix} \tag{3.4-21b}$$

(3) 剛性行列法による 3 次元 1 層弾性体の地表荷重点 1 と内部荷重点 2 による動的グリーン関数の計算例とその検証例

数値計算例として、図 3.4-1 のような 3 次元 1 層弾性体の地表荷重点 1 と内部荷重点 2 に

よる動的グリーン関数を、3.3.3 項で記述したように波数に関する 2 重フーリエ変換により求め、その結果を Luco and Apsel (1983) による円筒座標系と反射・透過行列法並びに、軸対称有限要素法による数値解析結果と比較し、本手法の検証例を示すものとする。

なお本書では、調和振動 $\exp(-i\omega t)$ を仮定しているが、比較で用いる 2 つの方法では $\exp(i\omega t)$ を仮定しているため、比較においては、虚数部を $\exp(i\omega t)$ の方に合わせている。

計算で用いる 3 次元 1 層弾性体の荷重点と観測点は図 3.4-1 に示す位置とする。また、その物性値と表層弾性体の厚さは表 3.4-1 に示す。2 重高速フーリエ変換では、2 章の例題 2.2-10 のように、振動数・波数領域の離散化パラメータと時間・空間領域の離散化パラメータの間には関係があり、離散化パラメータ値として表 3.4-2 の値を用いた。

Luco and Apsel(1983) による円筒座標系と反射・透過行列法の波数積分での振動数は、0.2 (Hz) から 0.2(Hz) 刻みで 50 点、軸対称 FEM では、1/10.24(Hz) 刻みで 102 点とした。また、軸対称 FEM では、半径方向には中心軸から 40 (m) まで、深さ方向には地表面から 100 (m) まで軸対称ソリッド要素でモデル化し、水平方向にはエネルギー伝達境界を、モデル下面には粘性境界を用いてモデル外の弾性体の領域を考慮した。最小波長内に 5 要素入るように水平方向には要素幅 2(m)、深さ方向には表層弾性体部分を 2(m) ピッチで、半無限弾性体の第 2 層部分は 4(m) ピッチで離散化した。

荷重点には 1 (tonf) の荷重を作用させるものとし、図 3.4-1 の荷重点 1 と 2 にそれぞれ水平荷重と上下荷重を作用させ、観測点 1 と 2 の水平と上下変位 (m) を比較する。

図 3.4-2 と図 3.4-3 は、荷重点 1（地表面荷重）の水平と上下荷重による観測点 1 と 2 の水平と上下変位 (m) を比較した結果を示す。図 3.4-4 と図 3.4-5 は、荷重点 2（表層弾性体内部

表 3.4-1　計算で用いた 3 次元 1 層弾性体の物性値と層厚

物性値		表層地盤	半無限地盤
表層地盤厚H	[m]	20.0	-----------
P波速度	[m/s]	244.9	663.3
S波速度	[m/s]	100.0	200.0
密度	[kg/m^3]	1700.0	1800.0
ポアソン比		0.40	0.45
Q値		17	50

表 3.4-2　計算で用いた離散化パラメータ

遮断円振動数ω_{max}	[rad/s]	62.8
x方向の遮断波数$\kappa_{x\ max}$	[rad/m]	±1.57
y方向の遮断波数$\kappa_{y\ max}$	[rad/m]	±1.57
振動数領域の分割数N_ω		1024
波数領域の分割数N_κ		1024
x方向の空間間隔Δx	[m]	2.0
y方向の空間間隔Δy	[m]	2.0

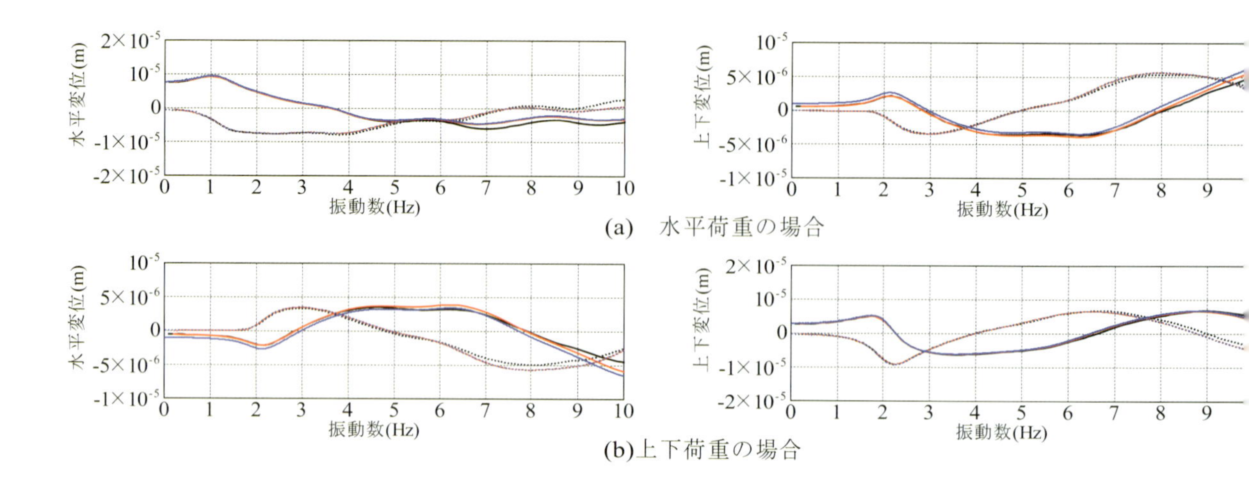

図 3.4-2　荷重点 1 による観測点 1 の変位成分の比較
（実線と点線は実数部と虚数部, 黒：FEM, 赤：Luco and Apsel の方法, 青：本方法）

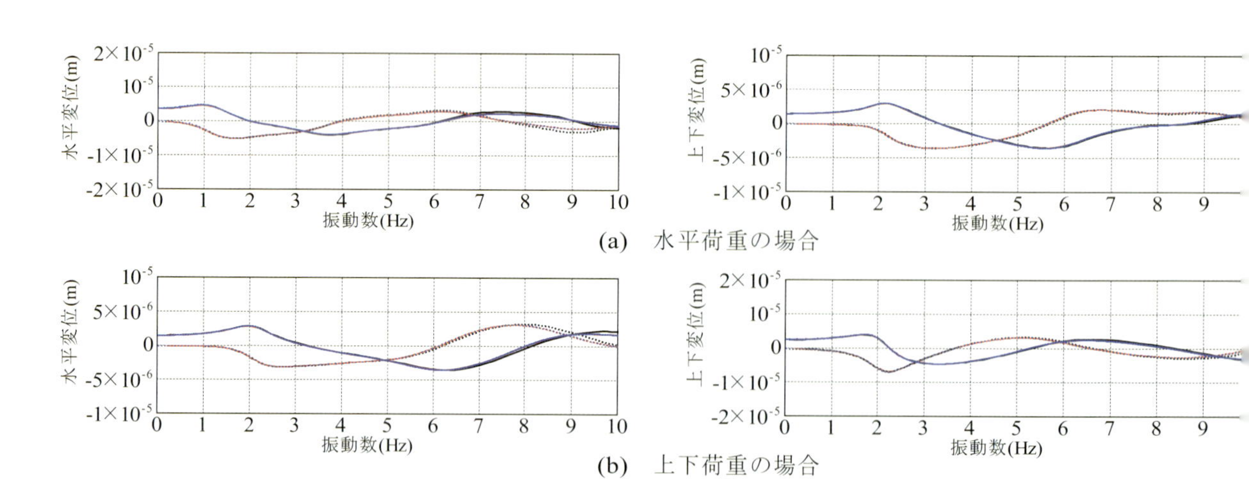

図 3.4-3　荷重点 1 による観測点 2 の変位成分の比較
（実線と点線は実数部と虚数部, 黒：FEM, 赤：Luco and Apsel の方法, 青：本方法）

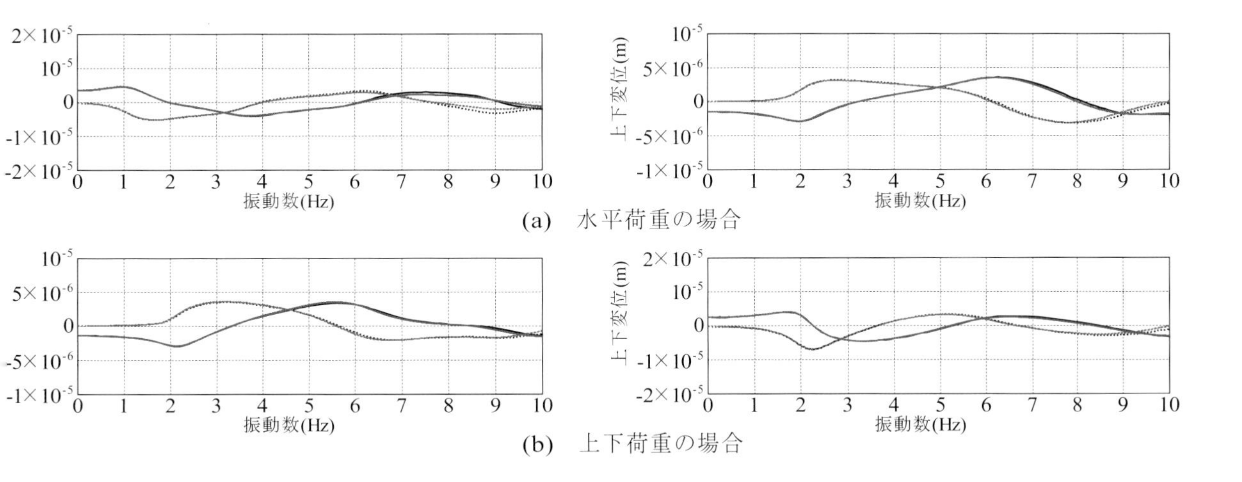

図 3.4-4　荷重点 2 による観測点 1 の変位成分の比較
(実線と点線は実数部と虚数部, 黒:FEM, 赤:Luco and Apsel の方法, 青:本方法)

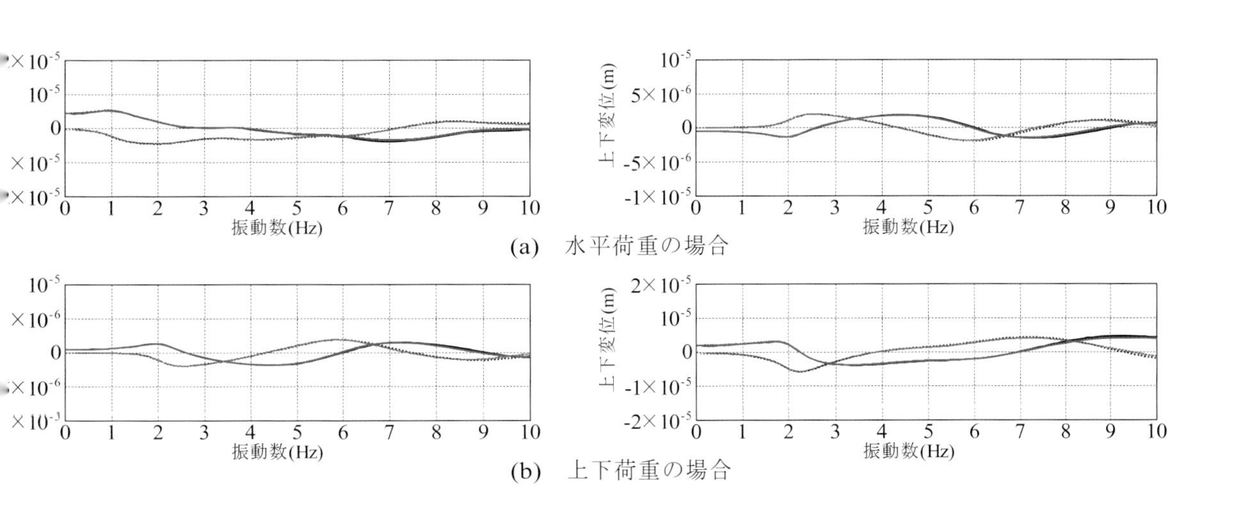

図 3.4-5　荷重点 2 による観測点 2 の変位成分の比較
(実線と点線は実数部と虚数部, 黒:FEM, 赤:Luco and Apsel の方法, 青:本方法)

荷重)の水平と上下荷重による観測点1と2の水平と上下変位(m)を比較した結果を示す。

以上の比較より全振動数領域で3つの方法による結果はよく一致している。これら3つの方法による数値計算では、表3.4-1に示すようにQ値=50(減衰定数1%)の材料減衰を導入し、表面波等に起因する数値計算上の特異点を除いているため数値計算上の不安定性はない。

以上の比較は、2重フーリエ変換を用いる直交座標系の剛性行列法の検証例である。

補足3.1　下半無限弾性体と上半無限弾性体および無限弾性体の剛性行列

次式の下半無限弾性体と上半無限弾性体および無限弾性体の剛性行列を求める。

$$\mathbf{K}_{full} = \mathbf{K}_{lower\ half} + \mathbf{K}_{upper\ half} \qquad \text{(A3.1-1)}$$

以下の2通りの求め方が考えられる。

(1) 変位・応力ベクトルの一般解を使う方法($\mathbf{B}(z) = \mathbf{F}(z)\mathbf{W}$)

(2) 第(m+1)層の要素剛性行列において層厚 h を無限大にして求める方法($\mathbf{K}^{(m+1)}, h \to \infty$)

(1) 変位・応力ベクトルの一般解を使う方法

図のように無限弾性体を深さ z_n を境に2つの半無限弾性体に分けて考える。上側と下側の半無限弾性体をそれぞれ上半無限弾性体、下半無限弾性体と呼ぶ。上半無限弾性体と下半無限弾性体の物性値は同じなので、変位・応力ベクトルの一般解(式(3.1-1))の係数行列は $\mathbf{F}(z_n)(= \mathbf{F}_{upper}(z_n) = \mathbf{F}_{lower}(z_n))$ となる。したがって、両半無限弾性体の $z = z_n$ で

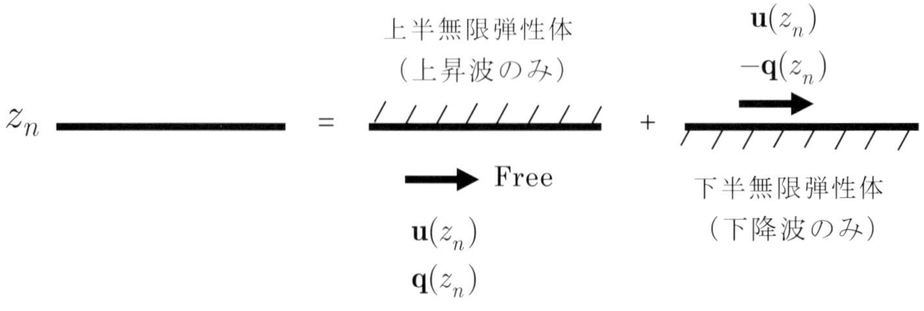

図A3.1-1　無限弾性体を上半無限弾性体と下半無限弾性体の2つの半無限弾性体の和で表現する方法と記号

の変位・応力ベクトルの一般解(式(3.1-14b))はそれぞれ次式のようになる。

上半無限弾性体：

$$\begin{pmatrix} \mathbf{u}(z_n) \\ \mathbf{q}(z_n) \end{pmatrix} = \begin{pmatrix} \mathbf{F}_{11}(z_n) & \mathbf{F}_{12}(z_n) \\ \mathbf{F}_{21}(z_n) & \mathbf{F}_{22}(z_n) \end{pmatrix} \begin{pmatrix} \mathbf{u}_{upper\ out} = \mathbf{0} \\ \mathbf{u}_{upper\ in} \end{pmatrix} \tag{A3.1-2}$$

ここに、$\mathbf{u}_{uppet\ out}, \mathbf{u}_{uppet\ in}$ は上半無限弾性体の下降波と上昇波の振幅ベクトルを表す。外力 $\mathbf{q}(z_n)$ が作用する上半無限弾性体では下降波は存在しないので、$\mathbf{u}_{uppet\ out} = \mathbf{0}$ となる。

式(A3.1-2)から次式が得られ、上半無限弾性体の剛性行列が求められる。

$$\mathbf{q}(z_n) = \mathbf{K}_{half}\mathbf{u}_{upper\ in}, \quad \text{または} \quad \mathbf{q}(z_n) = \mathbf{K}_{upper\ half}\mathbf{u}(z_n) \tag{A3.1-3a}$$

ここに、$\mathbf{K}_{upper\ half}$ は上半無限弾性体の剛性行列で次式のように与えられる。

$$\mathbf{K}_{upper\ half} = \mathbf{F}_{22}(z_n)\left(\mathbf{F}_{12}(z_n)\right)^{-1} \tag{A3.1-3b}$$

下半無限弾性体：

$$\begin{pmatrix} \mathbf{u}(z_n) \\ -\mathbf{q}(z_n) \end{pmatrix} = \begin{pmatrix} \mathbf{F}_{11}(z_n) & \mathbf{F}_{12}(z_n) \\ \mathbf{F}_{21}(z_n) & \mathbf{F}_{22}(z_n) \end{pmatrix} \begin{pmatrix} \mathbf{u}_{lower\ out} \\ \mathbf{u}_{lower\ in} = \mathbf{0} \end{pmatrix} \tag{A3.1-4}$$

ここに、$\mathbf{u}_{lower\ out}, \mathbf{u}_{lower\ in}$ は下半無限弾性体の下降波と上昇波の振幅ベクトルを表す。外力 $\mathbf{q}(z_n)$ が作用する下半無限弾性体では上昇波は存在しないので、$\mathbf{u}_{lower\ in} = \mathbf{0}$ となる。

式(A3.1-4)から次式が得られ、上半無限弾性体の剛性行列が求められる。

$$\mathbf{q}(z_n) = \mathbf{K}_{lower\ half}\mathbf{u}_{lower\ out}, \quad \text{または} \quad \mathbf{q}(z_n) = \mathbf{K}_{lower\ half}\mathbf{u}(z_n) \tag{A3.1-5a}$$

ここに、$\mathbf{K}_{upper\ half}$ は上半無限弾性体の剛性行列で次式のように与えられる。

$$\mathbf{K}_{lower\ half} = -\mathbf{F}_{21}(z_n)\left(\mathbf{F}_{11}(z_n)\right)^{-1} \tag{A3.1-5b}$$

また、$\mathbf{F}_{SH}(z)$ と $\mathbf{F}_{P\cdot SV}(z)$ は式(2.4-19a)と式(2.4-22)で与えられる。

以上の定式化に基づいて、剛性行列を求めると以下のようになる。

SH 波：

$$K^{SH}_{upper\ half} = K^{SH}_{lower\ half} = -i\mu\gamma \tag{A3.1-6a}$$

$$K^{SH}_{full} = K^{SH}_{lower\ half} + K^{SH}_{upper\ half} = -2i\mu\gamma \tag{A3.1-6b}$$

P・SV 波 :

$$\mathbf{K}^{P\cdot SV}_{upper\ half} = \frac{1+\dfrac{\gamma^2}{\kappa^2}}{1+\dfrac{\nu\gamma}{\kappa^2}}\mu\kappa \begin{pmatrix} -i\dfrac{\nu}{\kappa} & -\left(B_0 - A_0\dfrac{\nu\gamma}{\kappa^2}\right) \\ -\left(B_0 - A_0\dfrac{\nu\gamma}{\kappa^2}\right) & -i\dfrac{\gamma}{\kappa} \end{pmatrix}$$

$$\mathbf{K}^{P\cdot SV}_{lower\ half} = \frac{1+\dfrac{\gamma^2}{\kappa^2}}{1+\dfrac{\nu\gamma}{\kappa^2}}\mu\kappa \begin{pmatrix} -i\dfrac{\nu}{\kappa} & \left(B_0 - A_0\dfrac{\nu\gamma}{\kappa^2}\right) \\ \left(B_0 - A_0\dfrac{\nu\gamma}{\kappa^2}\right) & -i\dfrac{\gamma}{\kappa} \end{pmatrix} \tag{A3.1-7a}$$

$$\mathbf{K}^{P\cdot SV}_{full} = \mathbf{K}^{P\cdot SV}_{upper\ half} + \mathbf{K}^{P\cdot SV}_{lower\ half} = \frac{1+\dfrac{\gamma^2}{\kappa^2}}{1+\dfrac{\nu\gamma}{\kappa^2}}\mu\kappa \begin{pmatrix} -2i\dfrac{\nu}{\kappa} & 0 \\ 0 & -2i\dfrac{\gamma}{\kappa} \end{pmatrix} \tag{A3.1-7b}$$

(2) 第(m+1)層の要素剛性行列の層厚 h を無限大にして求める方法($\mathbf{K}^{(m+1)}, h \to \infty$)

第 (m+1) 層の上端と下端の外力と変位の関係を表す要素剛性行列において、層厚が無限大とすると、上端と下端の外力と変位の関係は、ちょうど上半無限弾性体と下半無限弾性体の表面の外力と変位の関係になる。ここでは、このような考え方で、上半無限弾性体と下半無限弾性体の剛性行列を求めて、前項の剛性行列が同じであることを示す。

要素剛性行列は、式(3.1-20a)と式(3.1-21a)で与えられる。これらの式において、鉛直方向の波数の虚数部は、放射条件($z \to \infty$ で波動が零となる条件)を満足するために正であるという、以下の条件を考慮する。

$$\begin{aligned} \gamma &= \mathrm{Re}(\gamma) + i\,\mathrm{Im}(\gamma), \mathrm{Im}(\gamma) \geq 0 \\ \nu &= \mathrm{Re}(\nu) + i\,\mathrm{Im}(\nu), \mathrm{Im}(\nu) \geq 0 \end{aligned} \tag{A3.1-8}$$

この条件式より、層厚を無限大とすると指数関数は次式のようになる。

$$\begin{aligned} \lim_{h\to\infty}\begin{pmatrix} \mathrm{e}^{i\gamma h} \\ \mathrm{e}^{-i\gamma h} \end{pmatrix} &= \lim_{h\to\infty}\begin{pmatrix} \mathrm{e}^{i(\mathrm{Re}(\gamma)+i\,\mathrm{Im}(\gamma))h} \\ \mathrm{e}^{-i(\mathrm{Re}(\gamma)+i\,\mathrm{Im}(\gamma))h} \end{pmatrix} = \begin{pmatrix} 0 \\ \mathrm{e}^{\mathrm{Im}(\gamma)h}\mathrm{e}^{-i\,\mathrm{Re}(\gamma)h} \end{pmatrix} \\ \lim_{h\to\infty}\begin{pmatrix} \mathrm{e}^{i\nu h} \\ \mathrm{e}^{-i\nu h} \end{pmatrix} &= \lim_{h\to\infty}\begin{pmatrix} \mathrm{e}^{i(\mathrm{Re}(\nu)+i\,\mathrm{Im}(\nu))h} \\ \mathrm{e}^{-i(\mathrm{Re}(\nu)+i\,\mathrm{Im}(\nu))h} \end{pmatrix} = \begin{pmatrix} 0 \\ \mathrm{e}^{\mathrm{Im}(\nu)h}\mathrm{e}^{-i\,\mathrm{Re}(\nu)h} \end{pmatrix} \end{aligned} \tag{A3.1-9}$$

したがって、

$$\begin{aligned} \lim_{h\to\infty}\sin\gamma h &= \lim_{h\to\infty} -i\frac{1}{2}\left(\mathrm{e}^{i\gamma h} - \mathrm{e}^{-i\gamma h}\right) = i\frac{1}{2}\mathrm{e}^{-i\gamma h} = i\frac{1}{2}\mathrm{e}^{\mathrm{Im}(\gamma)h}\mathrm{e}^{-i\,\mathrm{Re}(\gamma)h} \\ \lim_{h\to\infty}\cos\gamma h &= \lim_{h\to\infty}\frac{1}{2}\left(\mathrm{e}^{i\gamma h} + \mathrm{e}^{-i\gamma h}\right) = \frac{1}{2}\mathrm{e}^{-i\gamma h} = \frac{1}{2}\mathrm{e}^{\mathrm{Im}(\gamma)h}\mathrm{e}^{-i\,\mathrm{Re}(\gamma)h} \end{aligned} \tag{A3.1-10a}$$

すなわち、層厚が無限大では、

$$\sin\gamma h = i\cos\gamma h \quad \text{and} \quad \sin\gamma h \to \infty, \cos\gamma h \to \infty \tag{A3.1-10b}$$

同様に、層厚が無限大では、

$$\sin\nu h = i\cos\nu h \quad \text{and} \quad \sin\nu h \to \infty, \cos\nu h \to \infty \tag{A3.1-10c}$$

したがって、

$$\lim_{h\to\infty} D = -\frac{\left(\kappa^2 + \nu\gamma\right)^2}{\kappa^2\nu\gamma}\cos\nu h\cos\gamma h \tag{A3.1-10d}$$

$$\begin{aligned}
\lim_{h\to\infty} K_{11} &= \lim_{h\to\infty} K_{33} = i\frac{\nu}{\kappa}\left(\frac{\kappa^2 + \nu\gamma}{\nu\gamma}\right)\cos\nu h\cos\gamma h \\
\lim_{h\to\infty} K_{12} &= \lim_{h\to\infty} - K_{34} = -\left(\frac{\kappa^2 + \nu\gamma}{\nu\gamma}\right)\left(B_0 - A_0\frac{\nu\gamma}{\kappa^2}\right)\cos\nu h\cos\gamma h \\
\lim_{h\to\infty} K_{13} &= -i\frac{\nu}{\kappa}\left(\cos\nu h + \frac{\kappa^2}{\nu\gamma}\cos\gamma h\right) \\
\lim_{h\to\infty} K_{14} &= \lim_{h\to\infty} - K_{23} = -(\cos\nu h - \cos\gamma h) \\
\lim_{h\to\infty} K_{22} &= \lim_{h\to\infty} K_{44} = -i\frac{\kappa}{\nu}\left(\frac{\kappa^2 + \nu\gamma}{\kappa^2}\right)\cos\nu h\cos\gamma h \\
\lim_{h\to\infty} K_{24} &= -i\frac{\kappa}{\nu}\left(\cos\nu h + \frac{\nu\gamma}{\kappa^2}\cos\gamma h\right)
\end{aligned} \tag{A3.1-10e}$$

以上のような層厚が無限大での関数の特性を使うと、要素剛性行列は次式のようになる。

$$\lim_{h\to\infty} \mathbf{K}_{SH}^{(m+1)} = \lim_{h\to\infty}\frac{\mu\gamma}{\sin\gamma h}\begin{pmatrix}\cos\gamma h & -1 \\ -1 & \cos\gamma h\end{pmatrix} = -i\mu\gamma\begin{pmatrix}1 & 0 \\ 0 & 1\end{pmatrix} \tag{A3.1-11a}$$

$$\begin{aligned}
\lim_{h\to\infty} \mathbf{K}_{P\cdot SV}^{(m+1)} &= \lim_{h\to\infty}\frac{1 + \dfrac{\gamma^2}{\kappa^2}}{D}\mu\kappa\begin{pmatrix} K_{11} & K_{12} & K_{13} & K_{14} \\ & K_{22} & K_{23} & K_{24} \\ & & K_{33} & K_{34} \\ \text{Sym.} & & & K_{44}\end{pmatrix} \\
&= \frac{1 + \dfrac{\gamma^2}{\kappa^2}}{1 + \dfrac{\nu\gamma}{\kappa^2}}\mu\kappa\begin{pmatrix}\mathbf{K}_{lower\,half}^{P\cdot SV} & \mathbf{0} \\ \mathbf{0} & \mathbf{K}_{upper\,half}^{P\cdot SV}\end{pmatrix}
\end{aligned} \tag{A3.1-11b}$$

ここに、

$$\mathbf{K}_{lower\,half}^{P\cdot SV} = \begin{pmatrix} i\dfrac{\nu}{\kappa} & B_0 - A_0\dfrac{\nu\gamma}{\kappa^2} \\ B_0 - A_0\dfrac{\nu\gamma}{\kappa^2} & -i\dfrac{\gamma}{\kappa} \end{pmatrix} \tag{A3.1-11c}$$

$$\mathbf{K}_{upper\,half}^{P\cdot SV} = \begin{pmatrix} -i\dfrac{\nu}{\kappa} & -\left(B_0 - A_0\dfrac{\nu\gamma}{\kappa^2}\right) \\ -\left(B_0 - A_0\dfrac{\nu\gamma}{\kappa^2}\right) & -i\dfrac{\gamma}{\kappa} \end{pmatrix}$$

上式において、SH 波の要素剛性行列の 1 行 1 列、2 行 2 列は、それぞれ下半無弾性体と上半無限弾性体の剛性行列を表す。また、P・SV 波では、2 行 2 列までと、3 行 3 列から 4 行 4 列までの行列が、それぞれ下半無限弾性体と上半無限弾性体の剛性行列を表す。

補足 3.2　2 重フーリエ変換とハンケル変換、複素フーリエ級数

2 重フーリエ変換とハンケル変換、複素フーリエ級数の関係を整理する。2 重フーリエ変換は以下のように定義される。

$$\begin{aligned} u(x,y) &= \frac{1}{(2\pi)^2}\iint U(\kappa_x,\kappa_y)\mathrm{e}^{i(\kappa_x x+\kappa_y y)}d\kappa_x d\kappa_y \\ U(\kappa_x,\kappa_y) &= \iint u(x,y)\mathrm{e}^{-i(\kappa_x x+\kappa_y y)}dxdy \end{aligned} \tag{A3.2-1}$$

ここでは、一般に使われるように空間領域と波数領域の関数を英小文字の $u(x,y)$ と大文字 $U(\kappa_x,\kappa_y)$ で区別して表す。

関数 $u(x,y)$ が次式のように極座標 (r,θ) の変数分離で表現できるものと仮定する。

$$u(x,y) = u(r)u_\theta(\theta) \tag{A3.2-2}$$

そして、関数 $u_\theta(\theta)$ を次式のように複素フーリエ級数で表す。

$$u_\theta(\theta) = \sum_{n=-\infty}^{\infty} c_n \mathrm{e}^{in\theta}, \quad c_n = \frac{1}{2\pi}\int_0^{2\pi} u_\theta(\theta)\mathrm{e}^{-in\theta}d\theta, \quad c_{-n} = c_n^* \tag{A3.2-3}$$

ここに、c_n^* は c_n の共役複素数を表す。また、直交座標と極座標の間には次式が成り立つ。

$$\begin{aligned} x &= r\cos\theta, \quad y = r\sin\theta \\ \kappa_x &= \kappa\cos\theta', \quad \kappa_y = \kappa\sin\theta' \end{aligned} \tag{A3.2-4a}$$

ここに、κ, θ' は調和平面波の進行方向の波数とその角度を表す。

極座標表示を用いると、2 重フーリエ変換の指数関数の積分は次式のように変換される。

$$\iint \mathrm{e}^{-i(\kappa_x x+\kappa_y y)}dxdy \rightarrow \int_0^\infty rdr\int_0^{2\pi} \mathrm{e}^{-i\kappa r\cos(\theta'-\theta)}d\theta$$
$$\iint \mathrm{e}^{i(\kappa_x x+\kappa_y y)}d\kappa_x d\kappa_y \rightarrow \int_0^\infty \kappa d\kappa\int_0^{2\pi} \mathrm{e}^{i\kappa r\cos(\theta-\theta')}d\theta' \qquad \text{(A3.2-4b)}$$

式 (A3.2-3) と式 (A3.2-4) を考慮し、式 (A3.2-1) の直交座標の 2 重フーリエ変換を極座標 (r, θ) に変換すると次式のようになる。

$$\begin{aligned}
U(\kappa_x,\kappa_y) &= \iint u(x,y)\mathrm{e}^{-i(\kappa_x x+\kappa_y y)}dxdy \\
&= \sum_{n=-\infty}^{\infty} c_n \mathrm{e}^{in\theta}\int_0^{2\pi}\int_0^\infty u(r)\mathrm{e}^{-i\kappa r\cos(\theta'-\theta)}rdrd\theta \\
&= \sum_{n=-\infty}^{\infty} c_n \int_0^\infty u(r)r\left(\int_0^{2\pi}\mathrm{e}^{i[n\theta-\kappa r\cos(\theta'-\theta)]}d\theta\right)dr \\
&= 2\pi\sum_{n=-\infty}^{\infty}(-i)^n\mathrm{e}^{in\theta'}c_n\int_0^\infty u(r)rJ_n(\kappa r)dr \\
&= 2\pi\sum_{n=-\infty}^{\infty}(-i)^n\mathrm{e}^{in\theta'}c_nU_n(\kappa) = 2\pi\sum_{n=-\infty}^{\infty}(-i)^n\mathrm{e}^{in\theta'}U(\kappa,n)
\end{aligned} \qquad \text{(A3.2-5a)}$$

ここに、

$$U_n(\kappa) = \int_0^\infty ru(r)J_n(\kappa r)dr \qquad \text{(A3.2-5b)}$$
$$U(\kappa,n) = c_nU_n(\kappa) \qquad \text{(A3.2-5c)}$$

上式を導くに当たり、次式のベッセル関数の積分表示を用いた。

$$\int_0^{2\pi}\mathrm{e}^{i[n\theta-\kappa r\cos(\theta'-\theta)]}d\theta = 2\pi(-i)^n\mathrm{e}^{in\theta'}J_n(\kappa r) \qquad \text{(A3.2-6a)}$$

なお、蛇足であるが上式のベッセル関数の積分表示は、以下のベッセル関数の積分表示と変数の正負の関係式を組み合わせて求めている。

$$J_n(z) = \frac{1}{2\pi}\int_\alpha^{2\pi+\alpha}\mathrm{e}^{i(n\theta-z\sin\theta)}d\theta = \frac{i^{-n}}{2\pi}\int_\alpha^{2\pi+\alpha}\mathrm{e}^{i(n\theta+z\cos\theta)}d\theta \qquad \text{(A3.2-6b)}$$

$$J_{-n}(z) = (-1)^nJ_n(z),\ J_n(-z) = (-1)^nJ_n(z),\ J_{-n}(z) = J_n(-z)$$

式(A3.2-5)を式(A3.2-1)の上段の式に代入して空間領域に戻すと、次式が得られる。

$$
\begin{aligned}
u(x,y) &= \frac{1}{(2\pi)^2}\iint U(\kappa_x,\kappa_y)\mathrm{e}^{i(\kappa_x x+\kappa_y y)}d\kappa_x d\kappa_y \\
&= \frac{1}{(2\pi)^2}\iint\left(2\pi\sum_{n=-\infty}^{\infty}(-i)^n\mathrm{e}^{in\theta'}c_n U_n(\kappa)\right)\left(\kappa d\kappa \mathrm{e}^{i\kappa r\cos(\theta-\theta')}d\theta'\right) \\
&= \frac{1}{2\pi}\sum_{n=-\infty}^{\infty}(-i)^n c_n\int_0^{\infty}\kappa U_n(\kappa)\left(\int_0^{2\pi}\mathrm{e}^{i[n\theta'+i\kappa r\cos(\theta-\theta')]}d\theta'\right)d\kappa \\
&= \frac{1}{2\pi}\sum_{n=-\infty}^{\infty}(-i)^n c_n\int_0^{\infty}\kappa U_n(\kappa)\left(2\pi(i)^n\mathrm{e}^{in\theta}J_n(\kappa r)\right)d\kappa \\
&= \sum_{n=-\infty}^{\infty}c_n\mathrm{e}^{in\theta}\int_0^{\infty}\kappa U_n(\kappa)J_n(\kappa r)d\kappa
\end{aligned}
\qquad \text{(A3.2-7)}
$$

上式を導くに当たり、式(A3.2-6)を参照し次式のベッセル関数の積分表示を用いた。

$$
\int_0^{2\pi}\mathrm{e}^{i[n\theta'+\kappa r\cos(\theta-\theta')]}d\theta' = 2\pi(-i)^n\mathrm{e}^{in\theta}J_n(-\kappa r) = 2\pi(i)^n\mathrm{e}^{in\theta}J_n(\kappa r) \qquad \text{(A3.2-8)}
$$

式(A3.2-2)と式(A3.2-7)の比較より、次式が成立する。

$$
u(r) = \int_0^{\infty}\kappa U_n(\kappa)J_n(\kappa r)d\kappa \qquad \text{(A3.2-9a)}
$$

また、式(A3.2-5)を再記すると次式のようになる。

$$
U_n(\kappa) = \int_0^{\infty}ru(r)J_n(\kappa r)dr \qquad \text{(A3.2-9b)}
$$

式(A3.2-9a)と式(A3.2-9b)は、関数 $u(r)$ の零次 n 階ハンケル変換と呼ばれる。

以上を整理すると次のようになる。関数 $u(x,y) = u(r)u_\theta(\theta) \equiv u(r,\theta)$ を r 座標に関してハンケル変換する。θ 座標では複素フーリエ級数に展開する。そして、式(A3.2-6b)に式(A3.2-2)と式(A3.2-3)を代入すると、関数 $u(r,\theta)$ の波数領域の関数 $U(\kappa,n)$ が次式のように得られる。

$$
U(\kappa,n) = c_n U_n(\kappa) = \frac{1}{2\pi}\int_0^{\infty}rJ_n(\kappa r)\left(\int_0^{2\pi}u(r,\theta)\mathrm{e}^{-in\theta}d\theta\right)dr \qquad \text{(A3.2-10a)}
$$

式(A3.2-2)に式(A3.2-3)と式(A3.2-7)を代入すると、次式の波数領域の関数 $U(\kappa,n)$ から空間領域の関数 $u(r,\theta)$ を求めることができる。

$$u(r,\theta)=u(r)u_\theta(\theta)=\sum_{n=-\infty}^{\infty}\left(\int_0^\infty \kappa U(\kappa,n)J_n(\kappa r)d\kappa\right)\mathrm{e}^{in\theta} \qquad \text{(A3.2-10b)}$$

式(A3.2-10a)と式(A3.2-10b)は、極座標による空間領域と波数領域の変換式を表す。

ここで、直交座標による波数領域の2重フーリエ変換との関係では、ハンケル変換は式(A3.2-10)のように定義されるので、次式(式(A3.2-5))のよう係数 2π がつくのが特徴であることを注意しておく。

例として、鉛直軸 z 回りに対称な関数 $u(x,y)=u(r)$ の波数領域への変換の場合を示す。この場合、フーリエ積分は式(A3.2-5)で与えられる。$u_\theta(\theta)=1$ なので、$n=0, c_0=1$ に相当する。したがって、式(A3.2-5)より次式が得られる。

$$U(\kappa_x,\kappa_y)=\iint u(x,y)e^{-i(\kappa_x x+\kappa_y y)}dxdy=2\pi\int_0^\infty ru(r)J_0(\kappa r)dr=2\pi U(\kappa,n=0) \qquad \text{(A3.2-11)}$$

補足3.3　半無限3次元弾性体の表面に単位調和荷重が作用する場合の表面の変位(グリーン関数)に関する既往の研究との比較

(1) Lamb(1904)、妹沢(1929)、田治見(1968)の解(鉛直調和荷重)との比較

Lamb(1904)、妹沢(1929)、田治見(1968)は、半無限3次元弾性体の表面に鉛直方向に $P\mathrm{e}^{i\omega t}$ が作用した時の荷重点から距離 r の地表の水平変位と鉛直変位を次式のように求めている。

$$u_r(\omega;\mathbf{x}_{\mathbf{so}})=\frac{P\mathrm{e}^{i\omega t}}{2\pi\mu}\int_0^\infty \frac{\kappa^2\left(2\kappa^2-\left(\frac{\omega}{C_S}\right)^2-2\sqrt{\kappa^2-\left(\frac{\omega}{C_P}\right)^2}\sqrt{\kappa^2-\left(\frac{\omega}{C_S}\right)^2}\right)}{R(\kappa)}J_1(\kappa r)d\kappa$$

$$w(\omega;\mathbf{x}_{\mathbf{so}})=-\frac{P\mathrm{e}^{i\omega t}}{2\pi\mu}\int_0^\infty \frac{\kappa\left(\frac{\omega}{C_S}\right)^2\sqrt{\kappa^2-\left(\frac{\omega}{C_P}\right)^2}}{R(\kappa)}J_0(\kappa r)d\kappa \qquad \text{(A3.3-1)}$$

本書のグリーン関数は単位振幅調和振動荷重は $\mathrm{e}^{-i\omega t}$ として求めているので、上式において記号を、$P\mathrm{e}^{i\omega t}\to\mathrm{e}^{-i\omega t}$、$u_r(\omega;\mathbf{x}_{\mathbf{so}})\to g_{rz}(\omega;\mathbf{x}_{so})$、$w(\omega;\mathbf{x}_{\mathbf{so}})\to g_{zz}(\omega;\mathbf{x}_{so})$ と置き換え、さらに、次式を考慮する。

$$\nu=\sqrt{\left(\frac{\omega}{C_P}\right)^2-\kappa^2}=i\sqrt{\kappa^2-\left(\frac{\omega}{C_P}\right)^2},\quad \gamma=\sqrt{\left(\frac{\omega}{C_S}\right)^2-\kappa^2}=i\sqrt{\kappa^2-\left(\frac{\omega}{C_S}\right)^2} \qquad \text{(A3.3-2)}$$

したがって、式(A3.3-1)のLamb(1904)の解は本書の形式では次式のようになり、これは式(3.4-11)で示した剛性行列による動的グリーン関数と同じであることがわかる。

$$g_{rz}(\omega;\mathbf{x}_{so})=-\frac{\mathrm{e}^{-i\omega t}}{2\pi\mu}\int_0^{\infty}\frac{\kappa^2\left(\left(\dfrac{\omega}{C_S}\right)^2-2\kappa^2-2\nu\gamma\right)}{R(\kappa)}J_1(\kappa r)d\kappa \tag{A3.3-3a}$$

$$g_{zz}(\omega;\mathbf{x}_{so})=\frac{i\mathrm{e}^{-i\omega t}}{2\pi\mu}\int_0^{\infty}\frac{\kappa\nu\left(\dfrac{\omega}{C_S}\right)^2}{R(\kappa)}J_0(\kappa r)d\kappa \tag{A3.3-3b}$$

(2) 妹沢(1929)、田治見(1968)の解(水平調和荷重)との比較

妹沢(1929)、田治見(1968)は、半無限3次元弾性体の表面に水平方向に $P\mathrm{e}^{i\omega t}$ が作用した時の荷重点から距離 r の表面の水平変位を次式のように求めている。

$$u_x(\omega;\mathbf{x}_{\mathbf{so}})=\frac{P\mathrm{e}^{i\omega t}}{4\pi\mu}\int_0^{\infty}\left[\begin{array}{l}\left(-\dfrac{\left(\dfrac{\omega}{C_S}\right)^2\sqrt{\kappa^2-\left(\dfrac{\omega}{C_S}\right)^2}}{R(\kappa)}+\dfrac{1}{\sqrt{\kappa^2-\left(\dfrac{\omega}{C_S}\right)^2}}\right)J_0(\kappa r)\kappa d\kappa+\\ \cos 2\theta\left(\dfrac{\left(\dfrac{\omega}{C_S}\right)^2\sqrt{\kappa^2-\left(\dfrac{\omega}{C_S}\right)^2}}{R(\kappa)}+\dfrac{1}{\sqrt{\kappa^2-\left(\dfrac{\omega}{C_S}\right)^2}}\right)J_2(\kappa r)\kappa d\kappa\end{array}\right] \tag{A3.3-4}$$

鉛直荷重の場合と同じように、本書の記号に合わせるために、$P\mathrm{e}^{i\omega t}\rightarrow \mathrm{e}^{-i\omega t}$、$u_x(\omega;\mathbf{x}_{\mathbf{so}})\rightarrow g_{xx}(\omega;\mathbf{x}_{so})$ と置き換え、さらに、式(A3.3-2)を考慮すると次式のようになり、これは式(3.4-14a)の剛性行列による動的グリーン関数と同じである。

$$g_{xx}(\omega;\mathbf{x}_{so})=\frac{i\mathrm{e}^{-i\omega t}}{4\pi\mu}\left(\int_0^{\infty}\left(\frac{\gamma\left(\dfrac{\omega}{C_S}\right)^2}{R(\kappa)}+\frac{1}{\gamma}\right)J_0(\kappa r)\kappa d\kappa-\cos 2\theta\int_0^{\infty}\left(\frac{\gamma\left(\dfrac{\omega}{C_S}\right)^2}{R(\kappa)}-\frac{1}{\gamma}\right)J_2(\kappa r)\kappa d\kappa\right) \tag{A3.3-5}$$

(3) 静的解と動的グリーン関数

蛇足であるが、上式の静的解($\omega\rightarrow 0$)を求めておく。このためには、次式を利用する。

$$\nu = \sqrt{\left(\frac{\omega}{C_P}\right)^2 - \kappa^2} \simeq i\kappa\left(1 - \frac{1}{2\kappa^2}\left(\frac{\omega}{C_P}\right)^2\right), \quad \mathrm{Im}(\nu) \geq 0$$

(A3.3-6a)

$$\gamma = \sqrt{\left(\frac{\omega}{C_S}\right)^2 - \kappa^2} \simeq i\kappa\left(1 - \frac{1}{2\kappa^2}\left(\frac{\omega}{C_S}\right)^2\right), \quad \mathrm{Im}(\gamma) \geq 0$$

式(A3.3-6a)を使うと、レイリー関数は次式のように近似できる($\omega \to 0$)。

$$R(\kappa) = 4\kappa^2\nu\gamma + \left(2\kappa^2 - \left(\frac{\omega}{C_S}\right)^2\right)^2 \simeq -2\kappa^2\left(\frac{\omega}{C_S}\right)^2\left(1 - \left(\frac{C_S}{C_P}\right)^2\right)$$

$$= -\kappa^2\left(\frac{\omega}{C_S}\right)^2\frac{1}{1-\nu_P}$$

(A3.3-6b)

ここに、ポアソン比を ν_P とすると次式のS波とP波とポアソン比の関係を用いた。

$$1 - \left(\frac{C_S}{C_P}\right)^2 = \frac{1}{2(1-\nu_P)} \tag{A3.3-6c}$$

また、以下ではベッセル関数の積分は次式のようになることを用いる。

$$\int_0^\infty J_n(\kappa r)d\kappa = \frac{1}{r} \tag{A3.3-6d}$$

式(A3.3-6)を式(A3.3-3)と(A3.3-5)に代入すると次式の静的グリーン関数が得られる。

$$g_{rz}(0;\mathbf{x}_{so}) = -\frac{(1-2\nu_{\mathrm{P}})}{4\pi\mu r}$$

$$g_{zz}(0;\mathbf{x}_{so}) = \frac{(1-\nu_{\mathrm{P}})}{2\pi\mu r}$$

$$g_{xx}(0;\mathbf{x}_{so}) = \frac{(2-\nu_{\mathrm{P}})}{4\pi\mu r}\left(1 + \frac{\nu_{\mathrm{P}}}{2-\nu_{\mathrm{P}}}\cos 2\theta\right)$$

(A3.3-7)

動的グリーン関数を静的グリーン関数で基準化して、以下のように表すこともできる。

鉛直荷重による r と z 方向のグリーン関数：

$$\frac{g_{rz}(\omega;\mathbf{x}_{so})}{g_{rz}(0;\mathbf{x}_{so})} = f_{1rz} - if_{2rz}, \quad g_{rz}(\omega;\mathbf{x}_{so}) = -\frac{(1-2\nu_{\mathrm{P}})\mathrm{e}^{-i\omega t}}{4\pi\mu r}\left(f_{1rz} - if_{2rz}\right)$$

(A3.3-8a)

$$f_{1rz} - if_{2rz} = \frac{2r}{1-2\nu_{\mathrm{P}}}\int_0^\infty \frac{\kappa^2\left(\left(\frac{\omega}{C_S}\right)^2 - 2\kappa^2 - 2\nu\gamma\right)}{R(\kappa)}J_1(\kappa r)d\kappa$$

$$\frac{g_{zz}(\omega;\mathbf{x}_{so})}{g_{zz}(0;\mathbf{x}_{so})} = f_{1zz} - if_{2zz}, \quad g_{zz}(\omega;\mathbf{x}_{so}) = \frac{(1-\nu_{\mathrm{P}})\mathrm{e}^{-i\omega t}}{2\pi\mu r}\left(f_{1zz} - if_{2zz}\right)$$

$$f_{1zz} - if_{2zz} = \frac{ir}{1-\nu_{\mathrm{P}}}\int_0^\infty \frac{\kappa\nu\left(\dfrac{\omega}{C_S}\right)^2}{R(\kappa)} J_0(\kappa r)d\kappa \tag{A3.3-8b}$$

水平荷重による x 方向のグリーン関数：

$$\frac{g_{xx}(\omega;\mathbf{x}_{so})}{g_{xx}(0;\mathbf{x}_{so})} = f_{1xx} - if_{2xx} + \left(h_{1xx} - ih_{2xx}\right)\cos 2\theta$$

$$g_{xx}(\omega;\mathbf{x}_{so}) = \frac{(2-\nu_{\mathrm{P}})\mathrm{e}^{-i\omega t}}{4\pi\mu r}\left(f_{1xx} - if_{2xx} + \frac{\nu_{\mathrm{P}}}{2-\nu_{\mathrm{P}}}\left(h_{1xx} - ih_{2xx}\right)\cos 2\theta\right)$$

$$f_{1xx} - if_{2xx} = \frac{ir}{2-\nu_{\mathrm{P}}}\int_0^\infty \left(\frac{\gamma\left(\dfrac{\omega}{C_S}\right)^2}{R(\kappa)} + \frac{1}{\gamma}\right) J_0(\kappa r)\kappa d\kappa \tag{A3.3-9}$$

$$h_{1xx} - ih_{2xx} = -\frac{ir}{\nu_{\mathrm{P}}}\int_0^\infty \left(\frac{\gamma\left(\dfrac{\omega}{C_S}\right)^2}{R(\kappa)} - \frac{1}{\gamma}\right) J_2(\kappa r)\kappa d\kappa$$

(4) 動的グリーン関数の近似と円形基礎の鉛直と水平の複素ばね

半径 a の円形基礎（質量零）に振動荷重 $P\mathrm{e}^{-i\omega t}$ を加えた時の中心点変位 w_0 を求める。ただし、半無限弾性体からの反力分布は等分布荷重を仮定する。

鉛直荷重による鉛直方向の動的グリーン関数を次式のように仮定する。

$$g_{zz}(\omega;\mathbf{x}_{so}) = \frac{(1-\nu_{\mathrm{P}})\mathrm{e}^{-i\omega t}}{2\pi\mu r}\mathrm{e}^{i\kappa_v r},\ \kappa_v = 1.33 \tag{A3.3-10a}$$

反力分布は等分布荷重なので、荷重 $P\mathrm{e}^{-i\omega t}$ による中心点変位 w_0 は次式から求められる。

$$\begin{aligned} w_0 &= \frac{(1-\nu_{\mathrm{P}})}{2\pi\mu}\frac{P\mathrm{e}^{-i\omega t}}{\pi a^2}\int_0^{2\pi}\int_0^a \frac{1}{r}\mathrm{e}^{i\kappa_v r} r dr d\theta \\ &= \frac{(1-\nu_{\mathrm{P}})}{\pi\mu}\frac{P\mathrm{e}^{-i\omega t}}{a}\left(\frac{\sin(\kappa_v a)}{\kappa_v a} + i\frac{1-\cos(\kappa_v a)}{\kappa_v a}\right) \end{aligned} \tag{A3.3-10b}$$

上式を荷重と変位の関係に書き換えると、次式のように地盤の複素ばねが求められる。

$$Pe^{-i\omega t} = \left(K_{1w} - iK_{2w}\right) w_0 e^{-i\omega t}$$

$$K_{1w} - iK_{2w} = \frac{\pi\mu a}{1-\nu_P}\left(\frac{1}{\dfrac{\sin(\kappa_v a)}{\kappa_v a} + i\dfrac{1-\cos(\kappa_v a)}{\kappa_v a}}\right) \tag{A3.3-11a}$$

ここに、次式は円形基礎の静的鉛直地盤ばねを表す（等分布地盤反力を仮定）。

$$K_{0w} = \frac{\pi\mu a}{1-\nu_P} \tag{A3.3-11b}$$

同様に、水平荷重による水平方向の動的グリーン関数を次式のように仮定する。

$$g_{xx}(\omega; \mathbf{x}_{so}) = \frac{(2-\nu_P)e^{-i\omega t}}{4\pi\mu r} e^{i\kappa_h r}, \ \kappa_h = 0.88 \tag{A3.3-12a}$$

この場合、動的グリーン関数の $\cos 2\theta$ に関わる係数は等分布反力を積分すると零となるので、上式は $\cos 2\theta$ に依存しない項のみを近似している。

反力分布は等分布荷重なので、振動荷重 $Pe^{-i\omega t}$ を加えた時の中心点変位 u_{0x} は次式から求められる。

$$u_{0x} = \frac{(2-\nu_P)}{4\pi\mu}\frac{Pe^{-i\omega t}}{\pi a^2}\int_0^{2\pi}\int_0^{a}\frac{1}{r}e^{i\kappa_h r} r dr d\theta$$

$$= \frac{(2-\nu_P)}{2\pi\mu}\frac{Pe^{-i\omega t}}{a}\left(\frac{\sin(\kappa_h a)}{\kappa_h a} + i\frac{1-\cos(\kappa_h a)}{\kappa_h a}\right) \tag{A3.3-12b}$$

上式を荷重と変位の関係に書き換えると、次式のように地盤の複素ばねが求められる。

$$Pe^{-i\omega t} = \left(K_{1u} - iK_{2u}\right) u_{0x} e^{-i\omega t}$$

$$K_{1u} - iK_{2u} = \frac{2\pi\mu a}{2-\nu_P}\left(\frac{1}{\dfrac{\sin(\kappa_h a)}{\kappa_h a} + i\dfrac{1-\cos(\kappa_h a)}{\kappa_h a}}\right) \tag{A3.3-13a}$$

ここに、次式は円形基礎の静的水平地盤ばねを表す（等分布地盤反力を仮定）。

$$K_{0u} = \frac{2\pi\mu a}{2-\nu_{\mathrm{P}}} \tag{A3.3-13b}$$

参考文献

原田隆典，松田良介，吉田一博，栗田勇志（2012）：直交座標系と 2 重フーリエ変換を用いた水平成層弾性体の動的グリーン関数とその検証，土木学会論文集，A2, Vol.68, No.2, pp.I_805-I_812.

金井清，田治見宏，大沢胖，小林啓美(1968)：地震工学，建築構造学大系 1，彰国社 .

Kausel, E. and Roësset, J.M.(1981): Stiffness matrices for layered soils, Bull. Seism. Soc. Am., Vol.71, No.6, pp.1743-1761.

Lamb, H.(1904): On the propagation of tremors over the surface of an elastic solid, Phil.Trans. Roy. Soc.(London)A, Vol.203, pp.1-42.

Luco, J.E. and Apsel, R.J.(1983): On the Green's functions for a layered half-space, Part 1, Bull. Seism. Soc. Am., Vol.73, pp.909-929.

日本建築学会編(1996)：入門・建物と地盤との動的相互作用，丸善 .

妹沢克惟(1929)：Further studies on Rayleigh waves having some azimuthal distribution, 震研彙報, Vol.6, pp.1-18.

吉田一博（1994）：半無限弾性地盤上の矩形基礎の各種の動的地盤ばねについて，日本建築学会論文報告集，第 457 号，pp.19-28.

第 4 章
応用例

この章では、3 章までの 3 次元直交座標系による弾性波動方程式と、その振動数・波数領域の解から求められる動的グリーン関数の使い方を以下のような応用例を用いて示しながら、数値計算による解の検証を示す。

(1) 震源断層を含む不整形弾性体の地震動(積分方程式表示の境界要素法による解析)
(2) 部分分割解析法による広領域の解析法
(3) 剛性行列による水平多層弾性体の波動解析
(4) 水平多層弾性体の震源断層近傍の永久変位を含む地震動
(5) 地表の鉛直調和振動荷重近傍の 2 点間の波形記録から弾性体の層厚と弾性定数を推定する方法
(6) 動的グリーン関数による基礎構造物への地盤反力の計算法
(7) 不規則すべり時間関数のモデル化と短周期から長周期地震動の計算法
(8) 均質・定常時空間不規則波動場の計算法

4.1 震源断層を含む不整形弾性体の地震動(積分方程式表示の境界要素法による解析)

地表の地震動は、震源断層で発生した地震波が地層を伝播し地表まで到達した結果として現われる地盤の揺れである。したがって、構造物の耐震設計や都市の地震防災対策で必要とされる強震動波形やその特性を評価する際には、このような震源断層破壊によって生じた地震波の伝播過程を考慮した数理モデルが必要となる。断層近傍では振幅と位相の違うあらゆる種類の波があらゆる方向から入射するため、震源断層・不整形弾性体系を一体とした解析が不可欠となる。境界要素法には、1 章 1.8.3 項と補足 1.3 に示すように運動学的断層モデルを用いた震源断層・不整形弾性体系が積分方程式系に定式化でき離散化して解析できる特徴がある。

ここでは、断層近傍の構造物の耐震設計用入力地震動評価への適用を目的に、3次元境界要素法による断層・不整形弾性体系の数値計算例を示す。用いた計算機容量の制限のため周期3秒以上の長周期地震波を対象とするが、これらには断層永久変位も含まれ、震源断層近傍の幹線パイプラインや長大橋等の長周期重要構造物の応答挙動の把握や耐震安全性の検討のための入力地震動に利用できる。数値計算例では、横ずれ断層と溺れ谷地形を有する洪積堆積層の幾何学的な位置関係によって地表の地震動最大値分布が変わる様子を示すと共に、震源断層近傍の地表面地震動の時空間分布を調べ、地震波は台風の雲の動きのように渦を巻きながら伝播し地表面地震動の時空間分布が極めて複雑であることを示す。

4.1.1　震源断層・不整形弾性体系の積分方程式表示

堆積層が多層での一般化もできるが定式化とその記号を簡単化するため、1章1.8節の図1.8-4のような断層を含む2層の不整形3次元弾性体を対象とすると、振動数領域の積分方程式系は1章の式(1.8-33)から式(1.8-35)で与えられる。これらの積分方程式の境界条件は、地表面で応力が零並びに、2つの弾性体領域の接触境界上で変位と応力が連続という条件である。境界条件を加味すると、境界上の未知変位・応力が求められる。境界要素法による計算法の検証例は原田ら(2002)に示すが、以下では地震動の計算例を示す。

4.1.2　横ずれ断層・矩形の溺れ谷の地表面地震動の計算例のモデル

図4.1-1に示すように半無限弾性体中に鉛直横ずれ断層があり、その上に矩形の溺れ谷が存在するような震源断層・不整形弾性体系モデルを想定する。鉛直横ずれ断層が溺れ谷の下方中央に存在する場合(ケース1)と、下方左端に存在する場合(ケース2)を解析し、横ずれ断層と溺れ谷の位置によって地表の地震動がどのように変わるかを調べる。弾性体の物性値を表4.1-1に示す。溺れ谷が水平層構造であればS波の1次固有振動数($2\pi C_S / (4H)$)は1.7(rad/s)となる。半無限弾性体の方は3(km)×3(km)、矩形谷は1.5(km)×1.5(km)の正方形一定要素で境界を分割し、地震動の振動数は2(rad/s)までを対象とする。震源断層は図4.1-2のような8.5(km)×8.5(km)の矩形断層で、震源断層の破壊はType 1すなわち、左端から一様に破壊する横ずれ断層とし、震源パラメータを表4.1-2に示す。

表4.1-1　解析で用いた矩形谷モデルの物性値

	P波速度 C_P(m/s)	S波速度 C_S(m/s)	密度 ρ(kg/m^3)	材料減衰定数
領域1	6000	3500	2800	0.00125
領域2	2800	1600	2300	0.00333

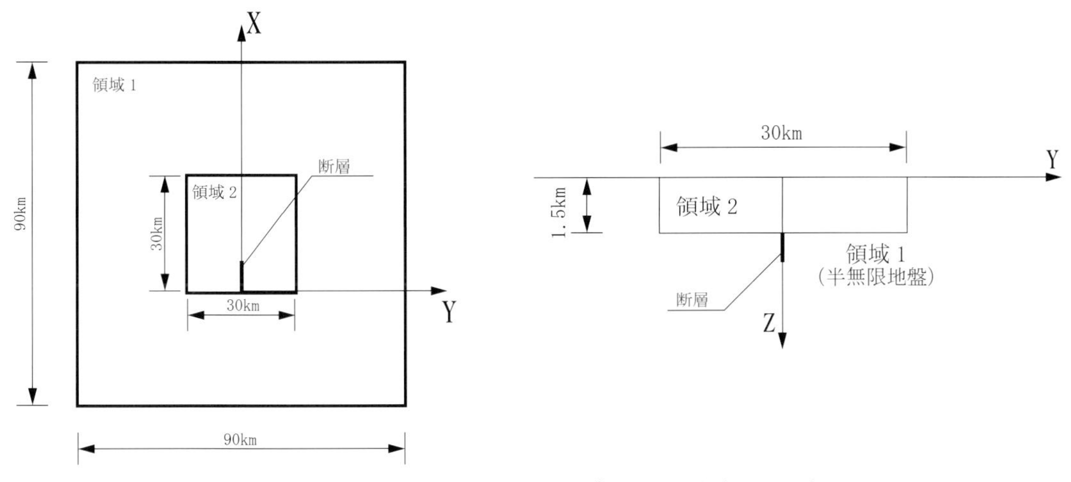

(a) 矩形溺れ谷中央下端に垂直横ずれ断層が存在する場合

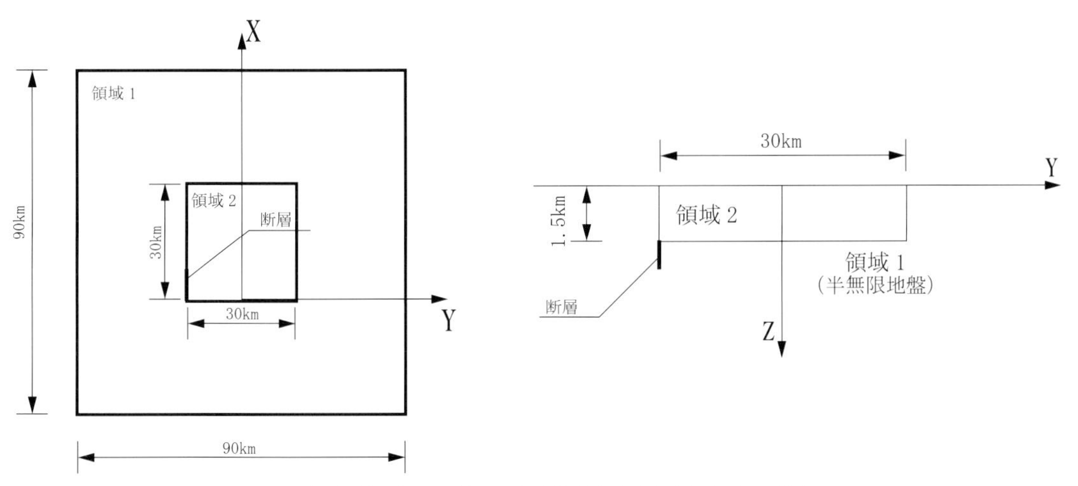

(b) 矩形溺れ谷左下端に垂直横ずれ断層が存在する場合

図 4.1-1　横ずれ断層・矩形溺れ谷モデル

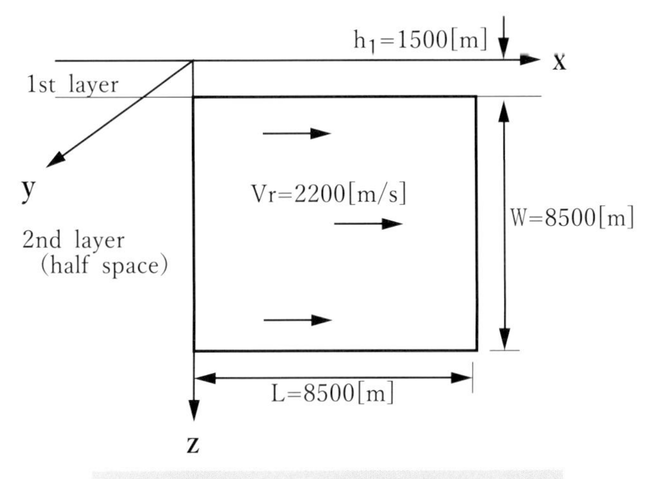

図 4.1-2　解析で用いた横ずれ断層モデル

表 4.1-2　解析で用いた横ずれ断層の震源パラメータ

地震モーメント（Seismic Moment）	$M_0 = 2.23\times10^{17}$(N.m) (2.23×10^{24}(dyne.cm))
立ち上がり時間（Rise Time of Ramp Function）	$\tau = 0.3$(s)
断層長（Length of Fault）	$L = 8500$(m)
断層幅（Width of Fault）	$W = 8500$(m)
破壊速度（Velocity of Rupture）	$v_r = 2200$(m/s)
断層上端深（Depth of Upper Edge of Fault）	$z_s = 0$(m)(地表から1.5(km)深)
断層走向角（Strike Angle）	$\phi = 0^\circ$
断層傾斜角（Dip Angle）	$\delta = 90^\circ$
断層すべり角（Slip Angle）	$\lambda = 0^\circ$
断層破壊タイプ（Slip Type）	Type 1

4.1.3　地表面の増幅特性

図 4.1-1 の不整形弾性体に単位振幅の SH 波（y 軸方向の変位のみ）が鉛直下方から入射したときの矩形谷中央の y 軸に沿う地表面応答倍率を、振動数 0.0625 (rad/s) から 2.0 (rad/s) の 5 つの振動数毎に示す(図 4.1-3)。

最も低い振動数 0.0625 (rad/s) では y 軸方向変位の応答倍率(三角印)は 2 とほぼ一定であり、鉛直方向である z 軸方向変位の倍率(丸印)に関しては外領域 1 の端の方でやや増加しているが、溺れ谷の中央付近では、x 軸、z 軸方向変位の倍率（四角印と丸印）はほぼ零で、これらは理論から予測される値である。振動数が 0.5 (rad/s) ずつ増加すると、溺れ谷堆積層の増幅や鉛直方向の増幅も現れる。溺れ谷の増幅率は y 軸に沿って異なり、振動数が高いほど場所による増幅倍率の違いが大きい。水平層の場合、S 波 1 次固有振動数 1.7 (rad/s) の増幅率は基盤と表層のインピーダンス比の 2 倍で近似できるが、この増幅率値は 5.3（=2×2.8×3.5/2.3×1.6）となる。しかし、図 4.1-3 から溺れ谷の場合の増幅率は 6 から 8 倍程度とやや大きめの値となり、溺れ谷内部に波動が閉じ込められる効果が現れている。SH 波の鉛直入射という単純な入射条件にも関わらず、溺れ谷の内部の増幅倍率の場所的(空間)変化が大きい。入射角や入射波の種類によって溺れ谷内部の増幅率の場所的変化は著しく変わることが予測される。振動数によらず共通していることは、溺れ谷と硬い基盤層の境界から溺れ谷側に少し入った付近での増幅倍率は常に大きくなるということである。このことが硬い地盤と軟らかい地盤の境界付近に地震被害が発生しやすいといわれる理由かもしれない。この理由を補足することや震源断層近傍の地震動の時空間分布特性を調べることを目的に、以下には震源断層から放射される地震波による応答結果を示す。

u : This study
v : This study
w : This study

領域１：Ｓ波速度＝3500(m/s)
Ｐ波速度＝6000(m/s)
x=13500(m)

領域２：Ｓ波速度＝1600(m/s)
Ｐ波速度＝2800(m/s)
x=14250(m)

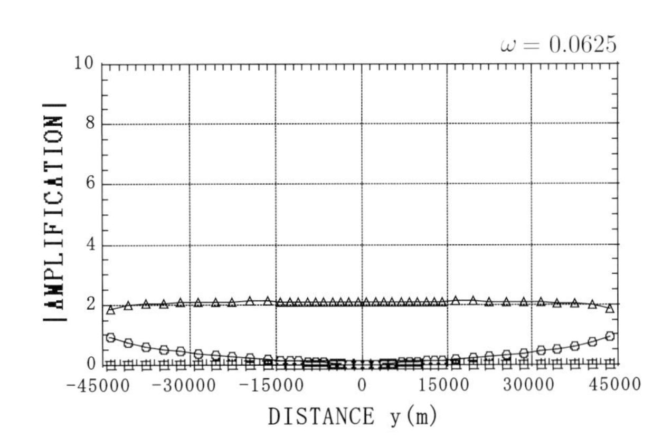

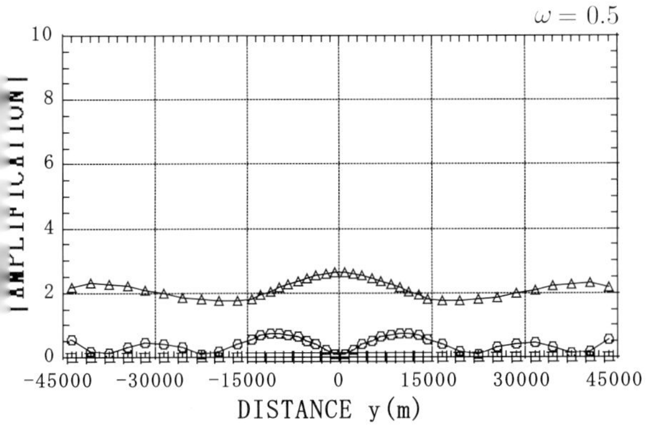

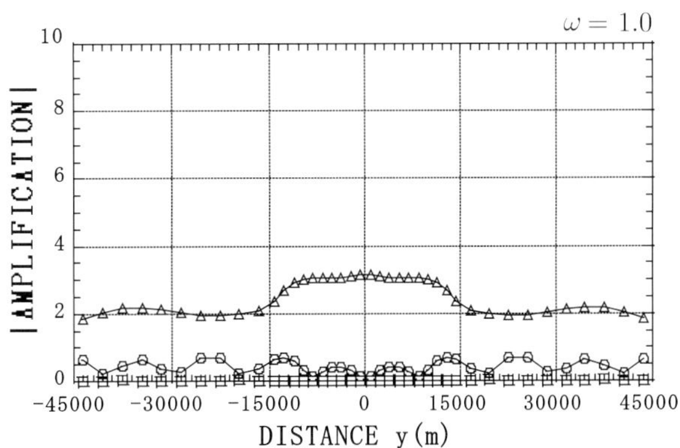

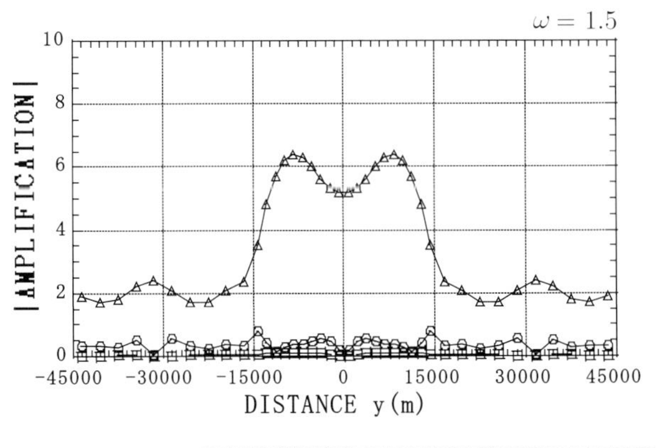

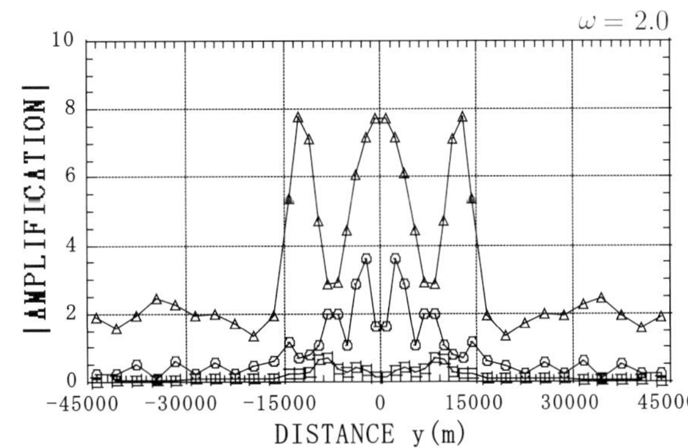

図 4.1-3　５つの振動数毎における矩形谷中央を通る y 軸に沿う増幅倍率変化

4.1.4 地表面の水平変位ベクトルの時空間特性

溺れ谷を含む 60 (km) × 60 (km) の地表面の地震動水平変位ベクトルの時間・空間変化を図 4.1-4 に示す。時刻零から約 15 秒間を約 1 秒毎に地表面各点の水平変位の大きさと方向をベクトル表示している。この断層モデルでは約 4 秒(3.86 = 8.5 / 2.2)で破壊が終了する。

図 4.1-4a は溺れ谷中央下に横ずれ断層が存在する場合 (図 4.1-1a のモデル)、図 4.1-4b は溺れ谷左端下に横ずれ断層が存在する場合（図 4.1-1b のモデル）の地表面水平変位ベクトルの時空間分布を示す。

両図の比較から、震源断層と溺れ谷の位置により地表面変位の時空間分布が異なっている。

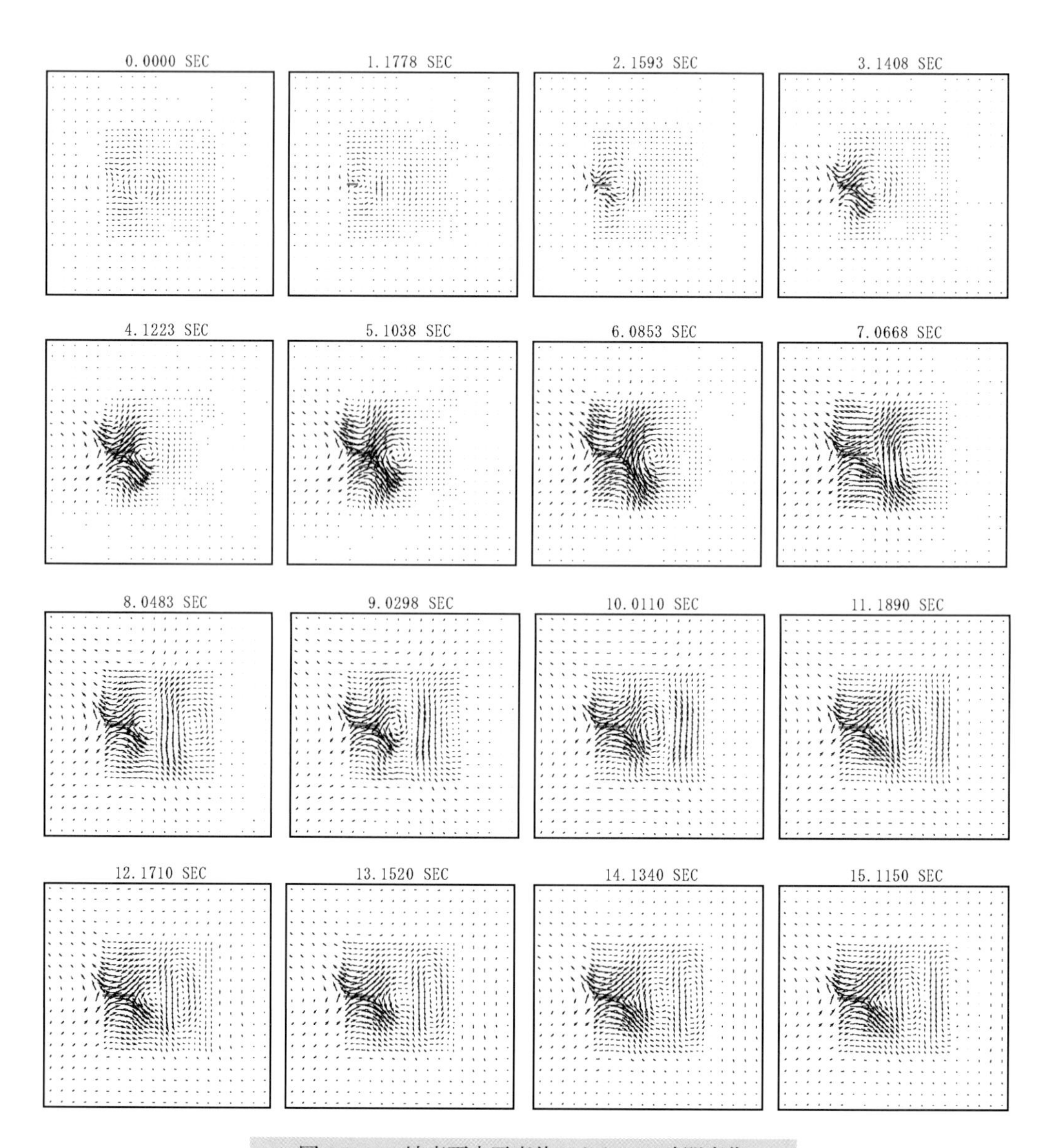

図 4.1-4a　地表面水平変位ベクトルの時間変化
（矩形溺れ谷の中央下に横ずれ断層が存在する場合）

両者に共通する特性では、左横ずれ断層の地表面の水平変位を反映しつつ、渦を巻きながら地表面が水平に動いている様子が観察される。約15秒では永久変位に近い状態であるが、この永久変位に比べ、4秒から7秒での水平変位は2倍程度大きく、断層破壊終了付近前方の変位が大きい。この水平変位分布は15秒付近の永久変位分布とは明らかに異なる。このことは、断層永久変位に対する構造物の安全性検討においては長周期地震波伝播を考慮した本解析例のような地震動での検討の必要性を示している。渦現象という震源断層近傍の特異な地震動は、4.3節の水平多層弾性体モデルでも観察される。その連続高架橋への影響の研究も進められている(原田・野中, 2001)。

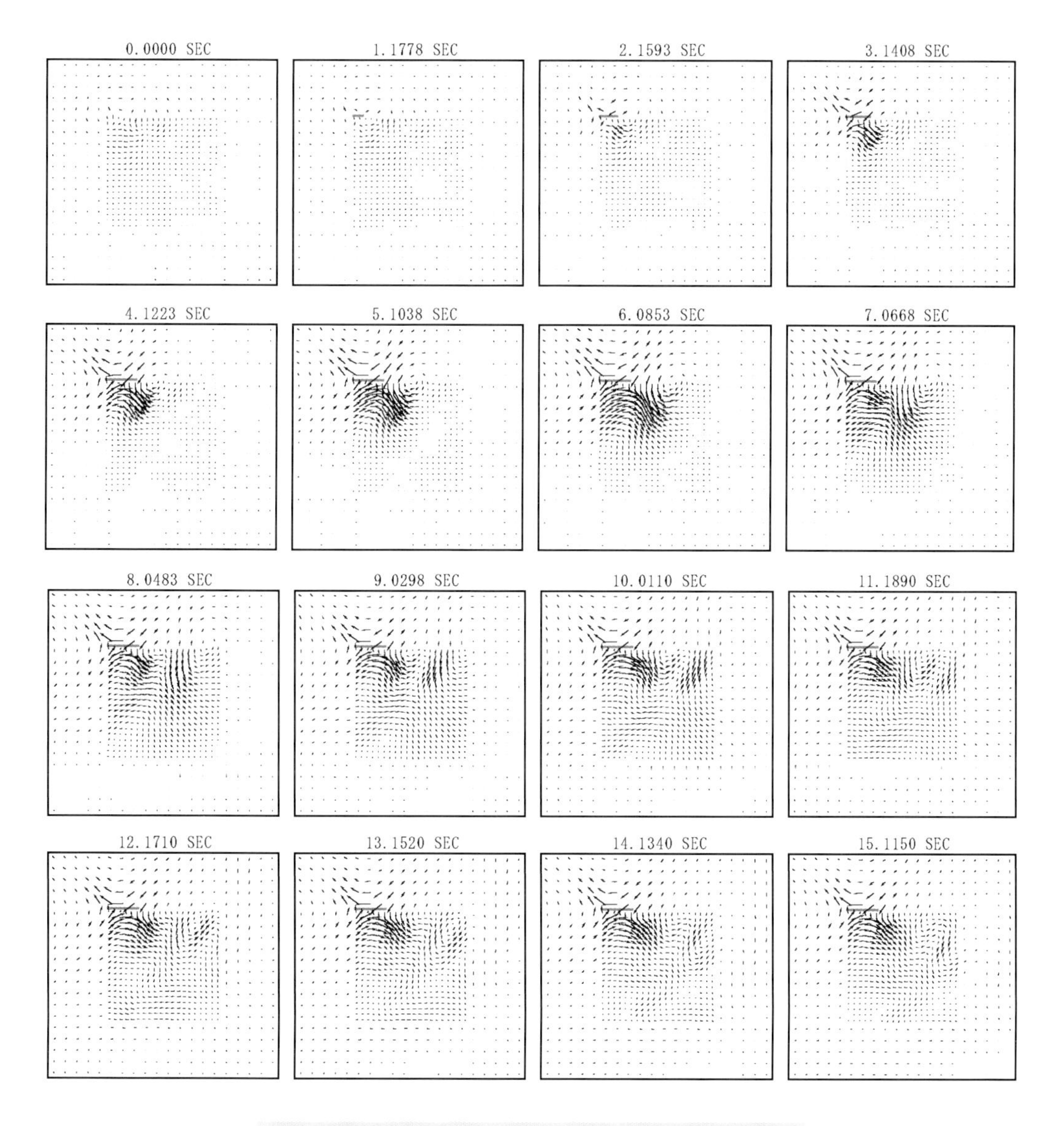

図4.1-4b　地表面水平変位ベクトルの時間変化
(矩形溺れ谷の左端下に横ずれ断層が存在する場合)

4.1.5　地表面の速度波形特性

前節の地表面水平変位ベクトルの時空間分布より、震源断層破壊終了付近の断層直交方向変位が最も大きくなることがわかったので、その付近の４つの地点における直交方向の速度波形(m/s)を見てみよう。図 4.1-5a,b に速度波形を示す。横ずれ断層が矩形溺れ谷中央下のケース１と左端下のケース２の２つのケースに共通することは、断層破壊終了時刻約４秒あたりで速度波形は最大値を示し、約 16 秒以降も揺れてはいるが振幅は小さくなっていることである。

しかし、最大速度が起こる場所はケース１では震源断層延長上であるが、ケース２では震源断層延長上より少し溺れ谷方向へ入った場所となっており、２つのケースで異なる。岩盤上の速度波形(ケース２の上段の波形)の振幅は最も小さく継続時間も小さい。

①ケース１

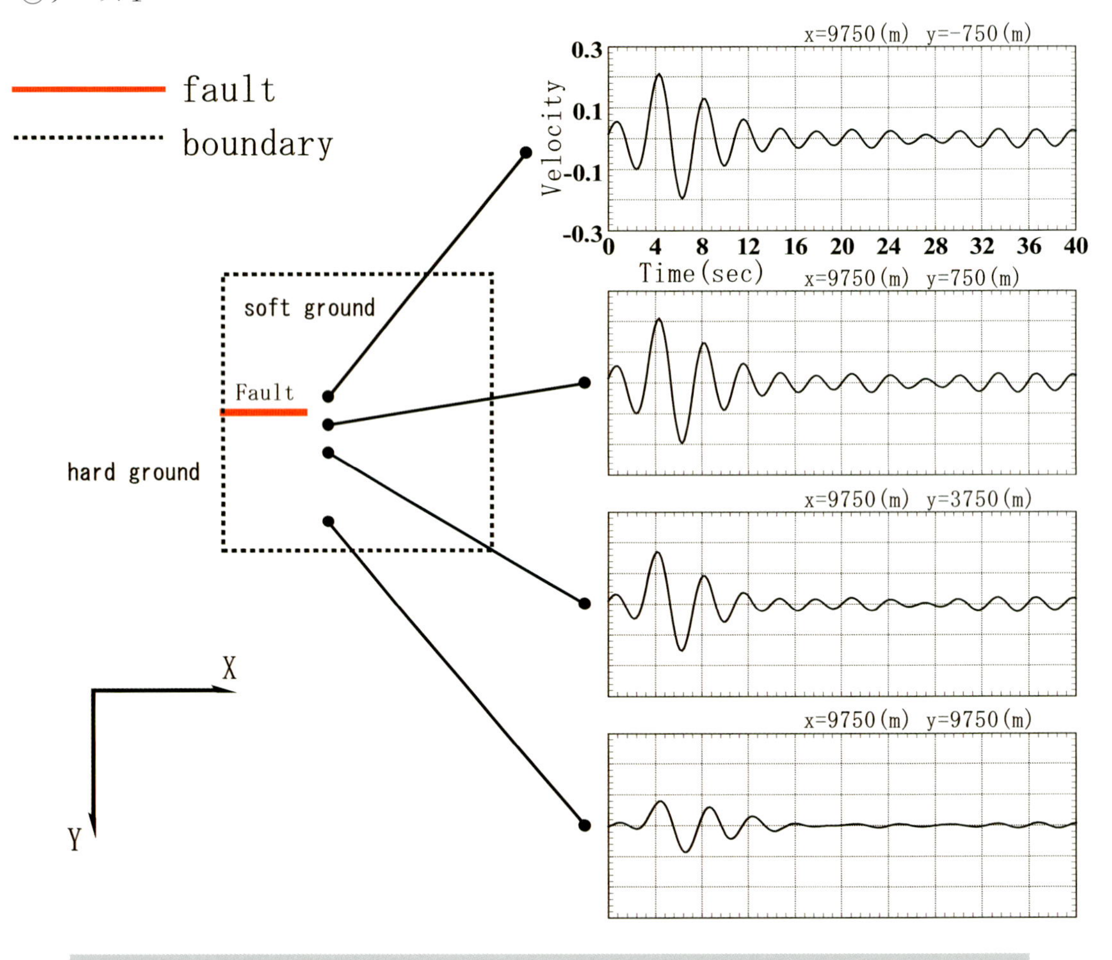

図 4.1-5a　断層破壊終了付近の４地点における断層直交方向の速度波形の比較　①ケース１

②ケース２

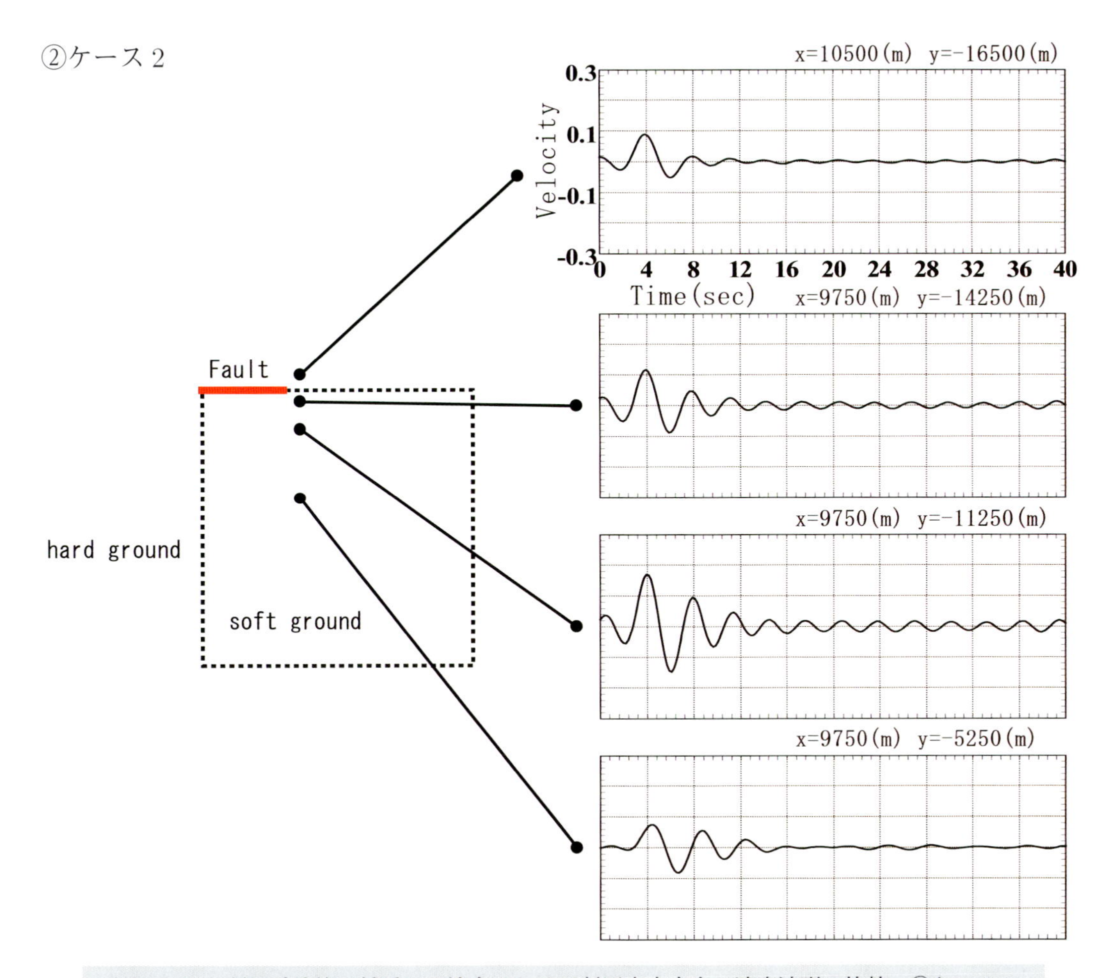

図 4.1-5b　断層破壊終了付近の４地点における断層直交方向の速度波形の比較　②ケース２

4.1.6　断層直交方向の地表面最大速度の分布特性

震源断層近傍の地表面全体における断層直交方向の最大速度分布を図 4.1-6 に示す。横ずれ断層が矩形溺れ谷中央下のケース１と左端下のケース２の２つのケースについて、断層直交方向の最大速度分布を比較したものである。

矩形谷中央に震源断層が存在する場合（ケース 1）、震源断層破壊終了付近前方に最大値が現れている。しかし地殻部と溺れ谷部の境界に震源断層が存在するケース２では、震源断層破壊終了付近前方の溺れ谷側に最大値が現れているのが特徴的である。また震源断層近傍であっても、岩盤の露頭部での振幅はかなり小さくなることがわかる。

ここで、図 4.1-6 の２つのケースの結果を、1995 年兵庫県南部地震の大被害地域は、六甲断層系の震源断層上ではなくてそれより南側に広がる堆積層側に帯状に分布していた（「地震の帯」（入倉, 1996）という被害分布の特性から解釈してみよう。

この被害分布が報告された当時は地震の帯の直下に未知の断層が存在したなどの推測がな

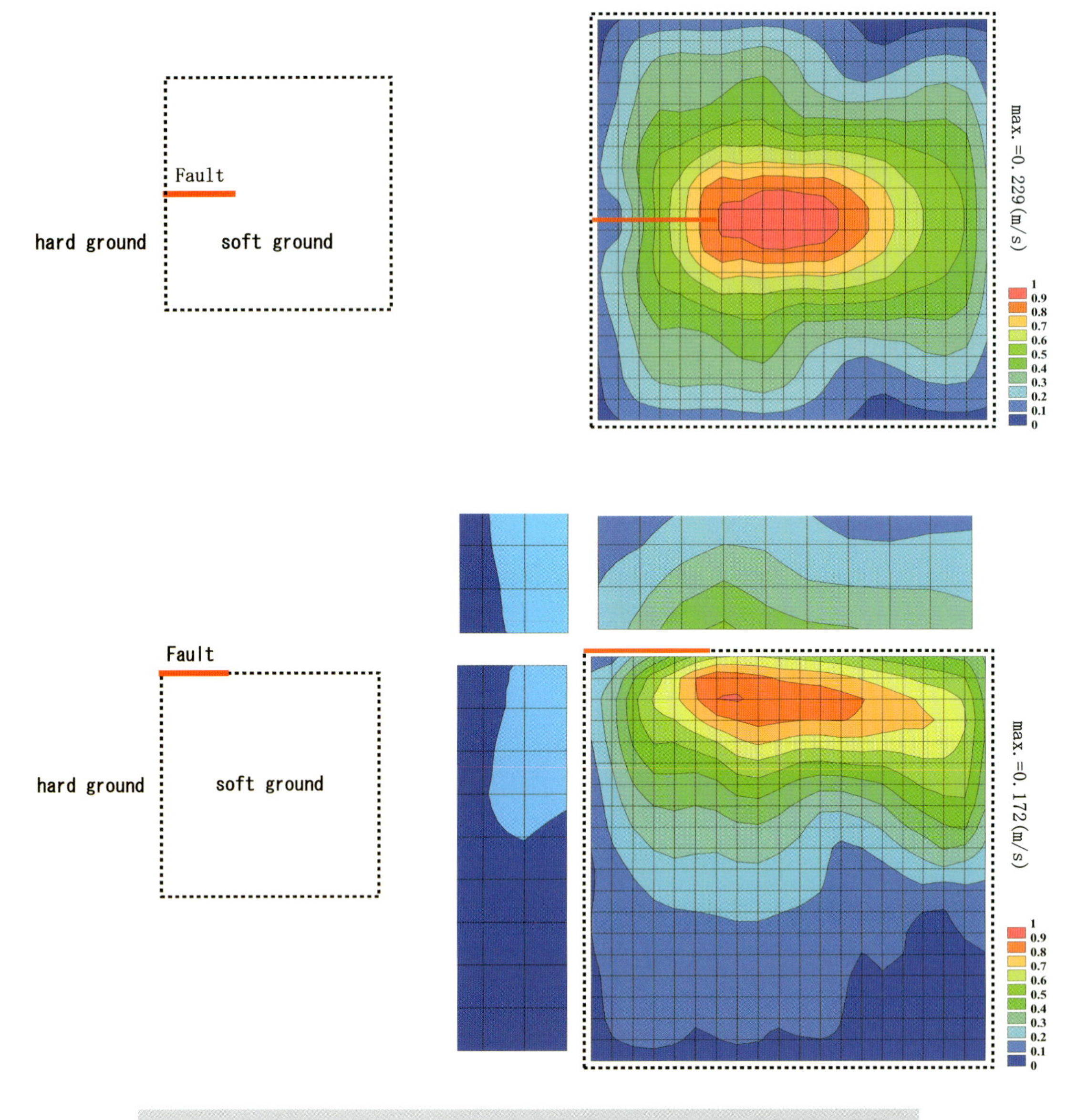

図 4.1-6 震源断層近傍の地表面における断層直交方向の最大速度分布の比較

されていたが、地震の帯の真下には震源断層は存在しないようである。このような地震の帯のできる原因は、神戸の地盤を六甲山から海岸に向かって切った断面を基にした 2 次元地盤モデルに平面波入射を行った解析から、沖積地盤の下方から入射した波と六甲山の硬い岩盤から水平方向に伝播する波がぶつかりあった結果として大きな揺れが起きるとしているものが一般的である（入倉, 1996）。このような説明でよいのかも知れないが、平面波入射と 2 次元地盤モデルという仮定が少々気にかかる。

そこで、震源断層・3 次元不整形弾性体の解析結果（図 4.1-6）を基にこの地震の帯の現象を見てみると、図 4.1-6 の下図のように軟らかい地盤において断層から約 1.5 ～ 9 (km) の範囲に最大値が帯のように現れており、神戸の地震の帯のような特徴が再現されているようである。もちろん、本解析で用いた震源断層・不整形弾性体モデルは神戸の震源断層・地盤構造そのものではなく、また解析した振動数範囲は 2 (rad/s) と低振動数に限定されているためと思われるが、神戸に現れた地震の帯の幅は約 2 (km) 程度であり、本解析で得られた約 7.5 (km) と比べると幅が狭い。しかし、震源断層を境にして片方に硬い地盤、もう片方に軟らかい地盤という意味では共通している。

これらのことから、一般的に知られている物理現象を運動学的断層モデルと 3 次元境界要素法を組み合わせた解析モデルによって再現できたということができよう。本計算例は使用した計算機の記憶容量の制限から地震波の振動数範囲は 2 (rad/s) 以下と長周期地震波を対象としたが、これらには断層永久変位も含まれ震源断層近傍の幹線パイプライン等の長周期重要構造物の耐震安全性検討に利用できる。また、記憶容量の大きい計算機を使用すれば短周期地震波も再現できる。さらに次節の部分解析法を適用すれば、計算機容量の問題を気にせずに短周期地震波の計算も可能になる。

4.2　部分分割解析法による広領域の解析法

ここでは、震源断層から地表に至る地層・地質構造の全体系をモデル化して扱う全体解析法の簡単なレヴューをする。次に、計算機能力や地層・地質構造の不確定性という条件を考慮する時、全体解析法の適用には限界があるように思われる。このため全体系を分割して計算する部分解析法を導入する。

部分解析法の考え方は構造工学分野で新しいものではないが、震源断層から地表に至る地震波合成法に部分解析法を応用した研究は見あたらないと思われる。地震波合成法に部分解析法の適用が可能となった主な理由は、次の研究レビューで述べられているように 3 章の剛性行列法に基づく地震波合成法が導入されたことによる。

4.2.1　全体解析法の簡単なレビュー

震源断層を含む地盤応答計算法の研究状況は纐纈ら (1989) に譲るが、ここでは最も基本的な震源断層・水平多層弾性体系の解析に関する既往の研究を簡単に整理する。

従来の研究に共通する手順は、Bouchon (1979) や Chouet (1987) が整理しているように、無限弾性体中の運動学的断層モデルから放射される地震波に水平多層弾性体の影響を考慮して地表の応答計算をするものである。水平多層弾性体の影響は、Thomson (1950) や Haskell (1953) の伝達行列法（3 章の剛性行列の導入を参照）により考慮される。この伝達行列に Dunkin (1965) 法を使って数値計算の安定性が図られている。しかしこの方法でも依然として伝達行列の数値安定化の問題点が残っていたが、Kennet ら (1979)、Luco ら (1983)、Hisada (1994) による反射・透過行列法はこの問題を完全に解決した方法として知られている。ただし、これらの方法は伝達行列法よりも複雑化している。

次に座標系では、円筒座標や直交座標が用いられる。円筒座標では振動数・波数の2重積分で1地点の波形が求められるが、多地点の波形は地点数だけの2重積分を必要とする。直交座標では3重フーリエ積分となるが、全ての離散点の波形が1回の3重フーリエ積分で求まり広域の地震波動場を計算するのに便利である。さらに、高速フーリエ変換と並列計算を使うと3重フーリエ積分は効率的に実施できる。

上記のように水平多層弾性体の影響は、これまで伝達行列法や反射・透過行列法で扱うのが主流であるが、工学分野の技術・研究者には剛性行列法が馴染み深い。Kauselら(1981)は、円筒座標系を用いて水平多層弾性体の剛性行列法の定式化を導入したが、断層からの地震波入射問題の定式化や解析例を示していない。Wolfら(1982)も剛性行列法による水平多層弾性体の応答を扱っているが、平面波入射による地盤増幅特性の検討にとどまっている。大角ら(1997)や原田ら(1998, 1999)は、直交座標系での震源断層・水平多層弾性体の3次元応答問題の剛性行列法の定式化を初めて示した(3章参照)。

ここで重要な点は、震源断層・水平多層弾性体応答問題の剛性行列法による定式化により部分解析を以下に紹介するように地震波伝播問題に適用できるということである。部分解析法を使うと、現状の計算機能力や地層・地質構造の不確定性を考慮する時に必然的に生じる全体解析法の適用限界が改善できるのものと思われる。

なお、数値安定性に関して剛性行列法は高振動数、高波数、軟らかい厚い層などの条件下で現われる伝達行列法での指数関数の桁あふれ問題が生じない特徴(Kausel,1981)がある。したがって、剛性行列法では伝達行列にDunkin(1965)法を使う方法や反射・透過行列法に比べると、極めて簡単な操作で数値計算上の安定性が確保される。

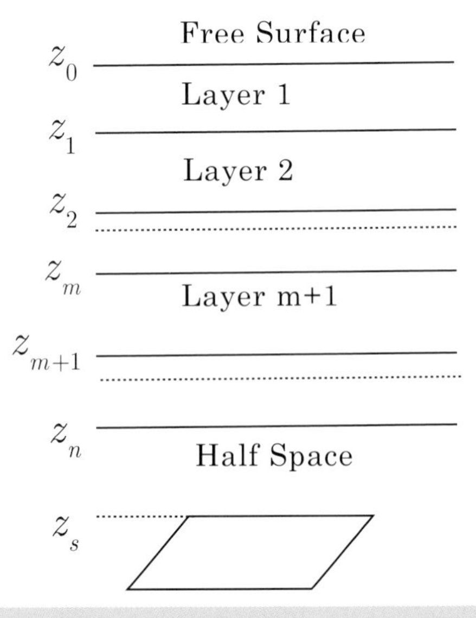

図4.2-1　断層を含む半無限弾性体上の水平多層弾性体

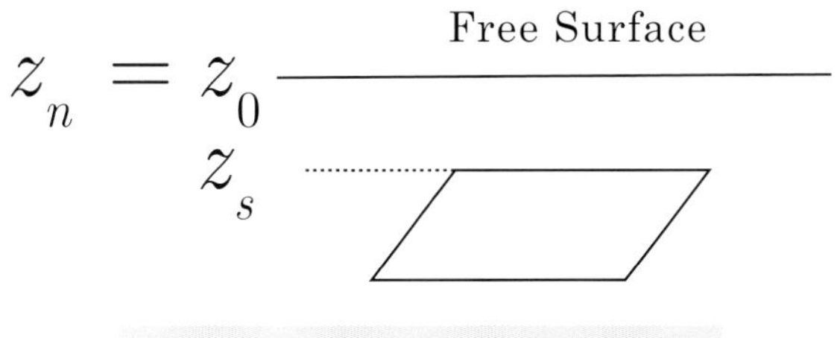

図 4.2-2　断層を含む半無限弾性体

4.2.2　厳密な部分解析法

図 4.2-1 のように震源断層を含む半無限弾性体上の水平多層弾性体の応答を考える。断層が水平多層弾性体中に存在する場合も取り扱えるが、簡単のため、2 層の場合を例として説明する。なお、全体解析法の剛性方程式の詳細は 3 章に述べられている。

全体解析法での剛性方程式は次式のように与えられる。

$$\mathbf{K}(\kappa,\omega)\mathbf{u}_0(\kappa,\omega)=\mathbf{q}_0(\kappa,\omega) \tag{4.2-1a}$$

ここに、κ,ω は波数と振動数を意味する。半無限弾性体上の水平 2 層弾性体の剛性行列を具体的に記述すると以下のようになる。

$$\mathbf{K}(\kappa,\omega)=\begin{pmatrix}\mathbf{K}_{11}^{(1)} & \mathbf{K}_{12}^{(1)} & \mathbf{0}\\ \mathbf{K}_{12}^{(1)} & \mathbf{K}_{22}^{(1)}+\mathbf{K}_{11}^{(2)} & \mathbf{K}_{12}^{(2)}\\ \mathbf{0} & \mathbf{K}_{12}^{(2)} & \mathbf{K}_{22}^{(2)}+\mathbf{K}_{half}\end{pmatrix} \tag{4.2-1b}$$

$$\mathbf{u}_0(\kappa,\omega)=\begin{pmatrix}\mathbf{u}_0(z_0)\\ \mathbf{u}_0(z_1)\\ \mathbf{u}_0(z_2)\end{pmatrix},\quad \mathbf{q}_0(\kappa,\omega)=\begin{pmatrix}\mathbf{0}\\ \mathbf{0}\\ \mathbf{K}_{half}\mathbf{u}_{0free}(z_2=z_0)\end{pmatrix} \tag{4.2-1c}$$

ここに、$\mathbf{u}_{0free}(z_2-z_0)$は 図 4.2-2 に示すような断層を含む半無限弾性体の地表面変位を表わす。$\mathbf{K}_{half}$ は半無限弾性体の剛性行列を、$\mathbf{K}_{ij}^{(m)}$ は水平多層弾性体の第 m 層の剛性行列を表わす。

ここで、図 4.2-3 の左端の全体系 (a) をその右図 (b) に示すように深さ $z=z_1$ の層で分割した部分系を考えると、図 4.2-3 に示す 3 段階の計算から地表の応答変位 $\mathbf{u}_0(z_0)$ が計算できる。各段階の剛性方程式を図 4.2-4 に記述するが、その手順は以下のようになる。

第 1 段階：第 2 層上面が地表面となるような深部弾性体の応答計算から第 2 層の地表面変位 $\mathbf{u}_{0free}(z_1)$ を求める(図 4.2-3(b)と図 4.2-4(b)の式)。

第 2 段階：深部弾性体から震源断層を除いた系の地表面に外力 $\mathbf{q}_0^{(c)}(z_1)$ を作用させ、その変位と外力から剛性行列 $\mathbf{K}^{(C)}$ を求める(図 4.2-3(c) と図 4.2-4(c)の式)。

第 3 段階： 第 1 層の下面 $z = z_1$ に、第 2 段階で求めた深部弾性体系の剛性行列 $\mathbf{K}^{(C)}$ を介して第 1 段階で求めた地表面変位 $\mathbf{u}_{0free}(z_1)$ を作用させ、浅部弾性体の応答解析から地表面変位 $\mathbf{u}_0(z_0)$ を求める(図 4.2-3(d) と図 4.2-4(d)の式)。

以上の 3 段階解析法の地表面変位が全体系解析の地表変位と一致することは、図 4.2-4 の剛性方程式から確かめられる。また、数値計算でも確認できる(原田・松尾, 1999)。

ここで、注釈すべき点は、震源断層からの地震波特性は第 1 段階で求められる深部弾性体の地表面変位に含まれるという点である。例えば、震源断層を含む弾性体が半無限弾性体または水平多層弾性体の場合、剛性行列法により深部弾性体地表面の振動数・波数領域での厳密解が得られ、そのフーリエ変換によって時空間領域の波動場が計算できる (3 章参照)。しかし、震源断層を含む弾性体が不整形弾性体としてモデル化される場合には、4.1 節で示したように震源断層から放射される無限弾性体の地震波動場 (2 章の解) に境界要素法等の数値計算法を組み合わせて不整形弾性体の地表面変位を計算するか、または差分法、有限要素法等の数値計算法で求めるか等が考えられる。

部分解析法の重要な点は、第 1 段階の深部弾性体の地表面変位並びに、第 2 段階の深部弾性体の剛性行列という 2 つの物理量を第 3 段階のように組む込んで浅部弾性体のみの応

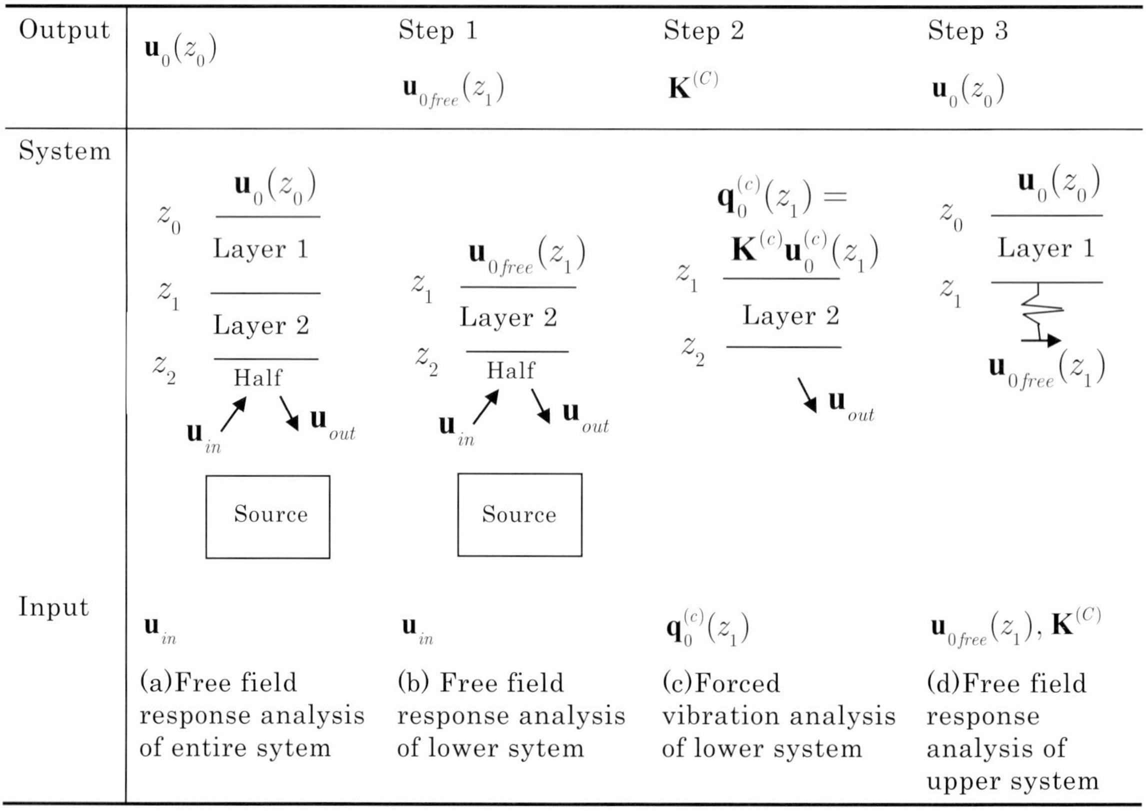

Output	$\mathbf{u}_0(z_0)$	Step 1 $\mathbf{u}_{0free}(z_1)$	Step 2 $\mathbf{K}^{(C)}$	Step 3 $\mathbf{u}_0(z_0)$
System	$\mathbf{u}_0(z_0)$ z_0 Layer 1 z_1 Layer 2 z_2 Half $\mathbf{u}_{in}$ $\mathbf{u}_{out}$ Source	$\mathbf{u}_{0free}(z_1)$ z_1 Layer 2 z_2 Half $\mathbf{u}_{in}$ $\mathbf{u}_{out}$ Source	$\mathbf{q}_0^{(c)}(z_1) =$ $\mathbf{K}^{(c)}\mathbf{u}_0^{(c)}(z_1)$ z_1 Layer 2 z_2 $\mathbf{u}_{out}$	$\mathbf{u}_0(z_0)$ z_0 Layer 1 z_1 $\mathbf{u}_{0free}(z_1)$
Input	$\mathbf{u}_{in}$ (a)Free field response analysis of entire sytem	$\mathbf{u}_{in}$ (b) Free field response analysis of lower sytem	$\mathbf{q}_0^{(c)}(z_1)$ (c)Forced vibration analysis of lower system	$\mathbf{u}_{0free}(z_1)$, $\mathbf{K}^{(C)}$ (d)Free field response analysis of upper system

図 4.2-3　全体解析法と 3 段階部分解析法の説明図

答計算から全体系の地表面変位が計算されるという考え方にある。水平多層弾性体の場合には、各段階の剛性行列は解析的に与えられ、部分解析法を使っても各段階の行列の次元が小さくなることの利点はあまりない。しかし、不整形弾性体の場合では、2 つの物理量の計算と浅部弾性体の応答計算を有限要素法、境界要素法、差分法等の数値計算法で実施せざるを得ないので各部分の行列の次元が小さくなることは決定的に優位な点となる。部分解析法の各段階毎の並列化により計算が効率化できる。

上述の 3 段階手順を順次繰り返して用いると全体系をもっと小さな部分系に分割して解析できる。

全体解析法：

(a) 震源断層・水平多層弾性体系の全体解析

$$\begin{pmatrix} \mathbf{K}_{11}^{(1)} & \mathbf{K}_{12}^{(1)} & \mathbf{0} \\ \mathbf{K}_{12}^{(1)} & \mathbf{K}_{22}^{(1)}+\mathbf{K}_{11}^{(2)} & \mathbf{K}_{12}^{(2)} \\ \mathbf{0} & \mathbf{K}_{12}^{(2)} & \mathbf{K}_{22}^{(2)}+\mathbf{K}_{half} \end{pmatrix} \begin{pmatrix} \mathbf{u}_0(z_0) \\ \mathbf{u}_0(z_1) \\ \mathbf{u}_0(z_2) \end{pmatrix} = \begin{pmatrix} \mathbf{0} \\ \mathbf{0} \\ \mathbf{K}_{half}\mathbf{u}_{0free}(z_2=z_0) \end{pmatrix} \tag{4.2-2a}$$

部分解析法(3 段階解析法)：

(b) 深部弾性体の地表地震動の解析(第 1 段階：$\mathbf{u}_{0free}(z_1)$)

$$\begin{pmatrix} \mathbf{K}_{11}^{(2)} & \mathbf{K}_{12}^{(2)} \\ \mathbf{K}_{12}^{(2)} & \mathbf{K}_{22}^{(2)}+\mathbf{K}_{half} \end{pmatrix} \begin{pmatrix} \mathbf{u}_{0free}(z_1) \\ \mathbf{u}_0^{(b)}(z_2) \end{pmatrix} = \begin{pmatrix} \mathbf{0} \\ \mathbf{K}_{half}\mathbf{u}_{0free}(z_2) \end{pmatrix} \tag{4.2-2b}$$

(c) 深部弾性体の地表外力による応答解析(第 2 段階：$\mathbf{K}^{(C)}$)

$$\begin{pmatrix} \mathbf{K}_{11}^{(2)} & \mathbf{K}_{12}^{(2)} \\ \mathbf{K}_{12}^{(2)} & \mathbf{K}_{22}^{(2)}+\mathbf{K}_{half} \end{pmatrix} \begin{pmatrix} \mathbf{u}_0^{(c)}(z_1) \\ \mathbf{u}_0^{(c)}(z_2) \end{pmatrix} = \begin{pmatrix} \mathbf{q}_0^{(c)}(z_1) \\ \mathbf{0} \end{pmatrix} \tag{4.2-2c}$$

(d) 浅部弾性体の地表地震動の解析(第 3 段階：$\mathbf{u}_0(z_0)$)

$$\begin{pmatrix} \mathbf{K}_{11}^{(1)} & \mathbf{K}_{12}^{(1)} \\ \mathbf{K}_{12}^{(1)} & \mathbf{K}_{22}^{(1)}+\mathbf{K}^{(c)} \end{pmatrix} \begin{pmatrix} \mathbf{u}_0^{(d)}(z_0) \\ \mathbf{u}_0^{(d)}(z_1) \end{pmatrix} = \begin{pmatrix} \mathbf{0} \\ \mathbf{K}^{(c)}\mathbf{u}_{0free}(z_1) \end{pmatrix} \tag{4.2-2d}$$

図 4.2-4　全体解析法と 3 段階部分解析法の基本式

4.2.3　近似的な部分解析法

上述した厳密な部分解析法の第 2 段階で必要となる深部弾性体表面の剛性行列計算をせずに、これを半無限弾性体表面の剛性行列で代用するという近似をここで導入する。なお第

1 と第 3 段階の計算手順は変わらない。

半無限弾性体表面の剛性行列は、振動数・波数領域の解で与えられる (3 章の式 (3.1-20b) と例題 3.2-3)。平面波の進行方向が弾性体の深さ方向(鉛直下方)であると仮定すると水平方向の変化はないので水平方向の波数 κ は零となる。この条件では以下のようになる。

P・SV 波($\kappa = 0$):

$$\mathbf{K}_{half}^{P\cdot SV} = \begin{pmatrix} -i\omega\rho C_S & 0 \\ 0 & -i\omega\rho C_P \end{pmatrix} \tag{4.2-3a}$$

SH 波($\kappa = 0$):

$$\mathbf{K}_{half}^{SH} = -i\omega\rho C_S \tag{4.2-3b}$$

式 (4.2-3a,b) は、半無限弾性体表面の剛性行列が減衰係数 ρC_S , ρC_P の速度比例型の抵抗(ダッシュポット)として表わされることを意味する。この近似モデルは有限要素法の半無限弾性体の近似としてよく用いられるものである (Lysmer,1969)。このことは、厳密な部分解析法の第 2 段階の計算をせずに、断層を含む深部弾性体の地表面変位を第 1 段階の計算で求め、この変位をダッシュポットを介して浅部弾性体に入射し地表面変位が求められることを意味する。そして、この浅部弾性体応答解析は、半無限弾性体の近似としてダシュッポトを組み込んだ既存の有限要素法の解析コードが利用できることを意味する。

4.2.4 部分解析法での半無限弾性体の条件

ここでは、半無限弾性体上の 3 層水平多層弾性体を使って、第 2 層と第 3 層の境界で分割し、第 3 層を半無限弾性体と仮定してその剛性行列を評価する近似的部分解析法と厳密な部分解析法で全体系の地表面応答を計算する。その両者の計算結果の比較からどのような条件で近似的部分解析法が適用できるかについて調べた。具体的には、SH 波の鉛直入射を仮定して第 3 層の層厚と S 波速度を色々変化させ、単位入射振幅に対する地表面での振動数伝達関数の違いを検討した。

厳密解と近似解の振動数伝達関数の違いを次式で評価し、この誤差と分割面の上と下の層(第 2 層と第 3 層)のインピータンス比および第 3 層の層厚の関係を整理した。

$$Error = 100\sqrt{\frac{\sum_{i=1}^{k}\left(\left|v_R(\omega_i)\right| - \left|v_A(\omega_i)\right|\right)^2}{\sum_{i=1}^{k}\left|v_R(\omega_i)\right|^2}}, \quad P = \frac{\rho_3 C_{S3}}{\rho_2 C_{S2}}$$

ここに、$v_R(\omega_i)$ と $v_A(\omega_i)$ は厳密解と近似解の振動数伝達関数で総和記号は各振動数毎の総和を意味する。

この検討から、誤差パラメータ $Error$ には層厚の影響（10 ～ 1000（m））よりもインピーダンス比 P の影響の方が大きく、$P \geq 2$ では層厚によらず $Error$ は 10%以下となることがわかった。これが近似部分解析法の適用性の目安であろう（原田・松尾, 1999）。

4.2.5　部分解析法の不整形弾性体への適用

不整形弾性体の近似的部分解析法の適用例として、SH 波入射において図 4.2-5 に示すような不整形境界面を有する矩形谷の地表面応答を調べる。全体解析法と全体弾性体系を第 1 層と第 2 層の境界で浅層部と深層部の 2 つの弾性体系に分割し、第 2 層を半無限弾性体とみなして弾性体の応答計算をする近似部分解析法の 2 つの方法によって不整形弾性体表面の応答を計算し、両者を比較する。

この計算では、境界要素法を用いる。近似部分解析法では、次の手順で応答計算を行う。初めに、境界要素で深部弾性体系の地表面応答変位波形を求める。次に、この波形をダッシュポットを介して境界要素でモデル化した浅部弾性体に入射しその地表面変位波形を計算する。本計算例では、図 4.2-5 に示す地盤物性値から分割層間（矩形溺れ谷第 2 層と第 1 層）のインピーダンス比は $P = 3.14(= 610 \times 2320 / 250 \times 1800) \geq 2$ となり、上記の 4.2.4 項の検討から近似部分解析法が十分に有効な条件である。

地表 4 地点 $x = 20{,}3020{,}3500{,}3980$（m）の全体解析法と近似部分解析法の振動数伝達関数を計算したが、地表 2 地点 $x = 3500{,}3980$（m）では両者はよく一致している。そこで、違いがやや大きい地表 2 地点 $x = 20{,}3020$（m）の全体解析法と近似部分解析法の振動数伝達関数の比較を図 4.2-6 に示す。この比較から、0.7（Hz）付近にある全体系の 1 次固有振動数周辺では両者に多少違いが見られるが、近似部分解析法と全体解析法の結果はよく一致していることがわかる（原田・松尾, 1999）。

図 4.2-7 に示す加速度波形の振幅を半分にした波形が鉛直下方から入射した時の地表の加速度波形を比較したものを図 4.2-8 に示す。この波形は、$x = 3020$（m）地点のものである。この地点の振動数伝達関数は図 4.2-6b のように 0.7（Hz）付近で両者で多少違いが見られた。しかし、図 4.2-8 の加速度波形の比較ではほとんど両者は一致している。

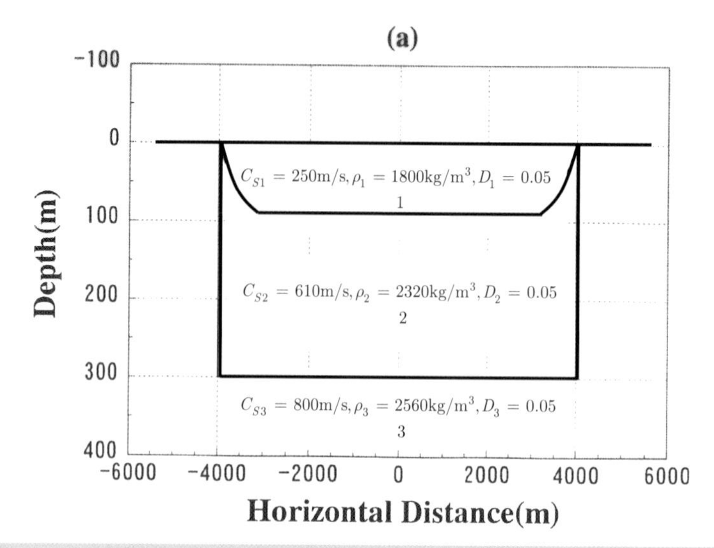

図 4.2-5　不整形境界を有する半無限弾性体内の矩形溺れ谷 2 層弾性体モデル
（第 3 層 : 半無限弾性体、第 2 層 : 矩形溺れ谷、第 1 層 : 矩形溺れ谷表層）

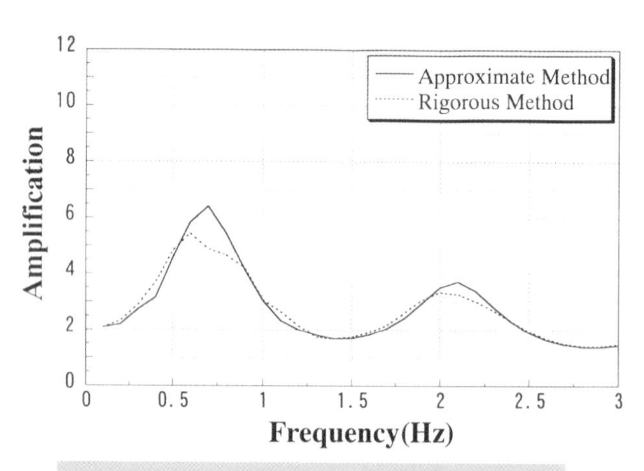

図 4.2-6a　$x = 20$(m)地点の振動数伝達関数

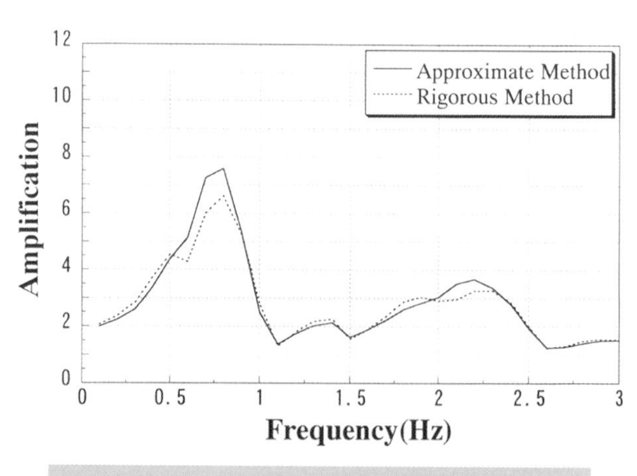

図 4.2-6b　$x = 3020$(m)地点の振動数伝達関数

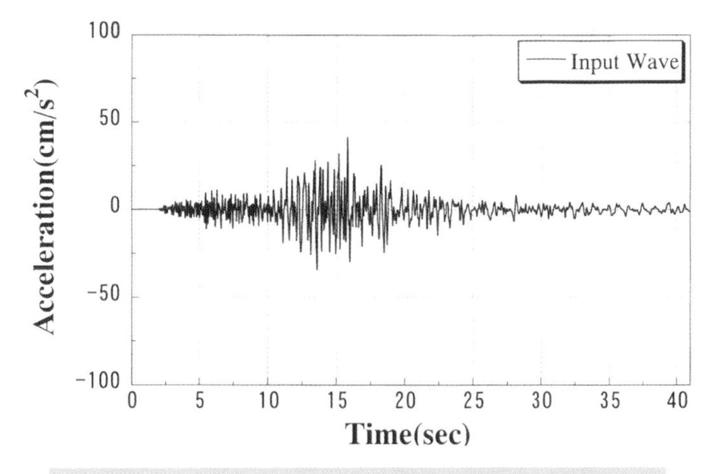

図4.2-7　鉛直下方から入射する加速度波形（振幅は２倍）

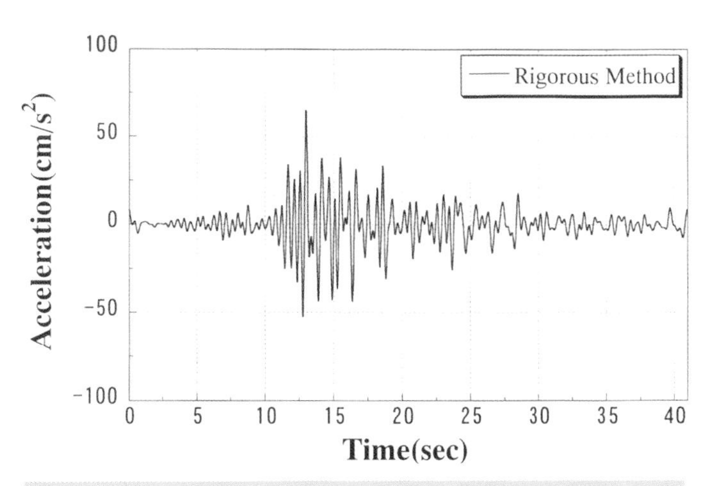

図4.2-8a　全体解析法による $x = 3020$(m)地点の加速度波形

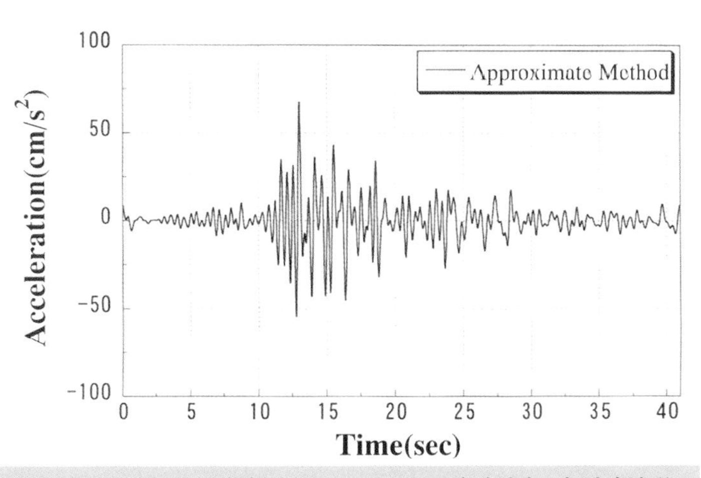

図4.2-8b　近似部分解析法による $x = 3020$(m)地点の加速度波形

4.2.6　3次元境界要素法に部分解析法を用いた不整形弾性体への適用

(1) 3次元境界要素法による全体解析の定式化

ここでは、4.2.2 項の部分解析法の考え方に基づいて、境界要素法に部分解析法を用いた不整形弾性体解析の定式化を示す。これにより計算機容量を気にせずに全体系解析ができる。並列計算を用いると計算効率が向上する。部分解析法の各要素の計算は境界要素法以外の有限要素法等を用いることができる。

図 4.2-9 のような震源断層を含む半無限弾性体 V_0 上に堆積弾性体 V_1, V_2 が乗る震源断層・不整形弾性体系の応答を考える。3 次元境界要素法の方法や記号、定式化は 4.1 節と同じであるが、部分解析法の定式化のために全体系の離散化の定式を以下に示す。

境界面の単位法線ベクトル $\mathbf{n}$ を図 4.2-9a,b のように定義する。積分方程式を一定要素の 3 次元境界要素法により離散化し変数を次のように定義する。

Γ_i：領域 V_i の地表面境界

Γ_{ij}：領域 V_i と V_j が接する境界

$\mathbf{U}_i, \mathbf{T}_i$：領域 V_i の境界 Γ_i 上の節点変位と表面応力

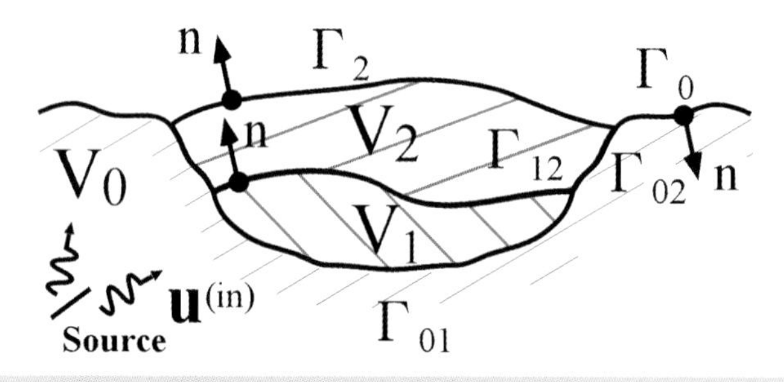

図 4.2-9a　震源断層・不整形多層(2 層)弾性体とその記号

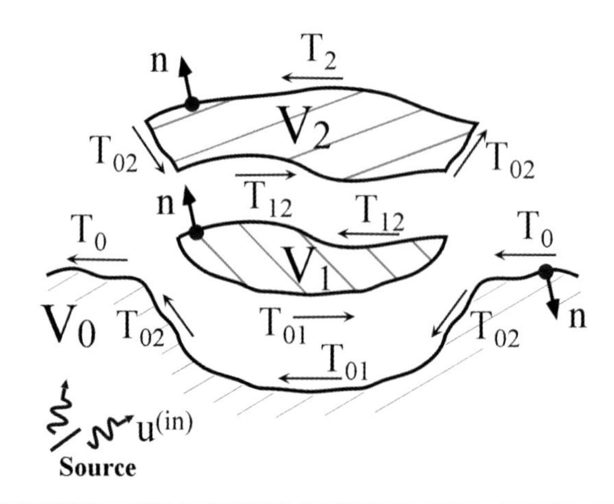

図 4.2-9b　震源断層・不整形多層(2 層)弾性体の部分分割とその記号

$\mathbf{U}_{ij}, \mathbf{T}_{ij}$：領域 V_i の内部境界 Γ_{ij} 上の節点変位と表面応力

$\mathbf{G}_{mn}^{(i)}, \mathbf{H}_{mn}^{(i)}$：領域 V_i の変位グリーン関数と表面力グリーン関数の mn 成分

$\mathbf{u}_i^{(in)}, \mathbf{u}_{ij}^{(in)}$：半無限弾性体 V_i の境界 Γ_i、Γ_{ij} 上の入射波

また、内部境界では変位の適合条件と表面応力の連続条件の次式が成り立つ。

$$\mathbf{U}_{ji} = \mathbf{U}_{ij}, \quad \mathbf{T}_{ji} = \mathbf{T}_{ij} \tag{4.2-4}$$

図 4.2-9 の離散化は次式で与えられる。ここでは、下側の領域の表面応力を正とする。

領域 V_0 に対して：

$$\begin{pmatrix} \mathbf{H}_{11}^{(0)} & \mathbf{H}_{12}^{(0)} & \mathbf{H}_{13}^{(0)} \\ \mathbf{H}_{21}^{(0)} & \mathbf{H}_{22}^{(0)} & \mathbf{H}_{23}^{(0)} \\ \mathbf{H}_{31}^{(0)} & \mathbf{H}_{32}^{(0)} & \mathbf{H}_{33}^{(0)} \end{pmatrix} \begin{pmatrix} \mathbf{U}_0 \\ \mathbf{U}_{02} \\ \mathbf{U}_{01} \end{pmatrix} = \begin{pmatrix} \mathbf{G}_{11}^{(0)} & \mathbf{G}_{12}^{(0)} & \mathbf{G}_{13}^{(0)} \\ \mathbf{G}_{21}^{(0)} & \mathbf{G}_{22}^{(0)} & \mathbf{G}_{23}^{(0)} \\ \mathbf{G}_{31}^{(0)} & \mathbf{G}_{32}^{(0)} & \mathbf{G}_{33}^{(0)} \end{pmatrix} \begin{pmatrix} \mathbf{T}_0 \\ \mathbf{T}_{02} \\ \mathbf{T}_{01} \end{pmatrix} + \begin{pmatrix} \mathbf{u}_0^{(in)} \\ \mathbf{u}_{02}^{(in)} \\ \mathbf{u}_{01}^{(in)} \end{pmatrix} \tag{4.2-5}$$

領域 V_1 に対して：

$$\begin{pmatrix} \mathbf{H}_{11}^{(1)} & \mathbf{H}_{12}^{(1)} \\ \mathbf{H}_{21}^{(1)} & \mathbf{H}_{22}^{(1)} \end{pmatrix} \begin{pmatrix} \mathbf{U}_{12} \\ \mathbf{U}_{01} \end{pmatrix} = \begin{pmatrix} \mathbf{G}_{11}^{(1)} & \mathbf{G}_{12}^{(1)} \\ \mathbf{G}_{21}^{(1)} & \mathbf{G}_{22}^{(1)} \end{pmatrix} \begin{pmatrix} \mathbf{T}_{12} \\ -\mathbf{T}_{01} \end{pmatrix} \tag{4.2-6}$$

領域 V_2 に対して：

$$\begin{pmatrix} \mathbf{H}_{11}^{(2)} & \mathbf{H}_{12}^{(2)} & \mathbf{H}_{13}^{(2)} \\ \mathbf{H}_{21}^{(2)} & \mathbf{H}_{22}^{(2)} & \mathbf{H}_{23}^{(2)} \\ \mathbf{H}_{31}^{(2)} & \mathbf{H}_{32}^{(2)} & \mathbf{H}_{33}^{(2)} \end{pmatrix} \begin{pmatrix} \mathbf{U}_2 \\ \mathbf{U}_{02} \\ \mathbf{U}_{12} \end{pmatrix} = \begin{pmatrix} \mathbf{G}_{11}^{(2)} & \mathbf{G}_{12}^{(2)} & \mathbf{G}_{13}^{(2)} \\ \mathbf{G}_{21}^{(2)} & \mathbf{G}_{22}^{(2)} & \mathbf{G}_{23}^{(2)} \\ \mathbf{G}_{31}^{(2)} & \mathbf{G}_{32}^{(2)} & \mathbf{G}_{33}^{(2)} \end{pmatrix} \begin{pmatrix} \mathbf{T}_2 \\ -\mathbf{T}_{02} \\ -\mathbf{T}_{12} \end{pmatrix} \tag{4.2-7}$$

以上の 3 領域の方程式をまとめて 1 つにすると次式が得られる。

$$\begin{pmatrix} \mathbf{H}_{11}^{(0)} & \mathbf{H}_{12}^{(0)} & \mathbf{H}_{13}^{(0)} & \mathbf{0} & \mathbf{0} \\ \mathbf{H}_{21}^{(0)} & \mathbf{H}_{22}^{(0)} & \mathbf{H}_{23}^{(0)} & \mathbf{0} & \mathbf{0} \\ \mathbf{H}_{31}^{(0)} & \mathbf{H}_{32}^{(0)} & \mathbf{H}_{33}^{(0)} & \mathbf{0} & \mathbf{0} \\ \mathbf{0} & \mathbf{0} & \mathbf{H}_{12}^{(1)} & \mathbf{H}_{11}^{(1)} & \mathbf{0} \\ \mathbf{0} & \mathbf{0} & \mathbf{H}_{22}^{(1)} & \mathbf{H}_{21}^{(1)} & \mathbf{0} \\ \mathbf{0} & \mathbf{H}_{12}^{(2)} & \mathbf{0} & \mathbf{H}_{13}^{(2)} & \mathbf{H}_{11}^{(2)} \\ \mathbf{0} & \mathbf{H}_{22}^{(2)} & \mathbf{0} & \mathbf{H}_{23}^{(2)} & \mathbf{H}_{21}^{(2)} \\ \mathbf{0} & \mathbf{H}_{32}^{(2)} & \mathbf{0} & \mathbf{H}_{33}^{(2)} & \mathbf{H}_{31}^{(2)} \end{pmatrix} \begin{pmatrix} \mathbf{U}_0 \\ \mathbf{U}_{02} \\ \mathbf{U}_{01} \\ \mathbf{U}_{12} \\ \mathbf{U}_2 \end{pmatrix} = \begin{pmatrix} \mathbf{G}_{11}^{(0)} & \mathbf{G}_{12}^{(0)} & \mathbf{G}_{13}^{(0)} & \mathbf{0} & \mathbf{0} \\ \mathbf{G}_{21}^{(0)} & \mathbf{G}_{22}^{(0)} & \mathbf{G}_{23}^{(0)} & \mathbf{0} & \mathbf{0} \\ \mathbf{G}_{31}^{(0)} & \mathbf{G}_{32}^{(0)} & \mathbf{G}_{33}^{(0)} & \mathbf{0} & \mathbf{0} \\ \mathbf{0} & \mathbf{0} & -\mathbf{G}_{12}^{(1)} & \mathbf{G}_{11}^{(1)} & \mathbf{0} \\ \mathbf{0} & \mathbf{0} & -\mathbf{G}_{22}^{(1)} & \mathbf{G}_{21}^{(1)} & \mathbf{0} \\ \mathbf{0} & -\mathbf{G}_{12}^{(2)} & \mathbf{0} & -\mathbf{G}_{13}^{(2)} & \mathbf{G}_{11}^{(2)} \\ \mathbf{0} & -\mathbf{G}_{22}^{(2)} & \mathbf{0} & -\mathbf{G}_{23}^{(2)} & \mathbf{G}_{21}^{(2)} \\ \mathbf{0} & -\mathbf{G}_{32}^{(2)} & \mathbf{0} & -\mathbf{G}_{33}^{(2)} & \mathbf{G}_{31}^{(2)} \end{pmatrix} \begin{pmatrix} \mathbf{T}_0 \\ \mathbf{T}_{02} \\ \mathbf{T}_{01} \\ \mathbf{T}_{12} \\ \mathbf{T}_2 \end{pmatrix} + \begin{pmatrix} \mathbf{u}_0^{(in)} \\ \mathbf{u}_{02}^{(in)} \\ \mathbf{u}_{01}^{(in)} \\ \mathbf{0} \\ \mathbf{0} \\ \mathbf{0} \\ \mathbf{0} \\ \mathbf{0} \end{pmatrix} \tag{4.2-8}$$

地表での表面応力 $\mathbf{T}_0, \mathbf{T}_2$ は零なので、その他の未知数を左辺に移行して得られる連立 1 次方程式を解き未知数が求まる。これが全体解析法であるが、連立 1 次方程式の未知数は、各領域の要素数の和の 3 倍となる。すなわち、$3\left[N_0 + 2\left(N_{01} + N_{02} + N_{12}\right) + N_2\right]$ 元の連立 1 次方程式を解くことになる。ここに、境界 Γ_0, Γ_2 を離散化した要素数を N_0, N_2、境界 $\Gamma_{01}, \Gamma_{02}, \Gamma_{12}$ の要素数を N_{01}, N_{02}, N_{12} とする。

(2) 3 次元境界要素法による部分解析法の考え方

定式化を示す前に、図 4.2-10 に示す 2 層の不整形堆積弾性体の部分解析法を説明する。

手順 1： 図 4.2-10（a）の震源断層・不整形弾性体系で堆積層 V_2 の地表面応答は図 4.2-10（b）の堆積層 V_2 を複素ばね $\mathbf{K}^1$ で支えその支点に $\mathbf{u}^1_{free}$ の強制変位を与えて求める。

手順 2： 複素ばね $\mathbf{K}^1$ は図 4.2-10 (c) の堆積層 V_2 を除いた V_0 と V_1 の不整形弾性体系の地表面に表面応力 $\mathbf{T}^*$ を作用させその変位 $\mathbf{u}^*$ との関係式（$\mathbf{T}^* = \mathbf{K}^1\mathbf{u}^*$）から求める。

手順 3： $\mathbf{u}^1_{free}$ は自由表面の地震動変位を意味し、これは図 4.2-10（d）の震源断層・不整形弾性体系の地震応答として求める。

以上の手順 1 ～ 3 の 3 段階の解析が部分解析法の基本的な考え方である。この手順は 4.2.2 項の 3 段階部分解析法と同じであることに気づいてほしい。

この手順を繰り返し用いて図 4.2-10 (d) の $\mathbf{u}^1_{free}$ を求める時にも適用すると、図 4.2-10 (e) の自由表面地震動変位 $\mathbf{u}^0_{free}$ と複素ばね $\mathbf{K}^0$ を求める問題へと変換できる。すなわち、

手順 4：複素ばね $\mathbf{K}^0$ は、図 4.2-10（h）の不整形弾性体に表面応力 $\mathbf{T}^{**}$ を作用させて地表面変位 $\mathbf{u}^{**}$ との関係式の係数（$\mathbf{T}^{**} = \mathbf{K}^0\mathbf{u}^{**}$）として求められる。

手順 5：地震動変位 $\mathbf{u}^0_{free}$ は、図 4.2-10 (i) の震源断層・不整形弾性体系から求められる。

手順 6：図 4.2-10 (c) の不整形弾性体系から複素ばね $\mathbf{K}^1$ を求める問題は図 4.2-10 (f)、(g) のように分けて表面応力 $\mathbf{T}^*$ とその変位 $\mathbf{u}^*$ との関係式（$\mathbf{T}^* = \mathbf{K}^1\mathbf{u}^*$）から求める。

以上をまとめると、図 4.2-10 の応答は図 4.2-10 の右図に示す（f）、(g)、(h)、(i）の 4 つの部分領域の解析から得られる複素ばね $\mathbf{K}^0, \mathbf{K}^1$ と自由表面地震動変位 $\mathbf{u}^0_{free}, \mathbf{u}^1_{free}$ を用いて求められる。全体解析法に比べ、並列化により計算機容量と速度の改良が可能となる。

以下では、以上の考え方に従って境界要素法による部分解析法の定式化を示すが、有限要素法による定式化もできる。数値計算的には有限要素法の方が有利であるので（補足 1.3 参照）、有限要素法を推奨するが具体的定式化は読者に任せる (4.2.2 項参照)。

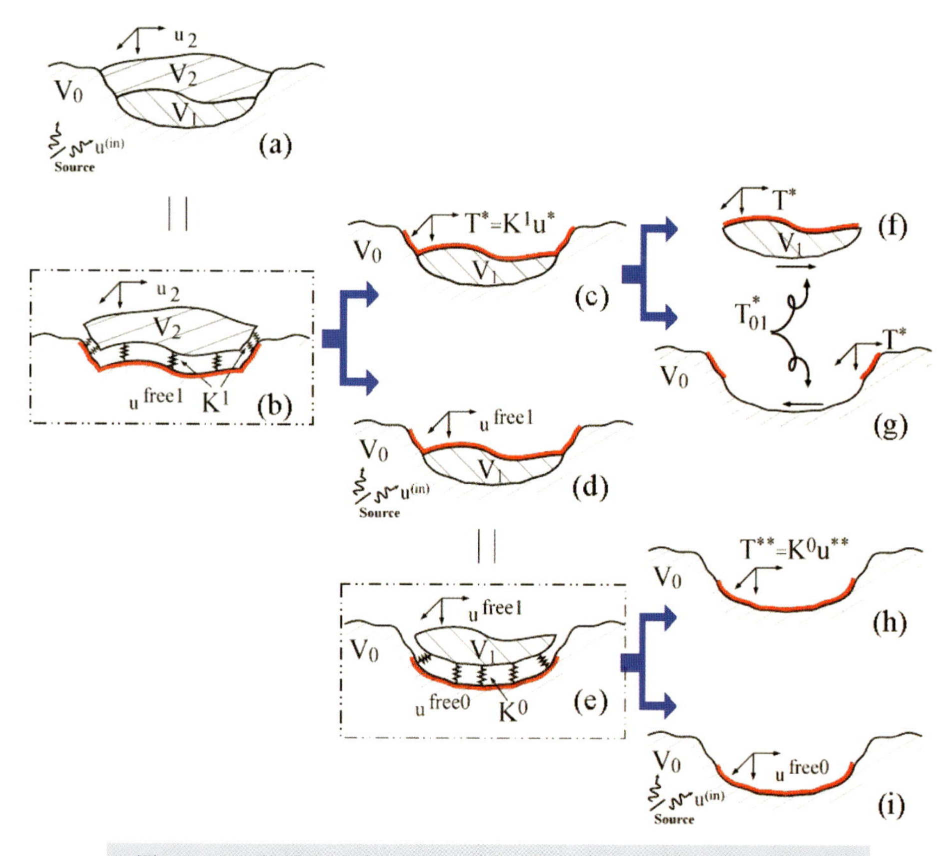

図 4.2-10　震源断層を含む2層不整形堆積弾性体系の部分解析法の説明

(3) 3次元境界要素法による部分解析法の定式化

ここでは、上記の部分解析法の定式化を示す。図 4.2-10 (i) で式 (4.2-5) の地表面応力 $\mathbf{T}_0, \mathbf{T}_{01}, \mathbf{T}_{02}$ は零なので、次式を解いて自由表面地震動変位 $\mathbf{u}^0_{0free}, \mathbf{u}^0_{01free}, \mathbf{u}^0_{02free}$ が得られる。

$$\begin{pmatrix} \mathbf{H}^{(0)}_{11} & \mathbf{H}^{(0)}_{12} & \mathbf{H}^{(0)}_{13} \\ \mathbf{H}^{(0)}_{21} & \mathbf{H}^{(0)}_{22} & \mathbf{H}^{(0)}_{23} \\ \mathbf{H}^{(0)}_{31} & \mathbf{H}^{(0)}_{32} & \mathbf{H}^{(0)}_{33} \end{pmatrix} \begin{pmatrix} \mathbf{U}^0_{0free} \\ \mathbf{U}^0_{02free} \\ \mathbf{U}^0_{01free} \end{pmatrix} = \begin{pmatrix} \mathbf{u}^{(in)}_0 \\ \mathbf{u}^{(in)}_{02} \\ \mathbf{u}^{(in)}_{01} \end{pmatrix} \tag{4.2-9}$$

図 4.2-10 (h) では、式 (4.2-5) の入射波と地表面応力 $\mathbf{T}_0, \mathbf{T}_{02}$ を零とする。この各境界の変位と表面応力を $\mathbf{U}^{**}_0, \mathbf{U}^{**}_{01}, \mathbf{U}^{**}_{02}, \mathbf{T}^{**}_{01}$ とすると次式が得られる。

$$\begin{pmatrix} \mathbf{H}^{(0)}_{11} & \mathbf{H}^{(0)}_{12} & \mathbf{H}^{(0)}_{13} \\ \mathbf{H}^{(0)}_{21} & \mathbf{H}^{(0)}_{22} & \mathbf{H}^{(0)}_{23} \\ \mathbf{H}^{(0)}_{31} & \mathbf{H}^{(0)}_{32} & \mathbf{H}^{(0)}_{33} \end{pmatrix} \begin{pmatrix} \mathbf{U}^{**}_0 \\ \mathbf{U}^{**}_{02} \\ \mathbf{U}^{**}_{01} \end{pmatrix} = \begin{pmatrix} \mathbf{G}^{(0)}_{11} & \mathbf{G}^{(0)}_{12} & \mathbf{G}^{(0)}_{13} \\ \mathbf{G}^{(0)}_{21} & \mathbf{G}^{(0)}_{22} & \mathbf{G}^{(0)}_{23} \\ \mathbf{G}^{(0)}_{31} & \mathbf{G}^{(0)}_{32} & \mathbf{G}^{(0)}_{33} \end{pmatrix} \begin{pmatrix} \mathbf{0} \\ \mathbf{0} \\ \mathbf{T}^{**}_{01} \end{pmatrix} \tag{4.2-10}$$

この式の縮合から、次式の複素ばね $\mathbf{K}^0$ が求められる。

$$\mathbf{T}_{01}^{**} = \mathbf{K}^0\mathbf{U}_{01}^{**} \tag{4.2-11}$$

変位の連続条件より、図 4.2-10（d）の境界 Γ_{01} の変位 $\mathbf{U}_{01free}^1$ は $\mathbf{U}_{01free}^1 = \mathbf{U}_{01free}^0 + \mathbf{U}_{01}^{**}$ なので次式が成立する。

$$\mathbf{T}_{01}^{**} = \mathbf{K}^0\left(\mathbf{U}_{01free}^1 - \mathbf{U}_{01free}^0\right) \tag{4.2-12}$$

次に、$\mathbf{U}_{01free}^0$ と $\mathbf{K}^0$ を用いて図 4.2-10 (d) の堆積層 V_1 の応答を求める。式 (4.2-6) で地表面応力 $\mathbf{T}_{12}$ は零なので変位を $\mathbf{U}_{12free}^1, \mathbf{U}_{01free}^1$ とおいて式 (4.2-12) を代入すると次式が得られる。

$$\begin{pmatrix} \mathbf{H}_{11}^{(1)} & \mathbf{H}_{12}^{(1)} + \mathbf{G}_{12}^{(1)}\mathbf{K}^0 \\ \mathbf{H}_{21}^{(1)} & \mathbf{H}_{22}^{(1)} + \mathbf{G}_{22}^{(1)}\mathbf{K}^0 \end{pmatrix}\begin{pmatrix} \mathbf{U}_{12free}^1 \\ \mathbf{U}_{01free}^1 \end{pmatrix} = \begin{pmatrix} \mathbf{G}_{11}^{(1)} & \mathbf{G}_{12}^{(1)} \\ \mathbf{G}_{21}^{(1)} & \mathbf{G}_{22}^{(1)} \end{pmatrix}\begin{pmatrix} \mathbf{0} \\ \mathbf{K}^0\mathbf{U}_{01free}^0 \end{pmatrix} \tag{4.2-13}$$

上式は、図 4.2-10 (e) のように堆積層 V_1 が剛性行列（複素ばね $\mathbf{K}^0$ ）で支持され、その端部に $\mathbf{U}_{01free}^0$ を作用させ堆積層 V_1 の変位 $\mathbf{U}_{12free}^1, \mathbf{U}_{01free}^1$ を求めるための連立 1 次方程式である。

図 4.2-10(d)では、領域 V_0 に対して式(4.2-5)より次式が成立する。

$$\begin{pmatrix} \mathbf{H}_{11}^{(0)} & \mathbf{H}_{12}^{(0)} & \mathbf{H}_{13}^{(0)} \\ \mathbf{H}_{21}^{(0)} & \mathbf{H}_{22}^{(0)} & \mathbf{H}_{23}^{(0)} \\ \mathbf{H}_{31}^{(0)} & \mathbf{H}_{32}^{(0)} & \mathbf{H}_{33}^{(0)} \end{pmatrix}\begin{pmatrix} \mathbf{U}_{0free}^1 \\ \mathbf{U}_{02free}^1 \\ \mathbf{U}_{01free}^1 \end{pmatrix} = \begin{pmatrix} \mathbf{G}_{11}^{(0)} & \mathbf{G}_{12}^{(0)} & \mathbf{G}_{13}^{(0)} \\ \mathbf{G}_{21}^{(0)} & \mathbf{G}_{22}^{(0)} & \mathbf{G}_{23}^{(0)} \\ \mathbf{G}_{31}^{(0)} & \mathbf{G}_{32}^{(0)} & \mathbf{G}_{33}^{(0)} \end{pmatrix}\begin{pmatrix} \mathbf{0} \\ \mathbf{0} \\ \mathbf{T}_{01}^{**} \end{pmatrix} + \begin{pmatrix} \mathbf{u}_0^{(in)} \\ \mathbf{u}_{02}^{(in)} \\ \mathbf{u}_{01}^{(in)} \end{pmatrix} \tag{4.2-14}$$

この式の $\mathbf{U}_{01free}^1$ は既知なので、これを右辺に未知数を左辺に移した式を解いて未知数 $\mathbf{T}_{01}^{**}$、$\mathbf{u}_{0free}^1, \mathbf{u}_{02free}^1$ が求められる。

次は、複素ばね $\mathbf{K}^1$ を求める。図 4.2-10 (g) では地表面応力 $\mathbf{T}_0$ は零で、外力として表面応力 $\mathbf{T}_{02}^*, \mathbf{T}_{01}^*$ が作用している。この時の変位を $\mathbf{U}_0^*, \mathbf{U}_{01}^*, \mathbf{U}_{02}^*$ と書き換えると次式が成立する。

$$\begin{pmatrix} \mathbf{H}_{11}^{(0)} & \mathbf{H}_{12}^{(0)} & \mathbf{H}_{13}^{(0)} \\ \mathbf{H}_{21}^{(0)} & \mathbf{H}_{22}^{(0)} & \mathbf{H}_{23}^{(0)} \\ \mathbf{H}_{31}^{(0)} & \mathbf{H}_{32}^{(0)} & \mathbf{H}_{33}^{(0)} \end{pmatrix}\begin{pmatrix} \mathbf{U}_0^* \\ \mathbf{U}_{02}^* \\ \mathbf{U}_{01}^* \end{pmatrix} = \begin{pmatrix} \mathbf{G}_{11}^{(0)} & \mathbf{G}_{12}^{(0)} & \mathbf{G}_{13}^{(0)} \\ \mathbf{G}_{21}^{(0)} & \mathbf{G}_{22}^{(0)} & \mathbf{G}_{23}^{(0)} \\ \mathbf{G}_{31}^{(0)} & \mathbf{G}_{32}^{(0)} & \mathbf{G}_{33}^{(0)} \end{pmatrix}\begin{pmatrix} \mathbf{0} \\ \mathbf{T}_{02}^* \\ \mathbf{T}_{01}^* \end{pmatrix} \tag{4.2-15}$$

この式から $\mathbf{U}_0^*$ を消去すると次式が得られる。

$$\begin{pmatrix} \mathbf{T}_{02}^{*} \\ \mathbf{T}_{01}^{*} \end{pmatrix} = \begin{pmatrix} \mathbf{K}_{11}^{'} & \mathbf{K}_{12}^{'} \\ \mathbf{K}_{21}^{'} & \mathbf{K}_{22}^{'} \end{pmatrix} \begin{pmatrix} \mathbf{U}_{02}^{*} \\ \mathbf{U}_{01}^{*} \end{pmatrix} \tag{4.2-16}$$

図 4.2-10（f）では外力として表面応力 $\mathbf{T}_{12}^{*}, \mathbf{T}_{01}^{*}$ が作用している。式（4.2-6）で変位を $\mathbf{U}_{12}^{*}, \mathbf{U}_{01}^{*}$ と書き換えると次式が成立する。

$$\begin{pmatrix} \mathbf{H}_{11}^{(1)} & \mathbf{H}_{12}^{(1)} \\ \mathbf{H}_{21}^{(1)} & \mathbf{H}_{22}^{(1)} \end{pmatrix} \begin{pmatrix} \mathbf{U}_{12}^{*} \\ \mathbf{U}_{01}^{*} \end{pmatrix} = \begin{pmatrix} \mathbf{G}_{11}^{(1)} & \mathbf{G}_{12}^{(1)} \\ \mathbf{G}_{21}^{(1)} & \mathbf{G}_{22}^{(1)} \end{pmatrix} \begin{pmatrix} \mathbf{T}_{12}^{*} \\ -\mathbf{T}_{01}^{*} \end{pmatrix} \tag{4.2-17}$$

この式を書き換えると次式が得られる。

$$\begin{pmatrix} \mathbf{T}_{12}^{*} \\ -\mathbf{T}_{01}^{*} \end{pmatrix} = \begin{pmatrix} \mathbf{K}_{11}^{''} & \mathbf{K}_{12}^{''} \\ \mathbf{K}_{21}^{''} & \mathbf{K}_{22}^{''} \end{pmatrix} \begin{pmatrix} \mathbf{U}_{12}^{*} \\ \mathbf{U}_{01}^{*} \end{pmatrix} \tag{4.2-18}$$

式(4.2-16)と式(4.2-18)の 2 つの式から $\mathbf{T}_{01}^{*}, \mathbf{U}_{01}^{*}$ を消去し次式が得られる。

$$\begin{pmatrix} \mathbf{T}_{02}^{*} \\ \mathbf{T}_{12}^{*} \end{pmatrix} = \begin{pmatrix} \mathbf{K}_{11}^{1} & \mathbf{K}_{12}^{1} \\ \mathbf{K}_{21}^{1} & \mathbf{K}_{22}^{1} \end{pmatrix} \begin{pmatrix} \mathbf{U}_{02}^{*} \\ \mathbf{U}_{12}^{*} \end{pmatrix} \tag{4.2-19}$$

この式を次式のように書いて複素ばね $\mathbf{K}^{1}$ が求められる。

$$\mathbf{T}^{*} = \mathbf{K}^{1}\mathbf{u}^{*} \tag{4.2-20}$$

さて、図 4.2-10(a)の変位 $\mathbf{U}_{02}, \mathbf{U}_{12}$ は変位の連続条件より、

$$\begin{pmatrix} \mathbf{U}_{02} \\ \mathbf{U}_{12} \end{pmatrix} = \begin{pmatrix} \mathbf{U}_{02free}^{1} + \mathbf{U}_{02}^{*} \\ \mathbf{U}_{12free}^{1} + \mathbf{U}_{12}^{*} \end{pmatrix} \tag{4.2-21}$$

が成立する。この式と式(4.2-19)から表面応力 $\mathbf{T}_{02}^{*}, \mathbf{T}_{12}^{*}$ は次式のように表せる。

$$\begin{pmatrix} \mathbf{T}_{02}^{*} \\ \mathbf{T}_{12}^{*} \end{pmatrix} = \begin{pmatrix} \mathbf{K}_{11}^{1} & \mathbf{K}_{12}^{1} \\ \mathbf{K}_{21}^{1} & \mathbf{K}_{22}^{1} \end{pmatrix} \begin{pmatrix} \mathbf{U}_{02} - \mathbf{U}_{02free}^{1} \\ \mathbf{U}_{12} - \mathbf{U}_{12free}^{1} \end{pmatrix} \tag{4.2-22a}$$

簡単に、

$$\mathbf{T}^{*} = \mathbf{K}^{1}(\mathbf{U} - \mathbf{U}_{free}^{1}) \tag{4.2-22b}$$

堆積層 V_2 では式（4.2-7）が成立する。地表面応力 $\mathbf{T}_2$ は零となり、$\mathbf{T}_{02} = \mathbf{T}_{02}^{*}$、$\mathbf{T}_{12} = \mathbf{T}_{12}^{*}$ なので式(4.2-7)より次式が成立する。

$$\begin{pmatrix} \mathbf{H}_{11}^{(2)} & \mathbf{H}_{12}^{(2)} & \mathbf{H}_{13}^{(2)} \\ \mathbf{H}_{21}^{(2)} & \mathbf{H}_{22}^{(2)} & \mathbf{H}_{23}^{(2)} \\ \mathbf{H}_{31}^{(2)} & \mathbf{H}_{32}^{(2)} & \mathbf{H}_{33}^{(2)} \end{pmatrix} \begin{pmatrix} \mathbf{U}_2 \\ \mathbf{U}_{02} \\ \mathbf{U}_{12} \end{pmatrix} = \begin{pmatrix} \mathbf{G}_{11}^{(2)} & \mathbf{G}_{12}^{(2)} & \mathbf{G}_{13}^{(2)} \\ \mathbf{G}_{21}^{(2)} & \mathbf{G}_{22}^{(2)} & \mathbf{G}_{23}^{(2)} \\ \mathbf{G}_{31}^{(2)} & \mathbf{G}_{32}^{(2)} & \mathbf{G}_{33}^{(2)} \end{pmatrix} \begin{pmatrix} \mathbf{0} \\ -\mathbf{T}_{02}^{*} \\ -\mathbf{T}_{12}^{*} \end{pmatrix} \tag{4.2-23a}$$

この式で、$\mathbf{U}_{02}, \mathbf{U}_{12}$ を $\mathbf{U}$ 、$\mathbf{T}_{02}^{*}, \mathbf{T}_{12}^{*}$ を $\mathbf{T}^{*}$ とまとめて表現すると上式は次式のように書ける。

$$\begin{pmatrix} \mathbf{h}_{11}^{(2)} & \mathbf{h}_{12}^{(2)} \\ \mathbf{h}_{21}^{(2)} & \mathbf{h}_{22}^{(2)} \end{pmatrix} \begin{pmatrix} \mathbf{U}_2 \\ \mathbf{U} \end{pmatrix} = \begin{pmatrix} \mathbf{g}_{11}^{(2)} & \mathbf{g}_{12}^{(2)} \\ \mathbf{g}_{21}^{(2)} & \mathbf{g}_{22}^{(2)} \end{pmatrix} \begin{pmatrix} \mathbf{0} \\ -\mathbf{T}^{*} \end{pmatrix} \tag{4.2-23b}$$

式(4.2-23b)に式((4.2-22b)を代入すると、

$$\begin{pmatrix} \mathbf{h}_{11}^{(2)} & \mathbf{h}_{12}^{(2)} + \mathbf{g}_{12}^{(2)}\mathbf{K}^{1} \\ \mathbf{h}_{21}^{(2)} & \mathbf{h}_{22}^{(2)} + \mathbf{g}_{22}^{(2)}\mathbf{K}^{1} \end{pmatrix} \begin{pmatrix} \mathbf{U}_2 \\ \mathbf{U} \end{pmatrix} = \begin{pmatrix} \mathbf{g}_{11}^{(2)} & \mathbf{g}_{12}^{(2)} \\ \mathbf{g}_{21}^{(2)} & \mathbf{g}_{22}^{(2)} \end{pmatrix} \begin{pmatrix} \mathbf{0} \\ \mathbf{K}^{1}\mathbf{U}_{free}^{1} \end{pmatrix} \tag{4.2-24}$$

この式 (4.2-24) は、図 4.2-10 (b) のように堆積層 V_2 が剛性行列 (複素ばね $\mathbf{K}^1$) で支持され、その端部に $\mathbf{U}_{free}^{1}(\mathbf{U}_{02free}^{1}, \mathbf{U}_{12free}^{1})$ を作用させて堆積層 V_2 の変位 $\mathbf{U}_2, \mathbf{U}(\mathbf{U}_{02}, \mathbf{U}_{12})$ を求めるための連立 1 次方程式である。

最後に、図 4.2-10 (a) の半無限弾性体の地表面 Γ_0 の変位を求める。この図では式 (4.2-5) を使う。地表面応力 $\mathbf{T}_0$ は零であり式 (4.2-24) から $\mathbf{U}_{02}$ が既知である。そして、変位の適合条件から図 4.2-10(a)の変位 $\mathbf{U}_{01}$ は図 4.2-10(c), (d) の変位 $\mathbf{U}_{01}^{*}, \mathbf{U}_{01free}^{1}$ の和で与えられる。

$$\mathbf{U}_{01} = \mathbf{U}_{01free}^{1} + \mathbf{U}_{01}^{*} \tag{4.2-25}$$

式(4.2-16)と式(4.2-18)から $\mathbf{T}_{01}^{*}$ を消去すると $\mathbf{U}_{01}^{*}$ は次式のように表せる。

$$\mathbf{U}_{01}^{*} = -\left(\mathbf{K}_{22}^{'} + \mathbf{K}_{22}^{''}\right)^{-1}\left(\mathbf{K}_{21}^{'}\mathbf{U}_{02}^{*} + \mathbf{K}_{21}^{''}\mathbf{U}_{12}^{*}\right) \tag{4.2-26}$$

式(4.2-21)から、

$$\begin{pmatrix} \mathbf{U}_{02}^{*} \\ \mathbf{U}_{12}^{*} \end{pmatrix} = \begin{pmatrix} \mathbf{U}_{02} - \mathbf{U}_{02free}^{1} \\ \mathbf{U}_{12} - \mathbf{U}_{12free}^{1} \end{pmatrix} \tag{4.2-27}$$

ここで、$\mathbf{U}_{02free}^{1}, \mathbf{U}_{12free}^{1}$ は式 (4.2-14) と式 (4.2-13) から、$\mathbf{U}_{02}, \mathbf{U}_{12}$ は式 (4.2-24) から求められているので式 (4.2-27) を式 (4.2-26) に代入すると $\mathbf{U}_{01}^{*}$ が求まる。これを式 (4.2-25) に代入し、

$$\mathbf{U}_{01} = \mathbf{U}_{01free}^{1} - \left(\mathbf{K}_{22}^{'} + \mathbf{K}_{22}^{''}\right)^{-1}\left[\mathbf{K}_{21}^{'}\left(\mathbf{U}_{02} - \mathbf{U}_{02free}^{1}\right) + \mathbf{K}_{21}^{''}\left(\mathbf{U}_{12} - \mathbf{U}_{12free}^{1}\right)\right] \tag{4.2-28}$$

のように既知の $\mathbf{U}_{01free}^{1}, \mathbf{U}_{02free}^{1}, \mathbf{U}_{12free}^{1}, \mathbf{U}_{02}, \mathbf{U}_{12}$ から求められる。したがって、式(4.2-5)

の未知数は $\mathbf{U}_0, \mathbf{T}_{02}, \mathbf{T}_{01}$ となるので、未知数を左辺に既知数を右辺に移項すると、次式が得られる。この連立 1 次方程式を解いて $\mathbf{U}_0, \mathbf{T}_{02}, \mathbf{T}_{01}$ が求められる。

$$\begin{pmatrix} \mathbf{H}_{11}^{(0)} & -\mathbf{G}_{12}^{(0)} & -\mathbf{G}_{13}^{(0)} \\ \mathbf{H}_{21}^{(0)} & -\mathbf{G}_{22}^{(0)} & -\mathbf{G}_{23}^{(0)} \\ \mathbf{H}_{31}^{(0)} & -\mathbf{G}_{32}^{(0)} & -\mathbf{G}_{33}^{(0)} \end{pmatrix} \begin{pmatrix} \mathbf{U}_0 \\ \mathbf{T}_{02} \\ \mathbf{T}_{01} \end{pmatrix} = \begin{pmatrix} \mathbf{G}_{11}^{(0)} & -\mathbf{H}_{12}^{(0)} & -\mathbf{H}_{13}^{(0)} \\ \mathbf{G}_{21}^{(0)} & -\mathbf{H}_{22}^{(0)} & -\mathbf{H}_{23}^{(0)} \\ \mathbf{G}_{31}^{(0)} & -\mathbf{H}_{32}^{(0)} & -\mathbf{H}_{33}^{(0)} \end{pmatrix} \begin{pmatrix} \mathbf{0} \\ \mathbf{U}_{02} \\ \mathbf{U}_{01} \end{pmatrix} + \begin{pmatrix} \mathbf{u}_0^{(in)} \\ \mathbf{u}_{02}^{(in)} \\ \mathbf{u}_{01}^{(in)} \end{pmatrix} \quad (4.2\text{-}29)$$

(4) 全体解析法と部分解析法の未知数の比較

全体解析法と部分解析法の要素数をまとめると表 4.2-1 のようになる。

表 4.2-1　全体解析法と部分解析法の連立 1 次方程式の未知数の比較

解析方法	計算対象	連立 1 次方程式の未知数
全体解析	領域全体	$3\left[N_0 + 2\left(N_{01} + N_{02} + N_{12}\right) + N_2\right]$
部分解析	領域 V_0	$3\left[N_0 + N_{02} + N_{01}\right]$
	領域 V_1	$3\left[N_{12} + N_{01}\right]$
	領域 V_2	$3\left[N_2 + N_{02} + N_{12}\right]$

この表のように部分解析法では、連立 1 次方程式の未知数は小さくなり、並列計算により各領域の計算を行えば計算速度も速くなる。

(5) 3 次元境界要素法による部分解析法の検証

上記の全体解析法と部分解析法の定式化を検証するために、図 4.2-11 (a)、(b) のような半無限弾性体上に矩形の 2 層堆積層が存在するモデルを想定し、単位振幅の SH 調和平面波が鉛直下方から入射した時の地表面の変位応答倍率を計算する。検証が目的であるため、並列計算ではなく $N_0 = N_{01} = 32, N_{02} = N_{12} = N_2 = 16$ のように大きな要素を使った。弾性体の物性値は表 4.2-2 に示す。

x 軸に沿うように半無限弾性体では、$y = -7500$(m)、堆積層では、$y = -3750$(m) の点の地表面変位応答倍率の変化を比較した。全体解析法と部分解析法の計算結果を振動数 $\omega = 0.0628$(rad/s) から $\omega = 0.6280$(rad/s) の 10 個の振動数毎の応答倍率の絶対値として比較すると、図 4.2-12 のように両者の結果は完全に一致している (全体解析法 (曲線)、部分解析法(□△○ 記号))。図 4.2-12 の U, V, W は x, y, z 軸方向の変位を表す。鉛直下方からの SH 波入射では、半無限弾性体の地表で入射波の 2 倍となるが、堆積層では変位応答倍率は大きくなっている。

表 4.2-2　不整形弾性体層モデルの物性値

	P 波速度 [m/s]	S 波速度 [m/s]	密度 [kg/m³]	減衰 D
領域 V_0	6000	3500	2800	0.00125
領域 V_1	2800	1600	2300	0.00333
領域 V_2	1960	1120	2300	0.00333

この例題の連立 1 次方程式の次元の比較では、部分解析法は全体解析法に比べ約 1/5 の計算機容量で済むが、部分解析結果を組み立て、全体系での応答を求めるために必要な行列演算のため、実質的には全体解析法に比べ、約 1/2 ～ 1/3 の計算機容量を必要とした（原田ら, 2004）。

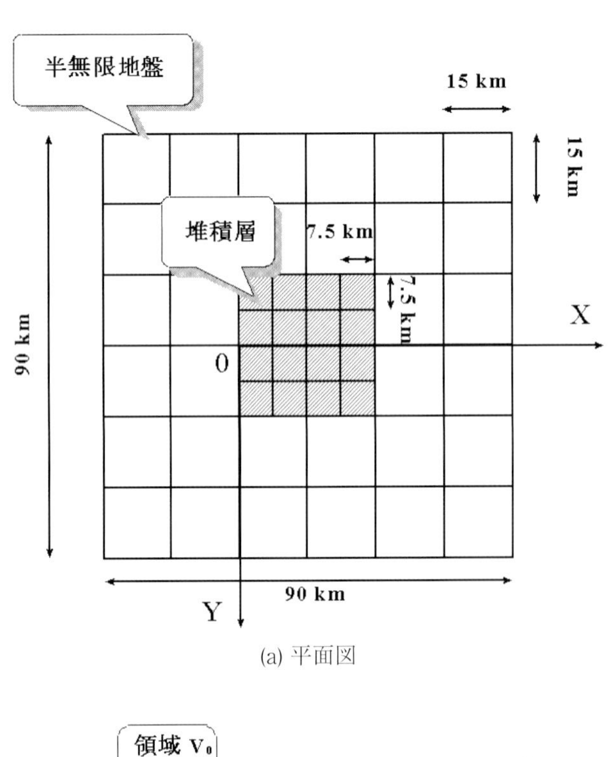

(a) 平面図

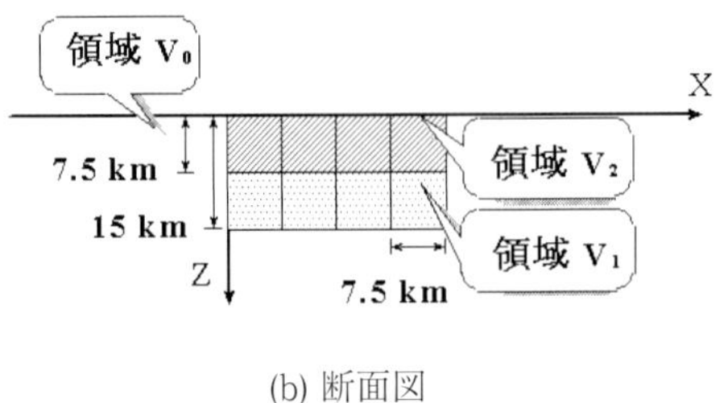

(b) 断面図

図 4.2-11　不整形弾性体層モデルと断面図

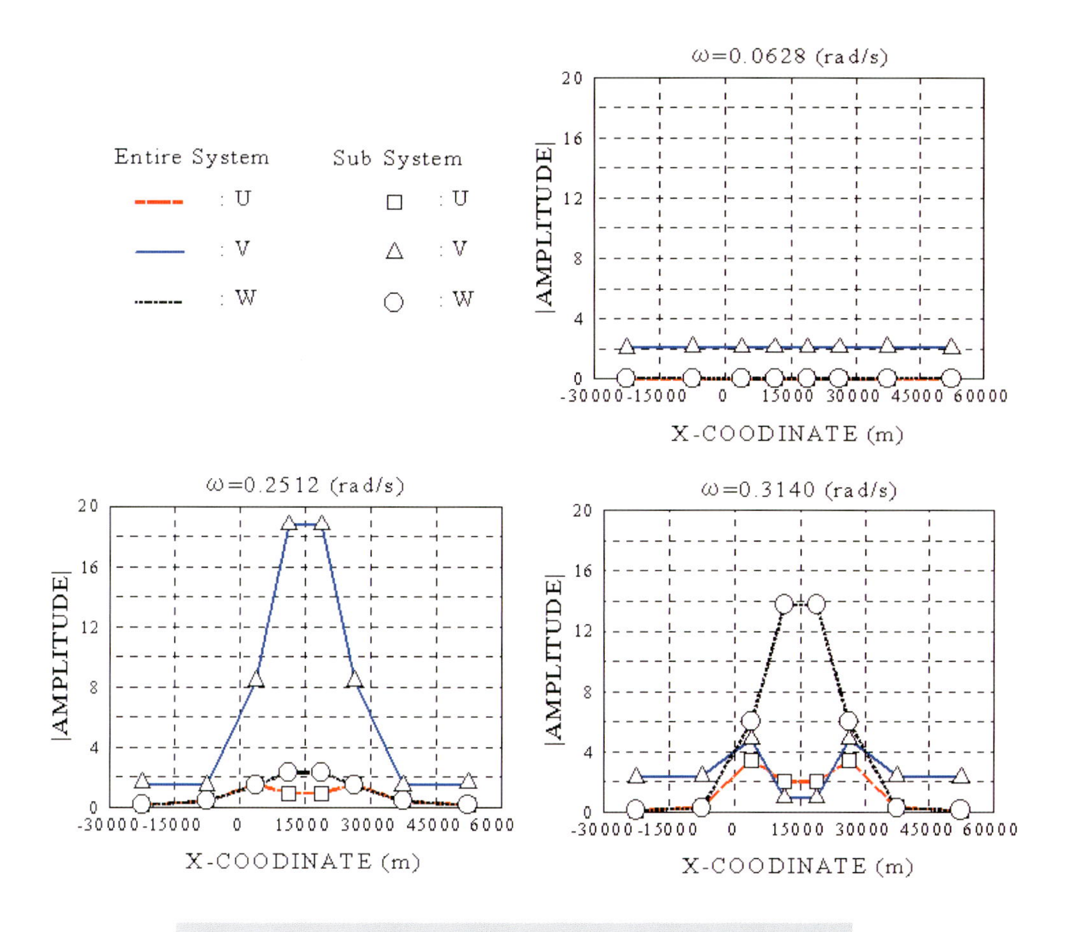

図 4.2-12　全体解析法と部分解析法による数値計算結果の比較

4.3　剛性行列による水平多層弾性体の波動解析

4.3.1　既往の研究における剛性行列法による波動解析の位置付け

３章で示したように、半無限弾性体を最下層とするｎ層の水平多層弾性体の地震波動場または弾性波動場を解析する方法の１つとして、剛性行列による波動場の定式化とその既往の研究成果による検証や適用性について記述した。

本方法は、層内に運動学的断層モデルの震源を取り入れることができる。また、各層の境界上に単位面積当たりの外力を作用させることもできる。したがって、この方法は断層運動による地震波動場の解析や外力による地盤振動解析に利用することができる。これまでの検討から、剛性行列による波動場の定式化は剛性行列の考え方が構造工学分野で馴染み深いこともあり、工学分野の研究者や技術者にとって理解しやすいという側面に加えて、計算機容量と速度の性能向上により工学問題に対して十分適用可能な状況になっている。ここでは、簡単に振動数・波数領域の解析的研究の歴史から剛性行列による定式化の位置づけをする。

Lamb (1904) は、振動数・波数領域の解析法を初めて使い無限弾性体や半無限弾性体での波動の定式化と計算例を示した。Bouchon (1979a,b) は、この方法を用いて運動学的断層モデルから放射される地震波の定式化を行い、Thomson (1950) と Haskell (1953) の伝達行列法と組み合わせ水平多層弾性体の地震波動場の解析法を示し、この方法を離散化波数法と呼んでいる。この方法は、フーリエ変換の高速アルゴリズムとして開発された離散化高速フーリエ変換としてよく知られている方法であるので、本書では離散化高速 2 重または 3 重フーリエ変換という言葉を使っている (2 章例題 2.2-10 参照)。

Chouet (1987) は、これら伝達行列法による地震波動問題の定式化や研究の現状をまとめている。一方、Kause1 and Roësset (1981) は、水平多層弾性体における層上下端の変位・応力ベクトルの関係を表す伝達行列法を層上下端の応力と変位の関係を表す剛性行列に書き換えた剛性行列法を提案した。伝達行列の剛性行列への書き換えにより、高振動数領域や層厚の大きい層での伝達行列の計算上の不安定性 (Dunkin, 1965、Chouet, 1987 参照) が解消され、安定的に計算できることを示した。この伝達行列の数値計算過程で生じる不安定性を克服するための別な方法への展開もなされている (Kennet and Kerry, 1979、Luco and Aspe1, 1983 の反射・透過行列法への展開、Chin ら , 1984、Schmidt and Tango, 1986 のグローバル行列法への展開)。

しかし、剛性行列は対称行列で構造工学分野の技術者には馴染み深いので、工学分野の技術者には解析や数値計算的取り扱いが容易であるという特徴がある。なお、Kausel ら (1981) は波長に比べ十分に薄い層を仮定すると、剛性行列が波数と振動数の 2 次式で近似できるといういわゆる薄層要素法へ展開している。この薄層要素法も工学的には魅力的な方法である (例えば、日本建築学会, 1996) が、計算機の性能向上とともに、近似もせずに解析解をそのまま用いて、あらゆる方向と速度で伝播してくる平面波の足し合わせ (3 重フーリエ変換) によって時空間の波動場が記述できるという、物理的に解釈しやすい形式である剛性行列法の方が直接的でわかりやすく実用的である。しかし、これまで剛性行列法と運動学的断層モデルの組み合わせの定式化や地震波動場解析への適用性に関する研究は少なく、原田ら (1999, 2000)、原田・山下 (2000)、原田 (2004) 以外に波動問題の解析に用いられていない。原田・山下 (2000) では、震源断層の影響を運動学的断層モデルが存在する層の外力ベクトルとして与えられることを初めて導き、剛性行列による地震波動場解析法の定式化を示している (3 章参照)。4.4 節のように逆解析により地盤探査も正確にできる。

4.3.2 剛性行列による水平多層弾性体の解析法の概要

3 章に具体的計算式を示しているので繰り返しは不要だと思う。しかし、これらの式の使用手順をわかり易くするために同じ式を掲載して、剛性行列法による地震波動場の計算手順を以下に整理する。3 章の図 3.2-1 の震源断層・水平多層弾性体系モデルで説明する。

空間座標は 3 次元直交座標系 (x,y,z) を使用し、時間座標を t とする。深さ z_n の境界面に単位面積当たりの荷重$\mathbf{q}(z_n)$が作用する時、深さzの境界面上の任意点(x,y)の変位ベクトル$\boldsymbol{u}(x,y,z,t)$は次式のような波数(κ_x,κ_y)と振動数ωの3重フーリエ積分（積分範囲は$-\infty$から∞）で計算できる。

$$\boldsymbol{u}\left(x,y,z,t\right)=\frac{1}{\left(2\pi\right)^3}\iiint\boldsymbol{u}\left(\kappa_x,\kappa_y,z,\omega\right)\mathrm{e}^{i\left(\kappa_x x+\kappa_y y-\omega t\right)}d\kappa_x d\kappa_y d\omega \tag{4.3-1}$$

ここに、$\boldsymbol{u}\left(\kappa_x,\kappa_y,z,\omega\right)$は変位ベクトル$\boldsymbol{u}\left(x,y,z,t\right)$の振動数・波数スペクトルを表し、座標軸$x,y,z$方向の変位成分$u(z)\equiv u\left(\kappa_x,\kappa_y,z,\omega\right),v(z)\equiv v\left(\kappa_x,\kappa_y,z,\omega\right)$, $w(z)\equiv w(\kappa_x,\kappa_y,z,\omega)$は次式から求められる。

$$\begin{aligned}u(z)&=\frac{\kappa_x}{\kappa}u_0(z)-\frac{\kappa_y}{\kappa}v_0(z)\\v(z)&=\frac{\kappa_y}{\kappa}u_0(z)+\frac{\kappa_x}{\kappa}v_0(z)\\w(z)&=w_0(z)\end{aligned} \tag{4.3-2}$$

ここに、$\kappa=\sqrt{\kappa_x^2+\kappa_y^2}$はSH波とP･SV波が進む方向の波数を表す。$u_0(z),v_0(z),w_0(z)$は式(4.3-1)の調和平面波$\mathrm{e}^{i\left(\kappa_x x+\kappa_y y-\omega t\right)}$の進む方向を$x'$とする新直交座標系$(x',y',z)$でのそれぞれの振動数・波数スペクトルを表す。

$u_0(z)\equiv u_0\left(\kappa,z,\omega\right),w_0(z)\equiv w_0\left(\kappa,z,\omega\right)$はP･SV波問題から求められる振動数・波数スペクトルを、$v_0(z)\equiv v_0(\kappa,z,\omega)$はSH波問題から得られる振動数・波数スペクトルを表す。したがって、式(4.3-1)の変位ベクトル$\boldsymbol{u}\left(\kappa_x,\kappa_y,z,\omega\right)$はP･SV波問題から求められる$u_0(z),w_0(z)$とSH波問題から求められる$v_0(z)$を式(4.3-2)に代入し求められる。これらのSH波とP･SV波の変位ベクトル$\boldsymbol{u}_0(z)\equiv\boldsymbol{u}_0\left(\kappa,z,\omega\right)$は次式の対称行列係数の連立1次方程式(剛性方程式)を解いて求められる。

$$\begin{pmatrix}\mathbf{q}_0(z_0)\\\mathbf{q}_0(z_1)+\mathbf{q}_{source}(z_1)\\\mathbf{q}_0(z_2)+\mathbf{q}_{source}(z_2)\\\mathbf{q}_0(z_3)\end{pmatrix}=\begin{bmatrix}\mathbf{K}_{11}^{(1)}&\mathbf{K}_{12}^{(1)}&\mathbf{o}&\mathbf{o}\\\mathbf{K}_{21}^{(1)}&\mathbf{K}_{22}^{(1)}+\mathbf{K}_{11}^{(2)}&\mathbf{K}_{12}^{(2)}&\mathbf{o}\\\mathbf{o}&\mathbf{K}_{21}^{(2)}&\mathbf{K}_{22}^{(2)}+\mathbf{K}_{11}^{(3)}&\mathbf{K}_{12}^{(3)}\\\mathbf{o}&\mathbf{o}&\mathbf{K}_{21}^{(3)}&\mathbf{K}_{22}^{(3)}+\mathbf{K}_{half}\end{bmatrix}\begin{pmatrix}\mathbf{u}_0(z_0)\\\mathbf{u}_0(z_1)\\\mathbf{u}_0(z_2)\\\mathbf{u}_0(z_3)\end{pmatrix} \tag{4.3-3}$$

ここに、$\mathbf{K}_{ij}^{(n)}$と$\mathbf{K}_{half}$はそれぞれ第n層と半無限弾性体の剛性行列を表す。

式(4.3-3)右辺の第1項が図3.2-1の全体系の剛性行列を表すが、これは重ね合わせの原理に従って第n層の剛性行列から作成できる。式(4.3-3)左辺は振動数・波数領域の外力項で、$\mathbf{q}_0(z_n)$は深さz_nの境界面に作用する単位面積当たりの外力（応力）$\mathbf{q}(z_n)$のSH波、P･SV波問題の新座標軸(x',y',z)成分を表わす。また、$\mathbf{q}_{source}(z_n)$は運動学的断層モデルから放射される地震波による外力項で次式で求められる。

$$\begin{pmatrix} \mathbf{q}_{source}(z_1) \\ \mathbf{q}_{source}(z_2) \end{pmatrix} = \begin{bmatrix} \mathbf{K}_{11}^{(2)} & \mathbf{K}_{12}^{(2)} \\ \mathbf{K}_{21}^{(2)} & \mathbf{K}_{22}^{(2)} \end{bmatrix} \begin{pmatrix} \mathbf{u}_{0s}^{(2)}(z_1) \\ \mathbf{u}_{0s}^{(2)}(z_2) \end{pmatrix} - \begin{pmatrix} -\boldsymbol{\tau}_{0s}^{(2)}(z_1) \\ \boldsymbol{\tau}_{0s}^{(2)}(z_2) \end{pmatrix} \tag{4.3-4}$$

ここに、$\mathbf{u}_{0s}^{(n)}(z), \boldsymbol{\tau}_{0s}^{(n)}(z)$は第 n 層内に存在する震源断層から放射される地震波によって深さ z の位置に生じる変位と応力を表す。

式 (4.3-1) ~ (4.3-4) を使うと、以下のような水平多層弾性体の地震波応答や振動外力による波動に関する基本的問題の全てが解析できる。

(1) 第 2 層に震源断層が存在し、各層境界に外力が作用しない場合(地震波動問題)では、外力項 $\mathbf{q}_0(z_n)$ を零とおいて剛性方程式を解き変位ベクトルを求めると、震源断層による水平多層弾性体の応答変位が求められる。

(2) 震源断層が存在しないで地表面や層境界に外力が作用する場合（外力による地盤振動問題）では、震源断層による外力項 $\mathbf{q}_{source}^{(2)}(z_n)$ を零として剛性方程式を解き外力による地盤振動変位が求められる。

(3) 式 (4.3-3) の左辺の外力項をすべて零とし、零でない変位ベクトルが存在するための条件から式 (4.3-3) の右辺第 1 項の全体剛性行列の行列式が零となる波数 $\kappa(=\omega/C)$ と振動数 ω を求めると、いわゆる表面波（P・SV 波問題のレイリー波、SH 波問題のラブ波）の伝播速度 (位相速度 C) と振動数の関係 (分散曲線) が求められる。

なお、剛性行列法では各層境界での変位が一度に求まるので、全ての深さ方向と平面内の変位が一挙に計算できる。また、断層が層を跨いで存在する場合にも式 (4.3-4) の断層による外力項を対応する層に作用させて地震波動場が計算できる。

4.3.3　運動学的断層モデルによる地表地震動の計算例

図 4.3-1 は、半無限弾性体中に存在する長さ 8.5 (km)、幅 8.5 (km) の矩形横ずれ断層が左端から一様に破壊し（Type1、2 章 2.2.8 参照)、厚さ 1.5 (km) の表層堆積層の地表面の地震動変位波形を伝達行列法で計算した Bouchon (1980) の論文から読み取ったものと剛性行列法の結果を比較したものである。変位波形は断層の平均すべり量 D で基準化している。観測点は横ずれ断層を地表面に投影したときの断層線を x 軸とし（原点を断層破壊開始点とする)、直交方向に y 軸をとると x =14,915 (m) (約 15 (km))、y =785 (m) (約 1 (km)) の地点は断層線のほぼ中央で断層線から約 1 (km) 離れた地点である。半無限弾性体と表層の物性値 (密度 (g/cm^3)、S 波速度 (km/s)、P 波速度 (km/s)) は、それぞれ (2.80,3.50,6.00) と (2.30,1.75,3.00) を仮定し断層は左端から一様な速度 2.2 (km/s) で破壊すると仮定している。

図 4.3-1 では、断層平行方向の地震動変位に永久変位が見られ、断層直交方向の変位が最も大きくパルス状の波形となっている。両者の方法による地震波形は一致しており、剛性行列法の妥当性を示している。

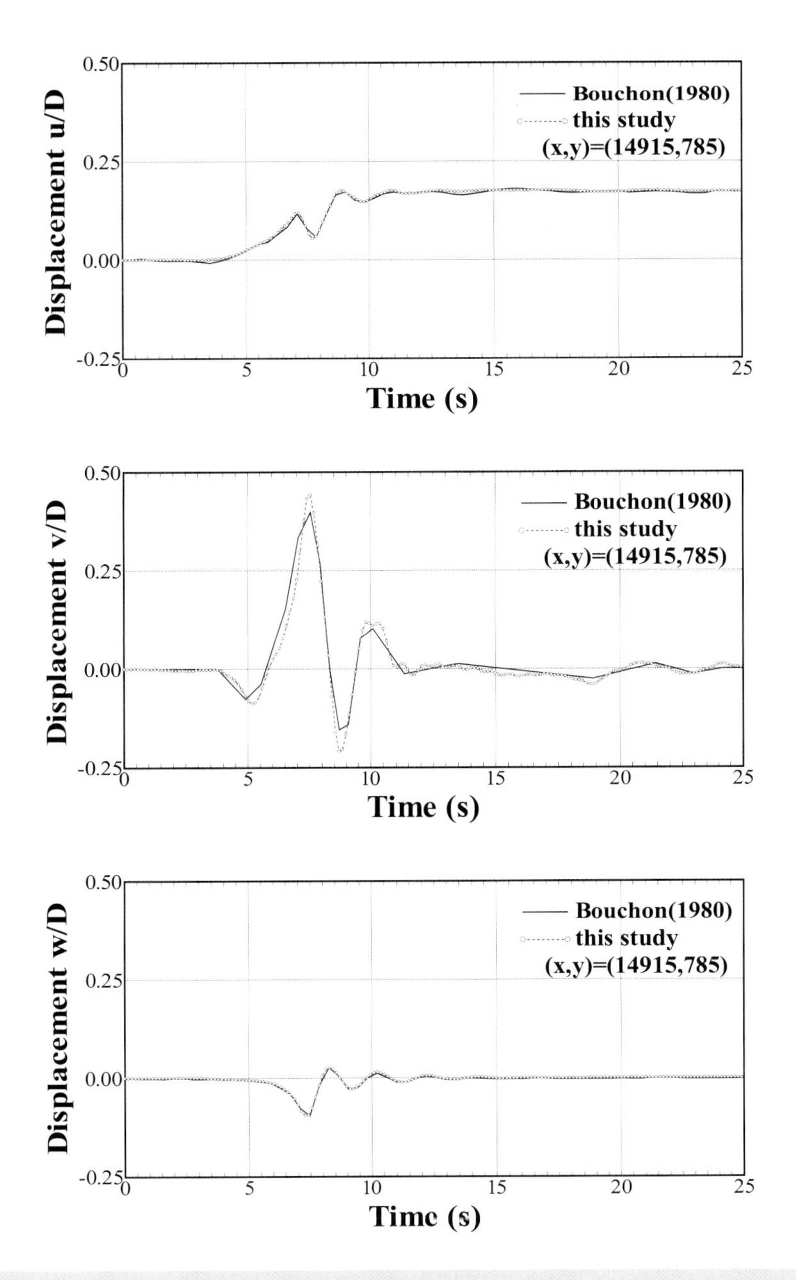

図 4.3-1　Bouchon(1980)の方法と剛性行列法による基準化した地震動変位波形の比較

図 4.3-2 は、断層近傍の地表面 15(km) 四方の水平速度ベクトルの時空間的分布を示す。9 つの時刻毎の分布図の中央から右方向へ伸びる赤帯は、震源断層の破壊領域の地表面への投影長さを表す。断層長さ 8.5(km)、破壊速度 2.2(km/s) より約 3.9(=8.5/2.2) 秒で破壊が終る。

また、各図の矢印の方向と長さは、断層の平均すべり量 D=1 (m) と仮定したときの地表面各地点の水平地震動の向きと大きさを表す。これらの地震波動の時空間分布図から、断層破壊の開始から終了付近にかけて、地表面に時計回りと半時計回りの渦が現れ、あたかも

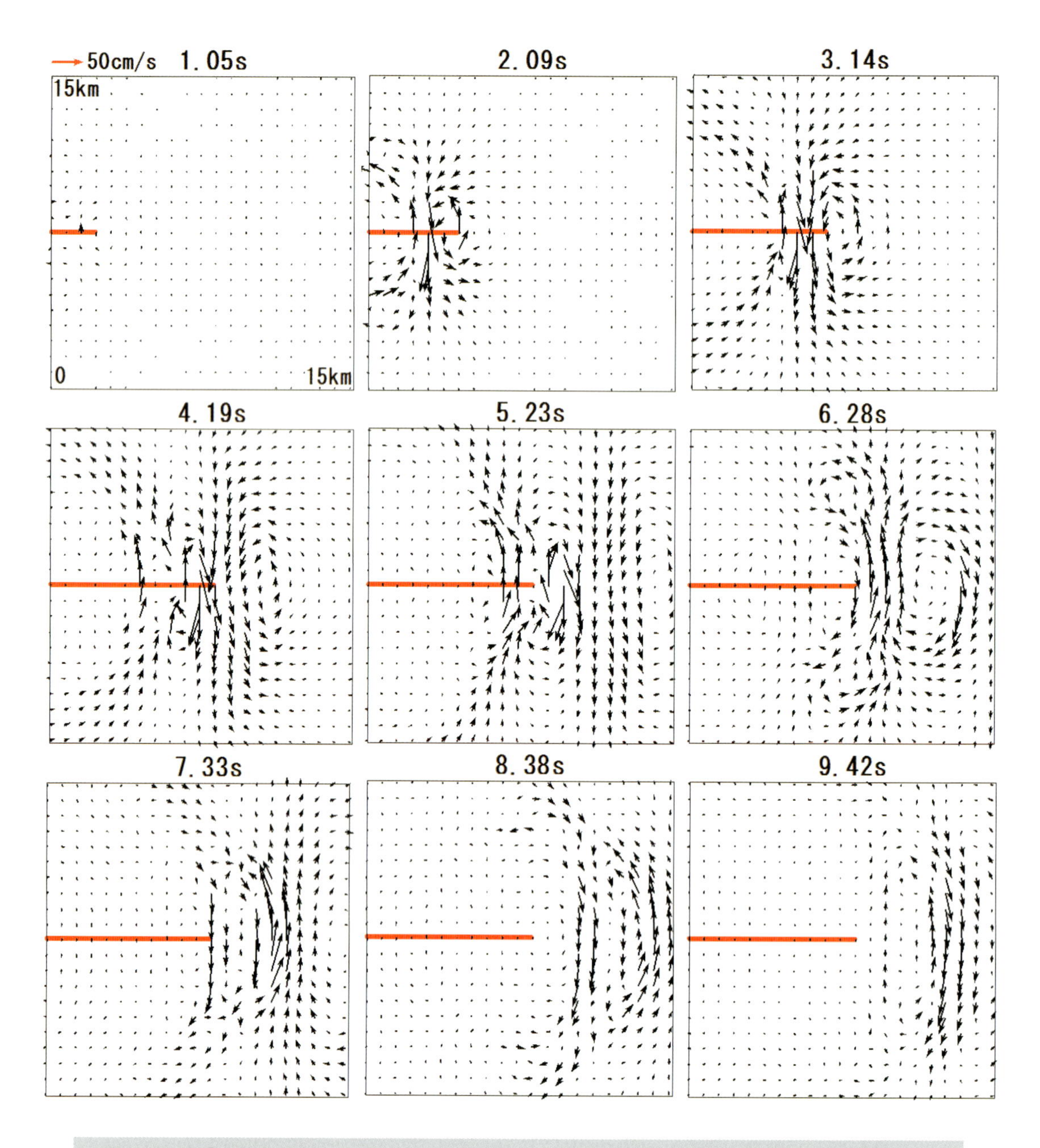

図 4.3-2　横ずれ断層の 15(km)四方の地表面速度ベクトルの各時刻での空間分布特性(地震波の渦現象)

台風の雲のように渦を巻きながら地震波が伝播しているように見える（台風の雲は左回りの渦だが、地震波は右や左回りの渦となっている）。図を省略するが、この複雑な時空間分布特性は変位・速度・加速度波形のように短周期地震波になるほど短い距離で変化する（原田, 2004）。この複雑な時空間分布特性は、震源の複双力（ダブルカップル力）に基づく運動学的断層モデルの断層破壊伝播特性と表層地盤内の S 波伝播特性にディレクティビティー（指向性）効果も加わった結果として現れる現象であると考えられる(原田・山下, 2000)。

このような断層による地盤の永久変位を含む震源断層近傍の特異な地震動による連続高架橋や幹線地中埋設管の3次元非線形応答挙動が調べられている（原田・野中, 2001、原田ら, 2003、原田, 2004）。

4.3.4　半無限弾性体の地表面鉛直方向に集中外力が作用する時の地表面変位波形

この問題はLamb (1904) の問題として知られているが、剛性行列法で計算した振動源から20 (km) 地点の半径方向と鉛直方向の変位波形を図4.3-3に示す。半無限弾性体の物性値は密度2.30 (g/cm^3)、S波速度1.0 (km/s)、P波速度3.0 (km/s) とした。この場合、レイリー波の位相速度は0.947(km/s)となる。単位面積当たりの鉛直集中荷重は、次式のように与え、

$$q_w(t) = q_0 \frac{t}{t^3 + \tau^3} \tag{4.3-5}$$

ここでは、周期3秒程度のパルスとした（τ =1.0秒）。

図4.3-3では、P波が約7秒（正確な到達時刻は6.7秒（20/3））、幅の大きいレイリー波は約21秒に到達しているのが読み取れる。S波に関しては、理論的には20秒(20/1.0)で到達するが、振幅の大きいレイリー波の理論的到達時刻21.1秒（20/0.947）と近いので、はっきりと到達時間が読み取れないが、全体的にはP波、S波、レイリー波の特徴を読み取ることができる。

条件が違うので、図4.3-1に示す断層モデルによる地表面変位波形と図4.3-3の上下方向パルス外力による地表面波形の比較は意味がないように思われるが、近代地震学の成果である運動学的断層モデルへの出発点は地震動の観測波形がLamb(1904)の問題から計算されるような単純な波形ではなかったことが影響しているとAki(2005)が述べている。

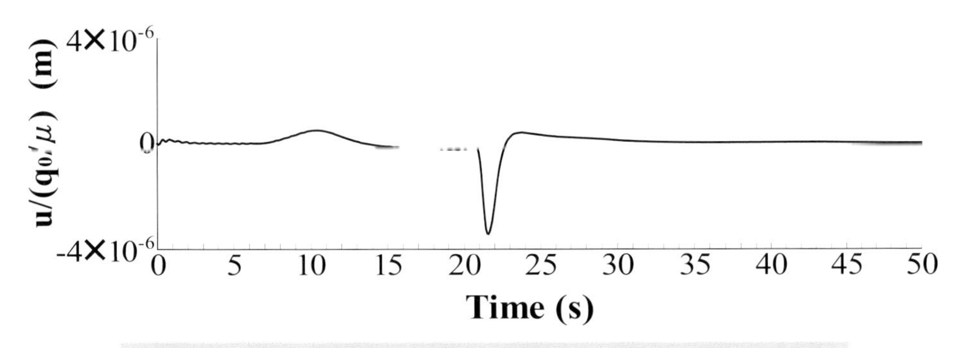

図4.3-3a　上下パルス荷重点から20(km)地点の半径方向変位波形

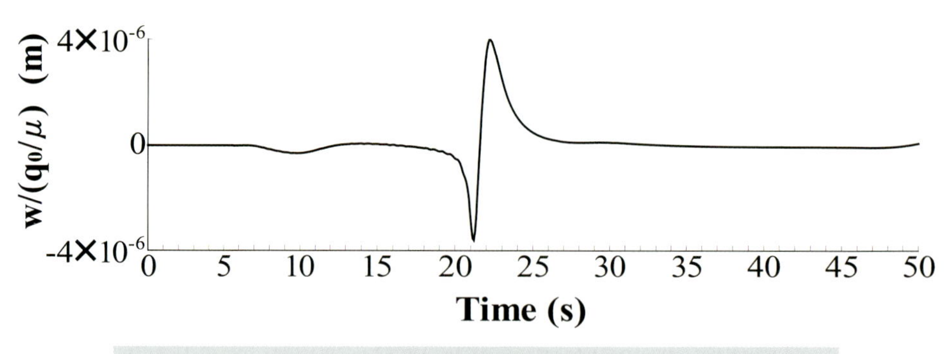

図 4.3-3b　上下パルス荷重点から 20(km)地点の上下方向変位波形

4.3.5　水平多層弾性体におけるレイリー波の分散曲線の計算例

反射・透過行列法でレイリー波の位相速度と振動数の関係（分散曲線）を計算した Chen (1993) の結果と剛性行列法の結果を比較すると、図 4.3-4 が得られた。なお、弾性体構造やその物性値に関しては、半無限弾性体上に厚さ 6 (km)、6 (km) と 18 (km) の 3 層の水平多層弾性体を仮定し、半無限弾性体の物性値(密度(g/cm^3)、S 波速度(km/s)、P 波速度(km/s))は、(3.30、4.70、8.20)、最下層、中間層と表層の物性値は、(3.10、3.90、6.70)、(2.90、3.65、6.30)、(2.80、3.50、6.00)を仮定した。

図 4.3-4 から両者は完全に一致しており、剛性行列法の妥当性が確認できる。

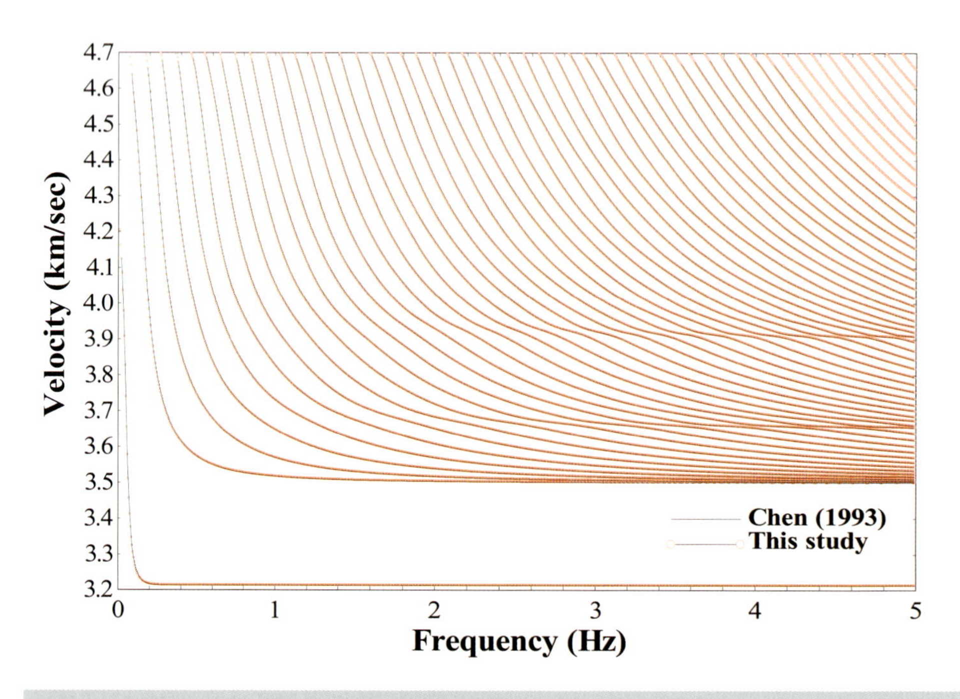

図 4.3-4　反射・透過行列法を使った Chen (1993) の結果と剛性行列法によるレイリー波の位相速度と振動数の関係(分散曲線)の比較(両者は完全に一致)

4.4　水平多層弾性体の震源断層近傍の永久変位を含む地震動

震源断層近傍の地震動を考える場合、震源断層の破壊伝播によって発生した振幅・位相特性の違う地震波があらゆる方向から伝播し地表に到達するため、震源断層特性・地震波伝播特性・表層地盤特性を分離して特性毎の地震波の特徴を調べることは難しい。このため、震源断層を含む弾性体系モデルによる一体解析法により地表面地震動を合成し、その特性を調べる必要がある。このような地震動シミュレーション手法に関する現状は、運動学的断層モデルと水平多層弾性体モデルから成る簡単なモデルによる数値計算手法や、動力学的断層モデル、不整形地盤モデルを考慮した差分法、有限要素法等、広範囲にわたる（境界要素法による地震動問題は 4.1 節と 4.2 節参照）。これらの現状の方法は、より物理的整合性があり、かつ簡便で精度の高い予測モデルへと発展してゆくことが望まれる。

ここでは、断層永久変位を含む震源断層近傍の地震動と構造物非線形応答挙動の関係を調べるのに有効な運動学的断層モデルと水平多層弾性体モデルという最も簡単なモデルを取り上げ、3 章で記述した剛性行列による地震波動場の具体的計算例を示す。このような簡単なモデルを使う主な理由は、多くの成果があり（4.3 節参照）、断層永久変位を含む実地震動をそれなりに再現でき、かつ差分法や有限要素法に比べると、逆解析手法から観測事実の説明に適用しやすいモデルであることによる(4.5 節参照)。

この剛性行列による断層近傍の地盤永久変位を含む地震動の変位・速度・加速度波形の計算例から、震源断層上端から解放工学基盤までの地下構造が、地震動の振幅・振動数特性とともに、地震動変位・速度・加速度波形の正負の最大値が片側で大きくなるという片寄りのある地震動波形の特性に影響していることを示す。これらの地震動の変位・速度・加速度波形の片寄りの特性は、構造物の非線形地震応答に大きく影響することもわかってきている（丸橋ら, 2005, 2006）。そして、剛性行列法による地震動シミュレーション手法では、構造技術者には馴染み深い剛性方程式を使って簡単に地震動が計算できるため、本方法は構造技術者が断層変位を含む地震動による断層近傍の構造物非線形応答挙動を調べる際の有用な情報と道具となるものと思われる。

最後に、震源断層特性と地下構造の影響を考慮した順解析の数値計算結果を用いて、片寄りのある地震動波形の特徴を有する断層近傍の観測波形を再現した例を示す。

4.4.1　解放工学基盤の変位・速度・加速度波形の試算例

ここでは、1 つの横ずれ断層を想定し 3 章と 4.3.2 項に示した計算手順による数値計算例を示し、露頭波や断層による地盤永久変位を含む断層近傍の地表面地震動の変位・速度・加速度波形に及ぼす表層地盤の厚さの影響を調べる。ここで示す順解析による断層近傍の地表面地震動の特徴に関する試算例は、観測加速度波形の積分から推定される速度・変位波形の精度に注意が必要なことや、断層近傍の橋梁や幹線ライフライン施設の非線形応答解析では、多地点の変位・速度・加速度波形を必要とすることの２つの理由により、断層近傍の構造物の非線形応答挙動から耐震性を検討する際の工学的情報となる(原田ら, 2009)。また、逆解析により地表での多数の観測地震動から震源断層特性と表層地盤特性を推定する時の基礎情報として利用できる。

(1) 解析に用いる４つの震源断層・水平１層弾性体系モデル

ここでは、図4.4-1に示すような断層長さ8.5(km)、断層幅8.5(km)の大きさの矩形鉛直横ずれ断層を含む４つの震源断層・弾性体系モデル(Model Aは表層地盤が存在せず、地表に震源断層が現れる地表断層の場合、Model Bは厚さ0.5(km)の表層地盤がある場合、Model Cは厚さ1.5(km)の表層地盤がある場合、Model Dは厚さ5.0(km)の表層地盤がある場合)を想定する。

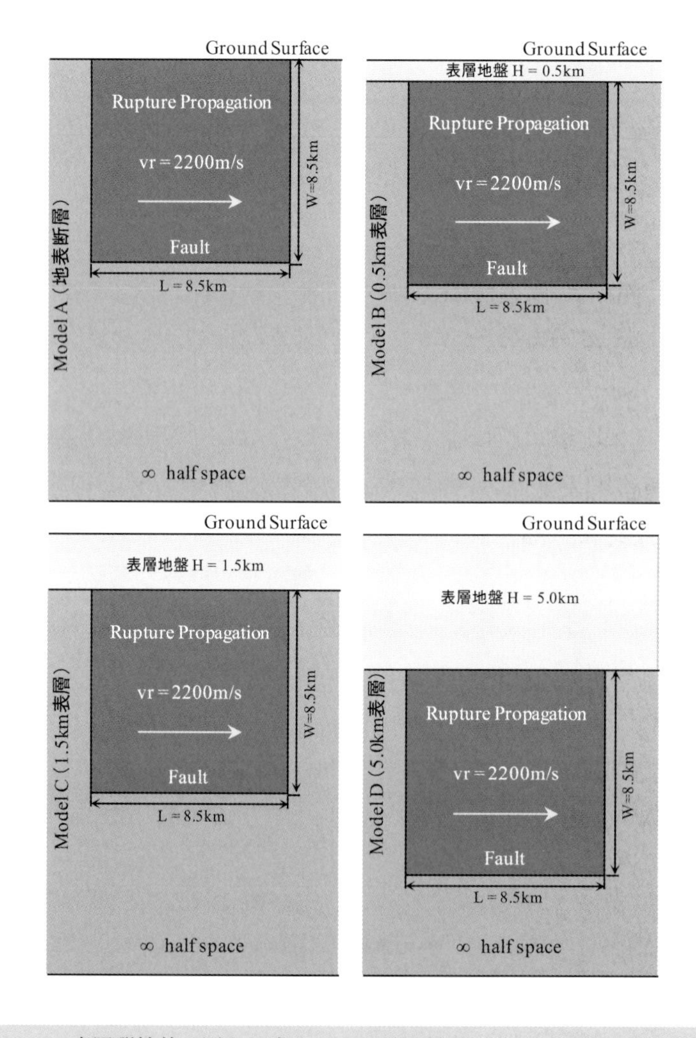

図4.4-1　表層弾性体の厚さが違う４つの震源断層・水平１層弾性体系モデル

表 4.4-1a,b に震源断層パラメータおよび半無限弾性体と表層弾性体の物性値を示す。この計算では、振動数 2.0（Hz）までの低振動数領域の地震動波形を合成した。なお、断層の平均すべり量 $D=1.0$(m) とし 3 重離散フーリエ変換（2 章例題 2.2-10 参照）を用いて波形を合成した。表 4.4-1b の震源断層パラメータの Type1 とは、断層左端から右方向に一様な破壊速度で断層破壊が伝播する破壊様式を示す（Type1、2 章 2.2.8 参照）。これは Bouchon (1979) と同じ破壊様式である。

表 4.4-1a　地盤構造と物性値

物性値	表層地盤 Model A	Model B	Model C	Model D	半無限地盤
表層地盤厚 H [km]	0.0	0.5	1.5	5.0	-------
P 波速度 [km/s]	2.8	2.8	2.8	2.8	6.0
S 波速度 [km/s]	1.6	1.6	1.6	1.6	3.5
密度 [kg/m^3]	2300	2300	2300	2300	2800
Q 値	150	150	150	150	400

表 4.4-1b　震源断層パラメータ

地震モーメント	M_0	[$N \cdot m$]	2.23×10^{10}
立ち上がり時間	τ	[s]	0.3
断層の長	L	[km]	8.5
断層の幅	W	[km]	8.5
断層破壊速度	v_r	[km/s]	2.2
断層上端深さ	z_s	[km]	0.0
断層の走向方向	ϕ	[^{o}]	0.0
断層面の傾斜角	δ	[^{o}]	90.0
すべり方向	λ	[^{o}]	0.0
破壊タイプ			Type 1

(2) 解放工学基盤の変位・速度・加速度波形に及ぼす表層弾性体層の厚さの影響

図 4.4-2 に示す震源断層から 0.5(km) 離れた断層破壊終了付近 8(km) 地点（A 地点）の地

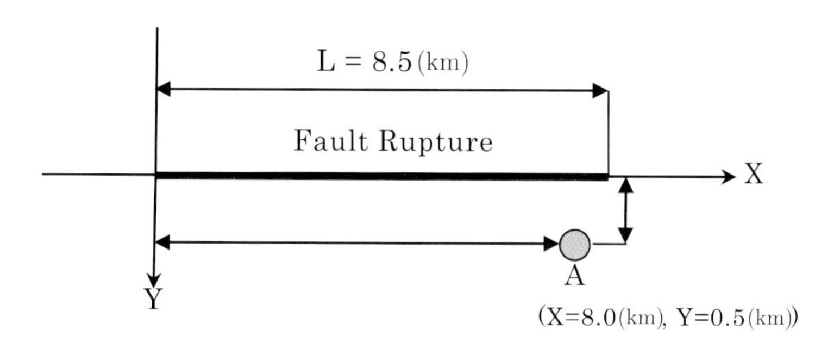

図 4.4-2　真上から見た計算地点 A と断層線の位置関係

震動波形を取り上げて、地震動波形に及ぼす表層弾性体の厚さの影響を観察する。

図 4.4-3 に示す変位波形からは、地表断層の Model A で断層平行方向の変位波形が圧倒的に大きく、最大約 40 (cm) の変位と横ずれ断層による大きな永久変位が観られる。本モデルでは横ずれ断層の平均すべり量 100 (cm) を仮定しているため、断層線を跨ぐ 2 地点の相対永久変位は 100 (cm) で図 4.3-3 の A 点側の断層線近傍の地盤は右に 50 (cm) 永久変位する。A 点は断層線から 500 (m) 離れているので 50 (cm) より小さい約 40 (cm) の永久変位が得られたと思われる。

表層が存在する Model B、Model C と Model D では、断層直交方向の変位が大きい。Model A の場合に比べ永久変位は小さい。半無限弾性体には固有振動数は存在しないので、

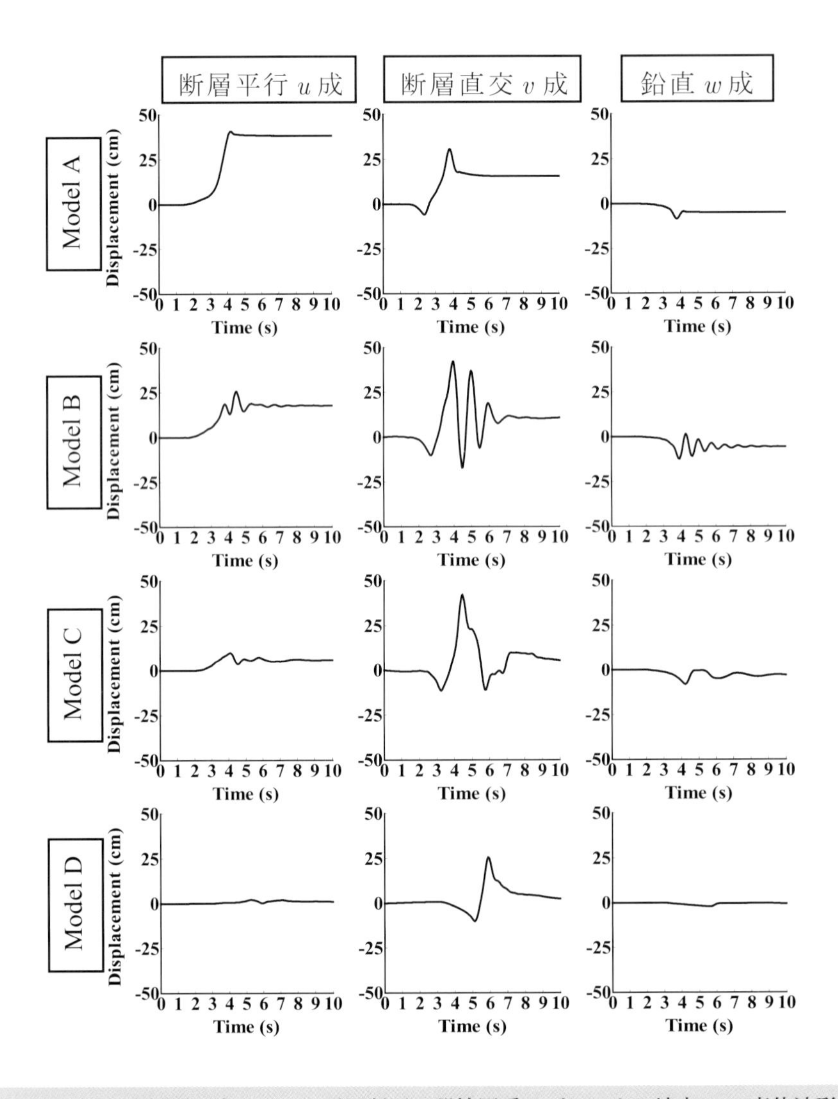

図 4.4-3　表層厚の違う 4 つの震源断層・弾性層系モデルによる地点 A の変位波形

半無限弾性体の Model A での変位波形には、弾性体固有の振動数特性は含まれない。しかし、Model B、Model C と Model D の変位波形には、震源断層からの地震波の振動数特性に加え表層弾性体の振動数特性が含まれる。表層弾性体の振動数特性の影響を受け、Model A の変位波形に比べ、Model B、C、D の変位波形の振幅・振動数特性が大きく変わっている。

図 4.4-4 と図 4.4-5 に示す速度と加速度波形からは、地表断層 Model A の場合、表層弾性体が存在するケースよりも小さくなっていることがわかる。また、表層弾性体が有る場合と無い場合の全てのケースで、断層直交方向の速度と加速度が大きいことが特徴である。

図 4.4-3 ～図 4.4-5 に示すように表層厚が波形の振幅と位相特性および振動数特性に大きく影響している。その原因は、表層の振動数応答特性と震源断層からの地震波の振動数特性

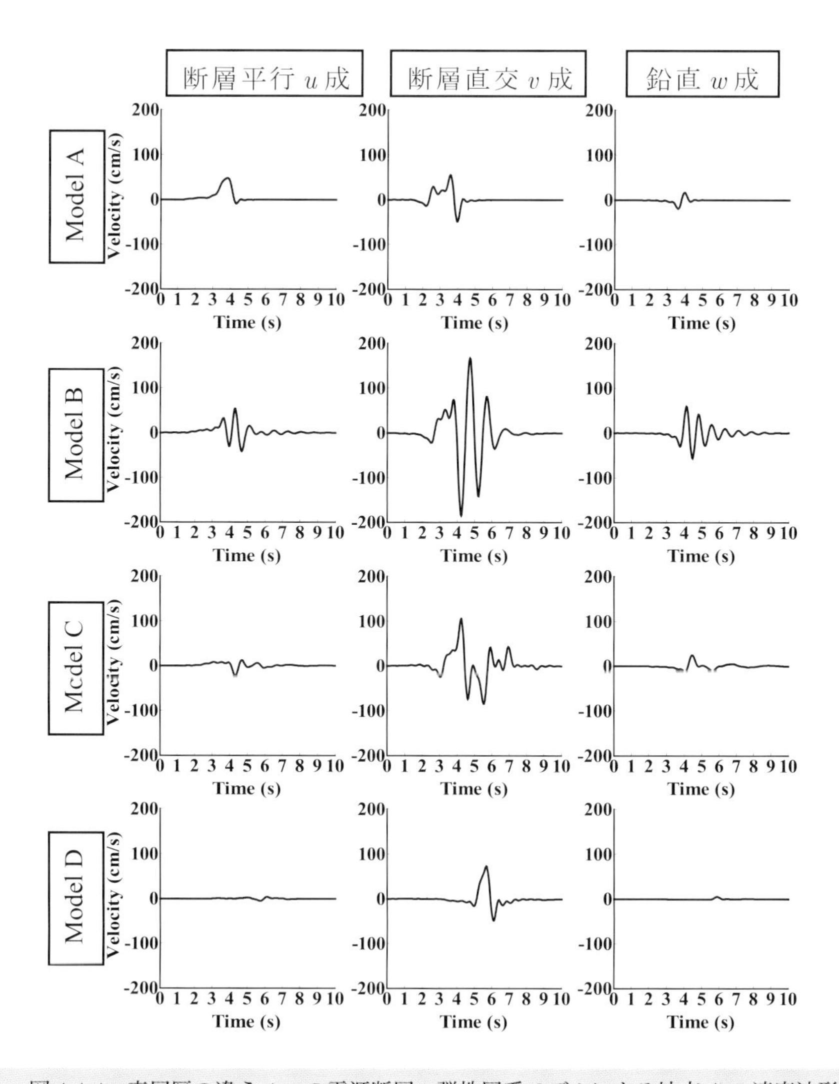

図 4.4-4　表層厚の違う 4 つの震源断層・弾性層系モデルによる地点 A の速度波形

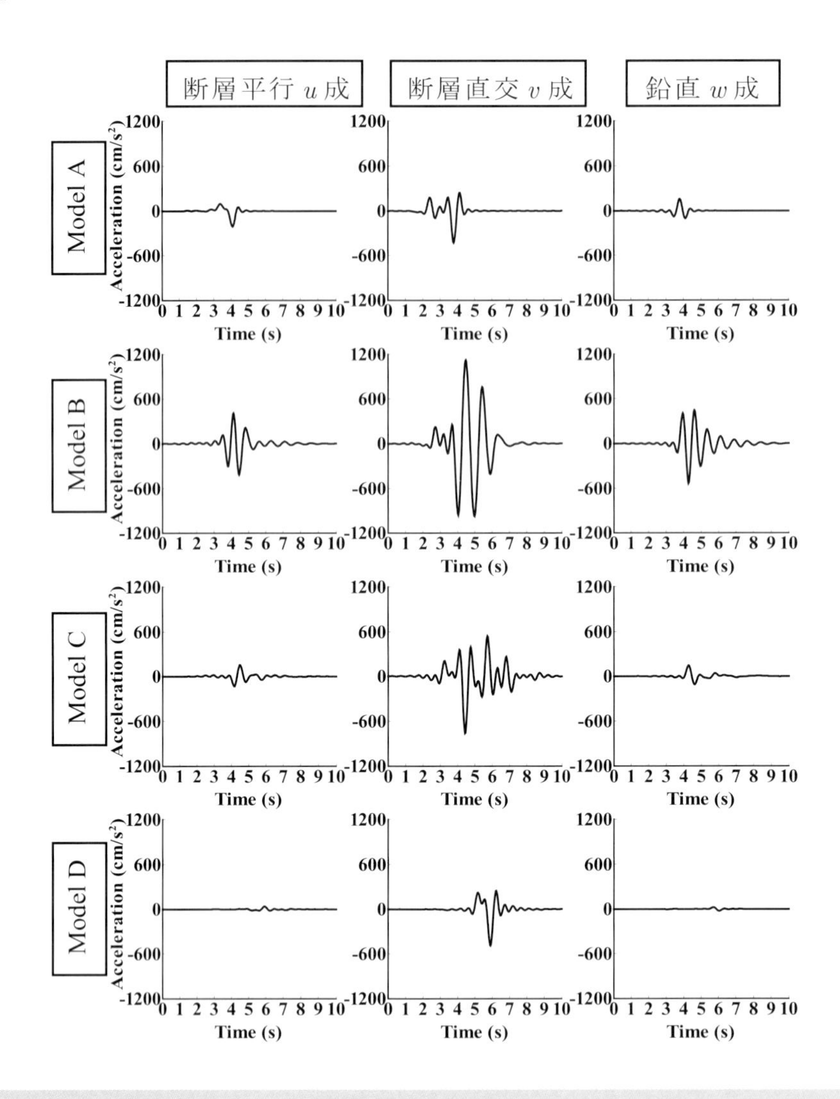

図 4.4-5　表層厚の違う 4 つの震源断層・弾性層系モデルによる地点 A の加速度波形

の 2 つの特性が影響し両者の特性が一致すると、共振現象で地震動が大きくなる。

断層近傍の変位・速度・加速度波形には、断層永久変位の影響が現れて正側と負側の最大振幅が違う、いわゆる片寄りのある波形が得られる。観測された片寄りの無い波形と片寄りの有る波形を用いた構造物の解析からは、非線形応答挙動に大きな違いがあることも明らかにされてきている（丸橋ら, 2005, 2006）ため、このような理論的方法から求められる断層近傍の地震動を用いた検討が有用である（原田ら, 2009）。2016 年熊本地震では、断層変位の影響で特異な橋梁被害が観察されたが、本方法を使い、断層変位による地盤の永久変位を含む橋台、橋脚位置の地震動波形と被害の再現解析が実施され被害の仕組みが解明されている（本橋ら, 2017）。

（3）断層近傍の観測波形の再現性

1966 年 Parkfield 地震（ M_s 6.5 ）の際に断層破壊終了付近から約 80（m）地点の地表面

(Station2) で、断層とほぼ直交する方向 (COMP N65E) の加速度記録が観測された。この記録を剛性行列による波形合成法と順解析的手法ではあるが、上記で示したような震源断層近傍の地震動に及ぼす表層弾性体の影響を考慮して再現する。

この地震に関しては、すでに断層モデルによる多くの研究がある (例えば、岩田, 1991参照)。これらの既往の研究では、地盤モデルとして無限弾性体や半無限弾性体を仮定したものが多い。しかし、Bouchon (1979) は1層の表層弾性体モデルを仮定し妥当な断層パラメータのもとで記録の再現をしている。

そこで、Bouchon (1979) が使った震源断層パラメータと表層弾性体モデルを使って波形を求めた。変位波形は観測波形と同じような結果であったが、速度や加速度波形は観測波形と違うことがわかっている (原田ら, 1999)。この違いの原因は、断層すべりなどの不均質性等の震源特性も考えられるが、上記 (2) で示したように地震動の変位・速度・加速度波形に及ぼす表層厚の影響が大きいことを考慮して、Bouchon (1979) の震源断層パラメータはそのままにし、表層厚と物性値を変化させて観測波形再現の改良を試みた。その結果を図4.4-6に示すが、観測波形と合成波形の良い一致が見られた。この時の断層パラメータと表

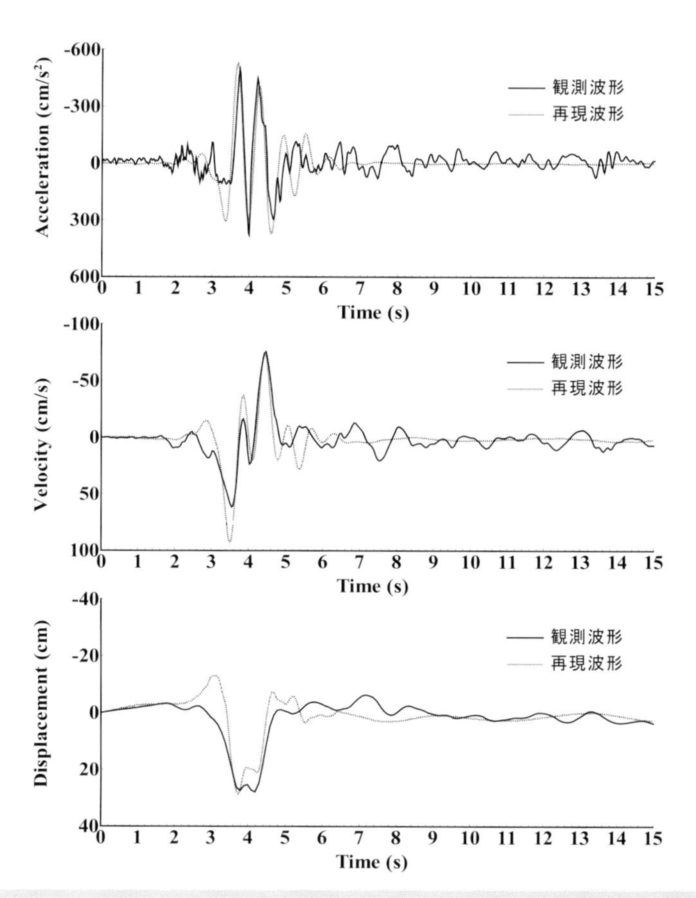

図4.4-6　1966年Parkfield地震の観測波形と計算波形の比較(上段:加速度波形、中段：速度波形、下段：変位波形)

層弾性体モデルを表 4.4-2a と表 4.4-2b に示す。

今後の課題は、逆解析手法を使い観測波形を説明できる断層パラメータと地盤構造と物性値を決めることができるかについて検討することである。

表 4.4-2a　1966 年 Parkfield 地震の断層パラメータ

地震モーメント	M_0	$[N \cdot m]$	2.23×10^{10}
立ち上がり時間	τ	$[s]$	0.3
断層の長	L	$[km]$	8.5
断層の幅	W	$[km]$	8.5
断層破壊速度	v_r	$[km/s]$	2.2
断層上端深さ	z_s	$[km]$	0.0
断層の走向方向	ϕ	$[^o]$	0.0
断層面の傾斜角	δ	$[^o]$	90.0
すべり方向	λ	$[^o]$	0.0
破壊タイプ			Type 1

表 4.4-2b　Parkfield 地震波形の再現に使った弾性体モデル
（表の括弧内の数値は Bouchon モデルの値を示す）

	層厚 H $[km]$	P 波速度 $[km/s]$	S 波速度 $[km/s]$	密度 ρ $[kg/m^3]$	Q 値
1 層	1.0 (1.5)	3.0 (2.8)	1.74 (1.6)	2300 (2300)	100 (150)
半無限	-----	5.715 (6.0)	3.23 (3.5)	2800 (2800)	400 (400)

4.5　地表における鉛直方向の調和振動荷重近傍の 2 点間の波形観測記録から弾性体の層厚と弾性定数を推定する方法

地表面に動的荷重を作用させた時に生じる弾性波は、地盤の弾性定数とそれらの深さ方向の分布を決めるための有用な情報を与えてくれる。このような弾性波を使った地盤構造の推定方法は数多く提案され実際に実務で利用されている（物理探査学会, 1998）。

これらの中で、地表面の 1 地点に鉛直方向の衝撃荷重や調和振動荷重を作用させ、地表面上に設置した 2 つの観測点から計測される弾性波の位相速度とレイリー波の分散曲線と地盤構造の理論的関係を使って地盤構造を推定する方法は、表面波のスペクトル解析法またはレイリー波探査法と呼ばれ 1960 年代に開発され Fry (1963) など実用的に多くの優れた成果をあげている（物理探査学会, 1998）。1980 年代に表面波スペクトル解析法の理論的精緻化や実測データの解釈を通じ、地盤構造の推定精度向上に関する研究が活発化し、SASW

(Spectral Analysis of Surface Wave)などの方法が現れる(物理探査学会, 1998)。

これらの方法では、地表面の観測波形をレイリー波モードの重ね合わせとして解釈しているので加振点から遠くの観測点を使うという制約が課せられ、観測ノイズと加振力の増大や観測点数の増加をもたらし、簡便・高精度な地盤構造推定の課題が残されている。

ここでは、地盤構造の簡便かつ的確な推定法の確立を目的に、地表面に調和振動荷重を作用させた時に生じる波が地表の2地点間を伝わる時の速度(位相速度)を観測し、剛性行列法を使った逆解析から地盤の構造と各層の弾性定数を推定する方法を解説する。この方法の最大の利点は、加振点近傍(1 ~ 3(m)程度)の地表面の2地点間で観測される位相速度を利用するため、従来の方法の弱点である加振力の増大、観測ノイズ、観測点数の増加等が克服できる点にある。

以下では、浅層地盤の構造および各層の弾性定数を効率よくかつ高精度に推定できることを示すために、(1) 深さとともに各層の弾性定数が大きくなる普通の堆積地盤に加えて、地表に硬い層がある場合と中間層に硬い層が存在するような非標準的な堆積地盤モデルに対して、事前に層数と各層の弾性定数は未知数であることに対応するために、層数が真値地盤よりも多い初期地盤からの完全な推定例、(2) 実用的に許容できる程度の推定誤差を認める場合には、適当な初期地盤から少ない繰り返し計算によって推定が可能であること、を示す数値計算例を示す。

4.5.1　波動場の数値計算法の概要

P・SV波問題を対象に図4.5-1の半無限弾性体を含むn層の水平多層弾性体(簡単のため3層)の地表面に鉛直方向外力が作用する時の2次元直交座標系(x, z)での定式化を示す。3章の剛性行列法を用いるが、本問題へ適用するために再度以下に式を用いて説明する。

深さz、水平距離x点の時刻tでの変位は式(4.5-1)の波数と振動数の2重フーリエ積分で求められる。

$$\mathbf{u}_0\left(x, z, t\right) = \frac{1}{\left(2\pi\right)^2}\int_{-\infty}^{\infty}\int_{-\infty}^{\infty}\mathbf{u}_0\left(\kappa, z, \omega\right)\mathrm{e}^{i(\kappa x - \omega t)}\,d\kappa\,d\omega \tag{4.5-1}$$

ここに、x, z軸方向の変位u_0, w_0をまとめて変位ベクトル$\mathbf{u}_0$として表現している。

上式の振動数・波数領域での変位ベクトル$\mathbf{u}_0\left(\kappa, z, \omega\right)$は次式の剛性方程式(連立1次方程式)を解いて求めることができる。

$$\begin{pmatrix} \mathbf{q}_0(z_0) \\ \mathbf{q}_0(z_1) \\ \mathbf{q}_0(z_2) \\ \mathbf{q}_0(z_3) \end{pmatrix} = \begin{pmatrix} \mathbf{K}_{11}^{(1)} & \mathbf{K}_{12}^{(1)} & \mathbf{0} & \mathbf{0} \\ \mathbf{K}_{21}^{(1)} & \mathbf{K}_{22}^{(1)} + \mathbf{K}_{11}^{(2)} & \mathbf{K}_{12}^{(2)} & \mathbf{0} \\ \mathbf{0} & \mathbf{K}_{21}^{(2)} & \mathbf{K}_{22}^{(2)} + \mathbf{K}_{11}^{(3)} & \mathbf{K}_{12}^{(3)} \\ \mathbf{0} & \mathbf{0} & \mathbf{K}_{21}^{(3)} & \mathbf{K}_{22}^{(3)} + \mathbf{K}_{half} \end{pmatrix} \begin{pmatrix} \mathbf{u}_0(z_0) \\ \mathbf{u}_0(z_1) \\ \mathbf{u}_0(z_2) \\ \mathbf{u}_0(z_3) \end{pmatrix} \tag{4.5-2}$$

ここに、$\mathbf{u}_0(z) = \mathbf{u}_0(\kappa, z, \omega)$ と簡略化している。$\mathbf{K}_{ij}^{(n)}$ と $\mathbf{K}_{half}$ は第 n 層と半無限弾性体の剛性行列である。上式の右辺第 1 項が図 4.5-1 の全体系の剛性行列である。上式左辺は外力項で $\mathbf{q}_0(z_n)$ は深さ z_n の層境界に作用する単位面積当たり外力ベクトルである。

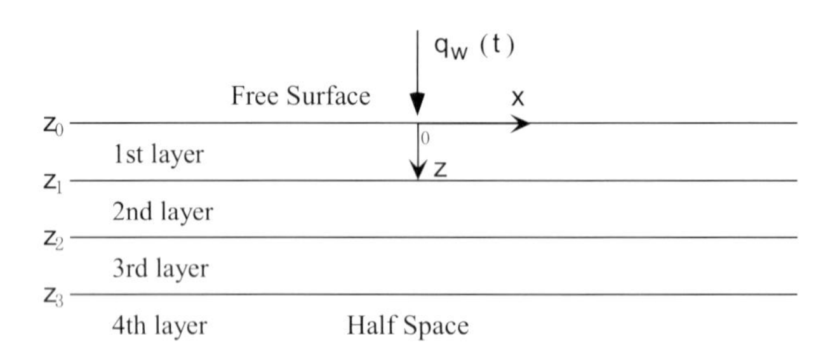

図 4.5-1　P・SV 波問題における半無限弾性体上の 3 層水平弾性体モデル

図 4.5-1 のように地表面 z_0 上の $x = 0$ の点に鉛直方向のみに振動数 ω_0 の調和振動外力が作用する場合、外力項は次式のように与えられる。

$$\mathbf{q}_0(z_0) = \begin{pmatrix} 0 \\ iq_0\delta\left(\omega - \omega_0\right) \end{pmatrix}, \mathbf{q}_0(z_1) = \mathbf{q}_0(z_2) = \mathbf{q}_0(z_3) = \mathbf{0} \tag{4.5-3}$$

ここに、i は虚数単位を、q_0 は地表面の単位面積当たりに作用する鉛直方向の外力の振幅を、δ はデルタ関数を表す（2 章補足 2.6 参照）。

調和振動荷重による地表面の任意点 x での変位波形 $\mathbf{u}_0(x,t) = \mathbf{u}_0\left(x, z_0 = 0, t\right)$ は、次式のように変位の振動数・波数スペクトルのフーリエ積分から求められる地表面変位の伝達関数 $\mathbf{u}_0(x,\omega)$ に調和振動外力を掛けて求められる。

$$\begin{aligned} \mathbf{u}_0(x,t) &= q_0 \mathrm{e}^{-i\omega t} \frac{1}{2\pi} \int_{-\infty}^{\infty} \mathbf{u}_0(\kappa,\omega) \mathrm{e}^{i\kappa x}\, d\kappa \\ &= q_0 \mathrm{e}^{-i\omega t} \mathbf{u}_0(x,\omega) \end{aligned} \tag{4.5-4}$$

地表面に鉛直方向の外力 q_w のみを作用させて、鉛直方向の地表面変位 $w(x,t)$ の位相速度から地盤探査をするため、以下では鉛直方向変位特性のみを考察する。式 (4.5-4) の鉛直方向伝達関数 $w(x,\omega)$（以後下添字の零を省略）は複素数（実数部 R と虚数部 I）なので次式のように表わせる。

$$w(x,\omega) = R\left[w(x,\omega)\right] + iI\left[w(x,\omega)\right] = \left|w(x,\omega)\right| e^{i\theta(x,\omega)} \tag{4.5-5a}$$

ここに、

$$\left|w(x,\omega)\right| = \sqrt{R\left[w(x,\omega)\right]^2 + I\left[w(x,\omega)\right]^2}, \quad \theta(x,\omega) = \tan^{-1}\left(\frac{I\left[w(x,\omega)\right]}{R\left[w(x,\omega)\right]}\right) \tag{4.5-5b}$$

したがって、地表面の鉛直方向変位は式(4.5-5)を式(4.5-4)に代入して次式で表わせる。

$$w(x,t) = q_0 \left| w(x,\omega) \right| \mathrm{e}^{-i\omega\left[t - \frac{\theta(x,\omega)}{\omega}\right]} \qquad (4.5\text{-}6)$$

ここで、式(4.4-6) の位相角が一定の点の移動する速さは位相速度 $C(x,\omega)$ と呼ばれる。

$$\omega t - \theta(x,\omega) = \text{constant} \qquad (4.5\text{-}7)$$

上式の両辺を t で微分すると次式が得られる。

$$\omega - \frac{d\theta(x,\omega)}{dx}\frac{dx}{dt} = 0 \qquad (4.5\text{-}8)$$

これより次式の位相速度が求められる。

$$\frac{dx}{dt} = C(x,\omega) = \frac{\omega}{\dfrac{d\theta(x,\omega)}{dx}} \qquad (4.5\text{-}9a)$$

上式の位相速度は央差分で表すと次式のようになる。

$$C(x,\omega) = \frac{2\Delta x \cdot \omega}{\theta(x + \Delta x, \omega) - \theta\left(x - \Delta x, \omega\right)} \qquad (4.5\text{-}9b)$$

数値計算では、式 (4.5-9b) より位相速度を求める。なお、式 (4.5-9) から位相速度は位相角の場所 x に関する微分で与えられるため、2 地点間距離 Δx の選定では注意が必要である。試算例では、2 地点間距離 Δx として 1(m)を利用する。

■例題 4.5-1

中央差分の精度を考察せよ。

$C(x)(= C(x,\omega))$ は次式のように級数展開できる。

$$C(x + \triangle x) = C(x) + C'(x)\triangle x + \frac{1}{2!}C''(x)(\triangle x)^2 + \frac{1}{3!}C'''(x)(\triangle x)^3 + \cdots \qquad (a)$$

この式から次式のような差分式(前進差分)を求めることができる。

$$C'(x) = \frac{C(x + \triangle x) - C(x)}{\triangle x} + O(\triangle x)$$

ここに、$O(\triangle x)$ は $\triangle x$ のオーダーの誤差を表す。式 (a) の $\triangle x$ を $-\triangle x$ にして次式を作り、

$$C(x-\Delta x)=C(x)-C'(x)\Delta x+\frac{1}{2!}C''(x)(\Delta x)^2-\frac{1}{3!}C'''(x)(\Delta x)^3+\cdots \quad \text{(b)}$$

式 (a) から式 (b) を引くと次式の中央差分式が得られる。

$$C'(x)=\frac{C(x+\Delta x)-C(x-\Delta x)}{2\Delta x}+O((\Delta x)^2) \quad \text{(c)}$$

中央差分式の誤差は $(\Delta x)^2$ のオーダーで、前進差分式に比べ精度が高い。

4.5.2　方法の検証に用いる地盤モデルとその特性

P・SV 波問題を対象とし図 4.5-1 に示す半無限弾性体地盤上の 3 層水平弾性体とする。荷重点近傍（荷重点から 2（m）離れた地点）の地表面上の鉛直方向変位の位相速度の振動数特性から地盤の層厚と各層の弾性定数（S 波と P 波速度）を推定する。表 4.5-1 ～ 3 には、3 つの地盤モデルの層厚と地盤物性値を示す。図 4.5-2 ～ 4 は 3 つの地盤モデルを示す。Case1 の地盤は、深さとともに各層の弾性定数が大きくなる普通の堆積層地盤を、Case2 と 3 は不規則な堆積地盤モデルである。Case2 では表面から 2 番目の層の弾性定数が小さく、Case3 では大きい弾性定数を持つ。

表 4.5-1　地盤モデル Case1 の物性値

H(m)	Cp(m/s)	Cs(m/s)	ν	ρ (kg/m^3)	Q
2.5	484.7	180.0	0.42	1800.0	25
4.0	588.7	250.0	0.39	1800.0	25
3.5	748.5	340.0	0.37	1800.0	25
∞	898.0	480.0	0.30	2000.0	50

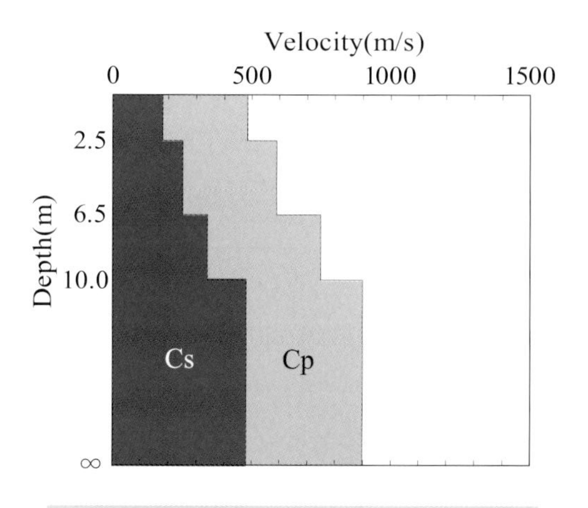

図 4.5-2　地盤モデル Case1 の速度構造

表 4.5-2　地盤モデル Case2 の物性値

H(m)	Cp(m/s)	Cs(m/s)	ν	ρ (kg/m^3)	Q
2.5	550.3	250.0	0.37	1800.0	25
4.0	484.7	180.0	0.42	1800.0	25
3.5	588.7	250.0	0.39	1800.0	25
∞	898.0	480.0	0.30	2000.0	50

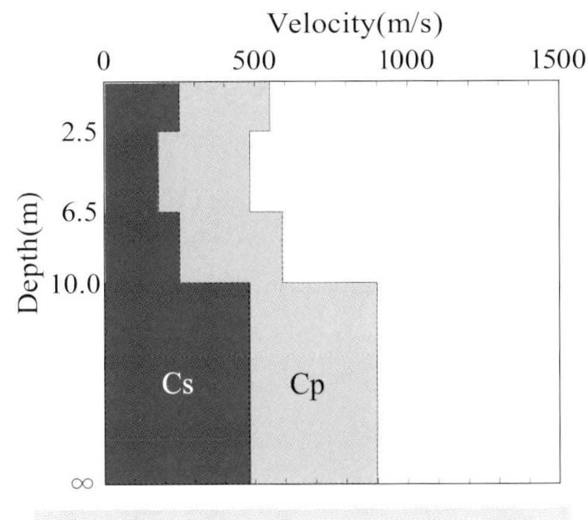

図 4.5-3　地盤モデル Case2 の速度構造

表 4.5-3　地盤モデル Case3 の物性値

H(m)	Cp(m/s)	Cs(m/s)	ν	ρ (kg/m^3)	Q
2.5	484.7	180.0	0.42	1800.0	25
4.0	748.5	340.0	0.37	1800.0	25
3.5	588.7	250.0	0.39	1800.0	25
∞	898.0	480.0	0.30	2000.0	50

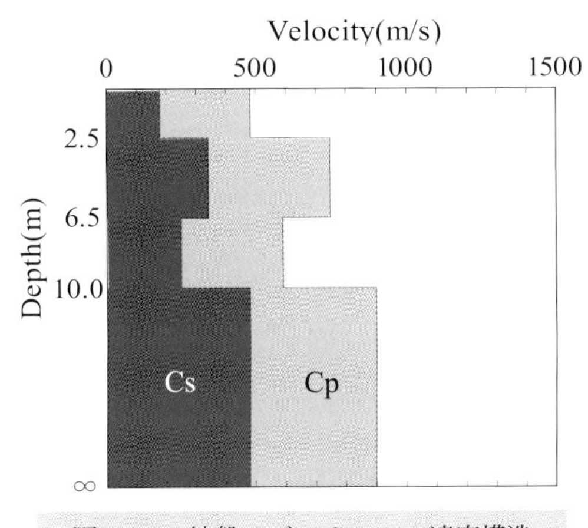

図 4.5-4　地盤モデル Case3 の速度構造

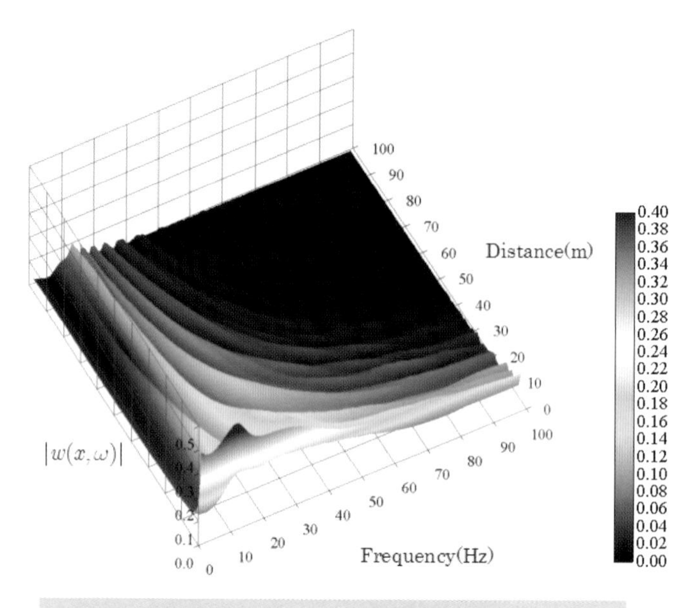

図4.5-5　地盤モデルCase1の振幅特性(3次元鳥瞰図)

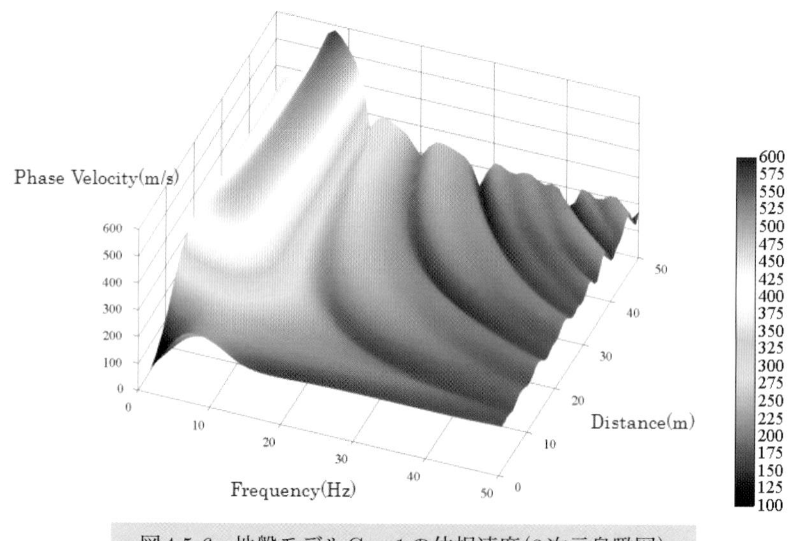

図4.5-6　地盤モデルCase1の位相速度(3次元鳥瞰図)

(1) 3つの地盤モデルの振幅特性と位相速度の振動数特性

地盤の応答特性(振幅特性$|w(x,\omega)|$と位相速度$c(x,\omega)$)は地点xと振動数ωの関数である。地盤の振幅特性と位相速度を算出した結果を以下に示す。

図4.5-5と図4.5-6は、地盤モデルCase1の振幅特性と位相速度の空間・振動数分布を3次元鳥瞰図で表したものである。図4.5-5に示す振幅特性から約10(Hz)(卓越振動数)で振幅値が大きくなり、遠距離および高振動数になるにつれて複雑に波打ちながら値が変化して

いることがわかる。また、図 4.5-6 に示す位相速度から振幅特性の卓越振動数(約 10(Hz))付近で位相速度の振幅が増幅していることがわかる。そして、振幅特性と同じように遠距離および高振動数になるにしたがって複雑に波打つように値が変化している。

(2) 高振動数領域での位相速度と地表近傍の S 波速度

上記(1)で示した高振動数領域における位相速度特性と地表面近傍(第 1 層目)の S 波速度の関係を S 波速度とレイリー波速度の関係を用いて示す。

高振動数領域では波長が短くなるためレイリー波は地表に近い地層内にエネルギーが集中し深い地盤の影響を受けず、地表にごく近い地層を半無限弾性体としたレイリー波速度で水平方向に伝播する。したがって、高振動数領域での位相速度は地表にごく近い地層を半無限弾性体としたレイリー波速度になるため、高振動数領域の位相速度の計測で地表にごく近い地層(第 1 層目)の S 波速度を推定することができる。

以上のことを数値計算で確認するため、Case1 から Case 3 の地盤モデルの第 1 層地盤を半無限弾性体とすると、この半無限弾性体のレイリー波速度は振動数に依存せず一定値となり物性値から簡単に計算できる（3 章例題 3.2-2)。Case 1 と Case 3 のレイリー波速度は 170.1(m/s)、Case 2 では 234.5(m/s)となる。これらのレイリー波速度とポアソン比より S 波速度は表 4.5-1 から表 4.5-3 の値になる。

地盤モデル毎に、レイリー波速度と荷重点から 2 (m) 地点の位相速度の関係を求めた。図 4.5-7 は Case1 の結果を示が、高振動数では 2(m)地点の位相速度は破線で示されるレイリー波速度と完全に一致することがわかる。

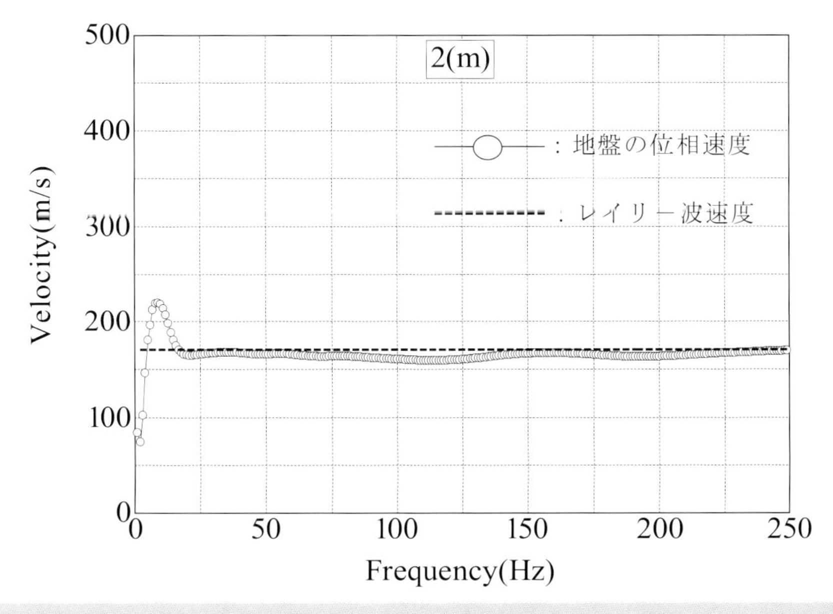

図 4.5-7　地盤モデル Case1 の位相速度と 1 層目を半無限弾性体とした時のレイリー波速度の関係

4.5.3　地盤構造と地盤物性値の推定方法

4.5.2 項の伝達関数と位相速度の振動数特性や地表面近傍地盤の S 波速度との関係を基に、位相速度の情報を使って地盤構造と地盤の物性値を推定する方法を説明する。

表 4.5-1 や図 4.5-2 の地盤モデルの位相速度を計算しこれを真値とする。地盤推定問題では、地表面の 1 地点に鉛直方向の調和振動荷重を作用させて、加振点近傍（1 ～ 3 (m)）の 2 地点間の位相速度を測定するものと仮定する。この測定位相速度が数値実験の真値となる。

推定する地盤構造と物性値は、各層の厚さと密度、S 波速度、P 波速度、材料減衰定数である。試算例では、密度と材料減衰定数が位相速度の振動数特性に与える影響は小さいので、これらは推定すべき変数とせずに真値として固定した結果を示す（斉藤ら, 2007）。推定方法の手順を示すと以下のようになる。

(1) 地盤の地表面に調和振動外力を作用させた時に生じる波が 2 地点間を伝播する時の位相速度を観測値として設定する。

(2) 初期値として、各層の層厚や弾性定数を適当に設定する。この際、加振点近傍の高振動数領域での位相速度が地盤の地表面付近の物性を反映していることから（上記 (2)参照）、この値を参照して地盤の 1 層目の S 波速度 C^*_{S1} を近似して設定する。

(3) 初期地盤に対して位相速度を計算し、観測値と推定値の 2 乗和誤差 ε（式(4.5-10)）が限りなく零に近づくまで繰り返し計算を行う。

(4) 2 乗和誤差 ε が限りなく零に近づいた場合は、その時設定されている初期値の層厚や弾性定数を推定する地盤の層厚や弾性定数とし、収束しない場合は、(2) に戻って新たに初期値を設定し収束するまでこの手順を繰り返す。

試算例では、2 乗和誤差の最小値を探索する方法として既往のマルカート法（Marquardt, 1963）を使用し、P 波速度の代わりにポアソン比を変数として計算した。

$$\varepsilon = \frac{1}{m-n+1}\sum_{i=n}^{m}\left[\left(y_i - g_i\right) / C^*_{S1}\right]^2 \qquad (4.5\text{-}10)$$

ここに、ε : 位相速度の 2 乗和誤差、n, m : 位相速度のデータ番号、y : 真値地盤の位相速度(m/s)、g : 推定地盤の位相速度(m/s)、C^*_{S1} : 推定地盤の 1 層目の S 波速度(m/s)。

4.5.4　数値計算例による推定法の検証

真値地盤の層数は事前にわからないので地盤モデル Case1 から Case 3 の地盤モデルの層数よりも多い層数（ここでは 5 層）を仮定した初期地盤モデルから推定する。本推定では加振点から距離 2(m)地点の振動数 1(Hz)毎の 5 ～ 60(Hz)間の位相速度の観測値を用いた。斉藤ら (2007) は 3 つの地盤モデルで完全な推定ができることを確認しているが、ここでは、Case2 の結果を示す。Case2 の地盤モデルの密度と Q 値は真値地盤と同じである（表 4.5-2 参照）。表 4.5-4 に設定した 5 層の初期地盤の層厚と物性値を示す。

図 4.5-8 は、真値地盤と初期地盤の速度構造を比較したものである。図 4.5-9 には、初期地盤の位相速度と真値地盤の位相速度の比較を示す。この場合、初期地盤と真値地盤の位相速度の 2 乗和誤差は、5.46×10^0 で 8 回の繰り返し計算後の 2 乗和誤差は、8.18 ×

表 4.5-4　設定した初期地盤の物性値

H(m)		Cp(m/s)		Cs(m/s)		ν		ρ (kg/m³)	Q
1.4	2.5	423.1	550.3	242.0	250.0	0.26	0.37	1800.0	25
2.0		346.2		167.9		0.35		1800.0	25
1.5	4.0	923.1	484.7	303.0	180.0	0.44	0.42	1800.0	25
2.0		363.2		132.1		0.42		1800.0	25
0.9	3.5	1507.6	588.7	384.0	250.0	0.47	0.39	1800.0	25
∞		1178.5/898.0		549.8/480.0		0.36/0.30		2000.0	50

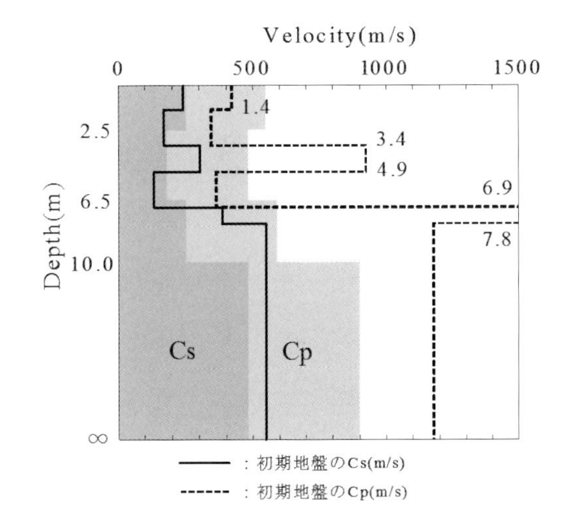

図 4.5-8　初期地盤の速度構造

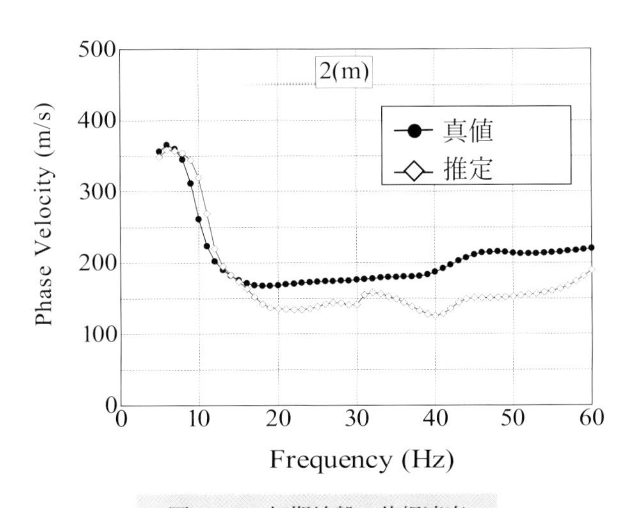

図 4.5-9　初期地盤の位相速度

10^{-11}となった。この時の推定地盤の層厚と地盤物性値を表4.5-5に、推定地盤の速度構造を真値地盤のものと比較したものを図4.5-10に示す。この表と図から、完全に真値地盤が推定されていることがわかる。図4.5-11には、推定地盤と真値地盤の位相速度の比較を示すが、完全に一致している。

表4.5-5　推定地盤の物性値

H(m)		Cp(m/s)		Cs(m/s)		ν		ρ (kg/m³)	Q
2.5	2.5	550.3	550.3	250.0	250.0	0.37	0.37	1800.0	25
0.73		484.7		180.0		0.42		1800.0	25
3.27	4.0	484.7	484.7	180.0	180.0	0.42	0.42	1800.0	25
3.5	3.5	588.7	588.7	250.0	250.0	0.39	0.39	1800.0	25
0		664.1		282.0		0.39		1800.0	25
∞		898.0/898.0		480.0/480.0		0.30/0.30		2000.0	50

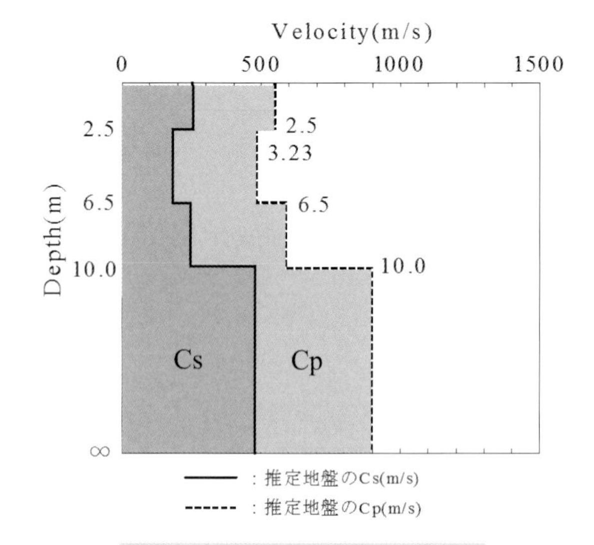

図4.5-10　推定地盤の速度構造

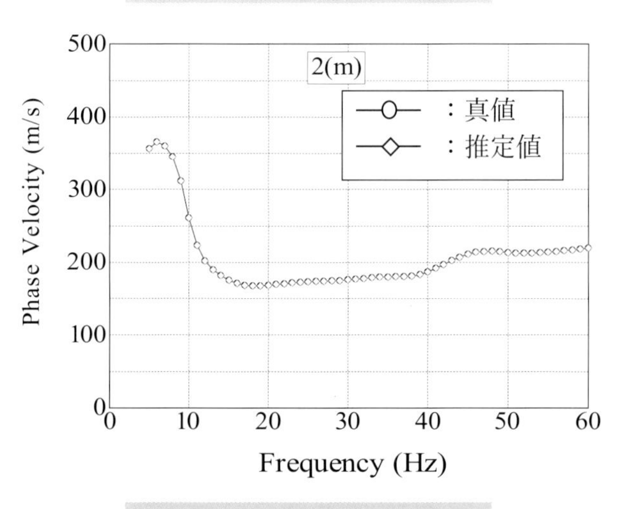

図4.5-11　推定地盤の位相速度

4.5.5　2 次元と 3 次元問題

これまでは、2 次元の P・SV 波問題として取り扱ってきたが、3 次元問題への拡張は 3 章で示したように簡単である。3 次元問題では、鉛直荷重による鉛直方向の動的グリーン関数は式(3.3-10)のように 3 次元と 2 次元問題で同じになる。すなわち、

$$G_{zz}(\kappa_x, \kappa_y, \omega, z; z_{so}) = G_{zz}(\kappa, \omega, z; z_{so}) \tag{4.5-11}$$

したがって、地表面鉛直変位は、調和鉛直荷重 $q_w e^{-i\omega t}$ に P・SV 波問題の動的グリーン関数 $G_{zz}(\kappa, \omega, z; z_{so})$ をかけて式(3.3-7)に従い波数に関する 2 重フーリエ変換から求められる。

$$\begin{aligned} w(x, y, \omega) &= \frac{q_w e^{-i\omega t}}{(2\pi)^2} \iint G_{zz}(\kappa, \omega) e^{i(\kappa_x x + \kappa_y y)} d\kappa_x d\kappa_y \\ &= q_w e^{-i\omega t} G_{zz}(x, y, \omega) \end{aligned} \tag{4.5-12a}$$

ここに、$\kappa = \sqrt{\kappa_x^2 + \kappa_y^2}$ で、κ_x, κ_y に関する積分範囲は $-\infty$ から ∞ である。

上式は、式(3.3-25)を使うと次式のようなベッセル関数の 1 重積分となる。

$$\begin{aligned} w(r, \omega) &= \frac{q_w e^{-i\omega t}}{2\pi} \int_0^\infty J_0(\kappa r) G_{zz}(\kappa, \omega) \kappa d\kappa \\ &= q_w e^{-i\omega t} \tilde{G}_{zz}(r, \omega) \end{aligned} \tag{4.5-12b}$$

円筒座標で示すと、鉛直荷重による鉛直変位の波動場は角度 θ に依存せず、荷重点から等方に広がることがわかる。2 重フーリエ変換かベッセル関数を含む 1 重積分を採用するかは問題に依存するが、2 重フーリエ変換では 1 回の高速 2 重フーリエ変換により離散化した全ての点の鉛直変位が求められる。2 次元問題の式(4.5-4)を上式の動的グリーン関数の形式で示すと次式のようになる。

$$\begin{aligned} w_0(x', t) &= q_0 e^{-i\omega t} \frac{1}{2\pi} \int_{-\infty}^{\infty} G_{zz}(\kappa, \omega) e^{i\kappa x'} d\kappa \\ &= q_0 e^{-i\omega t} G_{zz}(x', \omega) \end{aligned} \tag{4.5-13}$$

地表面の鉛直調和振動荷重による地表面の鉛直変位波形に関する 2 次元と 3 次元問題で重要な点は、式(4.5-11)のように動的グリーン関数は両者で同じであるが、その積分が両者で違うことにある。図 4.5-2 の Case1 のような標準的な地盤モデルではレイリー波のみが支配的なので、この場合 2 次元と 3 次元の違いは無いと考えられる。しかし、図 4.5-3 や図 4.5-4 の Case2、Case3 の地盤モデルでは、P 波、S 波、レイリー波が混在し、荷重点近傍では特に混在波における各波の振幅が 2 次元と 3 次元の積分によって異なるので、両者に多少の違いが出ると思われる。

4.6　動的グリーン関数による基礎構造物への地盤反力の計算法

4.6.1　3 次元半無限元弾性体表面の調和振動荷重による表面変位の数値解

3 次元半無限弾性体の表面上の矩形剛体基礎の動的復元力（複素ばね係数と反力特性）を 3 章の動的グリーン関数を用いて計算する。振動数領域の動的グリーン関数の値を求めには波数積分が必要となる。この波数積分には、2 重フーリエ変換とベッセル関数を含む 1 重積分かの 2 通りあるが、3 章 3.4.3 項のようにどちらの計算も同じ結果となる。

ここでは、円筒座標系のベッセル関数を含む 1 重積分を使う。この積分では適切に波数領域を分割したガウス積分を使うが、波数が大きい領域ではオイラー変換により収束を加速させる等の工夫が必要となる。ここでは、吉田（1994）および日本建築学会（1996）に整理された数値解を用いる。

(1) 鉛直調和振動荷重による鉛直変位

式(3.4-15b)の動的グリーン関数に鉛直荷重 $P\mathrm{e}^{\pm i\omega t}$ をかけて荷重点から距離 r の鉛直変位は、次式で与えられる。

$$w(\omega;\mathbf{x}_{so}) = g_{zz}(\omega;\mathbf{x}_{so})P\mathrm{e}^{\pm i\omega t} = \frac{iP\mathrm{e}^{\pm i\omega t}}{2\pi\mu}\int_0^\infty \frac{\kappa\nu\left(\dfrac{\omega}{C_S}\right)^2}{R(\kappa)}J_0(\kappa r)d\kappa \tag{4.6-1}$$

ここに、鉛直荷重は $P\mathrm{e}^{i\omega t}, P\mathrm{e}^{-i\omega t}$ の 2 つの場合を想定し $P\mathrm{e}^{\pm i\omega t}$ と一般化している。

金井・田治見ら（1968）に従い吉田（1994）および日本建築学会（1996）に整理された数値解は、上式を直接に書かずに 3 章の補足 3.3 で示した次式のような数値解を与えている。

$$w(\omega;\mathbf{x}_{so}) = \frac{iP\mathrm{e}^{\pm i\omega t}}{2\pi\mu}\int_0^\infty \frac{\kappa\nu\left(\dfrac{\omega}{C_S}\right)^2}{R(\kappa)}J_0(\kappa r)d\kappa = \frac{(1-\nu_P)}{2\pi\mu}\frac{P\mathrm{e}^{\pm i\omega t}}{r}(f_1 \pm if_2) \tag{4.6-2}$$

ここに、ν_P はポアソン比を表す。また、

$$f_1 \pm if_2 = \frac{ir}{1-\nu_P}\int_0^\infty \frac{\kappa\nu\left(\dfrac{\omega}{C_S}\right)^2}{R(\kappa)}J_0(\kappa r)d\kappa \tag{4.6-3}$$

金井・田治見ら（1968）は無次元振動数$(\omega r \,/\, C_S) < 1$程度で適用できる次式を提案している。

$$w(\omega;\mathbf{x}_{so}) = \frac{(1-\nu_P)}{2\pi\mu}\frac{P\mathrm{e}^{\pm i\omega t}}{r}\mathrm{e}^{\mp i1.33\frac{\omega r}{C_S}} \tag{4.6-4}$$

図 4.6-1 はポアソン比 0.4 の場合、式（4.6-2）の複素関数 $f_1 \pm if_2$ の f_1, f_2 を無次元振動数毎でプロットしたものである（f_1：黒実線、f_2 赤実線）。同図には、式（4.6-4）の近似式を黒と赤の点線でプロットしている。

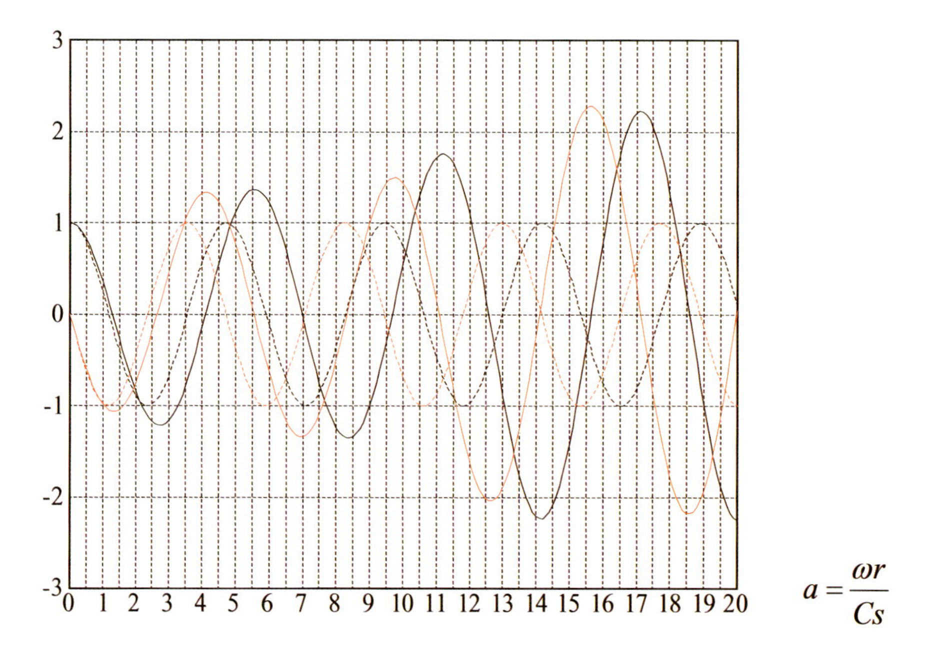

図 4.6-1　鉛直調和振動の基本関数 f_1, f_2 の振動数特性（ポアソン比 $\nu_P = 0.40$）

(2) 水平調和振動荷重による水平変位

式（3.4-14a）の動的グリーン関数に水平荷重 $P\mathrm{e}^{\pm i\omega t}$ をかけて荷重点から距離 r の水平変位は、次式のように求められる。

$$\begin{aligned} u(\omega;\mathbf{x}_{so}) &= g_{xx}(\omega;\mathbf{x}_{so})P\mathrm{e}^{\pm i\omega t} \\ &= \frac{iP\mathrm{e}^{\pm i\omega t}}{4\pi\mu}\left(\int_0^\infty\left(\frac{\gamma\left(\frac{\omega}{C_S}\right)^2}{R(\kappa)}+\frac{1}{\gamma}\right)J_0(\kappa r)\kappa d\kappa - \cos 2\theta\int_0^\infty\left(\frac{\gamma\left(\frac{\omega}{C_S}\right)^2}{R(\kappa)}-\frac{1}{\gamma}\right)J_2(\kappa r)\kappa d\kappa\right) \end{aligned} \tag{4.6-5}$$

吉田（1994）および日本建築学会（1996）に整理された数値解は 3 章補足 3.3 のように数値解を与えている。

$$u(\omega;\mathbf{x}_{so}) = \frac{iPe^{\pm i\omega t}}{4\pi\mu}\left(\int_0^\infty\left(\frac{\gamma\left(\frac{\omega}{C_S}\right)^2}{R(\kappa)}+\frac{1}{\gamma}\right)J_0(\kappa r)\kappa d\kappa - \cos 2\theta\int_0^\infty\left(\frac{\gamma\left(\frac{\omega}{C_S}\right)^2}{R(\kappa)}-\frac{1}{\gamma}\right)J_2(\kappa r)\kappa d\kappa\right)$$
$$= \frac{1}{4\pi\mu}\frac{Pe^{\pm i\omega t}}{r}(g_1 \pm ig_2 + \cos 2\theta(h_1 \pm ih_2)) \tag{4.6-6}$$

ここに、

$$g_1 \pm ig_2 = ir\int_0^\infty\left(\frac{\gamma\left(\frac{\omega}{C_S}\right)^2}{R(\kappa)}+\frac{1}{\gamma}\right)J_0(\kappa r)\kappa d\kappa,\ h_1 \pm ih_2 = -ir\int_0^\infty\left(\frac{\gamma\left(\frac{\omega}{C_S}\right)^2}{R(\kappa)}-\frac{1}{\gamma}\right)J_2(\kappa r)\kappa d\kappa \tag{4.6-7}$$

金井・田治見ら(1968)は$(\omega r\ /\ C_S) < 1$程度での次式の近似式を提案している。

$$u(\omega;\mathbf{x}_{so}) = \frac{1}{4\pi\mu}\frac{Pe^{\pm i\omega t}}{r}\left[(2-\nu_P)e^{\mp i0.88\frac{\omega r}{C_S}} + (A_1 + A_2)\cos 2\theta\right] \tag{4.6-8a}$$

$$A_1 = (2-\nu_P)e^{\mp i0.88\frac{\omega r}{C_S}} - 2(2-\nu_P)\frac{\sin 0.88\frac{\omega r}{C_S} - i(1-\cos 0.88\frac{\omega r}{C_S})}{0.88\frac{\omega r}{C_S}}$$
$$A_2 = 4\frac{\sin 0.88\frac{\omega r}{C_S} - i(1-\cos 0.88\frac{\omega r}{C_S})}{0.88\frac{\omega r}{C_S}} - 2e^{\mp i0.88\frac{\omega r}{C_S}} \tag{4.6-8b}$$

図 4.6-2 は、ポアソン比 0.4 での式(4.6-7)の複素関数$g_1 \pm ig_2, h_1 \pm ih_2$の$g_1; g_2$(図 4.6-2a)、$h_1, h_2$(図 4.6-2b)を無次元振動数でプロットしたものである(g_1, h_1 :黒実線、g_2, h_2赤実線)。同図には、近似式(4.6-8)を黒と赤の点線でプロットしている。

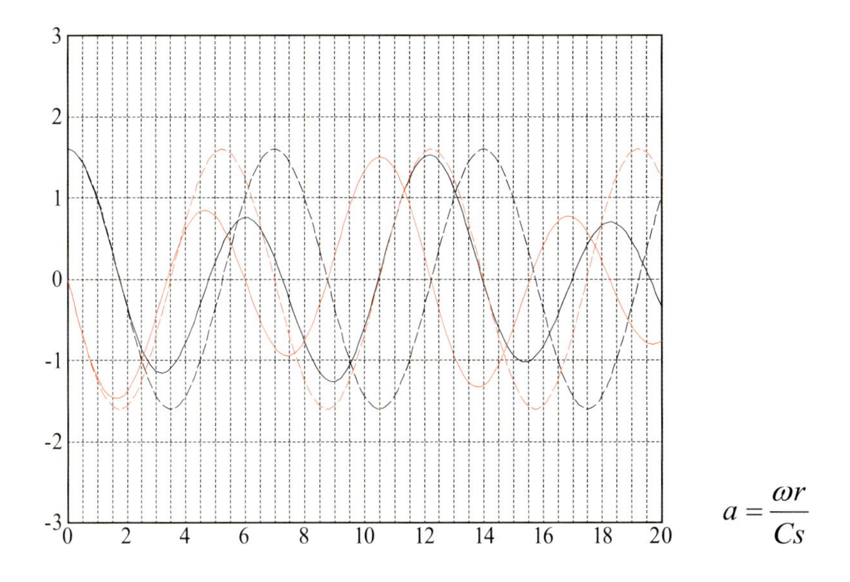

図 4.6-2a　水平調和振動の基本関数 g_1, g_2 の振動数特性（ポアソン比 $\nu_P = 0.40$）

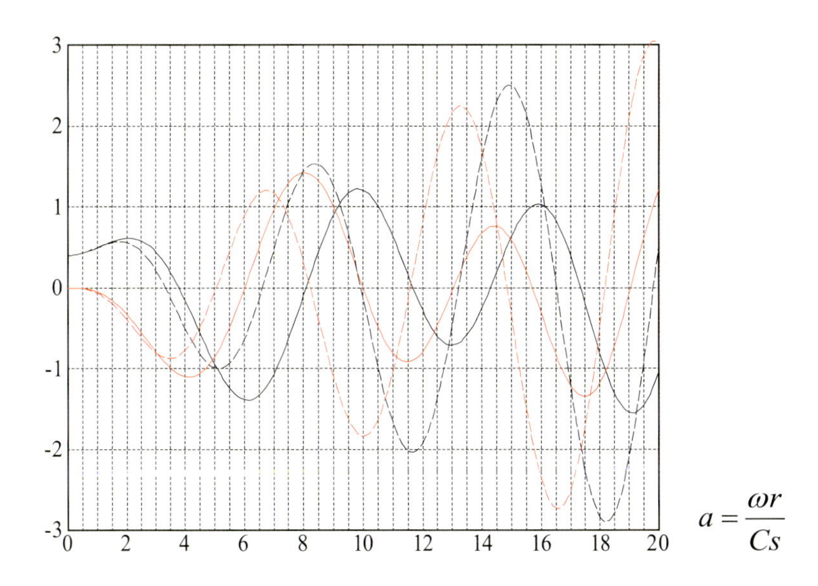

図 4.6-2b　水平調和振動の基本関数 h_1, h_2 の振動数特性（ポアソン比 $\nu_P = 0.40$）

4.6.2　動的グリーン関数を用いた剛体基礎の複素ばね係数と動的反力の計算（半無限弾性体の場合）

(1) 解析モデルと解析方法

ここでは、動的グリーン関数による剛体基礎の復元力特性の解析法を記述する。コンピュータによる数値積分を念頭に図 4.6-3 のように基礎面直下地盤を微小エレメントに分割し、I 要素の中央加振力と J 要素の中央変位の関係を表す柔性行列を求め、基礎面全体の柔性行列を作成する。これにより地盤の動的復元力特性を求める。

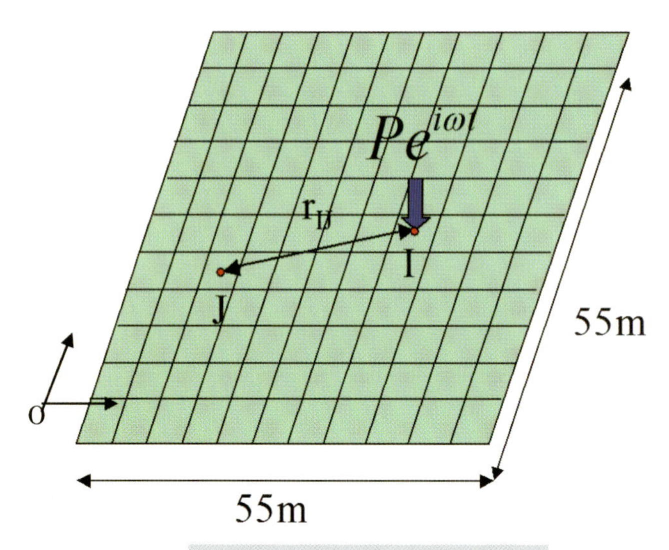

図 4.6-3 基礎底面地盤分割図

加振要素（$I = J$）では要素を面積等価な円とし、等分布力に対する要素中心の柔性で代表させる。したがって、

上下加振の場合：

$$\begin{pmatrix} V_1 \\ \vdots \\ V_J \\ \vdots \\ V_N \end{pmatrix} e^{i\omega t} = \begin{pmatrix} g_{11} & \cdots & & g_{1N} \\ & \ddots & & \\ \vdots & & g_{JI} & \vdots \\ & & \ddots & \\ g_{N1} & \cdots & & g_{NN} \end{pmatrix} \begin{pmatrix} P_1 \\ \vdots \\ P_I \\ \vdots \\ P_N \end{pmatrix} e^{i\omega t} \tag{4.6-9}$$

外力ベクトル P_I と変位ベクトル V_J の係数は柔性行列 g_{JI} である。これは動的グリーン関数 $g_{zz}(\omega;\mathbf{x}_{so})$ なので式(4.6-2)と 3 章補足 3.3 の式(A3.3-10b)より次式で与えられる。

$$g_{JI} = \begin{cases} \dfrac{1-\nu_P}{2\pi\mu}\left(\dfrac{f_1 + if_2}{r_{JI}}\right)\cdots(J \neq I) \\ \dfrac{1-\nu_P}{\pi\mu R_I}\left(\dfrac{\sin(\kappa_1 R_I)}{\kappa_1 R_I} - i\dfrac{1-\cos(\kappa_1 R_I)}{\kappa_1 R_I}\right)\cdots(J = I) \end{cases} \tag{4.6-10}$$

ここに、$\kappa_1 = 1.33$、R_I は I 要素の面積等価な円の半径を意味する。

水平加振では、式(4.6-6)と 3 章補足 3.3 の式(A3.3-12b)より次式で与えられる。

$$g_{JI} = \begin{cases} \dfrac{1}{4\pi\mu}\left(\dfrac{g_1 + ig_2 + \left(h_1 + ih_2\right)\cos 2\theta}{r_{JI}}\right)\cdots\left(J \neq I\right) \\ \dfrac{2-\nu_P}{2\pi\mu R_I}\left(\dfrac{\sin\left(\kappa_2 R_I\right)}{\kappa_2 R_I} - i\dfrac{1-\cos\left(\kappa_2 R_I\right)}{\kappa_2 R_I}\right)\cdots\left(J = I\right) \end{cases} \tag{4.6-11}$$

ここに、$\kappa_2 = 0.88$。

以上のように柔性行列 g_{JI} が動的グリーン関数で与えられるので、剛性行列 k_{IJ} はその逆行列で求められる。すなわち、式(4.6-9)を力と変位の関係式に書き換えると、

$$\begin{pmatrix} P_1 \\ \vdots \\ P_I \\ \vdots \\ P_N \end{pmatrix} e^{i\omega t} = \begin{pmatrix} k_{11} & & \cdots & & k_{1N} \\ & \ddots & & & \\ \vdots & & k_{IJ} & & \vdots \\ & & & \ddots & \\ k_{N1} & & \cdots & & k_{NN} \end{pmatrix} \begin{pmatrix} V_1 \\ \vdots \\ V_J \\ \vdots \\ V_N \end{pmatrix} e^{i\omega t} \tag{4.6-12a}$$

ここに、

$$\begin{pmatrix} k_{11} & & \cdots & & k_{1N} \\ & \ddots & & & \\ \vdots & & k_{IJ} & & \vdots \\ & & & \ddots & \\ k_{N1} & & \cdots & & k_{NN} \end{pmatrix} = \begin{pmatrix} g_{11} & & \cdots & & g_{1N} \\ & \ddots & & & \\ \vdots & & g_{JI} & & \vdots \\ & & & \ddots & \\ g_{N1} & & \cdots & & g_{NN} \end{pmatrix}^{-1} \tag{4.6-12b}$$

式 (4.6-12a) の変位ベクトル V_J に任意の強制変位を代入すると応答外力ベクトル P_I が求まる。剛体基礎の場合、変位ベクトル V_J に一様変位を与えればよい。強制変位とその応答外力から地盤の動的複素ばね係数(剛性)が求められる。

水平動の場合も上下動と同様である。x 軸周りの回転加振時では、上下加振時の解に基づき、基礎中央回転軸からの各要素の x 座標に比例した変位を与え、応答外力から回転軸まわりのモーメントを求める。回転角とモーメントから地盤の回転複素ばね係数(剛性)が求められる。

(2) 解析モデルと初期条件

上下加振、水平加振、回転加振に対して、図 4.6-3 に示す 55 (m) × 55 (m) の剛体基礎の動的複素剛性と各振動数毎の動的ブシネスク地盤反力分布を求める。地盤定数は、せん断弾性定数 : $\mu = 29400(\mathrm{tf/m^2})$、ポアソン比 : $\nu_P = 0.40$、せん断波速度 : $C_S = 400(\mathrm{m/s})$とする。また、要素数は 121 とする。

動的複素剛性は、振動数毎に各要素の反力を総和して求められる。動的複素剛性の実部(黒線)は地盤ばね係数を、虚部(赤線)は減衰係数を表す。上下加振、水平加振、回転加振に対し、1 ～ 10(Hz)時の動的複素剛性を図 4.6-4 ～図 4.6-6 に示す。

また、振動数 10(Hz)時の動的ブシネスク地盤反力分布を図 4.6-7 ～図 4.6-9 に示す。

(ton/cm)
300000
200000
100000
0
0 1 2 3 4 5 6 7 8 9 10
(Hz)

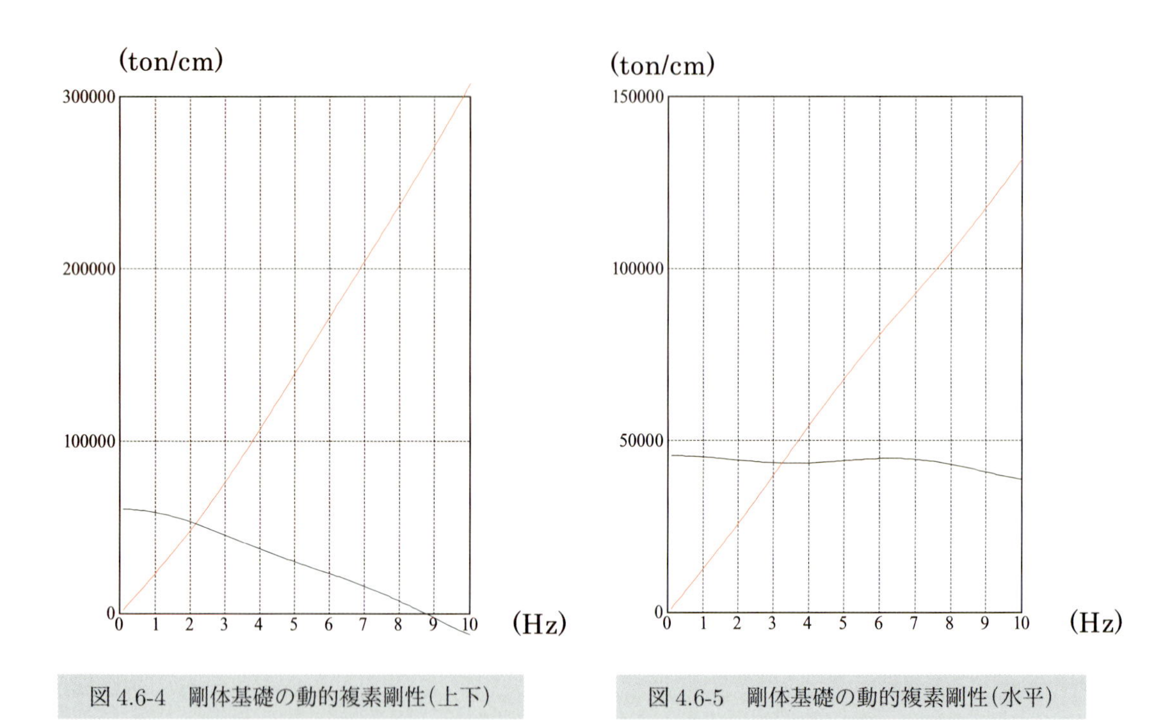

図 4.6-4　剛体基礎の動的複素剛性(上下)

(ton/cm)
150000
100000
50000
0
0 1 2 3 4 5 6 7 8 9 10
(Hz)

図 4.6-5　剛体基礎の動的複素剛性(水平)

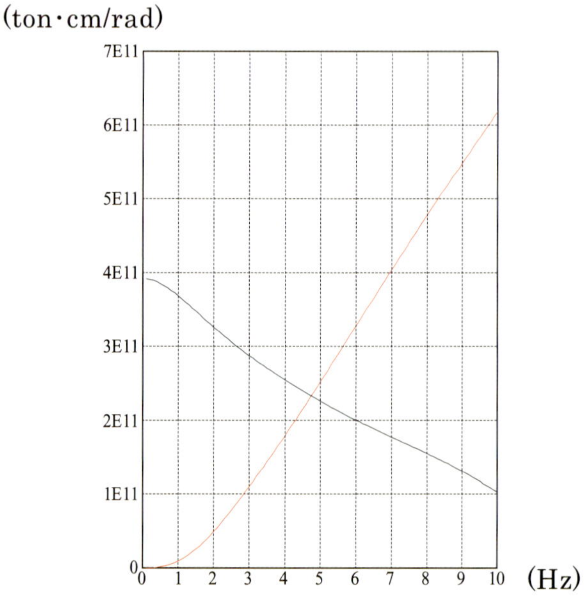

(ton・cm/rad)
7E11
6E11
5E11
4E11
3E11
2E11
1E11
0
0 1 2 3 4 5 6 7 8 9 10
(Hz)

図 4.6-6　地盤の動的複素剛性(回転)

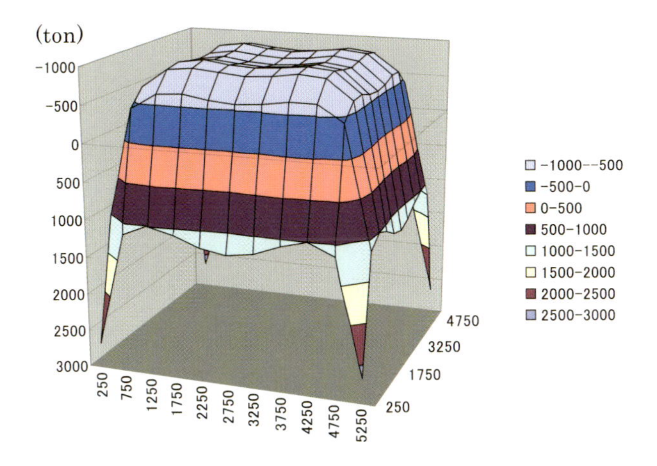

図 4.6-7　動的ブシネスク地盤反力分布図(上下加振(10(Hz))強制一様変位 1(cm))

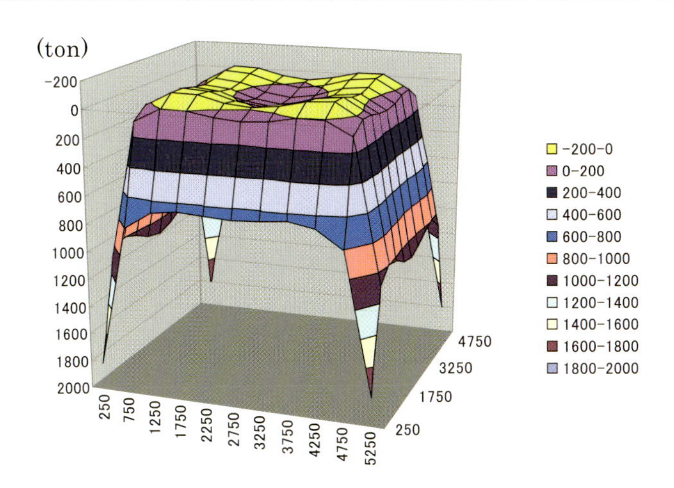

図 4.6-8　動的ブシネスク地盤反力分布図(水平加振(10(Hz))強制一様変位 1(cm))

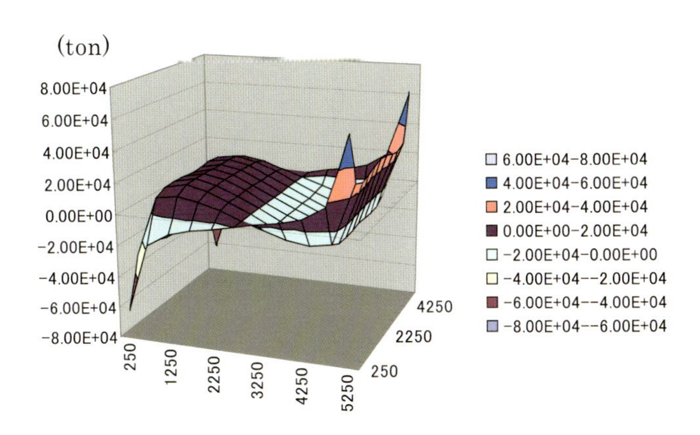

図 4.6-9　動的ブシネスク地盤反力分布図(回転加振(10(Hz))強制回転角 0.01(rad))

4.6.3 動的グリーン関数を用いた剛体埋め込み基礎と杭の複素ばね係数の計算(水平多層弾性体の場合)

(1) 剛体埋め込み基礎の複素ばね係数

前述した 4.6.2 項の方法は、水平多層弾性体に埋め込まれた剛体基礎の複素ばね係数の計算に拡張することができる。すなわち、

1) 3.3.4 項の水平多層弾性体の動的グリーン関数 $g_{kl}(\mathbf{x},\omega;\mathbf{x}_{so})$ は波数に関する2重フーリエ変換から計算できる。したがって、剛体埋め込み基礎が占める水平多層弾性体に適当な数の節点 $n^3(=n\times n\times n)$ を設けると、この動的グリーン関数を係数とした式(4.6-9)の節点変位と荷重点外力の関係が求められる。

2) この後の計算手順は、4.6.2 項の方法と同じであるが埋め込み基礎の場合には、剛体埋め込み基礎が占める水平多層弾性体の質量と剛性の影響が動的グリーン関数に含まれるので、剛体埋め込み基礎が占める各節点が代表する弾性体と同体積の弾性体の剛性と質量の影響を差し引く必要がある。ただし、基礎の剛性に比べると弾性体と同体積の弾性体の剛性の影響は小さく、質量の影響(慣性力)の方が大きいので、同体積の弾性体の慣性力を差し引いておけばよい。

以下では、剛体基礎の並進と回転(スウェイ・ロッキング)の連成運動に対する剛体基礎底面の複素ばね係数を上記の計算方法で求める計算式を記述する。

式 (4.6-9) のような任意の節点変位と荷重点荷重の関係式と式 (4.6-12) を次式のベクトルと行列を使って表す。

$$\mathbf{V}=\mathbf{g}\mathbf{P},\ \mathbf{P}=\mathbf{k}\mathbf{V},\ \mathbf{k}=\mathbf{g}^{-1} \tag{4.6-13}$$

ここに、変位と荷重ベクトルを各軸方向成分に分けて次式のように表す。

$$\mathbf{V}=\begin{pmatrix}\mathbf{v}_x\\ \mathbf{v}_y\\ \mathbf{v}_z\end{pmatrix},\ \mathbf{P}=\begin{pmatrix}\mathbf{p}_x\\ \mathbf{p}_y\\ \mathbf{p}_z\end{pmatrix},\ \mathbf{v}_j=\begin{pmatrix}v_{j1}\\ v_{j2}\\ \vdots\\ v_{jn}\end{pmatrix},\ \mathbf{p}_j=\begin{pmatrix}p_{j1}\\ p_{j2}\\ \vdots\\ p_{jn}\end{pmatrix} \tag{4.6-14}$$

並進と回転の連成運動を扱うので変位や力・モーメントの各軸成分を取り出すため、次式の幾何学的変換係数ベクトルと弾性体の各節点の質量行列(対角行列)を導入する。

$$\mathbf{T}_x=\begin{pmatrix}\mathbf{1}\\ \mathbf{0}\\ \mathbf{0}\end{pmatrix},\ \mathbf{T}_\theta=\begin{pmatrix}\mathbf{z}_i\\ \mathbf{0}\\ \mathbf{x}_i\end{pmatrix},\ \mathbf{M}=\begin{pmatrix}\mathbf{m}_x & \mathbf{0} & \mathbf{0}\\ \mathbf{0} & \mathbf{m}_y & \mathbf{0}\\ \mathbf{0} & \mathbf{0} & \mathbf{m}_z\end{pmatrix} \tag{4.6-15}$$

剛体基礎の並進運動による基礎底面中心点の水平複素ばね K_{xx} は、全ての節点で x 軸方向の変位のみに単位変位を与え($\mathbf{P}=\mathbf{k}\mathbf{T}_x$)、その他の軸方向変位を零とした時の各

節点の力（$\mathbf{P}=\mathbf{k}\mathbf{T}_x$）の x 軸方向の合力（$\mathbf{p}_x=\mathbf{T}_x^T\mathbf{P}$）から弾性体の x 軸方向の慣性力（$-\omega^2\mathbf{m}_x\mathbf{T}_x$）を差し引いて求められる。すなわち、

$$\begin{aligned} K_{xx} &= \mathbf{p}_x-\left(-\omega^2\mathbf{m}_x\mathbf{T}_x\right)=\mathbf{T}_x^T\mathbf{P}+\left(\omega^2\mathbf{T}_x^T\mathbf{M}\mathbf{T}_x\right)=\mathbf{T}_x^T\mathbf{k}\mathbf{T}_x+\left(\omega^2\mathbf{T}_x^T\mathbf{M}\mathbf{T}_x\right) \\ &= \mathbf{T}_x^T\left(\mathbf{g}^{-1}+\omega^2\mathbf{M}\right)\mathbf{T}_x \end{aligned}$$

このような x 軸方向の変位のみに単位変位を与えた時、各節点の力は基礎底面回りにモーメントとして作用する。このモーメントを求めると基礎底面中心点の水平・回転連成複素ばね $K_{\theta x}$ が次式のように求められる。

$$\begin{aligned} K_{\theta x} &= \mathbf{T}_\theta^T\mathbf{P}+\left(\omega^2\mathbf{T}_\theta^T\mathbf{M}\mathbf{T}_x\right)=\mathbf{T}_\theta^T\mathbf{k}\mathbf{T}_x+\left(\omega^2\mathbf{T}_\theta^T\mathbf{M}\mathbf{T}_x\right) \\ &= \mathbf{T}_\theta^T\left(\mathbf{g}^{-1}+\omega^2\mathbf{M}\right)\mathbf{T}_x \end{aligned}$$

同様に、剛体基礎の回転による基礎底面中心点の回転複素ばね $K_{\theta\theta}$ は、底面の中心軸（y 軸)回りに単位の回転角($\theta=1$)のみを与えた時の各節点変位による力($\mathbf{P}=\mathbf{k}\mathbf{T}_\theta$)の基礎底面中心点回りのモーメント($\mathbf{T}_\theta^T\mathbf{P}$)として次式のように求められる。

$$\begin{aligned} K_{\theta\theta} &= \mathbf{T}_\theta^T\mathbf{P}+\left(\omega^2\mathbf{T}_\theta^T\mathbf{M}\mathbf{T}_\theta\right)=\mathbf{T}_\theta^T\mathbf{k}\mathbf{T}_\theta+\left(\omega^2\mathbf{T}_\theta^T\mathbf{M}\mathbf{T}_\theta\right) \\ &= \mathbf{T}_\theta^T\left(\mathbf{g}^{-1}+\omega^2\mathbf{M}\right)\mathbf{T}_\theta \end{aligned}$$

以上をまとめると、剛体基礎の並進と回転の連成運動に対する剛体基礎底面の複素ばね係数は、次式のように整理することができる。

$$\begin{pmatrix} K_{xx} & K_{x\theta} \\ K_{\theta x} & K_{\theta\theta} \end{pmatrix}, K_{x\theta}=K_{\theta x} \tag{4.6-16a}$$

ここに、$\mathbf{T}_x, \mathbf{T}_\theta, \mathbf{M}$ は式 (4.5-15) で与えられる幾何学的変換係数ベクトルと弾性体の各節点の質量行列(対角行列)を表す。また、$\mathbf{g}^{-1}$ は動的グリーン関数の逆行列を意味する。

$$\begin{aligned} K_{xx} &= \mathbf{T}_x^T\left(\mathbf{g}^{-1}+\omega^2\mathbf{M}\right)\mathbf{T}_x \\ K_{\theta x} &= \mathbf{T}_\theta^T\left(\mathbf{g}^{-1}+\omega^2\mathbf{M}\right)\mathbf{T}_x \\ K_{\theta\theta} &= \mathbf{T}_\theta^T\left(\mathbf{g}^{-1}+\omega^2\mathbf{M}\right)\mathbf{T}_\theta \end{aligned} \tag{4.6-16b}$$

上式の添字には規則性があるので、次式のように 1 つにまとめることもできる。

$$K_{ij}=\mathbf{T}_i^T\left(\mathbf{g}^{-1}+\omega^2\mathbf{M}\right)\mathbf{T}_j, \quad i,j=x,\theta \tag{4.6-17}$$

(2) 杭基礎の地盤複素ばね係数

この場合の地盤複素ばね係数行列 $\mathbf{K}$ は、杭の各節点の動的グリーン関数から杭の各節点

と置き換わるすべての弾性体柱と同体積の質量による慣性力を差し引いて求められる。

$$\mathbf{K} = \mathbf{g}^{-1} + \omega^2 \mathbf{M} \tag{4.6-18}$$

荷重点と変位の評価点が一致する場合には、動的グリーン関数は無限大となるので荷重点を中心とする半径(杭の半径)の円内に等分布荷重が作用した時の中心で変位を評価する。

4.6.4　静的グリーン関数を用いた剛体基礎と杭の非線形地盤ばね係数モデル

(1) 非線形地盤ばね係数モデルの特徴

地盤を弾性体とした時の剛体基礎や杭基礎の地盤反力係数と地盤複素ばね係数は、前項のように動的グリーン関数を使って厳密に評価できる。しかし、基礎と地盤の相対変位が大きくなると、地盤ばね係数の非線形性の影響が大きくなる。そこで、基礎と地盤の接触面の単位面積当たりに作用する地盤反力と基礎の変位の関係を表すウィンクラー(Winkler)モデルの考え方を採用した非線形地盤ばね係数モデルについて説明する。この非線形地盤ばね係数モデルの特徴は以下のようである。

1) 基礎周辺地盤は、引っ張り力に耐えずモール・クーロンの破壊基準に従うものとして骨格曲線を定める（原田ら, 1988, 2007)。この仮定により本モデルでは、法線方向の地盤応力（引っ張り・圧縮応力）とせん断地盤応力が連成する。例えば、圧縮応力が大きくなれば限界せん断地盤応力は大きくなりすべりが発生し難くなる。逆に、引っ張り応力時には基礎と地盤が剥離するのでせん断応力は発生しない。
2) 本モデルでは、法線方向の地盤応力の履歴特性はコンクリートのクラックモデル（田辺, 2004）を採用する。本モデルのせん断地盤応力の履歴特性は、法線方向の地盤応力の履歴特性とモール・クーロンの破壊基準から自動的に決められる。
3) このような基礎と地盤の接触面の単位面積当たりに作用する地盤反力と基礎変位の関係を表すWinklerモデルの考え方の導入により、これまで上部構造物系で多用されているファイバー要素モデルの考え方（野中ら, 2010）が、地盤・基礎系に対して使えるようになり、比較的簡単かつ基礎と上部橋梁系を全て応力・歪レベルで統一的な解析手順によりモデル化すること(ミクロモデルと呼ぶ)が可能となる。

(2) 非線形地盤ばね係数モデル

基礎と地盤の接触面の単位面積当りに作用する地盤反力と基礎変位の関係を、基礎表面の法線、鉛直、水平方向の3成分毎に図4.6-10と図4.6-11のような非線形ばね特性を持つ法線方向の地盤反力係数 k_n とせん断方向の地盤反力係数 k_s を用いてモデル化する。すなわち、基礎表面の法線方向とせん断方向の骨格曲線は式(4.6-19)のように表す。

$$\sigma_n=\begin{cases}0 & 0\le u\\ k_n u & -u_p<u<0,\\ -\sigma_p & -u_p\ge u\end{cases}\quad \tau=\begin{cases}k_s v & |v|<v_0\\ \mathrm{sgn}(v)\tau_0 & |v|\ge v_0\end{cases} \tag{4.6-19}$$

ここに、sgn はサイン関数であり u,v は基礎表面の法線方向とせん断方向の基礎変位を表す。

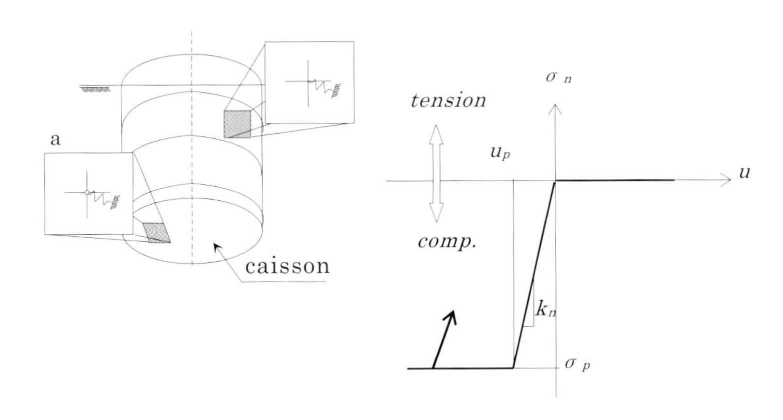

図 4.6-10　非線形地盤反力モデル(法線方向)

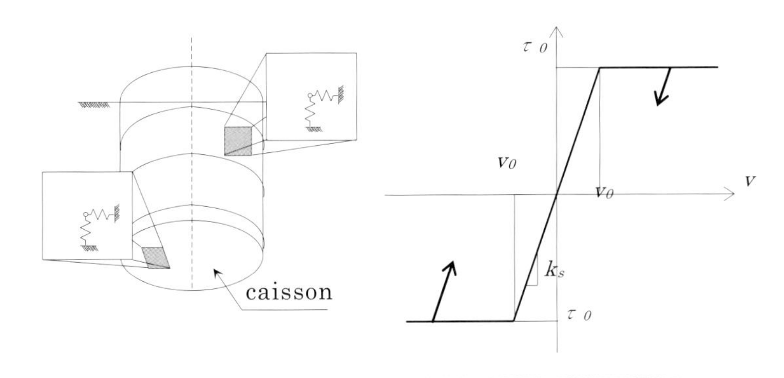

図 4.6-11　非線形地盤反力モデル(せん断方向)

ここで、基礎底面の法線方向の σ_n は、基礎の自重による沈下位置から基礎の変位がスタートするものとし、$\sigma_p = q_u$ (圧縮極限支持応力) とする (図 4.6-10)。また、基礎側面の法線方向の σ_n は、次式の静止土圧 σ_s が常に作用するものとし、圧縮極限応力 σ_p は、次式のランキンの受動土圧で与えられるものとする。

$$\sigma_s=\sigma_0 k_0,\qquad \sigma_p=\sigma_0 k_p+2c\sqrt{k_p},\qquad \sigma_0=\gamma_t z \tag{4.6-20}$$

ここに、c は基礎と地盤の間の粘着係数である。σ_0 は地表面から深さ z 点の鉛直方向の土の応力を表し、土の単位体積重量を γ_t とする。また、k_0 と k_p は静止土圧係数と受動土圧係数を表し、土の内部摩擦角を Φ_s とすると、次式で与えられる。

$$k_0 = 1 - \sin\Phi_s, \qquad k_p = \tan^2\left(45^\circ + \frac{\Phi_s}{2}\right) \tag{4.6-21}$$

式(4.6-19)のすべり限界応力 τ_0 はモール・クーロンの破壊基準を用いて次式のように基礎表面の法線方向応力 σ_n の関数として与えられる。

$$\tau_0 = c + \sigma_n \tan\Phi_s \tag{4.6-22}$$

したがって、提案する基礎と地盤の接触面の単位面積当りに作用する地盤反力モデルでは、基礎と地盤の接触面の法線方向の応力とせん断方向の応力は連成する((1)参照)。以上の式(4.6-19)から(4.6-22) の係数の評価式を以下に示す。

圧縮極限支持応力 q_u は道路橋示方書より次式から推定する。

$$q_u = \alpha c N_c + \frac{1}{2}\beta\gamma_1 B N_r + \gamma_2 D_f N_q \tag{4.6-23}$$

ここに、c は基礎底面より下にある地盤の粘性力、γ_1 は基礎底面より下にある地盤の単位体積重量、γ_2 は基礎底面より上にある周辺地盤の単位重量、α は地盤底面係数、β は地盤底面係数、B は基礎幅、D_f は基礎の有効根入れ深さ、N_c, N_q, N_r は支持力係数を示す。

式 (4.6-19) の法線方向地盤反力係数 k_n とせん断方向地盤反力係数 k_s は、鉛直方向と水平方向地盤反力係数 k_V, k_H と同じで、$k_n = k_V$, $k_s = k_H$ となる。基礎側面の第 i 層と基礎底面の鉛直方向と水平方向地盤反力係数 k_{Vi}, k_{Hi} の方向と記号は図 4.6-12 のように表す。この法線方向と水平方向地盤反力係数は補足 3.3 (4) の半無限弾性体表面上の円形基礎の複素ばね係数を単位面積当たりの力と基礎変位の関係で次式のように与えられる。

したがって、地盤反力係数 k_n とせん断方向の地盤反力係数 k_s は次式で与えられる。

$$k_n = \frac{\mu}{\left(1 - \nu_P\right)\sqrt{\dfrac{A_{ij}}{\pi}}}, \qquad k_s = \frac{2\mu}{\left(2 - \nu_P\right)\sqrt{\dfrac{A_{ij}}{\pi}}} \tag{4.6-24}$$

ここに、A_{ij} は図 4.6-12 のように地盤反力係数 k_n, k_s を設置する基礎表面の各要素の面積を表し、半径 a の剛体基礎と等価面積($A_{ij} = \pi a^2$)として与える。

以上のように基礎と地盤の接触面の単位面積当りに作用する非線形地盤ばねを図 4.6-13 のように配置し、各要素の非線形地盤反力を求めることができる。必要な物性値は、地盤の弾性定数並びに、土の密度、土の内部摩擦角である。

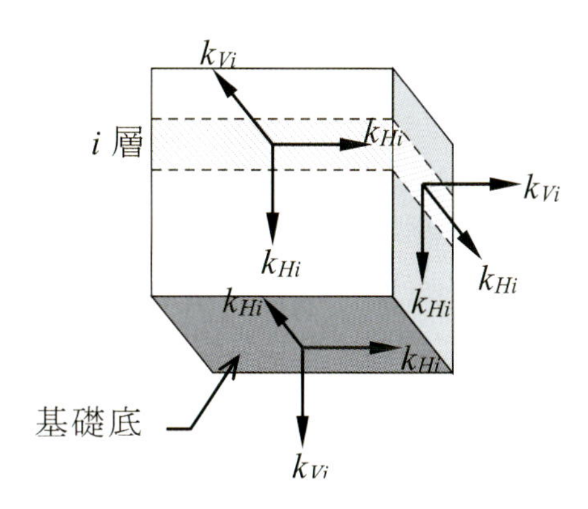

図 4.6-12　地盤反力係数の方向と記号

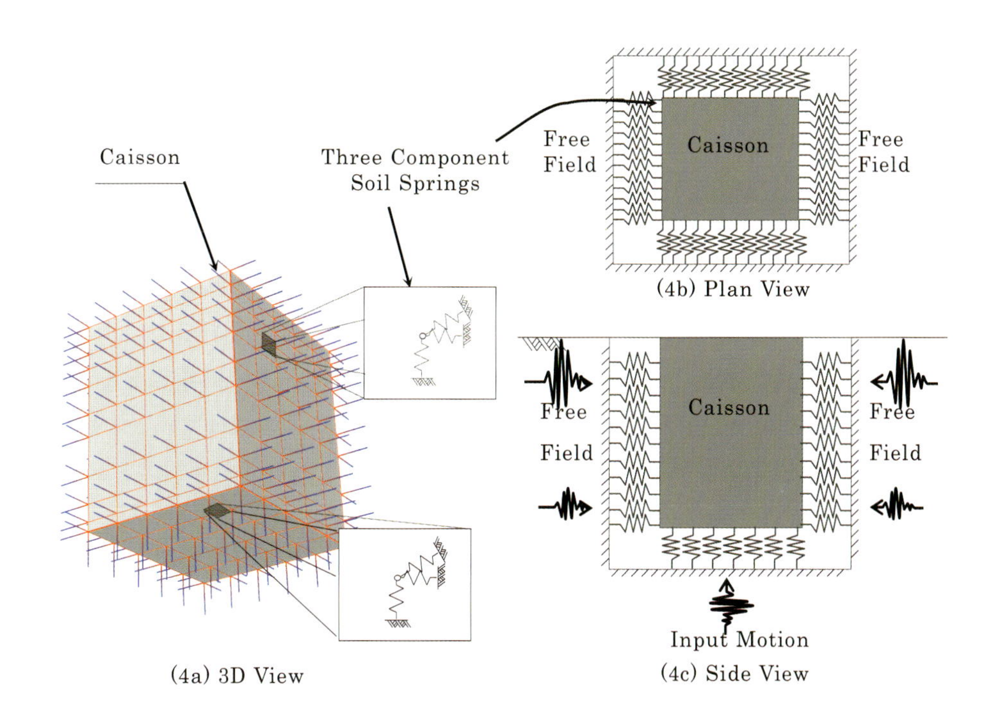

図 4.6-13　3 次元 Winkler モデル

(3) 直接基礎の非線形集約回転ばねの再現と実験結果との定性的比較

提案モデルの特性を示すために直接基礎の非線形集約回転ばねのモーメントと回転角の関係を上記 (2) のファイバー要素による Winkler モデルから従来多用される集約ばねを再現し、実験結果との定性的比較を示す（原田ら, 2007、Hrada *et al.*, 2008）。

図 4.6-14 は基礎寸法と 20 分割したパッチを示す。底面の各パッチに表 4.6-1 の地盤反力特性を持つ法線方向の非線形ばねを配置する。ここでは、次の 3 つの基礎支持力の場合を調べた。Case (1) 基礎支持力が高い場合（基礎端部支持力が極限支持力以内）、Case (2) 基礎

支持力がやや低い場合（基礎端部支持力が極限支持力を少し超える）、Case（3）基礎支持力が低い場合(基礎端部支持力が極限支持力を大きく超える)。支持力を超える場合の応力・変位曲線の第 2 勾配は第 1 勾配の 1/10 を仮定した。

図 4.6-15 は、提案モデルによる基礎のモーメントと回転角の非線形特性（非線形集約回転ばね、右図）および基礎端部の鉛直方向応力と変位の履歴曲線（左図）を示す。上段のものはCase(1)の結果で、端部の履歴曲線(左図)から端部支持力は極限支持力以内で、引っ張り力は零となり浮き上がりが発生している。このモーメントと回転角の非線形特性には履歴特性が現れず骨格曲線のみが非線形性を示す典型的な浮き上がりの回転ばねが再現されている。一方、Case(2)や Case(3)のように基礎端部の支持力が極限支持力を超える場合、中段と下段に示すモーメントと回転角の非線形性に履歴特性が現れてくる。

重要な点は、本モデルは図 4.6-10 と図 4.6-11 のような応力・変位特性にバイリニアーモデルを仮定し、これらを各要素に配置し集約ばねを求めると図 4.6-15 のように曲線的かつ履歴特性を有する非線形回転ばね特性が得られることである。

図 4.6-15 に示したモーメントと回転角の非線形特性は定性的な比較であるが、図 4.6-16 のような直接基礎の実験から得られている特性（Gerolymos and Gazetas,2006）と同じ傾向である。すなわち、図 4.6-16 の説明図にあるように基礎端部の支持力が不足してくると、そこで基礎の沈下が局部的に発生し基礎の浮き上がり面積が減少する。また、モーメント荷重が零となっても基礎は傾いた状態(回転角が零に戻らない)に留まり結果としてモーメントと回転角の履歴特性が成長する現象(マクロモデルの結果)が、提案モデル(ミクロモデル)から再現できている。

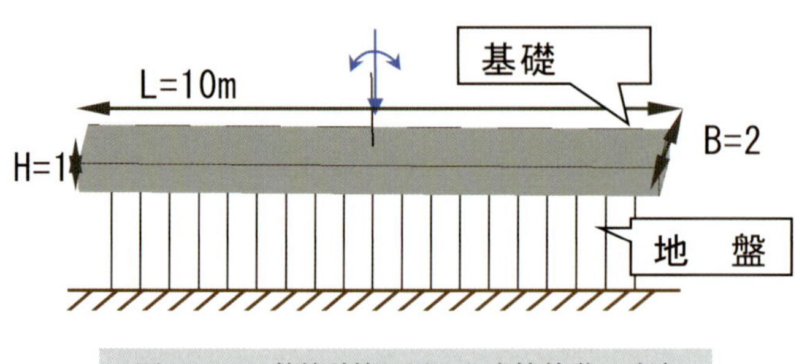

図 4.6-14　数値計算で用いた直接基礎の寸法

表 4.6-1　数値計算で用いた 3 ケースの地盤極限支持応力と地盤反力係数

解析ケース	q_u (kN/m^2)	K_V (kN/m^3)	K_{SB} (kN/m^3)
Case1	714.8	79060.7	47444.3
Case2	448.4	79060.7	47444.3
Case3	298.9	79060.7	47444.3

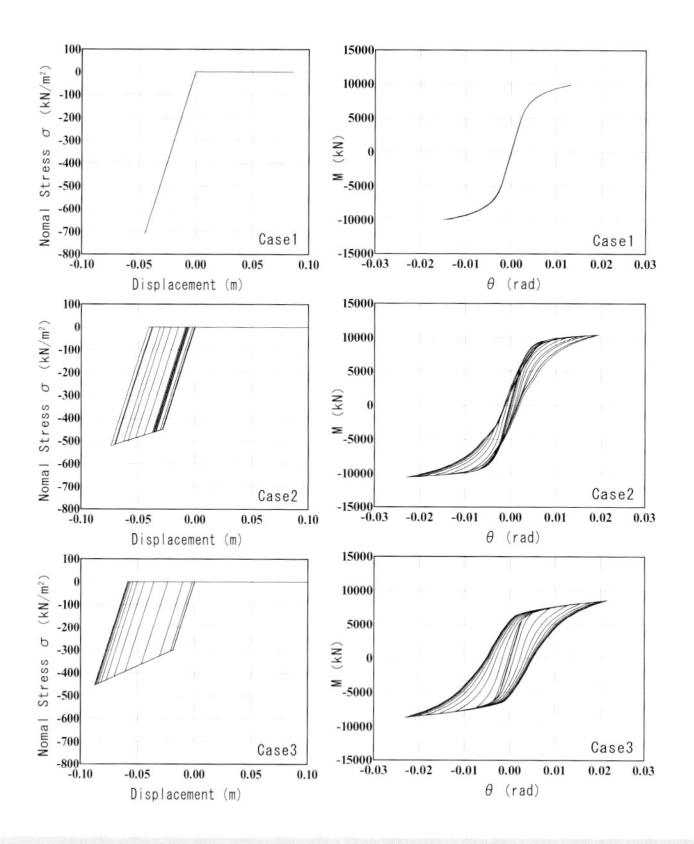

図 4.6-15　提案モデルから求めた3ケース毎の直接基礎のモーメントと回転角の履歴特性(右図)と基礎端部の鉛直方向の応力・変位の履歴曲線(左図)(Case1 上段、Case2 中段、Case3 下段)

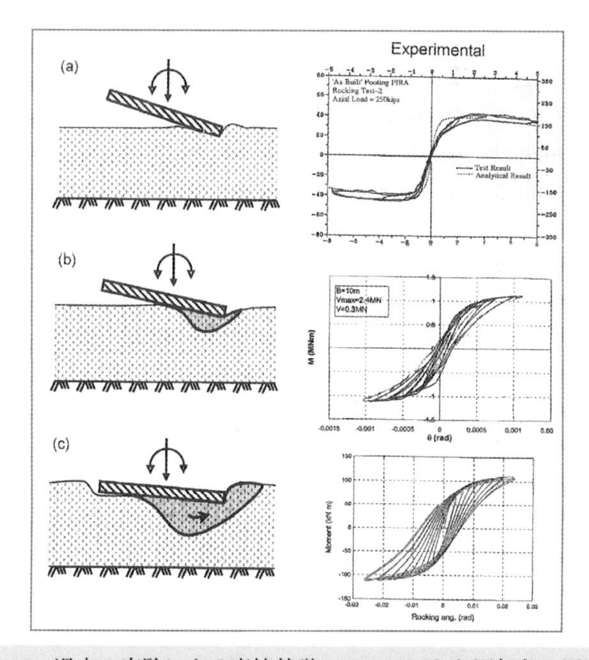

図 4.6-16　過去の実験による直接基礎のモーメントと回転角の履歴特性

(4) 提案モデルによる長大橋の解析試算例

1)長大橋モデルおよび解析方法

橋梁は、橋長1,000(m)(250+500+250)の長大斜張橋で軟弱地盤に建設されているものとする(詳細は原田ら, 2007, 2008参照)。P2、P3の基礎は大型ニューマチックケーソン(30(m)× 30(m))とする。図4.6-13のように地盤と基礎の接触面(基礎側面と基礎底面)を複数の長方形パッチに分割し、各パッチ内の地盤反力(応力)は一定として非線形地盤ばねを配置する。水の付加質量は無視し基礎の深さ方向には、11層に分割した各層の厚さ、密度、内部摩擦角を用いる。これらの地盤物性値から式(4.6-20)～式(4.6-24)で計算される土圧係数等を用いる。土の履歴減衰に比べ地下逸散減衰は小さいとし地下逸散減衰を無視した。

対象橋梁をファイバー要素法でモデル化し材料非線形性および幾何学的非線形性を考慮した動的複合非線形解析で検討を行う。上部工の減衰定数は1%レイイリー減衰を仮定した。

以上のようにして基礎・上部橋梁系をモデル化したものを図4.6-17aに示す。主部材や耐震上重要な部位のモデル化は次のように行った。

① 主塔と主桁は軸力変動と2軸曲げを考慮したファイバー要素でモデル化する。

② ケーブルはたわみ等の影響を考慮できるケーブル要素でモデル化した。

③ 主塔と主桁の接合部のモデル化では、地震時に主桁が橋軸方向に大きく移動することを考慮し、弾性支承やペンデル支承の動的挙動を精度よく表現できるようにした。

④ 基礎周辺地盤は(3)のファイバー要素によるWinklerモデルとした。

入力地震動は、1次元地盤モデルの等価非線形地震応答解析で得られる地盤の絶対加速度波形と絶対変位波形を用いた。

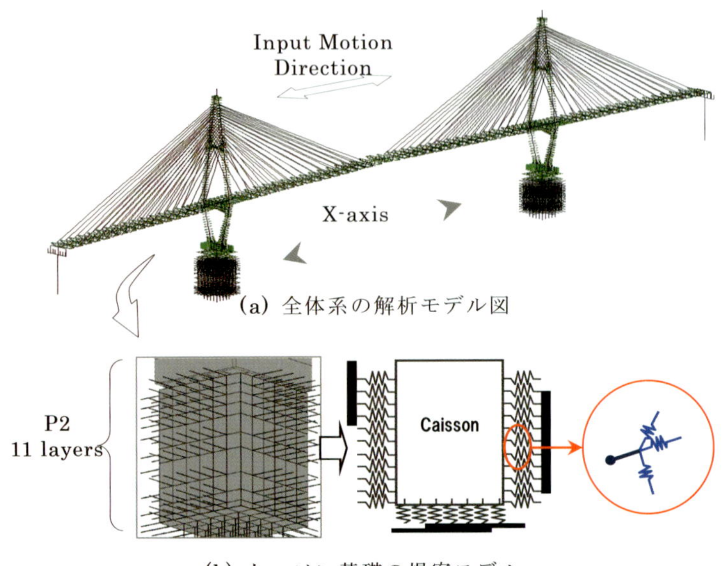

(a) 全体系の解析モデル図

(b) ケーソン基礎の提案モデル

図4.6-17 解析モデル概要

2）解析結果

ここでは、橋軸方向の主塔基部のせん断力と曲げモーメントとともに、本モデルの特徴である地盤と基礎の接触面の単位面積当たりの地盤反力（基礎面の法線方向応力とせん断方向応力）の波形と基礎変位の履歴曲線を抽出し概観する。

主塔基部の応答特性 :

図 4.6-18 と図 4.6-19 に主塔基部に発生するせん断力と 曲げモーメントの応答波形を示す。どちらの応答も線形系の応答のように見える（どちらかに片寄りのある波形ではない）。

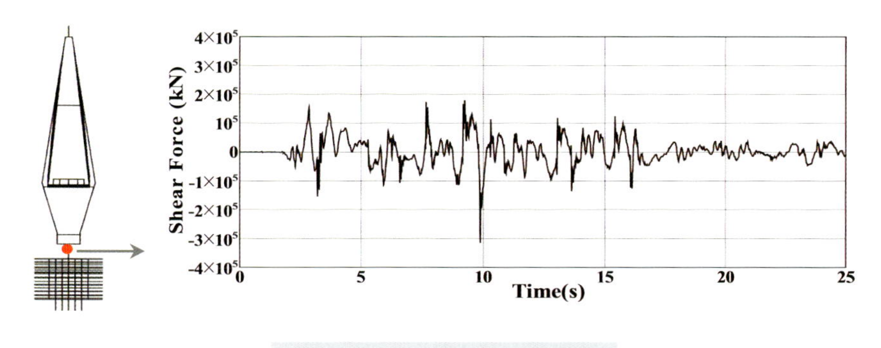

図 4.6-18　主塔基部せん断力

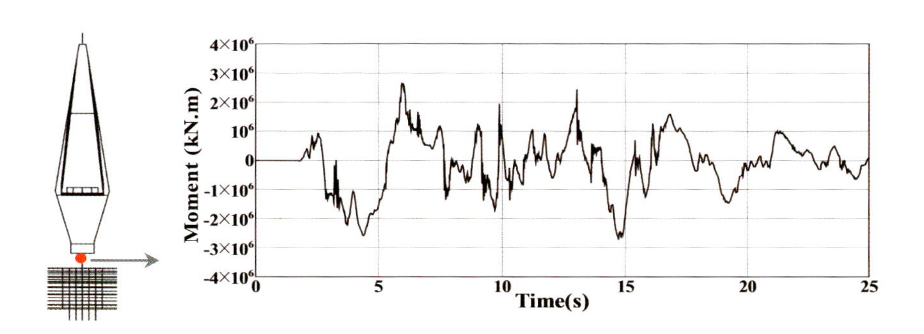

図 4.6-19　主塔基部曲げモーメント

基礎底面の応答特性 :

図 4.6-20a は基礎底面左端の鉛直方向の応力（圧縮と引張）と変位の関係を示す。この図の左側の鉛直応力・変位の履歴曲線から、基礎底面の左端が約 2.5（cm）浮き上がっているが、圧縮側の応力は圧縮極限応力以内であることがわかる。すなわち、基礎底部はわずかに浮き上がるが、支持力には問題は無いものと判断される。本解析では、死荷重作用後に動的解析をしているので死荷重により基礎の浮き上がりが抑えられている。例えば、図 4.6-20a 右図に示す鉛直方向の圧縮地盤応力波形は地震入力加速度が作用し始

める約２秒までは負の一定値となっている。また、地震入力加速度の大きさが小さく零とみなされる約25秒以降でも鉛直方向の圧縮地盤応力波形は負の一定値である。これらの圧縮地盤応力の値は長大橋の自重に相当する。

図4.6-20bは基礎底面の左端のせん断応力（すべり応力）と変位の関係を示す。せん断応力の履歴曲線は、すべり限界応力が式（4.6-22）のように鉛直応力に依存するために複雑な履歴曲線となる。圧縮応力（負の値）が大きくなればすべり限界応力も大きくなりせん断応力もそれに応じて大きくなっている。しかし、鉛直応力が引っ張り（零の値）の時にはせん断応力は零となっている。この理由は、本非線形地盤ばねモデルでは、浮き上がりが生じた場合、その基礎底面の地点でのせん断応力が期待できないためである。

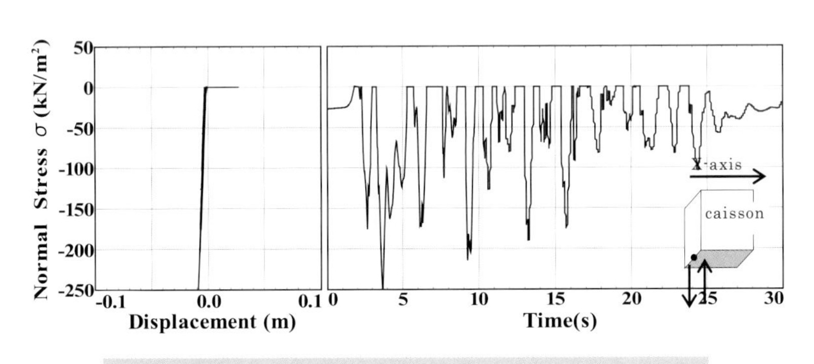

図4.6-20a　基礎底面鉛直応力・変位の履歴

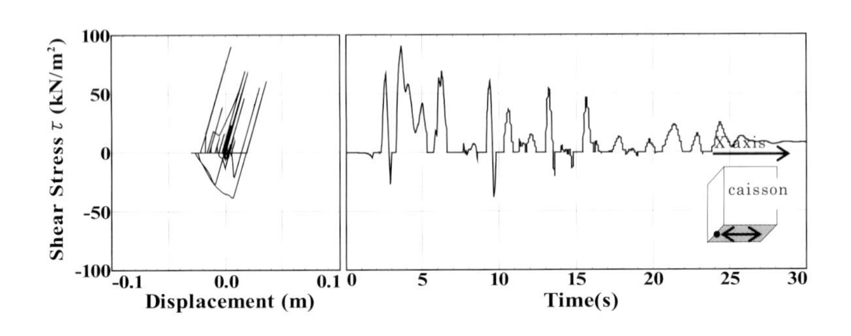

図4.6-20b　基礎底面せん断応力・変位の履歴

基礎側面の応答特性（第１層の単位面積当りの地盤反力・変位）

図4.5-21aは、第１層地盤の地震入力方向（橋軸方向）と直交する基礎側面の単位面積当たりの法線方向の地盤反力（圧縮と引張応力）と変位の関係およびその応力波形を示す。左図の法線方向応力と変位の履歴曲線から、圧縮側（負の応力）では地盤が降伏していること、引っ張り時には、地盤と基礎の間の応力は零で約６(cm)の剥離が生じていることがわかる。

図4.6-21bは、同じ地点の鉛直方向のせん断応力と変位の関係およびせん断応力波形を示

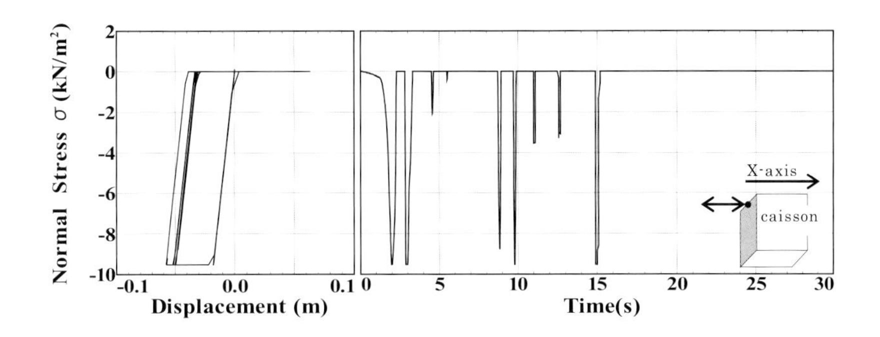

図 4.6-21a　基礎側面の法線応力・変位の履歴（第１層）

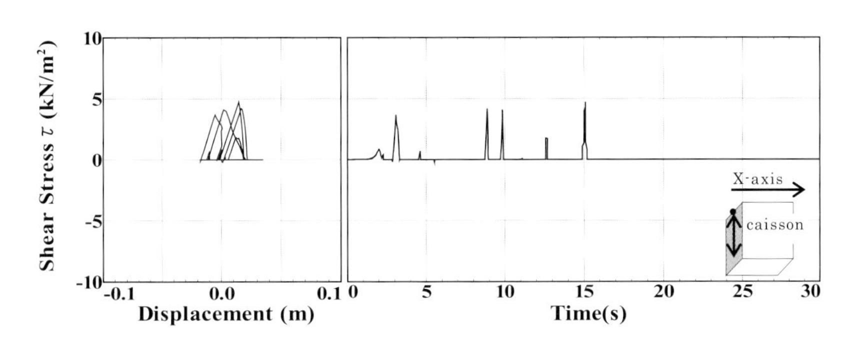

図 4.6-21b　基礎側面のせん断応力・変位の履歴（第１層）

す。せん断応力と変位の履歴曲線は、基礎底面と同じように複雑な履歴曲線である。図 4.6-21a,b の応力波形から、基礎と地盤の間に剥離が生じた時には、せん断応力は零となっていることがわかる。

本モデルは、各所の地盤反力波形を観察できるミクロモデルであるが、従来の集約地盤ばねモデルは各所の地盤反力波形特性を見れないマクロモデルということができよう。

4.7　不規則すべり時間関数のモデル化と短周期から長周期地震動の計算法

この節の不規則すべり時間関数のモデル化で必要となる定常ランダム時間関数のスペクトル表現とパワースペクトル密度関数、自己相関関数、それから導かれる定常ランダム時間関数の計算法を最初に説明する。具体例として、3 章までに説明した弾性波動理論に基づく決定論的地震動計算法における物理量に不確定性を取り入れた確率論的方法により、短周期から長周期地震動の計算例を示す。

4.7.1　スペクトル表現に基づくランダム時間関数の計算法

(1) 定常ランダム時間関数のスペクトル表現

複素関数として取り扱うのが便利で、実関数の場合には、その実部を取り出して求めるのが一般的である。そこで、平均値零の定常ランダム複素時間関数 $f(t)$ が次式のスペクトル表現で与えられることから出発する（例えば Batchelor,1953,Yaglom,1962,1987）。

$$f(t) = \int_{-\infty}^{\infty} \mathrm{e}^{-i\omega t} dZ_f(\omega) \tag{4.7-1}$$

ここに、$dZ_f(\omega)$ は次式を満足する平均値零の直交増分関数である。

$$dZ_f(\omega) = Z_f(\omega + d\omega) - Z_f(\omega), \quad E\left[dZ_f(\omega)\right] = 0$$

$$E\left[dZ_f(\omega)dZ_f^*(\omega)\right] = E\left[\left|dZ_f(\omega)\right|^2\right] = dF_{ff}(\omega), \quad S_{ff}(\omega) = \frac{dF_{ff}(\omega)}{d\omega} \tag{4.7-2}$$

ここに、$dZ_f^*(\omega)$ は $dZ_f(\omega)$ の共役複素数を表し $S_{ff}(\omega)$ はパワースペクトル密度関数である。

このスペクトル表現から、ランダム複素時間関数 $f(t)$ の自己相関関数 $R_{ff}(\tau)$ とパワースペクトル密度関数 $S_{ff}(\omega)$ の関係を表すウィーナー・キンチン（Wiener・Khintchine）の関係が以下のように求められる。

$$R_{ff}(\tau) = E\left[f(t+\tau)f^*(t)\right] = \int_{-\infty}^{\infty} \mathrm{e}^{-i\omega\tau} \int_{-\infty}^{\infty} E\left[dZ_f(\omega)dZ_f^*(\omega)\right] = \int_{-\infty}^{\infty} \mathrm{e}^{-i\omega\tau} dF_{ff}(\omega) \tag{4.7-3}$$

$dF_{ff}(\omega)$ が微分可能な関数ならば、

$$R_{ff}(\tau) = \int_{-\infty}^{\infty} \mathrm{e}^{-i\omega\tau} S_{ff}(\omega) d\omega \tag{4.7-4a}$$

その逆フーリエ変換から、

$$S_{ff}(\omega) = \frac{1}{2\pi} \int_{-\infty}^{\infty} \mathrm{e}^{i\omega\tau} R_{ff}(\tau) d\tau \tag{4.7-4b}$$

ここで、ランダム複素時間関数 $f(t)$ が実関数のスペクトル表現を導く。この場合、2章例題 2.2-3 のように $dZ_f(-\omega) = dZ_f^*(\omega)$ となる。これは複素増分関数の実部は偶関数、虚部は奇関数を意味する。これより実関数 $\mathrm{Re}\left(f(t)\right) = f^{(1)}(t)$ は次式のスペクトル表現となる。

■ 例題 4.7-1

ウィーナー・キンチンの関係式と本書(２章参照)のフーリエ変換の違いを考察せよ。

本書のフーリエ変換は、時間関数 $u(t)$ に関しては、次式のように定義している(２章補足 2.6(4))。

$$U(\omega)=\int_{-\infty}^{\infty}u(t)e^{i\omega t}dt,\quad u(t)=\frac{1}{2\pi}\int_{-\infty}^{\infty}U(\omega)e^{-i\omega t}d\omega$$

調和振動 $e^{\pm i\omega t}$ の正負は両方で同じ定義であるが、係数 $1/2\pi$ が両者で違うことに注意せよ。ウィーナー・キンチン式の場合、パワースペクトル密度関数 $S_{ff}(\omega)$ のフーリエ変換に係数 $1/2\pi$ を付けない理由は、

$$R_{ff}(0)=\int_{-\infty}^{\infty}S_{ff}(\omega)d\omega$$

となり、パワースペクトル密度関数 $S_{ff}(\omega)$ を積分すると $f(t)$ の２乗平均値 $R_{ff}(0)$（一般に $f(t)$ のパワーに相当する）が求められ、パワースペクトル密度関数 $S_{ff}(\omega)$ の意味が鮮明になるからである。

$$f^{(1)}(t)=\int_{0}^{\infty}\left(\cos\omega t dZ_f^{(1)}(\omega)+\sin\omega t dZ_f^{(2)}(\omega)\right)\tag{4.7-5}$$

ここに、$n=1,2$ とし、

$$dZ_f(\omega)=\frac{1}{2}\left(dZ_f^{(1)}-idZ_f^{(2)}\right),\quad dF_{ff}(\omega)=\frac{1}{2}\left(dF_{ff}^{(1)}-idF_{ff}^{(2)}\right)\tag{4.7-6a}$$

$$E\left[dZ_f^{(1)}(\omega)dZ_f^{(2)}(\omega)\right]=0,\quad E\left[dZ_f^{(n)}(\omega)dZ_f^{(n)}(\omega)\right]=dF_{ff}^{(1)}(\omega),\quad dF_{ff}^{(2)}(\omega)=0$$

$$S_{ff}(\omega)=\frac{dF_{ff}(\omega)}{d\omega}=\frac{1}{2}\frac{dF_{ff}^{(1)}(\omega)}{d\omega}\tag{4.7-6b}$$

また、ウィーナー・キンチン式は、

$$R_{ff}^{(1)}(\tau)=\int_{0}^{\infty}\cos\omega\tau dF_{ff}^{(1)}(\omega)=2\int_{0}^{\infty}\cos\omega\tau S_{ff}(\omega)d\omega\tag{4.7-7}$$

より、

$$R_{ff}^{(1)}(\tau) = \int_{-\infty}^{\infty} \cos\omega\tau S_{ff}(\omega) d\omega \tag{4.7-8a}$$

$$S_{ff}(\omega) = \frac{1}{2\pi} \int_{-\infty}^{\infty} \cos\omega\tau R_{ff}^{(1)}(\tau) d\tau \tag{4.7-8b}$$

上式の実時間関数に対するウィーナー・キンチン式は、複素時間関数のウィーナー・キンチン式の実部であることに着目せよ。

■ 例題 4.7-2

継続時間 T の時刻歴波形 $f(t)$ のサンプル自己相関関数、サンプルパワースペクトル密度関数、サンプルフーリエスペクトルの関係を導け。

継続時間 T の時刻歴波形 $f(t)$ は、次式のように与えられるものとする。

$$f(t) = \begin{cases} 0 & , \quad t < 0 \\ f(t) & , \quad 0 \leq t \leq T \\ 0 & , \quad t > T \end{cases}$$

この波形の(サンプル)自己相関関数は次式で定義される。

$$R_T(\tau) = \begin{cases} R_T(-\tau) & , \quad \tau < 0 \\ \dfrac{1}{T} \displaystyle\int_0^{T-\tau} f(t) f(t+\tau) dt & , \quad 0 \leq \tau \leq T \\ 0 & , \quad \tau > T \end{cases}$$

この自己相関関数は、$0 \leq t \leq T - \tau$ の積分値で与えられるが、$t < 0$ の時、$f(t) = 0$ であるため、$f(t)f(t+\tau) = 0$ となる。また、$t > T - \tau$ では $f(t+\tau) = 0$ となる。すなわち、

$$f(t)f(t+\tau) = \begin{cases} 0 & , \quad t < 0 \\ f(t)f(t+\tau) & , \quad 0 \leq t \leq T - \tau \\ 0 & , \quad t > T - \tau \end{cases}$$

したがって、自己相関関数の積分範囲は $-\infty < t < \infty$ とし次式のように書ける。

$$R_T(\tau) = \begin{cases} R_T(-\tau) & , \quad \tau < 0 \\ \dfrac{1}{T}\displaystyle\int_{-\infty}^{\infty} f(t)f(t+\tau)dt & , \quad 0 \le \tau \le T \\ 0 & , \quad \tau > T \end{cases}$$

ここで、継続時間 T の時刻歴波形 $f(t)$ のフーリエ変換を考えよう。

$$F(\omega) = \int_{-\infty}^{\infty} f(t)\mathrm{e}^{i\omega t}dt = \int_0^T f(t)\mathrm{e}^{i\omega t}dt, \quad f(t) = \frac{1}{2\pi}\int_{-\infty}^{\infty} F(\omega)\mathrm{e}^{-i\omega t}d\omega$$

上式の右辺第１式から第２式の積分範囲の変更は、$f(t)$ は $0 \le t \le T$ 以外では零であることによる。$F(\omega)$ は複素数であるため、その共役複素数を $F^*(\omega)$ とすると、次式が成り立つ（$\mathrm{e}^{\pm i\omega t}$ の正負を入れ替えたもの）。

$$F^*(\omega) = \int_{-\infty}^{\infty} f(t)\mathrm{e}^{-i\omega t}dt = \int_0^T f(t)\mathrm{e}^{-i\omega t}dt, \quad f(t) = \frac{1}{2\pi}\int_{-\infty}^{\infty} F^*(\omega)\mathrm{e}^{i\omega t}d\omega$$

ここでは、サンプル自己相関関数をフーリエスペクトルで表す。サンプル自己相関関数の時刻歴波形 $f(t)$ にそのフーリエ変換したものを代入すると次式のようになる。

$$\begin{aligned} R_T(\tau) &= \frac{1}{T}\int_{-\infty}^{\infty} f(t)f(t+\tau)dt \\ &= \frac{1}{2\pi T}\int_{-\infty}^{\infty}\int_{-\infty}^{\infty} F^*(z)F(\omega)\left(\frac{1}{2\pi}\int_{-\infty}^{\infty} \mathrm{e}^{-i(\omega-z)t}dt\right)\mathrm{e}^{-i\omega\tau}dzd\omega \\ &= \frac{1}{2\pi T}\int_{-\infty}^{\infty} \mathrm{e}^{-i\omega\tau}\left(\int_{-\infty}^{\infty} F^*(z)F(\omega)\delta(\omega-z)dz\right)d\omega \\ &= \frac{1}{2\pi T}\int_{-\infty}^{\infty} F^*(\omega)F(\omega)\mathrm{e}^{-i\omega\tau}d\omega = \int_{-\infty}^{\infty}\frac{1}{2\pi T}\left|F(\omega)\right|^2 \mathrm{e}^{-i\omega\tau}d\omega = \int_{-\infty}^{\infty} S_T(\omega)\mathrm{e}^{-i\omega\tau}d\omega \end{aligned}$$

上式では次式のデルタ関数の積分表示と積分公式を用いた（補足 2.6 参照）。

$$\delta(\omega - z) = \frac{1}{2\pi}\int_{-\infty}^{\infty} \mathrm{e}^{-i(\omega-z)t}dt, \quad F(\omega) = \int_{-\infty}^{\infty} F(z)\delta(\omega - z)dz$$

サンプル自己相関関数は実関数なので、上式の実部より次式のようにも表される。

$$R_T(\tau) = \int_{-\infty}^{\infty} S_T(\omega)\cos\omega\tau d\omega$$

上式の $S_T(\omega)$ は、サンプルパワースペクトル密度関数で、次式の時刻歴波形 $f(t)$ のフーリエスペクトル振幅の２乗に比例する。

$$S_T(\omega)=\frac{1}{2\pi T}\left|F(\omega)\right|^2$$

このサンプルパワースペクトル密度関数$S_T(\omega)$のフーリエ変換がサンプル自己相関関数$R_T(\tau)$であるため、その逆フーリエ変換より次式が成り立つ。すなわち、サンプルパワースペクトル密度関数とサンプル自己相関関数は、フーリエ変換で関係づけられている。

$$R_T(\tau)=\int_{-\infty}^{\infty}S_T(\omega)\mathrm{e}^{-i\omega\tau}d\omega=\int_{-\infty}^{\infty}S_T(\omega)\cos\omega\tau d\omega$$
$$S_T(\omega)=\frac{1}{2\pi}\int_{-\infty}^{\infty}R_T(\tau)\mathrm{e}^{i\omega\tau}d\tau=\frac{1}{2\pi}\int_{-T}^{T}R_T(\tau)\mathrm{e}^{i\omega\tau}d\tau=\frac{1}{2\pi}\int_{-T}^{T}R_T(\tau)\cos\omega\tau d\tau$$

(2) 定常ランダム時間関数の計算式

パワースペクトル密度関数$S_{ff}(\omega)$が与えられた場合、これを満足するランダム時間関数の計算法を求める。$S_{ff}(\omega)$は正値なので、ある複素関数$a_{ff}(\omega)$を用いて$S_{ff}(\omega)=\left|a_{ff}(\omega)\right|^2$と表現できる。$a_{ff}(\omega)$を極座標表示すると次式のようなる。

$$a_{ff}(\omega)=\left|a_{ff}(\omega)\right|\mathrm{e}^{i\theta(\omega)}=\sqrt{S_{ff}(\omega)}\mathrm{e}^{i\theta(\omega)} \tag{4.7-9}$$

ここに、$\theta(\omega)$は0から2πの一様分布を持つランダム位相角を表す。式(4.7-2)より、

$$dZ_f(\omega)=\left|a_{ff}(\omega)\right|\sqrt{d\omega}\mathrm{e}^{i\theta(\omega)}=\sqrt{S_{ff}(\omega)d\omega}\mathrm{e}^{i\theta(\omega)} \tag{4.7-10}$$

したがって、式(4.7-6a)より、

$$dZ_f^{(1)}(\omega)=2\sqrt{S_{ff}(\omega)d\omega}\cos\theta(\omega),\quad dZ_f^{(2)}(\omega)=-2\sqrt{S_{ff}(\omega)d\omega}\sin\theta(\omega) \tag{4.7-11}$$

これを式(4.7-5)に代入すると、

$$f^{(1)}(t)=\int_0^{\infty}2\sqrt{S_{ff}(\omega)d\omega}\cos\left(\omega t+\theta(\omega)\right)=\sqrt{2}\int_0^{\infty}\sqrt{2S_{ff}(\omega)d\omega}\cos\left(\omega t+\theta(\omega)\right) \tag{4.7-12}$$

この積分は、次式のような離散化($\lim_{d\omega\to 0}$を意味する)した式により計算できる。

$$f^{(1)}(t)=\sqrt{2}\sum_{n=1}^{N}\sqrt{2S_{ff}(\omega_n)d\omega}\cos\left(\omega_n t+\theta(\omega_n)\right) \tag{4.7-13}$$

次式の形式に書き直し、離散化高速フーリエ変換を使い効率的に計算できる。

$$f^{(1)}(t_k) = \sqrt{2}\sum_{n=1}^{N_t}\sqrt{2S_{ff}(\omega_n)d\omega}\exp(i\theta(\omega_n))\exp\left(i\frac{2\pi nk}{N_t}\right), \quad d\omega = \omega_{\max} / N_\omega \tag{4.7-14}$$

ここに、パワースペクトル密度関数が零と見なすことができる最大振動数を $\omega_{\max}$ とする。$\omega_{\max}$ 以上では $S_{ff}(\omega_n) = 0$ とし $2\omega_{\max} = 2N_\omega d\omega = N_t d\omega$ まで足し合わせる。

4.7.2　不規則すべり時間関数と地震動

2 章 2.2.7 項で説明したように無限弾性体中の運動学的断層モデルから放射される地震波は、断層のすべり時間関数を仮定して計算される。すべり時間関数が傾斜関数や指数関数のように滑らかな(スムーズ)断層すべりを仮定することも多いが、観測波形からこれを推定した場合、多少の凸凹(ラフ)のすべり時間関数が求められる。このラフなすべり時間関数の要因として、観測記録からの推定誤算や断層すべりがスムーズではない物理的要因の 2 つが考えられる。

ここでは、ラフなすべり時間関数として、パワースペクトル密度関数を仮定した不規則時間関数をスムーズなすべり時間関数に足し合わせる不規則すべり時間関数のモデル化を行って、地震動の短周期成分におよぼす不規則時間関数の影響を示す。なお、スムーズ(smooth)の反対語のラフ (rough) を使わずに不規則 (random) を使う。このモデルを示す前に、以下に遠方の長周期観測波形から推定した地震モーメント時間関数を見ておく。

(1) 長周期観測波形から推定した地震モーメント時間関数

長周期観測波形から推定したすべり時間関数の 1 例として、2016 年熊本地震の本震 (M7.3) による遠方 (ヨーロッパ、アメリカ等) の P 波観測記録から推定した地震モーメント時間関数の 1 階微分 ($\dot{M}_0(t)$) を図 4.7-1 (b) の赤線で示す (Yagi, *et al.*, 2016)。同じ図の青線は推定された $\dot{M}_0(t)$ を全体的に表せる近似式の結果を示す。この近似式は次式のワイブル分布で $m = 3$ を用いた。

$$D(t) = D_0[1 - e^{-\left(\frac{t}{\tau}\right)^m}], \quad M_0(t) = \mu AD(t) = M_0\frac{D(t)}{D_0} \tag{4.7-15}$$

なお、地震モーメント時間関数は 1 章 1.8.4 項から上式で与えられるので、$\dot{M}_0(t)$ の積分よりすべり時間関数 $D(t)$ が得られ図 4.7-1 (a) に $M_0(t)$ として赤線で示す。また、式 (4.7-15) のすべり時間関数の 1 ～ 3 階微分は次式で与えられ、それぞれ遠方の地震動の変位、速度、加速度波形に比例する。

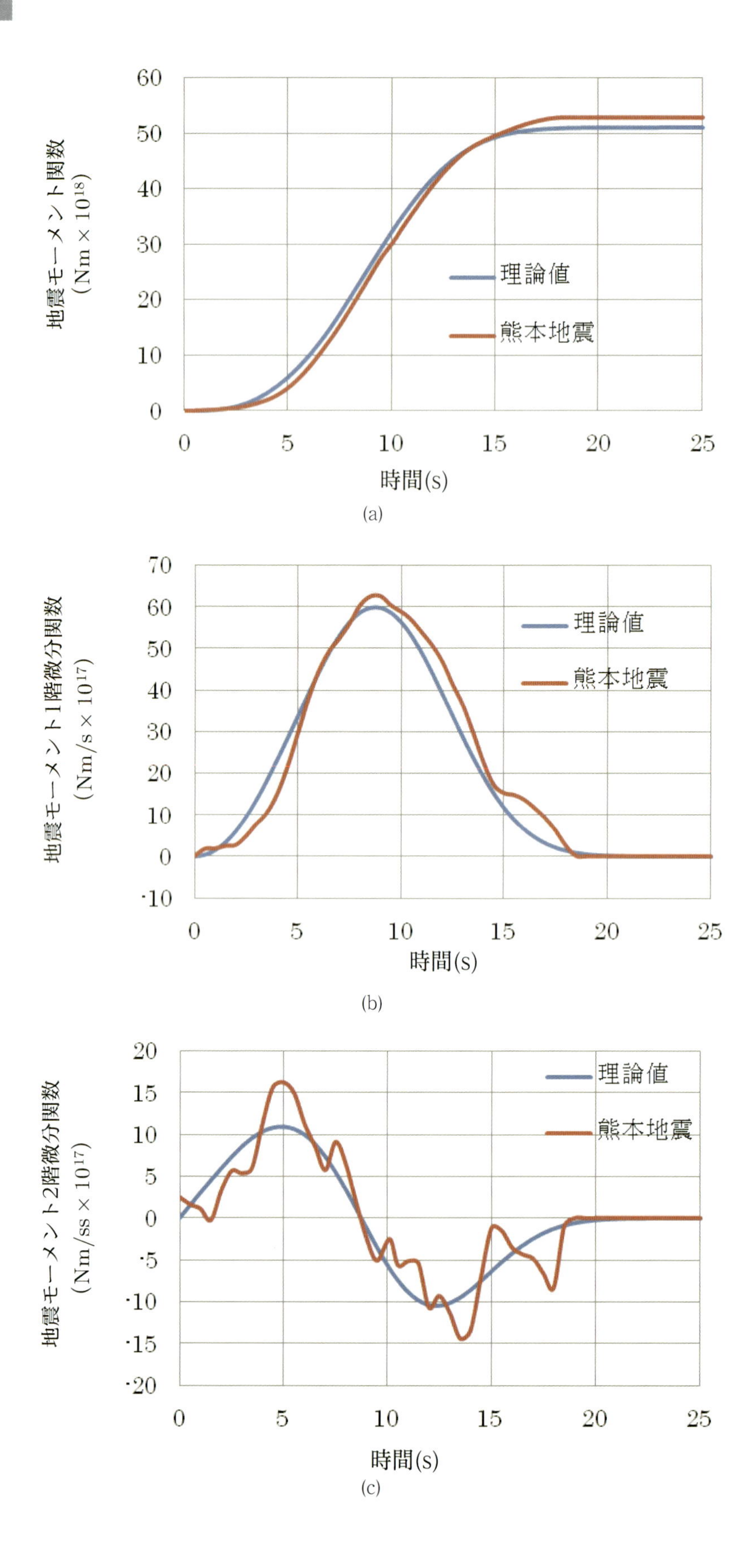

60
50
40
30
20
10
0
地震モーメント関数
(Nm × 10^18)
理論値
熊本地震
0
5
10
15
20
25
時間(s)
70
60
50
40
30
20
10
0
-10
地震モーメント1階微分関数
(Nm/s × 10^17)
理論値
熊本地震
0
5
10
15
20
25
時間(s)
20
15
10
5
0
-5
-10
-15
-20
地震モーメント2階微分関数
(Nm/ss × 10^17)
理論値
熊本地震
0
5
10
15
20
25
時間(s)

(a)

(b)

(c)

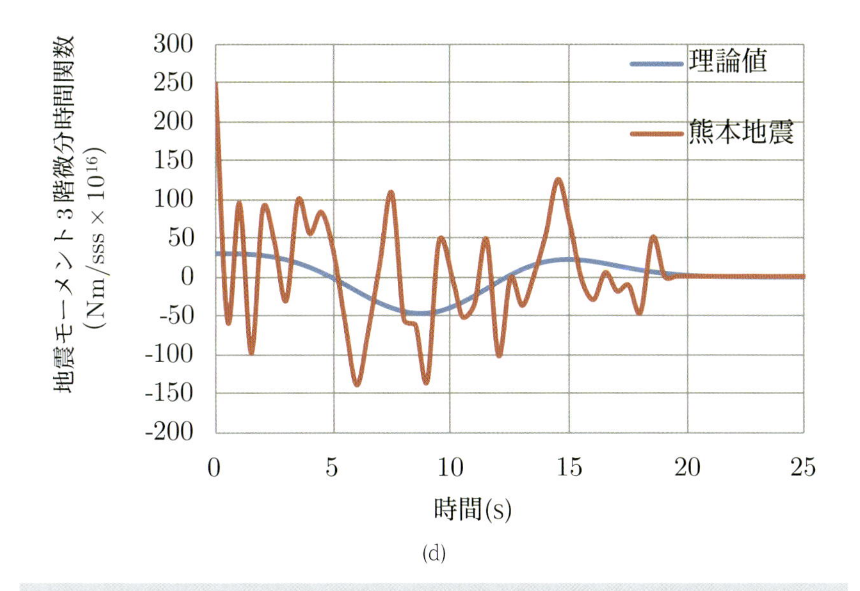

(d)

図 4.7-1　遠方の長周期観測波形から推定した地震モーメント時間関数の 1 階微分 $\dot{M}_0(t)$ (赤線) とそのワイブル分布の近似式 (青線) およびこれらの積分・微分による $M_0(t), \ddot{M}_0(t), \dddot{M}_0(t)$

$$\dot{D}(t) = \frac{D_0}{\tau} m \left(\frac{t}{\tau}\right)^{m-1} e^{-\left(\frac{t}{\tau}\right)^m}, \quad \ddot{D}(t) = \frac{D_0}{\tau^2} m \left(\frac{t}{\tau}\right)^{m-2} [(m-1) - m\left(\frac{t}{\tau}\right)^m] e^{-\left(\frac{t}{\tau}\right)^m}$$

$$\dddot{D}(t) = \frac{D_0}{\tau^3} m \left(\frac{t}{\tau}\right)^{m-3} [(m-1)(m-2) - 3m(m-1)\left(\frac{t}{\tau}\right)^m + m^2 \left(\frac{t}{\tau}\right)^{2m}] e^{-\left(\frac{t}{\tau}\right)^m} \quad (4.7\text{-}16)$$

図 4.7-1 (c) と図 4.7-1 (d) に観測記録から求めた $\dot{M}_0(t)$ の 1 ～ 2 階微分を赤線で、近似式を青線で示す。観測記録から推定された $\dot{M}_0(t)$ と近似式にはわずかな違いがある。この積分値の地震モーメント時間関数 $M_0(t)$ にもわずかな違いがある。しかし、地震動の速度と加速度に比例する $\ddot{M}_0(t), \dddot{M}_0(t)$ では違いが大きい。この事例より、観測記録から推定した $\dot{M}_0(t)$ のわずかな揺らぎは速度や加速度波形の短周期成分に大きく影響することがわかる。

(2) 不規則すべり時間関数のモデル化

断層すべり時間関数が不規則な不均質断層モデルによる地震動短周期成分への影響を調べることを目的に、滑らかなすべり時間関数に不規則非定常関数を足し合わせた不規則すべり時間関数のモデルを以下に示す。

地震動変位スペクトル振幅モデルとして、低振動数領域は平坦でコーナー振動数からは振動数の−2 乗で減少する振動数−2 乗モデルがある。しかし、Gusev（1983）や Papageorgiou and Aki (1985) は観測記録の解析から、高振動数側の変位スペクトル振幅が盛り上がることを示している。このことは、ω^{-2} モデルによる地震動の速度・加速度波形よりも大きい速度・加速度波形の方が観測値に近いことを意味する。そこで、地震動変位スペクトル振幅に直接的に関係するすべり時間関数の1階微分 $\dot{D}(t)$ のパワースペクトル密度関数 $S_{\dot{D}\dot{D}}(\omega)$ を次式のようにモデル化する。

$$S_{\dot{D}\dot{D}}(\omega) = \sigma^2_{\dot{D}\dot{D}} C C_1(\omega) C_2(\omega) \tag{4.7-17a}$$

$$C = \frac{1}{2\pi\tau}\frac{\left(\dfrac{\omega_0^*}{\omega_c}\right)^3 + \left(\dfrac{\omega_0^*}{\omega_c}\right)^4}{\left(\dfrac{\omega_0^*}{\omega_c}\right)^2},\ C_1(\omega) = \frac{\left(\dfrac{\omega}{\omega_c}\right)^4}{\left(\dfrac{\omega_0^*}{\omega_c}\right)^6 + \left(\dfrac{\omega}{\omega_c}\right)^8},\ C_2(\omega) = \frac{1}{1+\left(\dfrac{\omega-\omega_0^*}{\omega_B^*}\right)^2} \tag{4.7-17b}$$

すべり時間関数 $D(t)$ のパワースペクトル密度関数 $S_{DD}(\omega)$ は次式で与えられる。

$$S_{DD}(\omega) = \frac{S_{\dot{D}\dot{D}}(\omega)}{\omega^2} \tag{4.7-17c}$$

このモデルでは、$\omega \to 0$ で $C_2(\omega) =$ 一定値, $C_1(\omega) \propto \omega^2$ のため $S_{DD}(\omega) = 0$ となる。式(4.7-17)のパラメータは次式で与えられる。

$$\sigma^2_{\dot{D}\dot{D}} = 1.7 \times 10^{-4}\left(\Delta\sigma\right)^2,\quad \omega_B^* = \frac{\omega_{\max}^* - \omega_c^*}{2},\quad \omega_0^* = \frac{\omega_{\max}^* + \omega_c^*}{2} \tag{4.7-18a}$$

ここに、$\sigma^2_{\dot{D}\dot{D}}$ は $\dot{D}(t)$ の分散を、$\omega_c^*, \omega_{\max}^*$ は平澤モデル(平澤, 1979)の第2コーナー振動数と釜江ら(1991)による遮断高振動数を表し次式で与えられる。

$$\omega_c^* = 2\pi\left(1.7\left(\frac{\sqrt{E\left(\tau^2\right)}}{\Delta\sigma}\right)^{0.8}\left(\frac{1}{L}\right)^{0.2}\right),\quad \omega_{\max}^* = 2\pi\left(7.31\times10^3 M_0^{-0.12}\right) \tag{4.7-18b}$$

ここに、$\sqrt{E\left(\tau^2\right)}\,/\,\Delta\sigma$ は全体の平均応力降下量と2乗平均応力降下量の比で泉谷(1984)は2～5としている。また、L, M_0 は断層の長さと地震モーメントを意味する。コーナー振動数 ω_c と応力降下量 $\Delta\sigma$ はBoore(1983)とEshelby(1957)の提案した次式を用いる。

$$\omega_c = 2\pi\left(4.9\times10^6 C_S\left(\frac{\Delta\sigma}{M_0}\right)^{\frac{1}{3}}\right),\quad \Delta\sigma = \frac{7\pi^{1.5}}{16}\mu\frac{D_0}{\sqrt{S}} \tag{4.7-18c}$$

$\Delta\sigma$ は、応力降下量で地震断層面の平均値としては 10 ～ 400 (bar) 程度が一般的である (補足 4.1 参照)。 応力降下量が大きいと硬く壊れて短周期の波を多く放射する地震となり、小さいと軟らかく壊れて短周期成分の少ない地震となる。

以上を用いて地震動変位スペクトル振幅 $\left|u(\omega)\right|$ の修正 ω^{-2} モデルは次式のようになる。

$$\left|u(\omega)\right| = M_0 \left(\frac{1}{1+\left(\dfrac{\omega}{\omega_c}\right)^2} + \sqrt{2\pi\tau S_{\dot{D}\dot{D}}(\omega)} \right) \tag{4.7-19a}$$

上式では、

$$\left|u(0)\right| = M_0, \quad \left|u(\omega_0^*)\right| = M_0 \left(\frac{1}{\left(\dfrac{\omega_0^*}{\omega_c}\right)^2} + \frac{\sigma_{\dot{D}\dot{D}}}{\left(\dfrac{\omega_0^*}{\omega_c}\right)} \right), \quad \left|u(\infty)\right| = 0 \tag{4.7-19b}$$

地震動加速度スペクトル振幅は $\left|a(\omega)\right| = \left|u(\omega)\right|\omega^2$ となるので、

$$\left|a(0)\right| = 0, \quad \left|a(\omega_0^*)\right| = M_0\omega_c^2 \left(1 + \sigma_{\dot{D}\dot{D}} \left(\frac{\omega_0^*}{\omega_c}\right) \right), \quad \left|a(\infty)\right| = 0 \tag{4.7-19c}$$

■ 例題 4.7-3

気象庁マグニチュード M_{JMA} が 6.5 ～ 8.0 に対して式 (4.7-18) の各種パラメータを求めよ。

次式の経験式を用いる。

$$M_0 = \begin{cases} 10^{(1.5M_{JMA}+16.2)} & \text{海洋} \\ 10^{(1.17M_{JMA}+17.72)} & \text{内陸} \end{cases}, \quad L = 10^{(0.5M_{JMA}-1.8)}$$

$$L = 10^{(0.5M_{JMA}-1.8)}, \quad \omega_{\max}^* = 2\pi \times 10^{(1.824-0.16M_{JMA})}$$

補足 4.1 を参照し、海洋型地震($\Delta\sigma$ =10(bar), $C_S = 3.5$(km/s))の各パラメータを計算すると表 A のようになる。

表 A　気象庁マグニチュード M_{JMA} と各種パラメータ値

M_{JMA}	M_0 (dyn・cm)	L (km)	$\frac{\omega_c}{2\pi}$ (Hz)	$\frac{\omega_c^*}{2\pi}$ (Hz)	$\frac{\omega_{\max}^*}{2\pi}$ (Hz)	$\frac{\omega_0^*}{2\pi}$ (Hz)	$\frac{\omega_B^*}{2\pi}$ (Hz)	$\sigma_{\dot{D}\dot{D}}^2$ $(\mathrm{m/s})^2$
6.5	8.9×10^{25}	28	0.083	1.57	6.08	3.83	2.26	1.7×10^{-2}
7.0	5.0×10^{26}	50	0.047	1.35	5.06	3.21	1.86	1.7×10^{-2}
7.5	2.8×10^{27}	89	0.026	1.20	4.21	2.71	1.51	1.7×10^{-2}
8.0	1.6×10^{28}	158	0.015	1.07	3.49	2.28	1.21	1.7×10^{-2}

修正 ω^{-2} モデルと ω^{-2} モデルの地震動加速度スペクトル振幅の増加量は式 (4.7-19c) の第 2 番目に示されているが、この値は表 B のように 6 ~ 20 倍程度である。Papageorgiou and Aki(1985) も 10 ~ 18 倍としている。

表 B　修正 ω^{-2} モデルと ω^{-2} モデルの加速度スペクトル振幅の増加量 $\sigma_{\dot{D}\dot{D}}\left(\frac{\omega_0^*}{\omega_c}\right)$

M_{JMA}	M_0 (dyn・cm)	$\sigma_{\dot{D}\dot{D}}\left(\frac{\omega_0^*}{\omega_c}\right)$
6.5	8.9×10^{25}	6.0
7.0	5.0×10^{26}	8.8
7.5	2.8×10^{27}	13.5
8.0	1.6×10^{28}	20.0

図 A に式 (4.7-19a) の修正 ω^{-2} モデルの加速度スペクトル振幅と Papageorgiou and Aki(1985) のモデルの比較を示す。計算では、応力降下量 15(bar) を用いた。地震モーメントと気象庁マグニチュード、断層長さは表 C に示す（各変数の目安）。この比較図より、両者の傾向はほぼ同じである。詳しく見ると、気象庁マグニチュードが 5.2 程度では、0.1 ~ 18(Hz) で両者の一致はよい。これが 6 ~ 8 と大きくなると 0.1 ~ 1(Hz) の振動数領域はうまく表現できていないものの、高振動数領域の 1 ~ 18(Hz) の特徴は両者で似ている。4.4 節で示したように運動学的断層モデルは 1(Hz) 程度以下の低振動数領域の地震動は再現できるので、本モデルのような不規則すべり時間関数モデルにより、工学的に重要な短周期から長周期領域 (0.1 ~ 18(Hz)) の 3 次元地震動が合成できる

（4.7.3 項参照）。

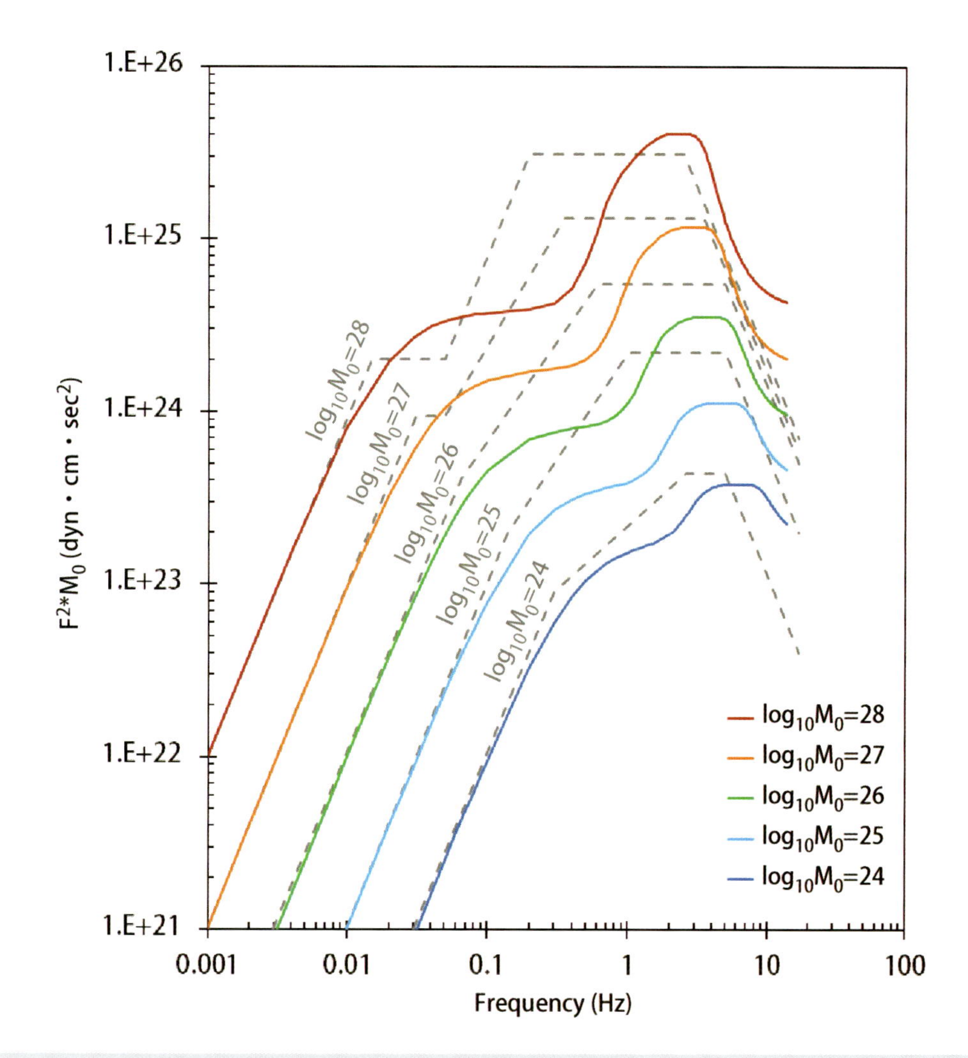

図A　修正 ω^{-2} モデルの加速度スペクトル振幅と Papageorgiou and Aki(1985) モデルの比較

表C　計算で使用した地震モーメントと気象庁マグニチュード、断層長さの目安

M_0 (dyn・cm)	M_{JMA}	L(km)
10^{28}	7.9	136
10^{27}	7.2	63
10^{26}	6.5	29
10^{25}	5.9	14
10^{24}	5.2	6

注意すべき点は、式 (4.7-17a) と式 (4.7-18a) のように本モデルは応力降下量に比例してすべり速度時間関数の不規則性の振幅が増加することである。補足 4.1 に示すように断層パラメータは応力降下量に関係し、これは 10 ~ 400(bar) とばらつきの大きい変数であるからである。補足 4.1.3 項にその目安と地震の再現期間を示したが地震学の進展を期待する。

4.7.3 短周期から長周期を含む地震動の計算例

3 章や 4 章 4.4 節で述べた剛性行列法と 4.7.2 項の不規則すべり時間関数のモデルに基づいてすべり時間関数が不規則な不均質断層モデルから得られる地震動波形を計算し短周期地震動に及ぼす不規則すべり時間関数の影響を示す。

ここでは、表 4.7-1 の断層パラメータを仮定し矩形震源断層（正断層成分を含む右横ずれ断層）が左端より一様な破壊をする Type1 とした。振動数・波数等の分割数と地盤構造・物性値を表 4.7-2 と 4.7-3 に示す。断層上端は第 4 層の上端とし、それ以深の層を跨ぐ断層とした。z_s は震源断層上端から断層が有る層の上端までの距離であることに注意せよ。

すべり時間関数は立ち上がり時間 1.3 秒の傾斜関数とし、不規則すべり時間関数は、式 (4.7-13) のすべり時間関数のパワースペクトル密度関数と（4.7-17c）を使い定常不規則波形を計算し、これに次式の包絡関数をかけた非定常不規則波形を元の傾斜関数に加えて作成した。

表 4.7-1　震源断層パラメータ

地震モーメント M_0(N・m)	2.56×10^{19}
立ち上がり時間 τ(s)	1.3
断層の長さ L(km)	23.0
断層の幅 W(km)	12.5
断層破壊速度 v_r(km/s)	3.06
断層上端深さ z_s(km)	0
断層面の傾斜角 δ(°)	70
すべり方向 λ(°)	210

表 4.7-2　振動数および波数の数値計算領域と分割数

遮断円振動数 ω_{max}(rad/s)	39.2699
振動数領域の分割数 N_ω	4092
波数領域の分割数 N_κ	8192
時間間隔 Δt(s)	0.08
x方向の空間間隔 $\Delta x(m)$	30
y方向の空間間隔 $\Delta y(m)$	30

表 4.7-3　地盤構造・物性値

	層厚 H (m)	P波速度 (m/s)	S波速度 (m/s)	密度 ρ (kg/m^3)	減衰定数 Q
1層	20	2129	749	1995	50
2層	290	3373	1666	2299	100
3層	580	4924	2776	2524	200
4層	2200	5583	3238	2671	300
5層	4000	5740	3303	2701	300
6層	6000	5900	3363	2731	300
半無限地盤	------	6000	3400	2750	400

$$W(t) = \begin{cases} 1 & 0 \le t \le \dfrac{\tau}{10} \\ e^{-a(t-\tau/10)} & \dfrac{\tau}{10} \le t \end{cases}, \quad a = -\frac{\ln 0.1}{\left(\dfrac{\tau}{8} - \dfrac{\tau}{10}\right)} \tag{4.7-20}$$

不規則すべり時間関数を与えて計算した地表点KMM005（x =15.21（km), y =5.85（km)）の東西方向の変位・速度・加速度波形を図 4.7-2 に示す。不規則すべり時間関数では、$\sigma_{\dot{D}\dot{D}} = 1.3$と$3\sigma_{\dot{D}\dot{D}} = 3.9$(応力降下量 $\Delta\sigma = 100$(bar))の 2 ケースを仮定した。また、傾斜関数のすべり時間関数と 2 つの不規則すべり時間関数の合計 3 ケースの加速度応答スペクトル(5%減衰定数)の比較を図 4.7-3 に示す。

図 4.7-2 から、変位波形では不規則すべり時間関数の影響は見られないが、速度・加速度波形のような短周期成分ではその影響が大きくなる。図 4.7-3 の加速度応答スペクトルの比較では、周期 0.8 秒以下の短周期成分への影響の大きさがわかる。また、周期 0.8 秒以上の長周期成分への影響はないこともわかる。

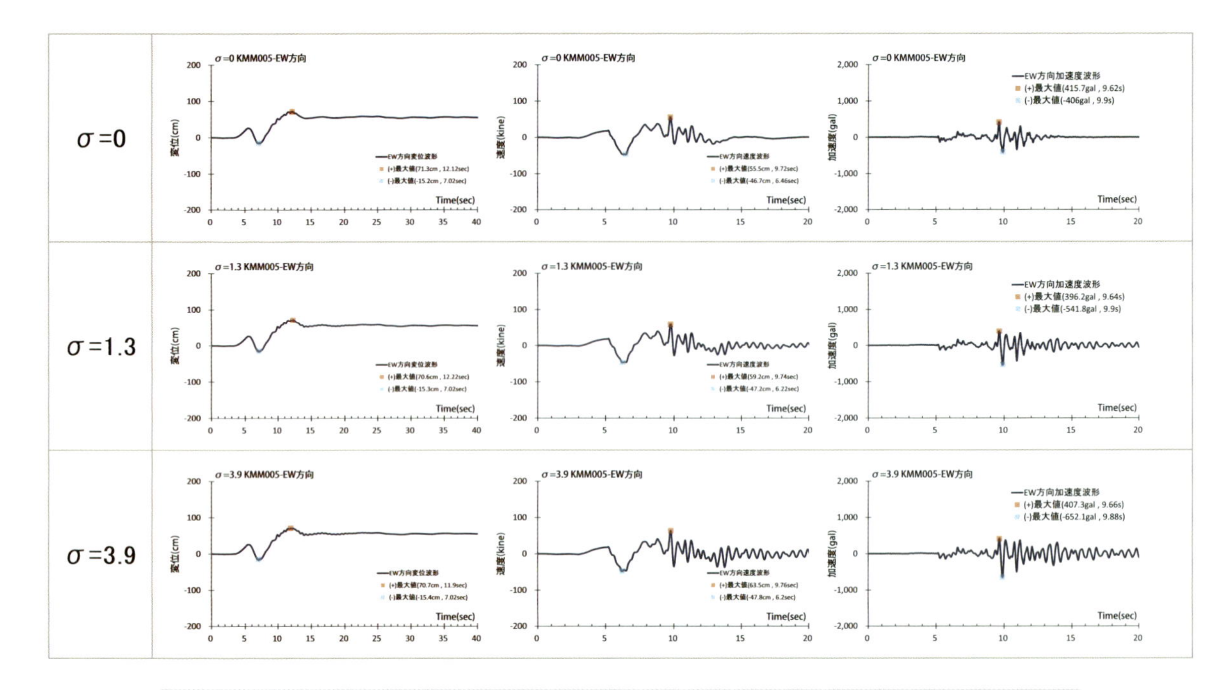

図 4.7-2　不規則すべり速度時間関数の標準偏差$\sigma_{\dot{D}\dot{D}} = 0,1.3,3.9$の3ケース毎の変位・速度・加速度波形の比較

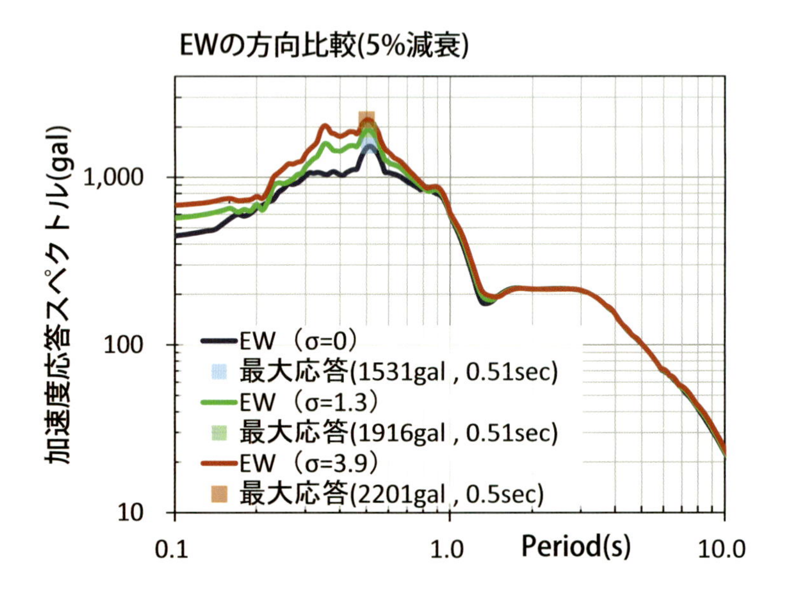

図 4.7-3　不規則すべり速度時間関数の標準偏差$\sigma_{\dot{D}\dot{D}} = 0,1.3,3.9$の 3 ケース毎の加速度応答スペクトル(5%減衰定数)の比較

4.8　均質・定常時空間不規則波動場の計算法

4.8.1　均質・定常ランダム波動場のスペクトル表現

(1) 時空間ランダム波動場のスペクトル表現

平均値零のランダム複素関数$f(t)$のスペクトル表現の拡張として、平均値零のランダム複素時空間関数$f(x,y,t)$のスペクトル表現は次式のようなに定義される(Yaglom, 1962)。

$$f(x,y,t)=\int_{-\infty}^{\infty}\mathrm{e}^{i(\kappa_x x+\kappa_y y-\omega t)}dZ_f(\kappa_x,\kappa_y,\omega) \tag{4.8-1}$$

ここに、$dZ_f(\kappa_x,\kappa_y,\omega)$は次式を満足するような平均値零の直交増分関数である。

$$\begin{aligned}
&E\left[dZ_f(\kappa_x,\kappa_y,\omega)\right]=0\\
&E\left[dZ_f(\kappa_x,\kappa_y,\omega)dZ_f^*(\kappa_x,\kappa_y,\omega)\right]=E\left[\left|dZ_f(\kappa_x,\kappa_y,\omega)\right|^2\right]=dF_{ff}(\kappa_x,\kappa_y,\omega),\\
&S_{ff}(\kappa_x,\kappa_y,\omega)=\frac{\partial^3F_{ff}(\kappa_x,\kappa_y,\omega)}{\partial\kappa_x\partial\kappa_y\partial\omega}\quad\text{(微分可能な場合)}
\end{aligned} \tag{4.8-2}$$

このようなスペクトル表現から、ランダム複素時空間関数$f(x,y,t)$の自己相関関数$R_{ff}(\xi_x,\xi_y,\tau)$とパワースペクトル密度関数$S_{ff}(\kappa_x,\kappa_y,\omega)$の関係を表すウィーナー・キンチン(Wiener・Khintchine)の関係が以下のように求められる。

$$\begin{aligned}
R_{ff}(\xi_x,\xi_y,\tau)&=E\left[f(x+\xi_x,y+\xi_y,t+\tau)f^*(x,y,t)\right]\\
&=\int_{-\infty}^{\infty}\int_{-\infty}^{\infty}\int_{-\infty}^{\infty}\mathrm{e}^{i(\kappa_x\xi_x+\kappa_y\xi_y-\omega\tau)}dF_{ff}(\kappa_x,\kappa_y,\omega)
\end{aligned} \tag{4.8-3}$$

もし、$dF_{ff}(\kappa_x,\kappa_y,\omega)$が微分可能な関数ならば、

$$R_{ff}(\xi_x,\xi_y,\tau)=\int_{-\infty}^{\infty}\int_{-\infty}^{\infty}\int_{-\infty}^{\infty}\mathrm{e}^{i(\kappa_x\xi_x+\kappa_y\xi_y-\omega\tau)}S_{ff}(\kappa_x,\kappa_y,\omega)d\kappa_x d\kappa_y d\omega \tag{4.8-4a}$$

その逆フーリエ変換から、

$$S_{ff}(\kappa_x,\kappa_y,\omega)=\frac{1}{(2\pi)^3}\int_{-\infty}^{\infty}\int_{-\infty}^{\infty}\int_{-\infty}^{\infty}\mathrm{e}^{-i(\kappa_x\xi_x+\kappa_y\xi_y-\omega\tau)}R_{ff}(\xi_x,\xi_y,\tau)d\xi_x d\xi_y d\tau \tag{4.8-4b}$$

ここで、ランダム時空間複素関数$f(x,y,t)$が実関数である場合のスペクトル表現を導く。この場合、

$$dZ_f(-\kappa_x,-\kappa_y-\omega)=dZ_f^*(\kappa_x,\kappa_y,\omega),\,dZ_f(-\kappa_x,\kappa_y-\omega)=dZ_f^*(\kappa_x,-\kappa_y,\omega) \tag{4.8-5a}$$

となる。これは、複素増分関数は波数座標(κ_x,κ_y)で象限ランダム場（Quadrant Stchastic Field）を意味する。もし、

$$dZ_f(-\kappa_x,-\kappa_y-\omega)=dZ_f(-\kappa_x,\kappa_y-\omega)=dZ_f^*(\kappa_x,\kappa_y,\omega) \tag{4.8-5b}$$

ならば、象限対称ランダム場（Quadrant Symmetry Stchastic Field）と呼ぶ。これより、実関数$\mathrm{Re}\Big(f(x,y,t)\Big)=f^{(1)}(x,y,t)$は次式のようなスペクトル表現となる。

$$\begin{aligned}f^{(1)}(x,y,t)&=\int_0^\infty\int_0^\infty\int_0^\infty\begin{pmatrix}\cos(\kappa_x x+\kappa_y y-\omega t)dZ_f^{(1)}(\kappa_x,\kappa_y,\omega)+\\ \sin(\kappa_x x+\kappa_y y-\omega t)dZ_f^{(2)}(\kappa_x,\kappa_y,\omega)\end{pmatrix}\\ &+\int_0^\infty\int_0^\infty\int_0^\infty\begin{pmatrix}\cos(\kappa_x x-\kappa_y y-\omega t)dZ_f^{(1)}(\kappa_x,-\kappa_y,\omega)+\\ \sin(\kappa_x x-\kappa_y y-\omega t)dZ_f^{(2)}(\kappa_x,-\kappa_y,\omega)\end{pmatrix}\end{aligned} \tag{4.8-5c}$$

ここに、$n=1,2$とし、

$$dZ_f(\kappa_x,\kappa_y,\omega)=\frac{1}{2}\Big(dZ_f^{(1)}-idZ_f^{(2)}\Big),\quad dF_{ff}(\kappa_x,\kappa_y,\omega)=\frac{1}{2}\Big(dF_{ff}^{(1)}-idF_{ff}^{(2)}\Big) \tag{4.8-6a}$$

$$\begin{aligned}&E\Big[dZ_f^{(1)}(\kappa_x,\kappa_y,\omega)dZ_f^{(2)}(\kappa_x,\kappa_y,\omega)\Big]=0\\ &E\Big[dZ_f^{(n)}(\kappa_x,\kappa_y,\omega)dZ_f^{(n)}(\kappa_x,\kappa_y,\omega)\Big]=dF_{ff}^{(1)}(\kappa_x,\kappa_y,\omega),dF_{ff}^{(2)}(\kappa_x,\kappa_y,\omega)=0\\ &S_{ff}(\kappa_x,\kappa_y,\omega)=\frac{\partial^3F_{ff}(\kappa_x,\kappa_y,\omega)}{\partial\kappa_x\partial\kappa_y\partial\omega}\end{aligned} \tag{4.8-6b}$$

また、ウィーナー・キンチン式は、

$$\begin{aligned}R_{ff}^{(1)}(\xi_x,\xi_y,\tau)&=\int_0^\infty\int_0^\infty\int_0^\infty\cos(\kappa_x\xi_x+\kappa_y\xi_y-\omega\tau)dF_{ff}^{(1)}(\kappa_x,\kappa_y,\omega)\\ &+\int_0^\infty\int_0^\infty\int_0^\infty\cos(\kappa_x\xi_x-\kappa_y\xi_y-\omega\tau)dF_{ff}^{(1)}(\kappa_x,-\kappa_y,\omega)\end{aligned} \tag{4.8-7}$$

より、

$$\begin{aligned}R_{ff}^{(1)}(\xi_x,\xi_y,\tau)&=\int_{-\infty}^\infty\int_{-\infty}^\infty\int_{-\infty}^\infty\cos(\kappa_x\xi_x+\kappa_y\xi_y-\omega\tau)S_{ff}(\kappa_x,\kappa_y,\omega)d\kappa_xd\kappa_yd\omega\\ &+\int_{-\infty}^\infty\int_{-\infty}^\infty\int_{-\infty}^\infty\cos(\kappa_x\xi_x-\kappa_y\xi_y-\omega\tau)S_{ff}(\kappa_x,-\kappa_y,\omega)d\kappa_xd\kappa_yd\omega\end{aligned} \tag{4.8-8a}$$

$$S_{ff}(\kappa_x,\kappa_y,\omega)=\frac{1}{(2\pi)^3}\int_{-\infty}^{\infty}\int_{-\infty}^{\infty}\int_{-\infty}^{\infty}\cos(\kappa_x\xi_x+\kappa_y\xi_y-\omega\tau)R_{ff}^{(1)}(\xi_x,\xi_y,\tau)d\xi_x d\xi_y d\tau$$
$$+\frac{1}{(2\pi)^3}\int_{-\infty}^{\infty}\int_{-\infty}^{\infty}\int_{-\infty}^{\infty}\cos(\kappa_x\xi_x-\kappa_y\xi_y-\omega\tau)R_{ff}^{(1)}(\xi_x,-\xi_y,\tau)d\xi_x d\xi_y d\tau \tag{4.8-8b}$$

4.8.2　均質・定常ランダム時空間波形の計算

パワースペクトル密度関数$S_{ff}(\kappa_x,\kappa_y,\omega)$と$S_{ff}(\kappa_x,-\kappa_y,\omega)$が与えられた場合、これを満足する均質・定常ランダム時空間関数の計算式を求める。これらは正の値を取るので、ある複素関数 a_{ff}, b_{ff} を用いて$S_{ff}(\kappa_x,\kappa_y,\omega)=\left|a_{ff}\right|^2$, $S_{ff}(\kappa_x,-\kappa_y,\omega)=\left|b_{ff}\right|^2$と表すことができる。したがって、極座標表示をすると次式のように表すことができる。

$$a_{ff}(\kappa_x,\kappa_y,\omega)=\left|a_{ff}(\kappa_x,\kappa_y,\omega)\right|e^{i\theta_a(\kappa_x,\kappa_y,\omega)}=\sqrt{S_{ff}(\kappa_x,\kappa_y,\omega)}e^{i\theta_a(\kappa_x,\kappa_y,\omega)}$$
$$b_{ff}(\kappa_x,-\kappa_y,\omega)=\left|b_{ff}(\kappa_x,-\kappa_y,\omega)\right|e^{i\theta_b(\kappa_x,-\kappa_y,\omega)}=\sqrt{S_{ff}(\kappa_x,-\kappa_y,\omega)}e^{i\theta_b(\kappa_x,-\kappa_y,\omega)} \tag{4.8-9}$$

ここに、θ_a,θ_bは0から2πの一様分布を持つ互いに独立なランダム位相角を表す。

式(4.8-2)より、

$$dZ_f(\kappa_x,\kappa_y,\omega)=\left|a_{ff}(\kappa_x,\kappa_y,\omega)\right|\sqrt{d\kappa_x d\kappa_y d\omega}e^{i\theta_a(\kappa_x,\kappa_y,\omega)}$$
$$=\sqrt{S_{ff}(\kappa_x,\kappa_y,\omega)d\kappa_x d\kappa_y d\omega}e^{i\theta_a(\kappa_x,\kappa_y,\omega)} \tag{4.8-10}$$

$$dZ_f(\kappa_x,-\kappa_y,\omega)=\left|b_{ff}(\kappa_x,-\kappa_y,\omega)\right|\sqrt{d\kappa_x d\kappa_y d\omega}e^{i\theta_b(\kappa_x,-\kappa_y,\omega)}$$
$$=\sqrt{S_{ff}(\kappa_x,-\kappa_y,\omega)d\kappa_x d\kappa_y d\omega}e^{i\theta_b(\kappa_x,-\kappa_y,\omega)}$$

したがって、

$$dZ_f^{(1)}(\kappa_x,\kappa_y,\omega)=2\sqrt{S_{ff}(\kappa_x,\kappa_y,\omega)d\kappa_x d\kappa_y d\omega}\cos\theta_a(\kappa_x,\kappa_y,\omega)$$
$$dZ_f^{(2)}(\kappa_x,\kappa_y,\omega)=-2\sqrt{S_{ff}(\kappa_x,\kappa_y,\omega)d\kappa_x d\kappa_y d\omega}\sin\theta_a(\kappa_x,\kappa_y,\omega) \tag{4.8-11a}$$

また、

$$dZ_f^{(1)}(\kappa_x,-\kappa_y,\omega)=2\sqrt{S_{ff}(\kappa_x,-\kappa_y,\omega)d\kappa_x d\kappa_y d\omega}\cos\theta_b(\kappa_x,-\kappa_y,\omega)$$
$$dZ_f^{(2)}(\kappa_x,-\kappa_y,\omega)=-2\sqrt{S_{ff}(\kappa_x,-\kappa_y,\omega)d\kappa_x d\kappa_y d\omega}\sin\theta_b(\kappa_x,-\kappa_y,\omega) \tag{4.8-11b}$$

これを式(4.8-5)に代入すると、

$$f^{(1)}(x,y,t)=\sqrt{2}\int_0^\infty\int_0^\infty\left[\sqrt{2S_{ff}(\kappa_x,\kappa_y,\omega)d\kappa_x d\kappa_y d\omega}\cos\left(\kappa_x x+\kappa_y y-\omega t+\theta_a(\kappa_x,\kappa_y,\omega)\right)\right]$$
$$+\sqrt{2}\int_0^\infty\int_0^\infty\left[\sqrt{2S_{ff}(\kappa_x,-\kappa_y,\omega)d\kappa_x d\kappa_y d\omega}\cos\left(\kappa_x x-\kappa_y y-\omega t+\theta_b(\kappa_x,-\kappa_y,\omega)\right)\right]$$
(4.8-12)

ランダム場が象限対称ランダム場（$S_{ff}(\kappa_x,\kappa_y,\omega)=S_{ff}(\kappa_x,-\kappa_y,\omega)$）の場合、

$$f^{(1)}(x,y,t)=\sqrt{2}\int_0^\infty\int_0^\infty\sqrt{2S_{ff}(\kappa_x,\kappa_y,\omega)d\kappa_x d\kappa_y d\omega}\begin{bmatrix}\cos\left(\kappa_x x+\kappa_y y-\omega t+\theta_a(\kappa_x,\kappa_y,\omega)\right)\\+\cos\left(\kappa_x x-\kappa_y y-\omega t+\theta_b(\kappa_x,-\kappa_y,\omega)\right)\end{bmatrix}$$
(4.8-13)

上式の右辺第 1 項のみの場合、第 1 象限ランダム場（Uni-quadrant Stochastic Field）と呼ぶ。この場合、ランダム平面波$\cos\left(\kappa_x x+\kappa_y y-\omega t+\theta_a(\kappa_x,\kappa_y,\omega)\right)$のみであるため、方向性を持つランダム場となる（第 2 章 2.2.2 項のように波数と振動数κ_x,κ_y,ωは調和平面波の進行方向を規定することを思い出せ)。

$$f^{(1)}(x,y,t)=\sqrt{2}\int_0^\infty\int_0^\infty\sqrt{2S_{ff}(\kappa_x,\kappa_y,\omega)d\kappa_x d\kappa_y d\omega}\left[\cos\left(\kappa_x x+\kappa_y y-\omega t+\theta_a(\kappa_x,\kappa_y,\omega)\right)\right]$$
(4.8-14)

以上の積分は、次式のような離散化により計算できる。ここでは、一般的な象限ランダム場の場合を示すが、象限対称や第 1 象限ランダム場はその特別なものとして与えられる。

$$f^{(1)}(x,y,t)=$$
$$\sqrt{2}\sum_{n=1}^{N}\sum_{n_x=1}^{N_x}\sum_{n_y=1}^{N_y}\left[\sqrt{2S_{ff}(\kappa_{xn_x},\kappa_{yn_y},\omega_n)d\kappa_x d\kappa_y d\omega}\cos\left(\kappa_{xn_x}x+\kappa_{yn_y}y-\omega_n t+\theta_a(\kappa_{xn_x},\kappa_{yn_y},\omega_n)\right)\right]$$
$$+\sqrt{2}\sum_{n=1}^{N}\sum_{n_x=1}^{N_x}\sum_{n_y=1}^{N_y}\left[\sqrt{2S_{ff}(\kappa_{xn_x},-\kappa_{yn_y},\omega_n)d\kappa_x d\kappa_y d\omega}\cos\left(\kappa_{xn_x}x-\kappa_{yn_y}y-\omega_n t+\theta_b(\kappa_{xn_x},-\kappa_{yn_y},\omega_n)\right)\right]$$
(4.8-15)

ランダム時間関数の時と同じようにして、上式は 3 重離散化高速フーリエ変換を使い効率的に計算できる。

地震工学分野では、アレー観測記録等から推定した振動数・波数パワースペクトル密度関数$S_{ff}(\kappa_x,\kappa_y,\omega)$のモデル化から、地表の地震動の時・空間変動$f^{(1)}(x,y,t)$を計算する研究もある（Shinozuka ら, 1987）。この研究では、地震動の振幅の大きい主要動の伝播方向を決めてアレー観測記録から相関関数を推定し、これより振動数・波数パワースペクトル密度関数を、次式のようにモデル化しているので第 1 象限ランダム場として取り扱っている。

$$S_{ff}(\kappa_x,\kappa_y,\omega)=S_{ff}(\kappa_x,\kappa_y)\delta\left(\omega-g(\kappa_x,\kappa_y)\right)$$
(4.8-16a)

ここに、

$$S_{ff}(\kappa_x,\kappa_y) = \frac{\sigma_{yy}^2}{8\pi} b_x^3 b_y \kappa_x^2 \exp\left[-\left(\frac{b_x\kappa_x}{2}\right)^2 - \left(\frac{b_y\kappa_y}{2}\right)^2\right]$$

$$g(\kappa_x,\kappa_y) = C\sqrt{\kappa_x^2+\kappa_y^2}, \tag{4.8-16b}$$

$$C = 640\,(\mathrm{m/s}),\quad \sigma_{yy} = 0.0124\,(\mathrm{m}),\quad b_x = 1131\,(\mathrm{m}),\quad b_x = 3012\,(\mathrm{m})$$

しかし、観測記録から振動数・波数パワースペクトル密度関数を推定するためには、上式のパラメータの震源特性や地震波伝播特性も考慮しなければならないが、そこまで研究は進展していない。したがって、以下の例題 4.8-1 のように第 3 章のような理論的方法における物理量の時・空間不確定性を考慮した地震動の時・空間波形を求め、その特性を調べる方法が正道であろう。

■ 例題 4.8-1

パワースペクトル密度関数 $S_{ff}(\kappa_x,\kappa_y)$ と $S_{ff}(\kappa_x,-\kappa_y)$ が与えられる場合、これを満足する 2 次元均質ランダム場 $f^{(1)}(x,y)$ の計算式を求めよ。

均質・定常ランダム時空間波形の計算は、例えば地表面の地震動の空間分布をモデル化する時等に利用できるが、本書の震源断層を含む不整形多層弾性体や水平多層弾性体の地震動は決定論的に計算することができる。しかし、4 章の 4.7.3 項に示したように、滑らかな(smooth)すべり時間関数に時間的に定常ランダム時間関数のような揺らぎを加えた滑らかで無い凸凹(rough)なすべり時間関数による地震動波形を計算すると、短周期から長周期地震動が求められる。このように決定論的に波動場を解釈する立場(決定論的立場)と、決定論的波動場を形成する物理量に不確定性があることを考慮し、これらの物理量に空間または時間的な揺らぎを加えて波動場を解釈する立場(決定論・確率論的立場)の両方が考えられる。後者の立場では、例えば、断層破壊面の破壊速度の不規則空間分布を導入する等、空間的に均質なランダム場も必要となる。

2 次元均質ランダム場は、均質・定常時空間ランダム場から時間 t や振動数 $\omega, d\omega$ を除いて、次式のように与えられる。

$$f^{(1)}(x,y) = \sqrt{2}\sum_{n_x=1}^{N_x}\sum_{n_y=1}^{N_y}\left[\sqrt{2S_{ff}(\kappa_{xn_x},\kappa_{yn_y})d\kappa_x d\kappa_y}\cos\left(\kappa_{xn_x}x+\kappa_{yn_y}y+\theta_a(\kappa_{xn_x},\kappa_{yn_y})\right)\right]$$
$$+2\sum_{n_x=1}^{N_x}\sum_{n_y=1}^{N_y}\left[\sqrt{2S_{ff}(\kappa_{xn_x},-\kappa_{yn_y})d\kappa_x d\kappa_y}\cos\left(\kappa_{xn_x}x-\kappa_{yn_y}y+\theta_b(\kappa_{xn_x},-\kappa_{yn_y})\right)\right]$$

■ **例題 4.8-2**

均質・定常ランダム場のスペクトル表現における直交増分 $dZ_f(\kappa_x,\kappa_y,\omega)$ の定義を考察せよ(Batchelor, 1953 参照)。

$dZ_f(\kappa_x,\kappa_y,\omega)=F(\kappa_x,\kappa_y,\omega)d\kappa_x d\kappa_y d\omega$ が存在するならば、

$$f(x,y,t)=\int_{-\infty}^{\infty} e^{i(\kappa_x x+\kappa_y y-\omega t)}F(\kappa_x,\kappa_y,\omega)d\kappa_x d\kappa_y d\omega$$

その逆フーリエ変換より、

$$F(\kappa_x,\kappa_y,\omega)=\frac{1}{(2\pi)^3}\int_{-\infty}^{\infty} e^{-i(\kappa_x x+\kappa_y y-\omega t)}f(x,y,t)dxdydt$$

すなわち、

$$\frac{dZ_f(\kappa_x,\kappa_y,\omega)}{d\kappa_x d\kappa_y d\omega}=\frac{1}{(2\pi)^3}\int_{-\infty}^{\infty} f(x,y,t)e^{-i(\kappa_x x+\kappa_y y-\omega t)}dxdydt$$

$dZ_f(\kappa_x,\kappa_y,\omega)$ の振動数・波数に関する不定積分を $Z_f(\kappa_x,\kappa_y,\omega)$ とすると、

$$Z_f(\kappa_x,\kappa_y,\omega)=\int dZ_f(\kappa_x,\kappa_y,\omega)=\frac{1}{(2\pi)^3}\int_{-\infty}^{\infty} f(x,y,t)\left[\left(\frac{e^{-i\kappa_x x}}{-ix}\right)\left(\frac{e^{-i\kappa_y x}}{-iy}\right)\left(\frac{e^{i\omega t}}{it}\right)\right]dxdydt$$

したがって、

$$dZ_f(\kappa_x,\kappa_y,\omega)=\Big[Z_f(\kappa_x,\kappa_y,\omega)\Big]_{\kappa_x,\kappa_y,\omega}^{\kappa_x+d\kappa_x,\kappa_y+d\kappa_y,\omega+d\omega}$$

と定義すると、

$$dZ_f(\kappa_x,\kappa_y,\omega)=\frac{1}{(2\pi)^3}\int_{-\infty}^{\infty} f(x,y,t)e^{-i(\kappa_x x+\kappa_y y-\omega t)}\left(\frac{e^{-id\kappa_x x}-1}{-ix}\right)\left(\frac{e^{-id\kappa_y x}-1}{-iy}\right)\left(\frac{e^{id\omega t}-1}{it}\right)dxdydt$$

$d\kappa_x,d\kappa_y,d\omega\to 0$ ならば、$\left(\frac{e^{-id\kappa_x x}-1}{-ix}\right)\left(\frac{e^{-id\kappa_y x}-1}{-iy}\right)\left(\frac{e^{id\omega t}-1}{it}\right)=d\kappa_x d\kappa_y d\omega$

となり、

$$f(x,y,t)=\int_{-\infty}^{\infty} e^{i(\kappa_x x+\kappa_y y-\omega t)}\frac{dZ_f(\kappa_x,\kappa_y,\omega)}{d\kappa_x d\kappa_y d\omega}d\kappa_x d\kappa_y d\omega=\int_{-\infty}^{\infty} e^{i(\kappa_x x+\kappa_y y-\omega t)}dZ_f(\kappa_x,\kappa_y,\omega)$$

上式で重要な点は、均質・定常ランダム場 $f(x,y,t)$ の振動数・波数増分 $dZ_f(\kappa_x,\kappa_y,\omega)$ は、演算子として

$$\frac{1}{(2\pi)^3}e^{-i(\kappa_x x+\kappa_y y-\omega t)}\left(\frac{e^{-id\kappa_x x}-1}{-ix}\right)\left(\frac{e^{-id\kappa_y x}-1}{-iy}\right)\left(\frac{e^{id\omega t}-1}{it}\right)$$

を $f(x,y,t)\,dxdydt$ に掛けて、積分して求められることである。この演算子の指数部分は、2^3 個の指数関数の和として与えられる。

$$
\begin{aligned}
&e^{-i\left[(\kappa_x+d\kappa_x)x+(\kappa_y+d\kappa_y)y-(\omega+d\omega)t\right]}-e^{-i\left[(\kappa_x+d\kappa_x)x+(\kappa_y+d\kappa_y)y-\omega t\right]}\\
&-e^{-i\left[(\kappa_x+d\kappa_x)x+\kappa_y y-(\omega+d\omega)t\right]}-e^{-i\left[\kappa_x x+(\kappa_y+d\kappa_y)y-(\omega+d\omega)t\right]}\\
&+e^{-i\left[(\kappa_x+d\kappa_x)x+\kappa_y y-\omega t\right]}+e^{-i\left[\kappa_x x+(\kappa_y+d\kappa_y)y-\omega t\right]}\\
&+e^{-i\left[\kappa_x x+\kappa_y y-(\omega+d\omega)t\right]}-e^{-i\left[\kappa_x x+\kappa_y y-\omega t\right]}
\end{aligned}
$$

すなわち、増分 $dZ_f(\kappa_x,\kappa_y,\omega)$ は、振動数・波数の全ての増分の組み合わせで与えられる。

$$
\begin{aligned}
dZ_f(\kappa_x,\kappa_y,\omega)&=\left[Z_f(\kappa_x,\kappa_y,\omega)\right]_{\kappa_x,\kappa_y,\omega}^{\kappa_x+d\kappa_x,\kappa_y+d\kappa_y,\omega+d\omega}\\
&=Z_f(\kappa_x+d\kappa_x,\kappa_y+d\kappa_y,\omega+d\omega)-Z_f(\kappa_x+d\kappa_x,\kappa_y+d\kappa_y,\omega)\\
&\quad-Z_f(\kappa_x+d\kappa_x,\kappa_y,\omega+d\omega)-Z_f(\kappa_x,\kappa_y+d\kappa_y,\omega+d\omega)\\
&\quad+Z_f(\kappa_x+d\kappa_x,\kappa_y,\omega)+Z_f(\kappa_x,\kappa_y+d\kappa_y,\omega)\\
&\quad+Z_f(\kappa_x,\kappa_y,\omega+d\omega)-Z_f(\kappa_x,\kappa_y,\omega)
\end{aligned}
$$

この定義によると、均質2次元ランダム場の増分 $dZ_f(\kappa_x,\kappa_y)$ は、次式の4つの組み合わせで与えられる。

$$
\begin{aligned}
dZ_f(\kappa_x,\kappa_y)&=\left[Z_f(\kappa_x,\kappa_y)\right]_{\kappa_x,\kappa_y}^{\kappa_x+d\kappa_x,\kappa_y+d\kappa_y}\\
&=Z_f(\kappa_x+d\kappa_x,\kappa_y+d\kappa_y)-Z_f(\kappa_x+d\kappa_x,\kappa_y)\\
&\quad-Z_f(\kappa_x,\kappa_y+d\kappa_y)+Z_f(\kappa_x,\kappa_y,\omega)
\end{aligned}
$$

定常ランダム時間関数の増分 $dZ_f(\omega)$ は、

$$
dZ_f(\omega)=\left[Z_f(\omega)\right]_{\omega}^{\omega+d\omega}=Z_f(\omega+d\omega)-Z_f(\omega)
$$

例題 4.8-3

不確定性の下での設計用入力地震動や想定地震動について考察せよ。

これまでにも記述してきたように地表の地震動は、震源断層破壊伝播により発生した地震波が地層境界や空気と接する地表で反射・屈折を繰り返した結果としての地表の揺れである。したがって、地表の地震動には、大別すると震源特性・地震波伝播特性・表層地盤特性の3要因が影響し、各要因には大きな不確定性があり、4.6節参考文献の金井(1968)流の表現を使うと「不確定性の3乗」が地表の地震動である。強震動地震学や地震工学の研究課題の１つがこの不確定性を無くすることであろう。

しかし、この大きな不確定性の下で設計用入力地震動や地域社会の地震被害想定のための想定地震動を決定し「地震対策を進めること」は、重要生産・社会基盤施設によって社会経済活動が営まれている現代社会においては重要な関心事とならざるを得ない。行政や施設の管理者は、設計用入力地震動や想定地震動の決定者である。研究者と技術者の役割は、大きな不確定性の下での意思決定のために役立つ情報を行政や管理者に提供することである。これまでは過去の被害経験を基にした経験的方法で対処してきている。しかし、大震災や被害を伴う地震は滅多にないし、次の大震災までに社会が変わるので、この経験的方法には限界がある。この限界を補完するには以下のような理論的方法が有効である。

金井(1968)以来の強震動地震学・地震工学の発展により、4章で記述したような決定論的地震動作成方法と、補足 4.1 の震源特性に関する各種パラメータと、地層構造・物性値の不確定性(ばらつき程度)等がわかってきた。これらの成果を取り入れて、何万回の地震による地域や施設サイトの地震動を作成し、それらの地震動波形や応答スペクトルの特性のばらつき(平均値、標準偏差等)や上限値、さらに被害額とその復旧時間・費用並びに対策費用と対策効果の情報を意思決定者に提供することは、震源から地盤・基礎・構造物の応答挙動を評価できる研究者・技術者の正道であろう。

現在は、計算機の性能向上とデータ処理への人工知能(AI)の技術向上により、何万回の地震による地震動特性の把握と地域や施設の弱点の抽出はより正確にできる時代である。もちろん、研究者・技術者の「勘」に基づく「技術者の判断」は、経験的方法や理論的方法の蓄積から醸成される。ここで言う理論的方法は実験値や観測記録の経験値を統一的に説明できるものであることに注意せよ。このような研究者・技術者が増え、その人達の「勘」に基づく方法により地震対策が進み、2050 年までには地震が怖くない社会になることを願う。

補足 4.1　震源断層パラメータに関する基礎とその経験式

運動学的断層モデルに基づく地震動波形の合成法において必要となる震源断層パラメータは、①地震モーメント M_0、②断層面積 S、③断層長さ L、④断層幅 W、⑤平均滑り変位 D、⑥立ち上がり時間 τ、⑦応力降下量 $\Delta\sigma$、⑧滑り速度 D/τ、である。その他、⑨断層面の傾き角 δ、⑩滑りの方向角 λ、⑪断層の走向角 Φ、が必要となる。さらに、上記①～⑧の震源断層の巨視的パラメータに対応する、いわゆるアスペリティーモデルに関する震源断層の微視的パラメータ、が必要となる。そして、この断層モデルによる工学的強震動波形の評価においては、断層上端面の深さとアスペリティーの大きさやその位置は、合成された強震動波形の振幅、振動数特性、位相特性、継続時間、に大きく影響する。

入倉(2004)は、強震動予測による地震防災対策を推進するために、これまでの地震学の研究成果を整理し、強震動計算に必要な震源断層の巨視的パラメータと微視的パラメータの設定方法と手順を提案している。これらのパラメータの設定方法は、震源断層パラメータの平均的特性に理論的考察を加味して策定されているため、断層パラメータに関する現状のばらつきや不確定性については考慮されていない。強震動計算の工学的応用を考える場合、強震動計算結果におよぼす震源断層パラメータの不確定性が、予測波形に影響する程度を把握して、強震動計算波形を利用することは当然である。

ここでは、入倉（2004）の方法を基に、震源断層の巨視的並びに微視的パラメータである①～⑧の平均的評価式とともに、そのばらつきを評価する方法を示す。すなわち、

(1) 4.1.1 項から 4.1.3 項に巨視的震源パラメータの基礎式を整理し、重要な巨視的震源パラメータである地震モーメント、地震のマグニチュード、平均滑り変位、平均滑り速度、立ち上がり時間が、震源断層の面積 S と平均応力降下量 $\Delta\sigma$ という２つのパラメータのみの関数として整理できることを示す。そして、巨視的震源パラメータのばらつきの範囲や実測データとの整合性を確認する。

(2) 4.1.4 項と 4.1.5 項には、巨視的震源パラメータとアスペリティーに関する微視的震源パラメータの関係を整理し、背景領域とアスペリティー領域の断層面積比率や応力降下量の比率を考慮した微視的震源パラメータの決め方を示す。

4.1.1　基礎式

次の２つの応力降下量に関する基礎式から、震源断層パラメータの関係を整理する。ここでは、円形クラックモデルの応力降下量と平均滑り変位とクラックの半径の静的関係式(Eshelby, 1957、Keilis Borok, 1959)を用いる。

$$\Delta\sigma = \frac{7\pi}{16}\mu\frac{D}{a} = \frac{7\pi^{\frac{3}{2}}}{16}\mu\frac{D}{\sqrt{S}}, \quad (\pi a^2 = S) \qquad \text{(A4.1-1)}$$

ここに、$\Delta\sigma$ は応力降下量、 μ, D, a はそれぞれ媒質のせん断弾性剛性、クラックの平均滑り変位、クラックの半径を表す。動的関係式(Aki,1987)としては、次式を用いる。

$$\Delta\sigma = (0.5 \sim 1)\frac{\mu}{C_S}\frac{D}{\tau} \qquad \text{(A4.1-2)}$$

ここに、C_S, τ はせん断波速度と震源時間関数の立ち上がり時間を表す。

4.1.2　地震モーメント、立ち上がり時間、平均滑り変位、平均滑り速度、マグニチュード

式(A4.1-1)と式(A4.1-2)を地震モーメントの定義式($M_0 = \mu SD$)に代入すると次式が得られる。

$$M_0 = \frac{16}{7\pi^{\frac{3}{2}}} \Delta\sigma S^{\frac{3}{2}} = C_0 \Delta\sigma S^{\frac{3}{2}}, \quad (C_0 = \frac{16}{7\pi^{\frac{3}{2}}} = 0.41) \tag{A4.1-3}$$

式(A4.1-1)と式(A4.1-2)から次式の立ち上がり時間と断層面積の関係式が得られる。

$$\tau = (0.5 \sim 1.0) \frac{16}{7\pi C_S} \sqrt{\frac{S}{\pi}} = (0.2 \sim 0.4) \frac{\sqrt{S}}{C_S} \tag{A4.1-4a}$$

その他、Savage(1972)は次式のような 2 つの式を提案している。

$$\tau = \frac{W}{4.6 v_r} = \frac{\sqrt{\frac{S}{2}}}{4.6(0.7 \sim 0.9) C_S} = (0.17 \sim 0.22) \frac{\sqrt{S}}{C_S} \tag{A4.1-4b}$$

ここに、v_r は断層の滑り破壊速度を表し、$v_r = (0.7 \sim 0.9) C_S$ を仮定している。また、

$$\tau = \frac{W}{2C_S} = \frac{\sqrt{\frac{S}{2}}}{2C_S} = 0.35 \frac{\sqrt{S}}{C_S} \tag{A4.1-4c}$$

上式の右辺第 2 項を導くに当たり $S = LW, L = 2W$ の関係を用いた。

したがって、上記のような既往の研究を参照して、立ち上がり時間と断層面積の関係式としては次式で評価するものとする。

$$\tau = (0.2 \sim 0.4) \frac{\sqrt{S}}{C_S} = \gamma \frac{\sqrt{S}}{C_S} \tag{A4.1-5}$$

次に、平均滑り変位は式(A4.1-1)と地震モーメントの定義式から次式のようになる。

$$D = \frac{C_0}{\mu} \Delta\sigma \sqrt{S} \tag{A4.1-6}$$

また、地震のマグニチュードは地震波の最大変位振幅の対数で定義されるので、地震波変位の S 波成分の遠方近似式(滑り速度時間関数に比例)の対数表示から次式が得られる。

$$M \triangleq \log u \triangleq \log S + \log \frac{D}{\tau} + \log \left(\frac{\mu R_{ad}}{4\pi\rho C_S^3 r} \right) \tag{A4.1-7}$$

上式の右辺の第 2 項を導くにあたり、震源時間関数として立ち上がり時間 τ を有する傾斜関数を仮定し地震モーメントの定義式を用いた。

上記の式(A4.1-5)と式(A4.1-6)から、断層の平均滑り速度 D/τ は、断層面積には依存せずに平均応力降下量の関数であることがわかる。したがって、重要な巨視的震源パラメータである、地震モーメント、立ち上がり時間、平均滑り変位、平均滑り速度、地

震のマグニチュードが震源断層の面積 S と平均応力降下量 $\Delta\sigma$ という 2 つのパラメータのみ関数として整理できる。

図 A4.1-1 から図 A4.1-5 に式（A4.1-3）～（A4.1-7）に示される地震モーメント、マグニチュード、平均滑り変位、立ち上がり時間、表面波マグニチュードと震源断層の面積 S と平均応力降下量 $\Delta\sigma$ の関係とともに実測値（金森, 1991、佐藤, 1989）をプロットした。式(A4.1-3)～(A4.1-7)をプロットするに当たり、以下の単位を用いて関係式を作成している。

地震モーメント：$M_0(\mathrm{dyn}\times\mathrm{cm}), \Delta\sigma(\mathrm{bar}), S(\mathrm{km}^2)$ の単位を用いる。

$$M_0 = 4.1\times10^{20}\Delta\sigma S^{\frac{3}{2}} \tag{A4.1-8}$$

立ち上がり時間：$\tau(\mathrm{s}), S(\mathrm{km}^2), C_S = 3.0, 3.5(\mathrm{km/s})$ とする。

$$\tau = (0.2\sim0.4)\frac{\sqrt{S}}{C_S} = \gamma\frac{\sqrt{S}}{C_S} \tag{A4.1-9}$$

平均滑り変位：$D(\mathrm{m}), \Delta\sigma(\mathrm{bar}), S(\mathrm{km}^2), C_S = 3.5(\mathrm{km/s})$ とする。

$$D = 1.24\times10^{-3}\Delta\sigma\sqrt{S} \tag{A4.1-10}$$

平均滑り速度：$\dfrac{D}{\tau}(\mathrm{m/s}), \Delta\sigma(\mathrm{bar}), \dfrac{C_S}{\mu} = 1.06\times10^{-7}(\dfrac{\mathrm{m}^3}{\mathrm{N}\cdot\mathrm{s}})$ とする。

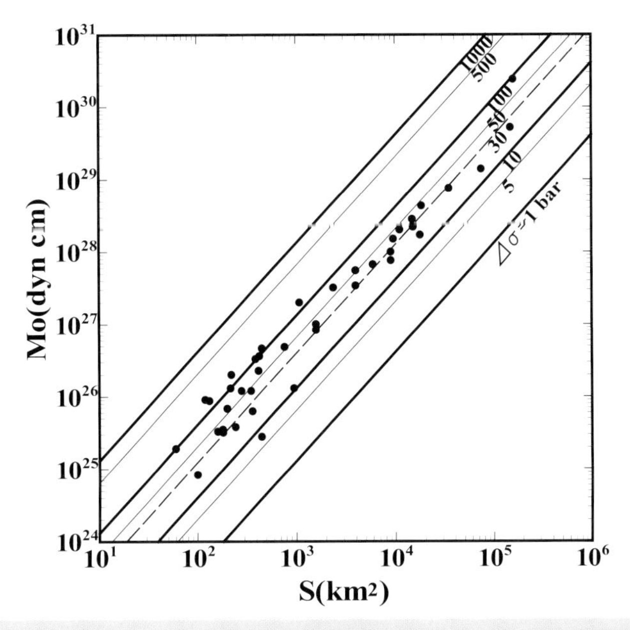

図 A4.1-1　地震モーメントと断層面積の関係（パラメータ：平均応力降下量）

$$\frac{D}{\tau} = (1.09 \sim 2.17) \times 10^{-2} \Delta\sigma \qquad \text{(A4.1-11)}$$

表面波マグニチュード：$\frac{D}{\tau} = 0.5(\mathrm{m/s})$ の時、$\log\left(\frac{D}{\tau} = 0.5\right) + \log\left(\frac{\mu R_{ad}}{4\pi\rho C_S^3 r}\right) = 4.07$

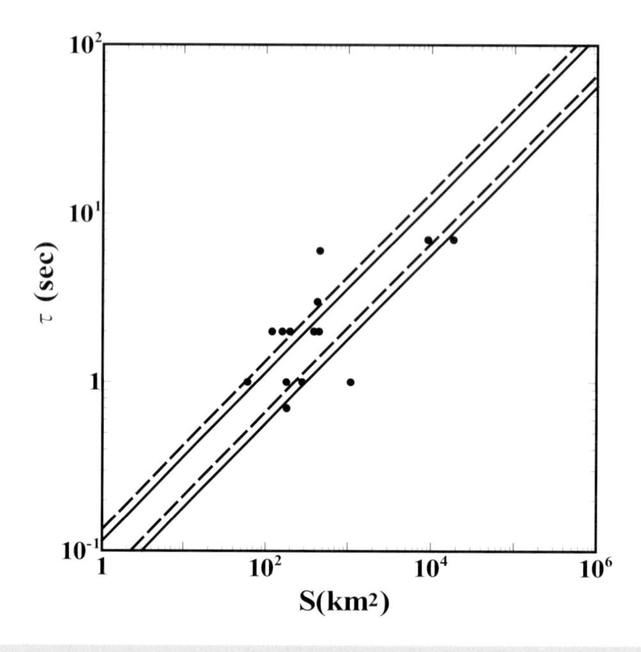

図 A4.1-2　立ち上がり時間と断層面積の関係(パラメータ :Cs)

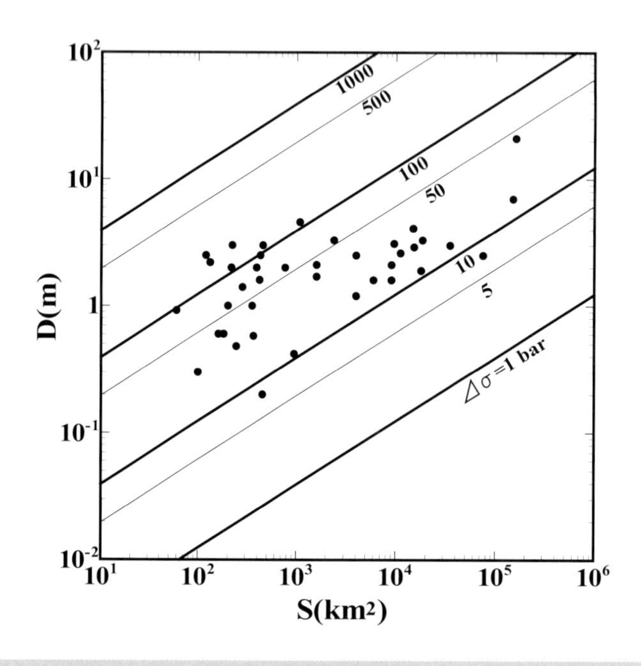

図 A4.1-3　平均すべり変位と断層面積の関係(パラメータ : 平均応力降下量)

とした。

$$M_S = \log S + \log \frac{D}{\tau} + 4.37 \qquad (A4.1\text{-}12)$$

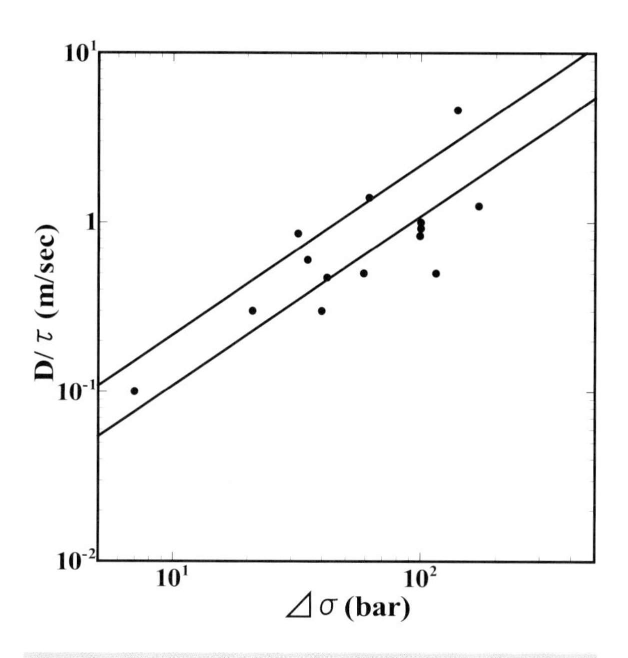

図 A4.1-4　平均すべり速度と平均応力降下量の関係

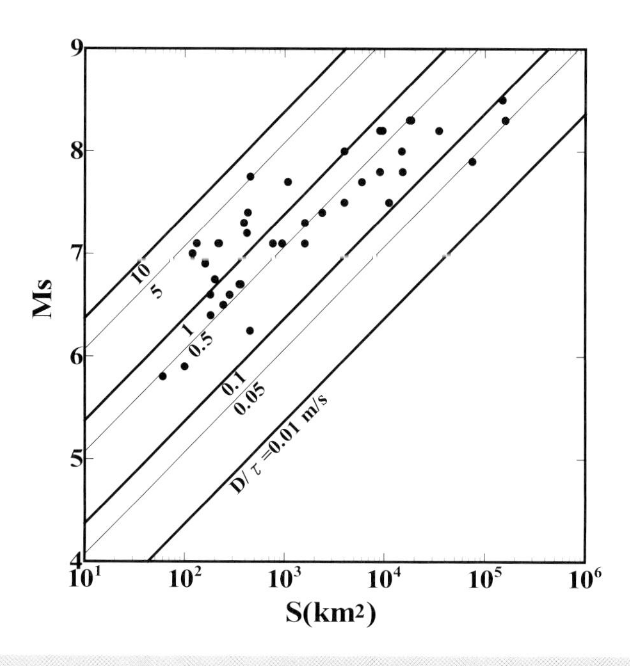

図 A4.1-5　表面波マグニチュードと断層面積の関係（パラメータ：平均すべり速度）

4.1.3 巨視的震源パラメータの決め方とパラメータ値のばらつきの範囲

以上の関係式は入倉(2004)の方法を基本としているものであるが、ここではそれらのパラメータ値のばらつきの範囲を設定して巨視的震源パラメータの決め方を示す。

手順としては、

(1) 震源断層の面積を決める。

(2) 平均応力降下量の経験的値として 10 ~ 100(bar)とする。

(3) 式(A4.1-8)より地震モーメントの値とその範囲を求める。

(4) 式(A4.1-9)より立ち上がり時間の値とその範囲を求める。

(5) 式(A4.1-10)より平均滑り変位の値とその範囲を求める。

(6) 式(A4.1-11)より断層の平均滑り速度 D/τ とその範囲を求める。

(7) 式(A4.1-12)より経験的に求められているマグニチュードと断層面積の関係のばらつきは、断層の平均滑り速度のばらつきと放射パターンのばらつきであると解釈することができる。

上記(2)の平均応力降下量は、前の地震から次の地震発生までの平均再現期間が長い地震ほど大きい傾向にあるという Kanamori and Anderson(1975)を用いると、平均再現期間が長い内陸地震と平均再現期間が短い海洋地震では区別する方がよいと思われる。具体的な目安としては、以下のような値とするのが適当であろう。

平均再現期間 ＜ 70 年 $\Delta\sigma = 10(\text{bar})$

300 年 ＜ 平均再現期間 ＜ 70 年 $\Delta\sigma = 10 \sim 50(\text{bar})$

300 年 ＜ 平均再現期間 ＜ 2000 年 $\Delta\sigma = 50 \sim 100(\text{bar})$

平均再現期間 ＞ 2000 年 $\Delta\sigma = 100 \sim 120(\text{bar})$

また、上記の手順の他に表面波マグニチュードを初めに決めて、平均滑り速度の範囲、断層面積の範囲等を決める手順も考えられる。しかし、ここでは活断層等の地質・地形学的情報から断層の長さや幅より断層の面積を最初に決めて進める上記の手順を採用する。

4.1.4 微視的震源パラメータと巨視的震源パラメータの関係

アスペリティーにおける震源断層パラメータを微視的震源パラメータと呼ぶ。これまでに説明した巨視的震源パラメータである、地震モーメント、地震のマグニチュード、平均滑り変位、立ち上がり時間が、全て震源断層の面積 S と平均応力降下量 $\Delta\sigma$ の 2 つのパラメータのみの関数として与えられるため、微視的震源パラメータもアスペリティーの面積と応力降下量（アスペリティーの応力降下量は、断層全体の平均応力降下量に対して、局所応力降下量と呼ばれる）の 2 つのパラメータのみの関数として与えられる。したがって、巨視的震源パラメータと微視的震源パラメータの関係として、それらの比率のみを考えると、これらの比率は断層の面積の比率か、応力降下量の比率かのどちらか１つのパラメータのみの比率から求めることができる。

入倉（2004）は、アスペリティーの面積と震源断層全体の面積の比 S_a / S が地震の大きさに依存せず一定であることを示した Somerville, *et al.*（1999）の研究成果を用いて、微視的震源パラメータを与えている。ここでも、S_a / S（一定）を基準として微視的震源パラメータと巨視的震源パラメータの関係を整理する。

（1）アスペリティー領域と背景領域と平均応力降下量の関係

ここでは、アスペリティー領域と背景領域の面積と応力降下量に下添字 a, b をつけて区別する。震源断層の平均応力降下量 $\Delta\sigma$ は、アスペリティー領域と背景領域の応力降下量の面積比を重みとした平均値として次式のように評価するものとする。

$$\Delta\sigma = \frac{S_a}{S}\Delta\sigma_a + \frac{S_b}{S}\Delta\sigma_b \tag{A4.1-12}$$

これは、次式のように整理できる。

$$\Delta\sigma = \frac{S_a}{S}\Delta\sigma_a\left(1+\frac{S-S_a}{S}\frac{\Delta\sigma_b}{\Delta\sigma_a}\right) = \alpha\left(1+\frac{1-\alpha}{\alpha}\frac{\Delta\sigma_b}{\Delta\sigma_a}\right)\Delta\sigma_a = C(\alpha, \frac{\Delta\sigma_b}{\Delta\sigma_a})\Delta\sigma_a, \quad (S_a = \alpha S) \tag{A4.1-13a}$$

ここに、

$$C(\alpha, \frac{\Delta\sigma_b}{\Delta\sigma_a}) = \alpha\left(1+\frac{1-\alpha}{\alpha}\frac{\Delta\sigma_b}{\Delta\sigma_a}\right) \tag{A4.1-13b}$$

入倉（2004）や Somerville, *et al.*（1999）に従い $\alpha = 0.22$ とすると、C はアスペリティーと背景領域の応力降下量に関する比率の関数となる。入倉ら（2002）のクラックモデルの数値計算を参考に $\Delta\sigma_b / \Delta\sigma_a$ =0 ～ 0.1 とする。例えば、$\Delta\sigma_b / \Delta\sigma_a$ =0,0.02.0.05,0.1 に対し $C = 0.22, 0.24, 0.26, 0.30$ となり背景領域の応力降下量を無視する場合、$C = \alpha = 0.22$ となる。これらのことより次式のように評価することができよう。

$$C(\alpha = 0.22, \frac{\Delta\sigma_b}{\Delta\sigma_a}) = 0.22 \sim 0.30 \tag{A4.1-14}$$

（2）微視的震源断層パラメータと巨視的震源断層パラメータの関係（アスペリティー領域の地震モーメント、断層面積、応力降下量、滑り変位、立ち上がり時間）

式（A4.1-3）からアスペリティー領域の地震モーメントは、

$$M_{0a} = C_0\Delta\sigma_a S_a^{\frac{3}{2}} = C_0\frac{\alpha^{\frac{3}{2}}}{C(\alpha, \frac{\Delta\sigma_b}{\Delta\sigma_a})}\Delta\sigma S^{\frac{3}{2}} = \frac{\alpha^{\frac{3}{2}}}{C(\alpha, \frac{\Delta\sigma_b}{\Delta\sigma_a})}M_0 \tag{A4.1-15a}$$

背景領域の応力降下量を無視する場合、$C(\alpha, \frac{\Delta\sigma_b}{\Delta\sigma_a} = 0) = \alpha = 0.22$ より、

$$M_{0a} = \sqrt{\alpha} M_0 \qquad \text{(A4.1-15b)}$$

式(A4.1-5)から、アスペリティー領域の立ち上がり時間は次式で与えられる。

$$\tau_a = \gamma \frac{\sqrt{S_a}}{C_S} = \gamma \frac{\sqrt{\alpha}\sqrt{S}}{C_S} = \sqrt{\alpha}\tau \qquad \text{(A4.1-16)}$$

式(A4.1-6)から、アスペリティー領域の滑り変位は、

$$D_a = \frac{C_0}{\mu} \Delta\sigma_a \sqrt{S_a} = \frac{C_0}{\mu} \frac{\sqrt{\alpha}}{C(\alpha, \frac{\Delta\sigma_b}{\Delta\sigma_a})} \Delta\sigma \sqrt{S} = \frac{\sqrt{\alpha}}{C(\alpha, \frac{\Delta\sigma_b}{\Delta\sigma_a})} D \qquad \text{(A4.1-17a)}$$

背景領域の応力降下量を無視する場合、$C(\alpha, \frac{\Delta\sigma_b}{\Delta\sigma_a} = 0) = \alpha = 0.22$ より、

$$D_a = \frac{1}{\sqrt{\alpha}} D \qquad \text{(A4.1-17b)}$$

背景領域の滑り速度は、

$$\frac{D_a}{\tau_a} = \frac{1}{C(\alpha, \frac{\Delta\sigma_b}{\Delta\sigma_a})} \frac{D}{\tau} \qquad \text{(A4.1-18)}$$

以上をまとめると、次式のように微視的震源断層パラメータと巨視的震源断層パラメータの関係が求められる。

$$\Delta\sigma_a = \frac{1}{C(\alpha, \frac{\Delta\sigma_b}{\Delta\sigma_a})} \Delta\sigma = \frac{1}{0.22 \sim 0.30} \Delta\sigma = (3.3 \sim 4.5) \Delta\sigma$$

$$\tau_a = \sqrt{\alpha}\tau = 0.5\tau$$

$$M_{0a} = \frac{\alpha^{3/2}}{C(\alpha, \frac{\Delta\sigma_b}{\Delta\sigma_a})} M_0 = \frac{0.10}{0.22 \sim 0.30} M_0 = (0.3 \sim 0.5) M_0 \qquad \text{(A4.1-19a)}$$

$$D_a = \frac{\sqrt{\alpha}}{C(\alpha, \frac{\Delta\sigma_b}{\Delta\sigma_a})} D = \frac{0.46}{0.22 \sim 0.30} D = (1.6 \sim 2.1) D$$

$$\frac{D_a}{\tau_a} = \frac{1}{C(\alpha, \frac{\Delta\sigma_b}{\Delta\sigma_a})} \frac{D}{\tau} = (3.3 \sim 4.5) \frac{D}{\tau}$$

アスペリティー領域の応力降下量に比べ背景領域の応力降下量が小さく無視できる場合$S_a / S = \alpha = 0.22$、上式は次式のようになる。

$$
\begin{aligned}
&\Delta\sigma_a = \frac{1}{\alpha}\Delta\sigma = \frac{1}{0.22}\Delta\sigma = 4.5\Delta\sigma \\
&\tau_a = \sqrt{\alpha}\tau = 0.5\tau \\
&M_{0a} = \sqrt{\alpha}M_0 = 0.5M_0 \\
&D_a = \frac{1}{\sqrt{\alpha}}D = 2.1D \\
&\frac{D_a}{\tau_a} = \frac{1}{\alpha}\frac{D}{\tau} = 4.5\frac{D}{\tau}
\end{aligned}
\tag{A4.1-19b}
$$

(3) アスペリティー領域の最大、最小面積の評価

入倉(2004)によると、アスペリティー領域の最大面積は次式で与えられるとしている。

$$S_{a\max} / S = 0.15 \tag{A4.1-20}$$

これは、平均的な断層面積と地震のマグニチュードの関係式（$\log S = M - 4.07$）から見ると、$M_{amax} = M - 0.82$となり、アスペリティーの総面積比$\alpha = 0.22$から決まるスペリティーのマグニチュード$M_a = M - 0.66$と比較すると、$M_a - M_{amax} = 0.16$の差があることを示している。一方、アスペリティー領域の最小面積としてどのくらいを想定するのかに対する物理学的根拠は無い。しかし、地震の規模の小さい地震のマグニチュードや地震モーメントの決定精度を考慮すると現時点では、

$$M_{a\min} = 4.5 \sim 5.0\ \text{程度}\ , M_{0a\min} = 10^{23} \sim 10^{24}(\text{dyne}\cdot\text{cm})$$

を設定するのが適当であると思われる。この場合、

$$S_{a\min} = \begin{cases} 2.7(\text{km}^2) & M_{a\min} = 4.5 \\ 8.5(\text{km}^2) & M_{a\min} = 5.0 \end{cases} \tag{A4.1-21}$$

立ち上がり時間の最小値は、式(A4.1-5)より、

$$\tau_{a\min} = (0.2 \sim 0.4)\frac{\sqrt{S_{a\min}}}{C_S} = \begin{cases} 0.10 \sim 0.20(s) & M_{a\min} = 4.5 \\ 0.15 \sim 0.30(s) & M_{a\min} = 5.0 \end{cases} \tag{A4.1-22}$$

上式では、$C_S = 3.5(\text{km/s})$を仮定した。

構造物応答の視点からは、震源断層から放射される地震変位波形のパルス波の周期が立ち上がり時間に比例して長くなるため、構造物の固有周期に一致するようなパルス波を放出す

るようなアスペリティー領域の面積を決める方法が考えられる。

4.1.5　2つのアスペリティー領域の場合における微視的断層パラメータの配分

2つのアスペリティー領域がある場合、微視的断層パラメータをどのような基準によって配分するかについて整理すると、(1) 変位一定の基準と (2) 応力降下量一定の基準の2つ基準がある。ここでは、2つのアスペリティー領域の場合を例に配分方法を記述するが、ここでの方法は任意個数のアスペリティー領域の場合にも適用することができる。2つの基準のうちどちらの配分方法が適切かについては任意である。しかし、変位一定基準の方が簡単である。

(1) 変位一定の基準による配分方法

この基準では、2つのアスペリティー領域の平均滑り変位がアスペリティー毎に等しいとする。すなわち、

$$D_{a1} = D_{a2} = D_a \tag{A4.1-23}$$

ここに、D_{a1}, D_{a2} は第1番目と第2番目のアスペリティーの平均滑り変位を表す。

したがって、2つのアスペリティーにおける地震モーメントの合計は、次式のように各アスペリティーの地震モーメントの和として与えられる。

$$M_a = \mu D_a S_a = \mu(D_{a1}S_{a1} + D_{a2}S_{a2}) = \mu D_a S_a \left(\frac{S_{a1} + S_{a2}}{S_a} \right) = M_{a1} + M_{a2} \tag{A4.1-24a}$$

ここに、

$$M_{a1} = \frac{S_{a1}}{S_a} M_a, \quad M_{a2} = \frac{S_{a2}}{S_a} M_a, \quad S_a = S_{a1} + S_{a2} \tag{A4.1-24b}$$

上式から、2つのアスペリティー領域を円形とする場合、等価半径は次式のようになる。

$$r_a = \sqrt{{r_{a1}}^2 + {r_{a2}}^2} \tag{A4.1-25}$$

この変位一定基準の場合、各アスペリティーの応力降下量は異なり地震モーメント、応力降下量、断層面積の関係式(A4.1-3)を用いると、次式のように与えられる。

$$\frac{\Delta\sigma_{a1}}{\Delta\sigma_a} = \frac{1}{\sqrt{\frac{S_{a1}}{S_a}}}, \quad \frac{\Delta\sigma_{a2}}{\Delta\sigma_a} = \frac{1}{\sqrt{\frac{S_{a2}}{S_a}}} \tag{A4.1-26}$$

また、立ち上がり時間も各アスペリティーで異なり、式（A4.1-5）を用いると次式のように与えられる。

$$\frac{\tau_{a1}}{\tau_a}=\sqrt{\frac{S_{a1}}{S_a}},\quad \frac{\tau_{a2}}{\tau_a}=\sqrt{\frac{S_{a2}}{S_a}} \tag{A4.1-27}$$

(2) 応力降下量一定の基準による配分方法

この基準では、2つのアスペリティー領域の応力降下量がアスペリティー毎に等しいとする。すなわち、

$$\Delta\sigma_{a1}=\Delta\sigma_{a2}=\Delta\sigma_a \tag{A4.1-28}$$

ここに、$\Delta\sigma_{a1},\Delta\sigma_{a2}$ は第1番目と第2番目のアスペリティーの応力降下量を表す。

したがって、各アスペリティーの地震モーメントの合計は、次式のように各アスペリティーの地震モーメントの和として与えられる。

$$M_a=C_0\Delta\sigma_a S_a^{\frac{3}{2}}=C_0\left(\Delta\sigma_{a1}S_{a1}^{\frac{3}{2}}+\Delta\sigma_{a2}S_{a2}^{\frac{3}{2}}\right)=C_0\Delta\sigma_a S_a^{\frac{3}{2}}\left(\frac{S_{a1}^{\frac{3}{2}}+S_{a2}^{\frac{3}{2}}}{S_a^{\frac{3}{2}}}\right)=M_{a1}+M_{a2} \tag{A4.1-29a}$$

ここに、

$$M_{a1}=\left(\frac{S_{a1}}{S_a}\right)^{\frac{3}{2}}M_a,\quad M_{a2}=\left(\frac{S_{a2}}{S_a}\right)^{\frac{3}{2}}M_a,\quad S_a^{\frac{3}{2}}=S_{a1}^{\frac{3}{2}}+S_{a2}^{\frac{3}{2}} \tag{A4.1-29b}$$

上式から、2つのアスペリティー領域を円形とする場合、等価半径は次式のようになる。

$$r_a=\sqrt[3]{{r_{a1}}^3+{r_{a2}}^3} \tag{A4.1-30}$$

この応力降下量一定の基準の場合、各アスペリティーの滑り変位は異なり、地震モーメント、応力降下量、断層面積の関係式を用いると次式のように与えられる。

$$\frac{D_{a1}}{D_a}=\sqrt{\frac{S_{a1}}{S_a}},\quad \frac{D_{a2}}{D_a}=\sqrt{\frac{S_{a2}}{S_a}} \tag{A4.1-31}$$

また、立ち上がり時間も各アスペリティーで異なり、式(A4.1-5)を用いると次式のように与えられる。

$$\frac{\tau_{a1}}{\tau_a}=\sqrt{\frac{S_{a1}}{S_a}},\quad \frac{\tau_{a2}}{\tau_a}=\sqrt{\frac{S_{a2}}{S_a}} \tag{A4.1-32}$$

参考文献

4.1 節

原田隆典，黒田拓氏，山上武志（2002）：3 次元直接境界要素法による震源断層－不整形地盤系の応答解析と震源断層近傍地震動の渦現象，構造工学論文集，Vol.48, pp.587-594.

原田隆典，野中哲也（2001）：横ずれ断層近傍における連続高架橋の地震応答特性，構造工学論文集，Vol. 47A, pp.843-849.

入倉孝次郎(1996)：“震災の帯”をもたらした強震動，科学，2 月，Vol.66, No.2, pp.86-92.

4.2 節

Bouchon, M.(1979): Discrete wave number representation of elastic wave field in three dimensional space, J.Geophys. Res., Vol.84, pp.3609-3614.

Chouet, B.(1987): Representation of an extended seismic source in a propagator based formalism, Bull. Seism. Soc. Am., Vol.77, No.1, pp.14-27.

Dunkin, J.W. (1965): Computation of modal solutions in layered elastic media at high frequencies, Bull. Seism. Soc. Am., Vol.55, No.2, pp.335-358.

Haskell, N.A.(1953): The dispersion of surface waves on multi layered media, Bull. Seism. Soc. Am., Vol.73, pp.17-34.

Hisada, Y.(1994): An efficient method for computing Green's functions for a layered half space with sources and receivers at close depths, Bull. Seism. Soc. Am., Vol.84, pp.1456-1472.

原田隆典，大角恒雄，黒川丈史(1998)：断層近傍の強震動特性と地盤増幅特性，第 10 回日本地震工学シンポジュウム論文集，Vol.1, pp.845-850.

原田隆典，大角恒雄，奥倉英世(1999)：3 次元直交座標系における波動場の解析解とその地震動波形作成への応用，土木学会論文集，No.612/I-46, pp.99-108.

原田隆典，松尾聡一郎(1999)：震源から地表地盤に至る地震波伝播計算における部分解析法の応用，土木学会応用力学論文集，Vol.2, pp.495-502.

原田隆典，小林正樹，岡田洋輔，王宏沢（2004）：境界要素法に部分解析法を用いた不整形地盤系の効率的地震応答解析，土木学会応用力学論文集，Vol.7, pp.833-839.

Kausel, E. and Roësset, J.M.(1981): Stiffness matrices for layered soils, Bull. Seism. Soc. Am., Vol.71, No.6, pp.1743-1761.

Kennet, B.L.N. and Kerry, N. J.(1979): Seismic waves in a stratified half space, Geophys. J.Roy. Astr. Soc., Vol.57, pp.557-583.

纐纈一起，竹中博士(1989)：近地地震波の伝播に関する理論，地震，第 2 号，第 42 巻，pp.391-403.

Luco, J.E. and Apsel, R.J.(1983): On the Green's functions for a layered half-space, Part 1, Bull. Seism. Soc. Am., Vol.73, pp.909-929.

Lysmer, J., Kuhlemeyer, R.L.(1969): Finite dynamic model for infinite media, J. of the Eng. Mech. Division, Proc. of the Am. Soc. of Civil Eng., Vol.95, No. EM4, pp.859-877.

大角恒雄，原田隆典，奥倉英世（1997）：地震断層を考慮した強震動加速度波形の作成，第 24 回地震工学研究発表会講演論文集，土木学会，pp.73-76.

Thomson, W.T.(1950): Transmission of elastic wave through a stratified soil medium, J.Appl. Phys., Vol.21, pp.89-93.

Wolf, J.P. and Obernhuber, P.(1982a): Free field response from inclined SH waves and Love

waves, Earthquake Engineering and Structural Dynamics, Vol.10, pp.823-845.
Wolf, J.P. and Obernhuber, P.(1982b):Free field response from inclined SV and P waves and Rayleigh waves, Earthquake Engineering and Structural Dynamics, Vol.10, pp.847-869.

4.3節

Aki(2005): 序文：Lambの問題をめぐって，地震　第2輯，第57巻，pp.317-319.
Bouchon, M.(1979a): Discrete wave number representation of elastic wave field in three dimensional space, J.Geophys. Res., Vol.84, pp.3609-3614.
Bouchon, M.(1979b): Predictability of ground displacement and velocity near an earthquake fault, An example: The Parkfield Earthquake of 1966, J.Geophys. Res., Vol.84, pp.6149-6156.
Bouchon, M.(1980): The motion of the ground during an earthquake, 1. The case of a strike slip fault, J.Geophys. Res., Vol.85, pp.356-366.
Chen, X.(1993): A systematic and efficient method of computing normal modes for multilayered half space, Geophys. J.Int., Vol.115, pp.391-409.
Chin, R.C.Y., Hedstrom, G.W. and Thigpen, L.(1984): Matrix methods in synthetic seismograms, Geophys. J.Roy. Astr. Soc., Vol.77, pp.483-502.
Chouet, B.(1987): Representation of an extended seismic source in a propagator based formalism, Bull. Seism. Soc. Am., Vol.77, No.1, pp.14-27.
原田隆典，大角恒雄，奥倉英世（1999）：3次元直交座標系における波動場の解析解とその地震動波形作成への応用，土木学会論文集，No.612/I-46，pp.99-108.
原田隆典，山下肇（2000）：剛性マトリックスに基づく地震動の波形合成法と震源断層近傍地震動の渦現象，土木学会応用力学論文集，Vol.3，pp.569-576.
Harada, T. and Ohsumi, T.(2000): Stiffness matrices based formalism of ground motion synthesis and diffrential ground motions, Proc. of the 12th World Conference on Earthquake Engineering, CD-ROM, Paper No. 603/4/R.
原田隆典（2004）：海洋および内陸型地震の震源域における長大構造物の応答特性の評価とその予測法，平成13～15年度科学研究費補助金基盤研究(C)(2)研究報告書，課題番号13650527，宮崎大学工学部，宮崎大学学術情報リポジトリ，http://hdl.handle.net/10458/1053.
原田隆典，山下肇（2000）：剛性マトリックスに基づく地震動の波形合成法と震源断層近傍地震動の渦現象，応用力学論文集，土木学会，Vol.3，pp.495-502.
原田隆典，野中哲也(2001)：断層近傍における連続高架橋の地震応答特性，構造工学論文集，Vol.47，pp.843-849.
原田隆典，黒田拓氏，山上武志（2002）：3次元直接境界要素法による震源断層－不整形地盤系の応答解析と震源断層近傍地震動の渦現象，構造工学論文集，Vol.48，pp.587-594.
原田隆典，王宏沢，野中哲也，山下典彦（2003）：横ずれ断層を横断する連続高架橋の応答挙動解析，応用力学論文 集，土木学会，Vol.6，pp.701-711.
Haskell, N.A.(1953): The dispersion of surface waves on multi layered media, Bull. Seism. Soc. Am., Vol.73, pp.17-34.
Kausel, E. and Roësset, J.M. (1981): Stiffness matrices for layered soils, Bull. Seism. Soc. Am., Vol.71, No.6, pp.1743-1761.
Kennet, B.L.N and Kerry, N.J.(1979):Seismic waves in a stratified half space, Geophys. J.Roy.

Astr. Soc., Vol.57, pp.557-583.
Lamb, H.(1904): On the propagation of tremors at the surface of an elastic solid, Phil. Trans. Roy. Soc., London, Vol.A203, pp.1-42.
Luco, J.E. and Apsel, R.J.(1983): On the Green's functions for a layered half-space, Part 1, Bull. Seism. Soc. Am., Vol.73, pp.909-929.
日本建築学会編(1996)：入門・建物と地盤との動的相互作用，日本建築学会 .
Schmidt, H., and Tango, G.(1986): Efficient global matrix approach to the computation of synthetic seismograms, Geophys. J.Roy. Astr. Soc., Vol.84, pp.331-356.
Thomson, W.T.(1950): Transmission of elastic wave through a stratified soil medium, J.Appl. Phys., Vol.21, pp.89-93.

4.4 節

Bouchon, M.(1979): Predictability of ground displacement and velocity near an earthquake fault, An example: The Parkfield Earthquake of 1966, J. of Geophysical Research, Vol.84, No.B11, pp.6149-6156.
原田隆典，大角恒雄，奥倉英世（1999）：3 次元直交座標系における波動場の解析解とその地震動波形作成への応用，土木学会論文集，No.612/I-46, pp.99-108.
原田隆典，野中哲也，王宏沢，岩村真樹，宇佐美勉（2009）：震源断層近傍における上路式鋼トラス橋の応答特性，構造工学論文集，Vol.55A，pp.573-582.
岩田知孝（1991）：断層近傍の強震動とそれを用いた震源過程の推定，地震第 2 輯，第 44 巻，pp.315-327.
丸橋奈々子，J.L.D. コスタ，M.P. ニールセン，市之瀬敏勝（2005）：剛塑性モデルを用いた地震応答の非対称性に関する基礎的研究，日本建築学会構造系論文集，第 598 号，pp.75-80.
丸橋奈々子，市之瀬敏勝(2006)：完全弾塑性モデルの地震応答の片寄り，日本建築学会構造系論文集，第 609 号，pp.75-80.
本橋英樹，野中哲也，馬越一也，中村真貴，原田隆典（2017）：熊本地震の断層近傍における地震動と橋梁被害の再現解析，構造工学論文集，Vol.63A, pp.339-352.

4.5 節

物理探査学会編(1998)：物理探査ハンドブック，第 1 章–第 4 章，物理探査学会 .
Marquardt, D.W.(1963): An algorithm for least squares estimation of nonlinear parameters, J. of Soc. Indust. Appl. Math., Vol.11, pp.431-441.
斉藤将司，原田隆典，王宏沢，森源次，山下典彦（2007）：地表面の鉛直方向調和振動荷重による地盤の層厚・弾性定数の推定方法とその数値実験による検証，応用力学論文集，Vol.10, pp.593-600.

4.6 節

Gerolymos, N. and Gazetas, G.(2006): Development of Winkler model for static and dynamic response of caisson foundation with soil and interface nonlinearities, Soil Dynamics and Earthaquke Eng., Vol.26, pp.363-376.
原田隆典，広瀬利光，山田静郎（1988）：基礎の動的非線形復元力評価におけるウィンクラーモデルの適用，宮崎大学工学部研究報告，第 31 号 .

原田隆典，野中哲也，馬越一也，岩村真樹，王宏沢（2007）：ファイバー要素を用いた地盤・基礎の非線形動的相互作用モデルとその橋梁全体系の地震応答解析への適用，応用力学論文集，Vol.10，pp.1047-1054.

Harada, T., Nonaka, T., Wang, H., Magoshi, K. and Iwamura, M.(2008): A nonlinear dynamic soil foundation interaction model using fiber element method and its application to nonlinear earthquake response analysis of cable stayed bridge, Proc. of the 14th World Conference on Earthquake Eng., Beijing, China.

金井清，田治見宏，大沢胖，小林啓美(1968)：地震工学，建築構造学大系 1，彰国社 .

Lamb, H.(1904): On the propagation of tremors over the surface of an elastic soild, Phil.Trans. Roy.Soc.(London)A, Vol.203, pp.1-42.

日本建築学会編(1996)：入門・建物と地盤との動的相互作用，丸善 .

野中哲也，吉野廣一(2010)：ファイバーモデルによる弾塑性有限変位解析，丸善 .

妹沢克惟（1929）：Further studies on Rayleigh waves having some azimuthal distribution，震研彙報，Vol.6，pp.1-18.

田辺忠顕(2004)：初期応力を考慮した RC 構造物の非線形解析法とプログラム，技報堂出版 .

吉田一博（1994）：半無限弾性地盤上の矩形基礎の各種の動的地盤ばねについて，日本建築学会論文報告集，第 457 号，pp.19-28.

4.7 節

Bachelor, G.K.(1953): The theory of homogeneous turbulence, Cabridge University Press.

Boore, D.M.(1983): Stochastic simulation of high frequency ground motions based on seismological models of radiated spectra, Bull. of Seism. Soc. of Am., Vol.73, pp.1865-1894.

Eshelby, J.D.(1957): The determination of the elastic field of an ellipsoidal inclusion, and related problems, Proc. of the Royal Society of London, Vo.A241, pp.376-396.

Gusev, A.A.(1983): Descriptive statistical model of earthquake source radiation and its application to an estimation of short period strong motion, Geophys. J.R. astr. Soc., Vol.74, pp.787-808.

Hirasawa, T.(1980): Seisimic activity, general report on the 1978 Miyagiken Oki earthquake, Tohoku Branchi of Japan Soc. Civil Eng., Chap.2, (in Japanese).

Izutani, Y.(1984). Source parameters relevant to heterogeneity of a fault plane, J.Phys. Earth, Vol.32, pp.511-529.

釜江克宏，入倉孝次郎，福地保長（1991）：地震のスケーリング則に基づいた大地震時の強震動予測，日本建築学会構造系論文報告集，第 430 号，pp.1-9.

Papageorgiou, A.S. and Aki, K.(1985): Scaling law of far field spectra based on observed parameters of the specific barrier model, PAGEOPH, Vol.123, pp.353-374.

Shinozuka, M., Deodatis, G. and Harada,T.(1987): Digital simulation of seisimic ground motion, Stochastic Approaches in Earthquake Engineering, Lin,Y.K. and Minai, R.(Eds), Springer-Verlag, pp.252-298.

Yagi, Y., Okuwaki, R., Enescu, B., Kasahara, A., Miyakawa, A., and Otsubo, M.(2016): Rupture process of the 2016 Kumamoto earthquake in relation to the thermal structure around Aso volcano, Earth, Planets and Space, Vol.68:118, DOI 10.1186/s40623-016-0492-3.

Yaglom, A.M.(1962): An introduction to the theory of stationary random functions, Prentice-Hall, Englewood Cliffs, also Dover, New York.

Yaglom, A.M.(1987): Correlation theory of stationary and related random functions I and II, Springer-Verlag, New York.

補足 4.1

入倉孝次郎，三宅弘恵(2002)：予測のための震源のモデル化，月刊地球，号外 Vol.37，pp.62-77.

入倉孝次郎（2004)：強震動予測レシピ──大地震による強震動の予測手法──，京都大学防災研究所年報，第 47 号 A，pp.25-45.

Eshelby, J.D.(1957): The determination of the elastic field of an ellipsoidal inclusion, and related problems, Proc. of the Royal Society of London, Vol.A241, pp.376-396.

Kanamori, H., and Anderson, D.L.(1975): Theoretical basis of some empirical relations in seismology, Bull. of Seism. Soc. of Am., Vol.65, No.5, pp.1073-1095.

金森博雄(1991)：地震の物理，岩波書店 .

佐藤良輔(1989)：日本の地震断層パラメター・ハンドブック，鹿島出版 .

Savage, J.C.(1972): Relation of corner frequency to fault dimensions, J. of Geophysical Research, Vol.77, No.20, pp.3788-3795.

Somerville, P.G., Irikura, K., Graves, R., Sawada, S, Wald, D., Abrahamson, N., Iwasaki, Y., Kagawa, T., Smith, N. and Kowada, A.(1999): Characterizing crustral earthquake slip models for thee prediction of strong ground motion, Seism. Res. Lett., Vol.70, pp.59-80.

索　引

お

か

き

く

け

こ

さ

し

そ

た

ち

つ

て

と

な

に

ね

は

ひ

ふ

へ

ほ

ま

み

む

め

も

や

ゆ

よ

ら

■著者略歴

原田 隆典　（はらだ　たかのり）

1952 年　山口県生まれ

1975 年　九州工業大学開発土木工学科卒業

1980 年　東京大学大学院工学研究科博士課程修了（土木工学専攻、工学博士）

同　年　宮崎大学助教授（工学部土木工学科）

1997 年　宮崎大学教授（工学部土木工学科）、現在に至る

本橋 英樹　（もとはし　ひでき）

1973 年　中国遼寧省生まれ（中国名：王　宏沢（おう　こうたく））

2001 年　宮崎大学工学部土木環境工学科卒業

2006 年　宮崎大学大学院工学研究科博士後期課程修了（システム工学専攻、博士（工学））

同　年　㈱ 耐震解析研究所

2009 年　帰化（日本名：本橋　英樹）

2011 年　宮崎大学発ベンチャー企業㈱ 地震工学研究開発センター主任研究員

2017 年　㈱ IABC　地震・津波研究室取締役室長、現在に至る

入門・弾性波動理論　震源断層・多層弾性体の地震動や地盤振動問題への応用

2017 年 12 月 7 日　第 1 刷発行

共著者　原田　隆典・本橋　英樹

発行者　池上　淳

発行所　株式会社　**現 代 図 書**

〒 252-0333　神奈川県相模原市南区東大沼 2-21-4

TEL　042-765-6462（代）　FAX　042-701-8612

振替口座　00200-4-5262　ISBN　978-4-434-23955-7

URL　http://www.gendaitosho.co.jp　E-mail　info@gendaitosho.co.jp

発売元　株式会社　**星 雲 社**

〒 112-0005　東京都文京区水道 1-3-30

TEL　03-3868-3275　FAX　03-3868-6588

印刷・製本　青史堂印刷